1 柑橘覆膜增糖

2 柑橘留树保鲜

3 梨树疏果前后对照

4 梨树拉枝

5 梨树短果枝开花状

6 梨树疏散分层形，后期改为开心形

7　主干形梨幼树撑枝、芽上方刻伤

8　主干形梨树篱架栽培（覆网防鸟害）

9　主干形梨树棚架栽培

10　枝江市百里洲砂梨观赏景区

11　桃园生草栽培

12　三主枝自然开心形桃树

13 两大主枝开心形(Y形)桃树

14 主干形(二年生桃树)

15 桃树疏果前后对照

16　枣阳平林桃园

17　冬剪后葡萄园

18　猕猴桃示范园

19　起垄(猕猴桃)

20　深沟高畦(猕猴桃)

21　搭架(猕猴桃)

22　猕猴桃高枝牵引

23　设施猕猴桃

24　八里旺樱桃改良树形

25　石榴采摘节

26 起垄建园大苗定植(石榴)

27 石榴虫害的物理、生物防控

28 毛竹结构连栋避雨棚

29 柑橘容器大苗

30 柑橘稀植矮化

31 无人机飞防

32　山地轨道

33　果实分选设备

高等职业教育"十四五"规划教材

现代果树绿色生产技术

XIANDAI GUOSHU LÜSE SHENGCHAN JISHU

陈　平　杨艳芳　主编

中国农业大学出版社
·北京·

内 容 简 介

本教材依据当前果树产业实际和发展方向及应用型人才培养特点，以项目任务为主线编写，包括：认识果树、果树生产基础知识、大宗水果生产技术、特色水果生产技术、现代果树生产技术 5 大模块。将果树生产中的新知识、新技术、新方法以及地方特色融入教材，注重实践内容的可操作性，强调在操作中理解与应用，强化综合素养的培养。本教材文字通俗，表达简练，图文并茂，配套媒体资源，适宜涉农高等职业院校学生、新型职业农民及有关科技推广人员使用。

图书在版编目(CIP)数据

现代果树绿色生产技术 / 陈平，杨艳芳主编. -- 北京：中国农业大学出版社，2023.11
ISBN 978-7-5655-3107-1

Ⅰ.①现… Ⅱ.①陈…②杨… Ⅲ.①果树园艺-无污染技术 Ⅳ.①S66

中国国家版本馆 CIP 数据核字(2023)第 210403 号

书　　名　现代果树绿色生产技术
作　　者　陈　平　杨艳芳　主编

策划编辑　张　玉　　**责任编辑**　陈睿赜
封面设计　郑　川　李尘工作室
出版发行　中国农业大学出版社
社　　址　北京市海淀区圆明园西路 2 号　　**邮政编码**　100193
电　　话　发行部 010-62733489，1190　　编辑部 010-62732617，2618
出版部 010-62733440　　读者服务部 010-62732336
网　　址　http://www.caupress.cn　　**E-mail**　cbsszs@cau.edu.cn
经　　销　新华书店
印　　刷　北京鑫丰华彩印有限公司
版　　次　2024 年 1 月第 1 版　　2024 年 1 月第 1 次印刷
规　　格　185 mm×260 mm　　16 开本　　17 印张　　450 千字　　彩插 7
定　　价　49.00 元

编写人员

主　编　陈　平(湖北省十堰市科技学校)

杨艳芳(湖北生物科技职业学院)

副主编　赵　菲(湖北省十堰市科技学校)

方　毅(湖北三峡职业技术学院)

徐群刚(咸宁职业技术学院)

王海萍(湖北生物科技职业学院)

余克琴(襄阳职业技术学院)

王清晨[中正国际认证(深圳)有限公司]

参　编　蔡　明(湖北省竹山县农业农村局)

陈　利(武当山旅游经济特区老营蜂园场)

韩士平(湖北省丹江口市农业技术推广中心)

江龙堤(湖北省丹江口市柑橘试验站)

李建明(湖北省房县八里旺樱桃种植专业合作社)

廖祥六(黄冈职业技术学院)

刘　巧(湖北省十堰市经济作物研究所)

刘　影(湖北省十堰市科技学校)

卢　君(湖北三峡职业技术学院)

卢梦玲(湖北省宜昌市柑橘科学研究所)

彭家清(湖北省十堰市经济作物研究所)

沈元华(武当山旅游经济特区老营蜂园场)

田　天(湖北三峡职业技术学院)

王　均(武当山旅游经济特区老营蜂园场)

吴俊锋(湖北省丹江口市柑橘试验站)

夏宏义(湖北省十堰市经济作物研究所)

肖　丽(湖北省丹江口市种植业服务中心)

张祥良(湖北省丹江口百子园石榴专业合作社)

主　审　蔡礼鸿(华中农业大学)

序

农业是国民经济的基础，果业是农业的重要组成部分。改革开放以来，我国果业生产迅速发展，举世瞩目，在种植业中异军突起，成为支柱产业之一，仅次于粮食、蔬菜，居第三位。重点果区水果产值占农业总收入的 40%～60%。全国果树种植面积和总产量近年来均居世界第一，据《2022 中国农村统计年鉴》统计，2021 年水果(苹果、柑橘、梨、葡萄、香蕉)种植面积 1 280.8 万 hm^2，产量 29 970.2 万 t。

果品为人们提供丰富的膳食营养以及保障健康的各种生理活性物质，优质果品在保障人们生命与大健康中发挥着不可替代的重要作用，果树种植因收益水平相对较高，见效快，成为许多贫困地区脱贫致富的首选产业，带动了大批贫困地区农民脱贫致富。果树产业必将在农业提质增效、农民增收、巩固脱贫攻坚成果、促进乡村振兴和农业可持续发展中发挥更大作用。

湖北省 2015 年率先在十堰创新农村人才培养模式，由十堰市科技学校试点探索“一村多名大学生计划”，为基层培养“农村基层组织带头人”和“科技致富带头人”，2018 年，确定湖北生物科技职业学院等 8 所职业院校作为承办院校，在全省农村选拔培养 1 万名优秀青年农民，接受全日制普通专科学历教育。

湖北省实施“一村多名大学生计划”，主要目的是为农村特别是贫困地区培养一批有文化、懂技术、会经营、善管理、留得住、用得好，能够示范带动地方特色产业发展的农村实用人才队伍。

全面推进乡村振兴、加快农业农村现代化，需要大批扎根基层、知农爱农、懂技术，能够引领美丽乡村建设与发展的高水平农业农村人才。为了培养扎根农村的科技人才，由十堰市科技学校和湖北生物科技职业学院主持、湖北三峡职业技术学院参与，在多年人才培养实践的基础上，编写了职业教育培养急需的配套教材《现代果树绿色生产技术》。教材依据当前果树产业发展现状和方向及一村多名大学生生源特点，贯穿“理论够用，突出技能”的理念，通过调研了解到职业教育教学实践的需要，打破传统的学科体系，实现理论与实践一体化，有针对性地设计了五大教学模块。以果树生产基本知识、基本技术为重点，在大宗水果生产技术的基础上，增加了特色小水果生产技术，在保证基本理论和基本技术的教学前提下，突出发展的前瞻性、生产的实践性，在教学中融入新技术、新模式。设计学习性工作任务，教、学、做结合，实验、实训、基地与企业实习等教学环节紧密衔接，并且介绍了许多优质产区实例，以突出地方特色，使学生学成即能迅速熟悉当地果树生产的实际情况，运用所学知识技能，进行果树优良品种选育、引进和生产，病虫害防治，贮藏加工以及经营与管理，适应职业岗位的需求。在每个模块后精心设计了具有很强针对性的思考题，为学员进一步学习和能力提升提供了拓展空间。教材内容深入浅出、简洁明了，可操作性强。

该教材实习、实训特色鲜明，贴近生产实际，是职业教育教学和广大果树生产者了解和学习果树生产技术的优秀参考书和工具书，该教材将为有力地推动全省“一村多名大学生”人才培养工作，提高广大农民科技素质，加速农业科技的推广应用，为全省乃至全国推动高等职业教育高质量发展、助力乡村振兴做出贡献。

谨以为序。

华中农业大学园艺林学学院

2022年11月

前　言

我国是世界果业大国，果树种植面积和总产量均居世界第一。自古果树就是农村经济收入的重要来源，素有“一亩园，十亩田”之说。当代果树生产的发展为果农带来良好的经济效益的同时，也产生了良好的生态效益和社会效益，是践行“绿水青山就是金山银山”理论、实现乡村振兴的有效途径。

习近平总书记在党的二十大报告中指出，实施科教兴国战略，强化现代化建设人才支持，要“统筹职业教育、高等教育、继续教育协同创新，推进职普融通、产教融合、科教融汇，优化职业教育类型定位”，为新时代职教发展提供了根本遵循。总书记强调办好人民满意的教育。职业教育要牢牢把握服务发展的办学方向。在加快构建以国内大循环为主体，国内国际双循环相互促进的新发展格局下，职业教育应紧密对接产业链、创新链，打造特色专业，做到以产业引导专业建设，以专业建设服务行业发展，主动适应产业、经济社会发展需要；将产业、企业的需求融入职业教育办学过程，促进产业、企业人才需求与院校人才培养互动。系统推进教材改革，瞄准产业链、供应链发展新趋势及新技术、新工艺发展前沿，及时充实更新职业教育教材内容。大力推广信息化、职能化教学改革，深化理论和实践、知识和技能教育的融合，在润物无声中渗透思想政治教育，达到立德树人、德技并修，为经济社会培养“需要的人才”“能用的人才”“可靠的人才”。

全面推进乡村振兴、加快农业农村现代化，需要大批扎根基层、知农爱农、懂技术，能够引领美丽乡村建设与发展的高水平农业农村人才。党和政府十分重视农业农村人才培养，从 2012 年起，在全国开展了新型职业农民、高素质农民、农业职业经理人培育工作，培养了一大批“懂农业、会经营、善管理”农场经营人员、农民合作社理事长。湖北省委省政府出台了《湖北省现代农业人才支撑计划》，湖北省委组织部、农业农村厅、财政厅、教育厅、人力资源和社会保障厅、卫生健康委员会、乡村振兴局等部门联合组织开展了“一村多名大学生计划”，面向全省选拔 1 万名优秀青年农民，重点是村“两委”班子成员、后备干部、入党积极分子、村级产业发展带头人等，接受全日制普通专科学历教育。为农村培养一批回得去、留得住、用得上、有文化、懂技术、会经营，能够示范带动地方特色产业发展，带领群众脱贫致富的农村头雁人才和实用人才。

遵照湖北省“一村多名大学生计划”培养要求，根据教学大纲，我们组织果树生产教学一线教师和地方科研院所、试验站、农技推广中心、相关企业的专家成立编写组，编写了本书。依据当前果树产业发展现状和方向及一村多名大学生生源特点，贯穿“理论够用，突出技能”的理念，设计了五大教学模块，以项目、任务为主线设计教材结构。在基本理论知识的基础上，以现代农业的理念、技术和试验方法为主，为学生提供实用的果树生产新技术。将果树生产中的新知识、新技术、新方法、地方特色融入教材，注重实践内容的可操作性，强调在操作中理解与应用理论，以适应岗位需要。力求以学生为本，文字通俗、表达简练、图文并茂。适宜“一村多名大学生计划”学员、涉农高等职业院校学生、新型职业农民及有关科技推广人员使用。

参加本书编写的有：十堰市科技学校陈平、赵菲、刘影（前言，模块一，模块二，模块三之项目一，模块四之项目二、三、五、七，模块五之项目一、二、四），湖北生物科技职业学院杨艳芳、王海萍（模块五之项目五），湖北三峡职业技术学院方毅、田天、卢君，宜昌市柑橘科学研究所卢梦玲（模块三之项目二、三，模块四之项目一），十堰市农业科学院经济作物研究所夏宏义、刘巧、彭家清（模块三之项目四，模块四之项目四、六、八，模块五之项目三）。田间数据及案例由襄阳职业技术学院余克琴，咸宁职业技术学院徐群刚，中正国际认证（深圳）有限公司湖北分公司王清晨，黄冈职业技术学院廖祥六，丹江口市柑橘试验站江龙堤、吴俊锋，丹江口市农业技术推广中心韩士平，丹江口市种植业服务中心肖丽，丹江口百子园石榴专业合作社张祥良，房县八里旺樱桃种植专业合作社李建明，武当山旅游经济特区老营蜂园场陈利、沈元华、王均，竹山县农业农村局蔡明提供。初稿完成后，主编统一修改定稿，由华中农业大学蔡礼鸿教授审阅并写序。

教材编写过程中引用了国内外教材、专著和科技期刊的相关内容，在此深表感谢。但由于编者水平有限，时间比较仓促，书中如有错漏之处，敬请各位专家与广大读者朋友批评指正。

编　者

2023年3月

目　录

模块一

认识果树

任务目标

知识目标：

了解果树的定义、生产意义及发展历程。

能力目标：

能够准确识别果树植物；学会根据经济社会发展分析判断果树生产的发展趋势。

素质目标：

加强专业认识，培养服务“三农”的工作热情。

知识准备

一、果树的概念

果树是指能提供可供食用的果实(植物学概念中包含果皮、种皮、种仁、花托等)的多年生植物及其砧木的总称。大多数果树为木本植物，少数为草本。

二、果树生产的意义

1. 国民经济重要组成部分

果树作为园艺作物的一部分，是非常重要的经济作物。农业是国民经济的基础，而果树是农业的重要组成部分。尤其是改革开放以来，我国果业生产迅速发展，举世瞩目，在种植业中异军突起，成为支柱产业之一，仅次于粮食、蔬菜，居第三位。重点果区水果产值占农业总收入的 40%～60%。我国是世界果业大国，果树种植面积和总产量均居世界第一。果业自古以来就是农村经济收入的重要来源。《史记》称：“安邑千树枣”“燕秦千树栗”“蜀汉江陵千树橘……此其人皆与千户侯等”。当代果树生产的发展同样给果农带来很好的经济收益。在一般产区，果树在农业总收益中所占的比重为 10%左右，在主产区可达 50%以上，故有“一亩园，十亩田”之说。果树育苗、栽培、保护地生产收入都很可观，名优特品种生产效益更高。

2. 显著的绿色生态效益

我国幅员辽阔，地形多变，有大面积的丘陵、山地、沙荒地、盐碱地、滩涂地。这些土地可以因地制宜发展果树。果树种类繁多，在不同环境条件下都有不同的适应树种，可以进行果树集约化生产，也可以合理调整种植结构，适地适栽，充分利用土地。种植果树有助于改善生态，美化环境，绿化荒山，防止水土流失，净化空气，增强人民身心健康。

3. 极高的营养和医疗保健价值

果品营养丰富，对人体健康有重要意义。果品富含人体必需的脂肪、蛋白质、糖类、矿物质、维生素和食物纤维等六大类营养素。如苹果含糖量为10%～20%，鲜枣25%～30%，干枣可达50%～87%。坚果中蛋白质和脂肪含量较为丰富，如核桃的蛋白质和脂肪含量分别为17%和63.0%。水果中还含有丰富的磷、铁、钙、锌、硒等矿物质以及维生素A、B族维生素、维生素C、维生素P等维生素。不仅如此，水果中富含各种食物纤维，包括纤维素、半纤维素、果胶、藻胶、木质素等，可以促进肠的蠕动，帮助排毒，有利于健康。同时水果中的果酸、单宁和其特有的芳香物质在给人带来愉悦感的同时还能刺激胃酸的分泌，增进食欲，帮助消化。

许多果品可以预防和治疗疾病，促进人体健康。核桃、红枣、龙眼、荔枝等是良好的滋补品。猕猴桃不仅维生素C含量高，SOD(超氧化物歧化酶)活性也很强，对癌细胞的形成有一定的抑制作用。枣、杏仁、桃仁、陈皮等是重要的中草药，梨膏、柿霜也常入药。山楂是50多种中成药的原料，其花、果、种核、根、茎、叶均可入药。

4. 重要的加工原料

果品是重要的加工原料。大多数果品除鲜食外，可制成各种加工品：果酒、果干、果茶、果脯、果酱、果汁、果胶、蜜饯、罐头、果醋、果粉等。果树的其他部分可作为化学工业的原料，如核果类硬壳可制活性炭，柿子叶片可提取单宁，柑橘花、柑橘皮可提炼香精油。有些果实的叶片、树皮可以提炼鞣酸或染料。许多果树木材为国防工业、建筑工业和家具的优良材料等。

三、果树的起源与分布

明确果树的起源与分布，不仅可以了解果树生物学和经济学性状的形成、演化及其与环境的相互关系，为果树种质资源的起源、分类等提供依据，而且可以了解各种果树对生态环境条件的总体要求，为适地适栽、合理区划、引种选种和栽培技术提供理论依据。

据考证，陕西省西安市郊半坡村新石器时代遗址出土栗、榛，江苏省吴江区青莲岗文化遗迹中发现有核果类果核，浙江省余姚市河姆渡新石器时代遗址中有酸枣，皆表明远在5 000年乃至6 000年前，人类即已采集栗、榛、酸枣及核果类作为食物。《诗经》中记载了栗、枣、桃、梨、李等的人工栽培。《山海经》《尔雅》《史记》等古代文献已有杏、梅、柿、山楂、木瓜、葡萄、猕猴桃、柑橘、荔枝、龙眼、枇杷、杨梅、香榧等多种果树的栽培情况记载，现在均能找到它们的野生类型。全世界原产于中国的栽培果树和砧木在200种以上。因此，中国是世界最早、最大的果树起源中心，为世界果树生产发展做出了巨大贡献。

苏联的瓦维洛夫于1923直至1931年对亚洲、欧洲、非洲和中南美洲的68个国家进行全球性考察，于1935年发表了《植物育种的植物地理基础》一文，第一个绘制出了栽培植物起源中心草图，划分了8个独立的起源中心，建立了起源中心理论。他认为绝大多数栽培植物起源于东方世界，尤其是中国和印度，其次是近东和地中海。1968年苏联的茹可夫斯基将8个起源中心扩大到12个。1975年瑞典的泽文和苏联的茹可夫斯基共同编写了《栽培植物及其变异中心检索》，扩大了起源中心的概念，对茹可夫斯基原先提出的12个起源中心进行了修订，即：中国—日本中心、东南亚中心、澳大利亚中心、印度中心、中亚中心、西亚中心、地中海地区中心、非洲中心、欧洲—西伯利亚中心、中美洲中心、南美洲中心、北美洲中心。

任务实施

任务　调查我国果树生产现状与发展趋势

查阅资料，收集信息，梳理我国果树发展历程，调查我国果树生产现状与发展趋势。

一、中国果树栽培发展阶段

我国果树栽培经历了四个阶段。第一阶段：西汉（公元前1世纪）以前，为我国原产果树栽培的时代。第二阶段：西汉以后至19世纪中叶（1871年），为我国原产果树与引种果树栽培结合的时代。第三阶段：19世纪中叶至20世纪中叶，为我国果树小规模专业化发展时代。第四阶段：20世纪中叶以来，为我国果树大规模专业化发展时代。

现代果树业萌芽于19世纪中叶，随着东部沿海城市工商业兴起，人口增多，果蔬的需求激增，加之交通运输业的快速发展，主要果树产区得到发展，地方名特产品的商品化生产开始形成扩大。新中国成立后，特别是改革开放以来，我国果树生产得到空前发展，规模迅速扩大，从1993年起，我国果树种植面积和果品产量一直稳居世界第一，成为促进地方经济发展和农民致富的支柱产业之一。近十几年来，随着高新技术的应用，我国的果树栽培技术主要向矮化密植、良种化、苗木无毒化、机械化和自动化、商品化、设施栽培等方面发展，实现了果树生产的优质、高产和高效。

二、我国果树生产现状

果树栽培导论

改革开放40多年来，我国果树产业发展取得巨大成就，年产值约1万亿元，从业人口1亿人左右，果树种植面积和产量居世界首位，人均果品占有量达195kg。目前，我国已成为果树产业第一大国，果品贸易在世界果品市场上占有重要地位。

当前，我国水果种植面积和产量居前6位的树种分别是柑橘、苹果、梨、桃、葡萄和香蕉，果业已成为我国农业的重要组成部分，果业在保障食物安全、生态安全、人民健康、农民增收和农业可持续发展中的作用日益凸显，是全面巩固脱贫攻坚成果和促进乡村振兴的重要支柱产业之一，尤其是对促进山区经济发展以及保护生态环境具有特别的意义。

在国家现代农业产业技术体系等专项政策的长期稳定支持下，我国主要果树新品种的引进与选育推广工作成效显著，果树品种结构调整进一步优化，适宜国内外市场需求的新品种大面积推广，品种结构明显改善。目前，全国设施果树栽培发展迅速，效益显著，设施果树规模已超过50万hm^2，主要栽培树种包括草莓、葡萄、桃、大樱桃、李、杏等。

同时，我国果树产业尚存在不少问题。如标准化程度低，产品质量不高，市场竞争力不强，单位面积效益逐年下降，病虫害加重，应对突发性自然灾害风险能力不足，劳动力资源匮乏且人力成本逐年飙升，水果种业混乱，砧木育种滞后，科学研究、推广体系与生产组织方式不相适应等问题，制约了果树产业的健康可持续发展。

三、果树生产热点

随着科学发展，社会进步，人们对果品需求量的增加和质量要求的提高，以及适应国际发展形势和增强市场竞争力的需要，我国果品产业逐渐向规模化、现代化和多样化发展，使产业布局更加优化、结构更加合理，不断实现转型升级，并显著提升产业发展的效益。

为了实现我国果业的高质量发展，做强我国果业，提高国际竞争力，实现产业升级，曹永生等学者界定了果业高质量发展的内涵，提出了“一新”驱动、“两优”先行、“三产”融合、“四品”提升、“五减”支撑、“六化”同步的果业高质量发展路径。以创新为动力，构建现代果业体系，做强果业，实现绿色发展，提高劳动生产率和土地产出率，提高果业质量、效益和国际竞争力，增加果农收入。

1.“一新”即创新

创新是引领果业高质量发展的第一动力，是建设现代果业的战略支撑。因此，需要大幅度提高果业科技投入，充分发挥科技创新的关键变量作用和支撑引领作用，创新驱动果业转型升级，满足人民日益增长的美好生活需要和优美生态环境需要。

2.“两优”即优化产业布局和优化种植结构

促进果业发展向优生区聚集，充分发挥产业的规模优势、竞争力和效益，在城市郊区适当发展不耐贮鲜果和设施果树。优化树种结构、品种结构和树形结构，适当减少和稳定大宗水果种植面积，发展特色水果，充分利用野生资源、特色资源和传统老味道品种，推行轻简化、适宜机械化的现代果园树形。

3.“三产”即延长果树产业链，增加果业附加值

利用我国丰富的果树资源，重点开发食品、保健品、护肤品等特色功能性产品。同时建设以果树为核心的田园综合体、特色小镇和美丽乡村等，创作观赏品、文化品和艺术品等，构建休闲果园和体验果园，建设绿色、生态果园，大力发展采摘、休闲、文化和观光旅游等，促进一二三产协同发展。

4.“四品”即品种、品质、品位、品牌

(1)品种　重点聚焦色泽、形状、大小、生育期、砧木和采后品质等重要性状，加快培育优质多样的具有自主知识产权的果树新品种。

(2)品质　建立果品感官评价技术体系，推行果品感官评价，果品品质从满足标准转向满足需求，生产更多口感更好、风味更浓、品质更优、营养更全、功能更多、特色更鲜明的果品。

(3)品位　开发果品中的珍品、极品、稀缺品和奢侈品，丰富果品的文化内涵，提高果品的科技含量，不断推动果业向价值链的中高端迈进。

(4)品牌　顺应消费个性化、多样化发展趋势，增加高品质商品和服务供给，提升果业品牌，形成具有全球影响力的知名品牌。

5.“五减”即减水、减肥、减药、减人和减树

减少化肥、农药和水等投入品的消耗量，建立各种果树的精准施肥配方，构建果树病虫害绿色防控技术体系，研发化肥、农药、水的减施技术和设备，并开展集成示范和应用，提高化肥、农药和水的利用效率。“减人”就是要减少人工的使用，人工工时费是目前果业成本中比重最大的一部分，要加快农艺农机结合，应用肥水一体化，提高果业机械化、智能化水平。“减树”就是在非果树优生区的地方，要减少果树种植面积。

6.“六化”即绿色化、优质化、特色化、标准化、品牌化、工业化

（1）绿色化 坚持绿色发展理念，培育抗病虫、抗逆、营养高效等绿色果树新品种，推广果园生草，使用绿色投入品，推进果业投入品减量化、生产清洁化、废弃物资源化、产业模式生态化，发展资源节约型、环境友好型、生态保育型果业，促进果业发展与生态环境保护协调统一。

（2）优质化 果品优质的核心是风味好，重点加强风味好的优质果树新品种的培育，推行果品优质化生产，生产出好吃、好看、好种、好卖和好想的“五好”水果。

（3）特色化 深入开展特色果树种质资源保护，培育符合不同人群口味的特色品种，发展传统老味道品种，做大做强优势特色产业。挖掘特色果树文化价值，打造一批彰显地域特色、体现乡村气息、承载乡村价值、适应现代需要的特色果业。

（4）标准化 建立与果业高质量发展相适应的果业标准及技术规范，加快国内外果业标准全面接轨，构建覆盖果业生产、经营各环节的标准体系，建设标准化果园，促进产地环境、生产过程、产品质量、包装标识等全流程标准化。

（5）品牌化 建设果业区域公用品牌、企业品牌和农产品品牌，围绕果树优生区塑强一批区域公用品牌，加强科产、科企合作，培育具有国际竞争力的大果商和果业企业集团，推进果业企业与果树优生区紧密结合，打造有影响力和竞争力的企业品牌。

（6）工业化 以工业化思维发展果业，研发果业简单化生产技术，推行果业流程化生产，推动果业生产、加工和经营全程机械化。果业与互联网、物联网、大数据、人工智能深度融合，用现代信息技术改造果业。

四、果树生产未来趋势

1. 经营规模化

分户分散经营是我国多年来果树产业的主要状态。随着生产力和社会发展，这一遍地零星“开花”经营模式的局限性和低效性问题越来越突出，小户经营与大市场的矛盾越来越显现，跟不上市场变化步伐，难以满足不断提高的质量要求。果树栽培发展大趋势是由分散型向规模化转变，通过区域化品种整合，形成一定区域特色品种的基地化生产模式。具体来讲就是打造多户连片、一乡一品、一县一特色的大型种植园、产业园，进行规模化集中经营，形成区域特色果品产业，充分发挥规模化经营的多重效应，提升市场占有率和竞争力。规模化经营的标志是果树栽培的区域化和基地化。

2. 管理集约化和精细化

粗放管理是我国果树栽培分散经营的一种体现，粗放管理最明显特征是“重栽轻管”，最突出的问题是果品质量差，经济收益低。集约化经营和精细化管理是解决粗放管理、果品质量低下问题的重要手段。集约化经营就是集中各种有利于增加果品产量、提升果品质量和提高生产效益的品种、技术、管理和人才等因素，加大对各种要素的管理和增加要素的含量，实现果品生产的劳动力、资金和技术的复合，以及经营管理的集团化和栽培生产的规模化。

3. 发展产业化

我国果品产业多年来一直处于“高产量，低质量”和“世界大产量，国际小市场”的状况。在其他国家果品生产早已产业化发展的大背景下，我国果品经营的这一不良状况的改变势在必行。果品产业化发展含义就是按市场经济化运作，以消费需求为导向，以龙头企业或农村合作组织提供的专业、系统果品营销服务和质量管理为依靠，形成果品的系列化和品牌化的经营方式和组织形式，创建生产、加工、销售一体化的产业发展格局。

4. 需求多元化

根据当前发展形势，为了满足人们不同需要的增长，今后果树栽培的目的不仅仅是生产果品，还要生产生态产品和旅游产品。果品满足人们饮食需要，生态产品和旅游产品满足人们对环境和旅游的多样化需求。通过生产果品、生态产品和旅游产品，实现果树栽培的经济、生态和社会三大效益，充分发挥果树栽培在国民经济中的巨大作用。

5. 栽培设施化

设施化栽培果树是为了满足人们在不同季节和不同时期，能够不受时令限制地享受到所需要的果品；从生产者的角度看，产品能够提前上市，卖出好价，提高效益。设施化栽培就是利用日光温室、塑料大棚等，对室内的温度、湿度和光照的控制，实现果品成熟期的提前或延后。设施化栽培的果树要满足矮化、短枝和紧凑等形态要求，需要引进和培育新的品种。随着科学的进步、科研的深入，果树新的品种不断引进和培育，设施化品种更新的速度逐渐加快。

6. 栽培机械化与管理自动化

机械化栽培和自动化管理能够提高果树栽培和管理水平，实现栽培和管理的科学化和数字化，是将来果树栽培和管理的发展趋势。果园实行自动化管理还能够大大提高生产效率和管理质量。

7. 果品生产绿色有机化

绿色有机化是指生产无害化、产品绿色化、资源循环化、环境清洁化，这是人们对果品生产的更高要求，是将生态优势转化为品质优势、品质优势转化为品牌优势的必由之路。因此，果品绿色有机化生产是产业发展的必然趋势和客观要求。

能力转化

调研当地果树生产现状、存在的主要问题，思考讨论并提出合理有效的解决方案。

模块二

果树生产基础知识

项目一　果树资源与分类

任务目标

知识目标：

了解果树的分类方法与分类依据；掌握我国果树带划分及其主要栽培果树。

能力目标：

能够全面客观分析自然资源与果树分布的关系。

素质目标：

强化服务“三农”意识，厚植爱国爱家情怀，服务地方经济发展。

知识准备

全世界果树植物约有 2 792 种，分布在 234 科 659 个属中。我国共有原产果树和引种果树近 700 种，其中重要的果树有 300 余种，为了便于科学研究和栽培利用，有必要对其进行科学的分类。

一、植物学分类

按照植物所属的科属和亲缘关系进行系统分类，即按照界、门、纲、目、科、属、种逐级划分。

果树植物学分类

二、常见分类法

果树根据生态适应性分为 4 类（表 2-1-1）；根据冬季叶幕分为 2 类（表 2-1-2）；根据植株形态分为 4 类（表 2-1-3）；根据果实结构分为 8 类（表 2-1-4）。

表 2-1-1　果树生态适应性分类

生态适应性	树种举例
寒带果树	山葡萄、秋子梨、榛子、醋栗、树莓等
温带果树	苹果、梨、桃、李、核桃、枣等
亚热带果树	落叶性亚热带果树，如扁桃、猕猴桃、无花果、石榴等；常绿性亚热带果树，如柑橘类、荔枝、杨梅、橄榄等
热带果树	一般热带果树，如番荔枝、人心果、番木瓜、香蕉、菠萝等；纯热带果树，如榴梿、山竹、面包果、可可、槟榔等

表 2-1-2　冬季叶幕分类

冬季叶幕	树种举例
落叶果树	苹果、桃、柿、葡萄等
常绿果树	荔枝、龙眼、枇杷、杧果等

表 2-1-3　植株形态分类

植株形态	树种举例
乔木果树	梨、银杏、板栗、橄榄等
灌木果树	树莓、醋栗、刺梨、番荔枝等
藤本果树	葡萄、猕猴桃、罗汉果、百香果等
草本果树	草莓、菠萝、香蕉等

表 2-1-4　果实结构分类

果实结构	树种举例
仁果类	苹果、梨、山楂、枇杷等
核果类	桃、李、樱桃、橄榄等
浆果类	猕猴桃、柿、葡萄、番木瓜等
坚果类	核桃、阿月浑子、板栗、澳洲坚果、椰子等
聚复果类	果桑、草莓、菠萝、番荔枝等
荚果类	酸豆、角豆树等
柑果类	橘、橙、柚、柠檬、葡萄柚等
荔果类	荔枝、龙眼等

三、栽培学分类

果树栽培学分类

果树生产实际中，为了栽培管理和研究利用方便，常常根据果树生物学特性相似和栽培管理措施大体相近的原则进行分类。在运用上述果树分类方法时，可根据需要采用其中一种或综合使用几种方法。

任务实施

任务 了解我国果树种植分布带

以小组为单位，查阅资料，分析我国果树种植分布特征。

我国具有非常丰富的果树种类资源，广泛分布在全国各地。果树的自然分布具有一定的规律性，对生态环境条件要求相近的基本上集中分布在某一气候区内，明显表现出果树与环境的统一。根据这一规律，可以将我国划分多个果树自然分布地带，简称为果树带。

果树带的划分，不仅可以反映果树自然分布与环境条件的关系，而且可以作为制定果树发展规划、建立果树生产基地、制定果树增产措施以及果树引种和育种的理论依据。但是自然环境条件和果树本身都在不断变化，因此划分的果树带并非不可逾越的永久界线。实践证明，通过某些方法手段均可能使果树突破其原来分布区域，比如人工培育新品种、改进栽培技术、创造优良的生态环境、利用特殊的小气候条件等。

根据各地的自然环境条件(主要是温度、降水、海拔、纬度、光照等)、果树分布的实况及参考过去的果树带划分方法，可以把我国果树划分为八个自然分布带。

一、热带常绿果树带

热带常绿果树带位于北纬 24°以南，其界线基本与北回归线一致，包括海南，广东潮安、从化，广西梧州、百色，云南开远、临沧、盈江，福建漳州以及台湾台中以南的全部地区。

此区域是我国热量最丰富、降水最多的地带。年平均气温 19.3～25.5 ℃，7 月平均气温 23.8～29.0 ℃，1 月平均气温 11.9～20.8 ℃，绝对最低气温多在 −1 ℃ 以上，年降水量 832～1 666 mm，无霜期 340～365 d(多终年无霜)。

主要栽培果树：柑橘、荔枝、龙眼、橄榄、枇杷等。此外，还有桃、李、砂梨、板栗、柿、梅、木菠萝、黄皮、番石榴、番荔枝、腰果、蒲桃、阳桃、杨梅等。

此区域的野生果树资源极为丰富，主要有猕猴桃、锥栗、桃金娘、山楂、野葡萄、羊奶果等。

主要的名产区及品种：广东荔枝、海南椰子、广东新会甜橙、广西沙田柚、广东梅州沙田柚、广东高州香蕉、台湾菠萝、云南景洪杧果等。

二、亚热带常绿果树带

亚热带常绿果树带位于热带常绿果树带以北，包括江西全省，福建大部，广东、广西北半部，湖南溆浦以东，浙江宁波、金华以南，以及安徽南部的屯溪、宿松，湖北南部的武穴、崇阳地区。

此区域暖热湿润，年平均气温 16.2～21.0 ℃，7 月平均气温 27.7～29.2 ℃，1 月平均气温 4.0～12.3 ℃，绝对最低气温 −1.1～8.2 ℃，年降水量 1 281～1 821 mm，无霜期 240～331 d。

主要栽培果树：柑橘、枇杷、杨梅、黄皮、阳桃等。次要的有柿(南方品种群)、砂梨、板栗(南方品种群)、桃(华南系)、李、梅、枣(南方品种群)、龙眼、荔枝、葡萄、核桃、中国樱桃、石榴、香榧、长山核桃、沙果、锥栗、无花果、草莓等。

野生果树:湖北海棠、豆梨、毛桃、榛子、锥栗、胡颓子、郁李、山楂、枳、宜昌橙等。

著名产区和品种:浙江温州蜜柑、黄岩早橘,江西南丰蜜橘,福建龙眼及枇杷等。

三、云贵高原常绿落叶果树混交带

此带位于热带常绿果树带以北,亚热带常绿果树带以西,包括云南大部,贵州全部,四川平武、泸定、西昌以东,湖南黔阳、慈利以西,湖北宜昌、郧阳以西,以及陕西南部的城固、甘肃南端的武都和西藏察隅等。

此区域在北纬24°—33°,海拔自99 m(湖南慈利)至2 109 m(云南会泽),地形复杂多变,具明显的垂直地带性气候特点。年平均气温11.6～19.6 ℃,7月平均气温18.6～28.7 ℃,1月平均气温2.1～12.0 ℃,绝对最低气温0 ℃(云南镇沅)至 −10.4 ℃(河南西峡),年降水量467 mm(甘肃武都)至1422 mm(湖南慈利),无霜期202 d(西藏察隅)至341 d(贵州罗甸)。

栽培果树主要有柑橘、梨、苹果、桃、李、核桃、板栗、荔枝、龙眼、石榴等。其次为香蕉、枇杷、柿、中国樱桃、枣、葡萄、杏、油橄榄、沙果、无花果、海棠果等。

野生果树:猕猴桃、余甘子、湖北海棠、丽江山荆子、锡金海棠、滇池海棠、三叶海棠、树莓、草莓、豆梨、山楂、山葡萄、野樱桃、杏、枣、君迁子、毛桃、枳、杨梅、胡颓子、锥栗、茅栗、榛子、香榧、金樱子、芭蕉等。

著名产区和品种:重庆江津的锦橙、奉节的脐橙,云南昭通和贵州威宁的苹果、梨,西藏察隅的木瓜、桃、葡萄、甜橙、芭蕉、海棠果等,甘肃武都和陕西城固是我国柑橘分布的北缘(北纬33°)。

四、温带落叶果树带

温带落叶果树带位于亚热带常绿果树带及云贵高原常绿落叶果树混交带以北,包括江苏、山东全部,安徽、河南的绝大部分,湖北宜昌以东,河北承德、怀来以南,北京,天津,上海,山西武乡以南,辽宁鞍山、北票以南,陕西的大荔、商县、佛坪一带,浙江的北部等地区。

地势多较低平,海拔通常不超过400 m,年平均气温8.0～16.6 ℃,7月平均气温22.3～28.7 ℃,1月平均气温 −10.9～4.2 ℃,绝对最低气温 −10.1 ℃(浙江嵊州)至 −29.9 ℃(辽宁鞍山),年降水量499～1 215 mm,无霜期157～256 d。

栽培果树主要有苹果、梨、桃、柿(北方品种群)、枣(北方品种群)、葡萄、核桃、板栗、杏等。其次有樱桃(中国樱桃、甜樱桃)、山楂、海棠果、沙果、石榴、李、梅、无花果、草莓、油桃、君迁子、枇杷、银杏、香榧、山核桃等。

野生果树有山荆子、山桃、酸枣、沙棘、杜梨、豆梨、木梨、猕猴桃、毛樱桃、麻梨、湖北海棠、河南海棠、三叶海棠、野葡萄等。

著名产区及品种有辽宁苹果,山东肥城桃、莱阳慈梨、乐陵无核枣,河北定县鸭梨、赵县雪花梨、深州蜜桃,河南灵宝圆枣,安徽砀山酥梨,陕西华县大接杏等。本带南缘少数小气候条件较好的地方,如上海崇明、江苏苏州以及安徽桐城等还有柑橘栽培。

五、旱温落叶果树带

此区域由两部分构成,一部分位于云贵高原常绿落叶果树混交带及温带落叶果树带以西,包括山西北半部，甘肃东南部，陕西西北部，宁夏中卫以南，青海黄河及湟水流域的贵德、民和、循化一带，四川西北的九寨沟、马尔康、甘孜，西藏东南部河谷地带的拉萨、林芝、昌都、日喀则；另一部分位于新疆的伊犁盆地以及塔里木盆地周围的喀什、库尔勒、和田、哈密及甘肃的敦煌。

年平均气温 7.1～12.1 ℃，7 月平均气温 15.6～26.7 ℃，1 月平均气温 －10.4～3.5 ℃，绝对最低气温 －12.1～－28.4 ℃，年降水量 32 mm（新疆和田）至 619 mm（陕西铜川），年平均相对湿度 42%（甘肃敦煌）至 69%（甘肃天水），无霜期 120～229 d。

主要栽培果树：苹果、梨、葡萄、核桃、桃、柿、杏等。也有少量枣、李、扁桃、阿月浑子、槟子、海棠等。

主要野生果树：榛子、猕猴桃、山梨、山荆子、稠李、甘肃山楂、悬钩子、新疆野苹果和四川小叶海棠等。

本带的川西高地、甘肃天水、陕西凤县和铜川、四川的茂县和小金、西藏的昌都、山西太原等地，是我国生产优质苹果最好的地区和苹果外销商品生产基地。新疆塔里木盆地周围的干温地带是我国最大的葡萄生产基地，也是世界著名的葡萄干产区。

六、干寒落叶果树带

此区域包括内蒙古全部，宁夏、甘肃、辽宁西北部，新疆北部，河北张家口以北，以及黑龙江、吉林西部等。

年平均气温 4.8～8.5 ℃，7 月平均气温 17.2～25.7 ℃，1 月平均气温 －8.6～－15.2 ℃，绝对最低气温 －21.9～－32.0 ℃，年降水量 116～415 mm，平均相对湿度 47%～57%，无霜期 127～183 d。

主要栽培果树：小苹果（大苹果需要进行抗旱、抗寒栽培）、葡萄、秋子梨、新疆梨、海棠果等。也有少量李、桃（匍匐栽培）、草莓、树莓等。

野生果树：杜梨、山梨、沙枣、山桃、花叶海棠、山葡萄、山楂、酸枣等。

七、耐寒落叶果树带

此区域位于我国东北角，包括辽宁的辽阳以北，吉林的通辽以东，以及黑龙江的齐齐哈尔以东地区。

这是我国果树栽培纬度最高、气候最寒冷的地区，年平均气温 3.2～7.8 ℃，7 月平均气温 21.3～24.5 ℃，1 月平均气温－22.7～－12.5 ℃，绝对最低气温 －40.2～－30.0 ℃，年降水量 406～871 mm，无霜期 130～153 d。

主要栽培果树：中小苹果、海棠果、秋子梨、杏、乌苏里李、加拿大李、中国李、葡萄等。次要果树有树莓、草莓、醋栗、穗状醋栗、毛樱桃等。

野生果树：西伯利亚杏、辽杏、山桃、刺李、山杏、山楂、毛樱桃、山葡萄、越橘、榛子、猕猴桃等。其中大量的山葡萄、猕猴桃等野生果树是良好的制果汁、果酒材料，现正开发利用。

八、青藏高寒落叶果树带

此区域位于我国西部北纬 28°—40°，包括西藏大部分地区，青海绝大部分地区，甘肃西南角的合作、碌曲，以及四川北端。

此区域主要处于青藏高原山地，海拔多在 3 000 m 以上。年平均气温仅 −2.0～3.0 ℃，绝对最低气温−24.0～−42.0 ℃，因此本带属高寒地区。由于本带降水较少，比较干燥，因此又属干寒地区。

此区域仅有少量李、杏等果树分布。

能力转化

结合实际，分析当地属于哪一个果树带，有哪些果树资源。

项目二　果树的生长发育

任务目标

知识目标：

了解果树各器官的生长发育特性与影响因素；熟悉果树生长发育周期规律。

能力目标：

能够识别果树各器官类型，分析其生长特性并为其营造合适的生长环境。

素质目标：

树立大局意识，学会以发展的眼光看问题。

知识准备

果树树体结构

一、果树的根

（一）根系的类型

根据根系的发生和来源不同，根系可以分为以下几种：

实生根系：播种进行繁殖，由胚根形成的根系。特点是有主根并且发达，根系在土层中分布较深，生理年龄较轻，生活力和适应性强。

茎源根系：由扦插、分株或压条形成的根系，为不定根。特点是主根不发达，根系分布较浅，生理年龄较老，生活力和适应性较弱。

根蘖根系：由根上发生不定芽形成根蘖，与母体脱离后可以形成新的个体，新独立个体的根系称为根蘖根系。其特点与茎源根系相同。

（二）根系的结构

果树根系包括骨干根和须根两大类；有的果树还有与其共生的菌根。

1. 骨干根

种子繁殖的果树根系，其骨干根包括主根和侧根（图 2-2-1）。主根由种子的胚根发育形成，在主根上分生的各级粗大的根为侧根。骨干根粗而长，色泽深，寿命长，主要起固定、疏导、贮藏作用。

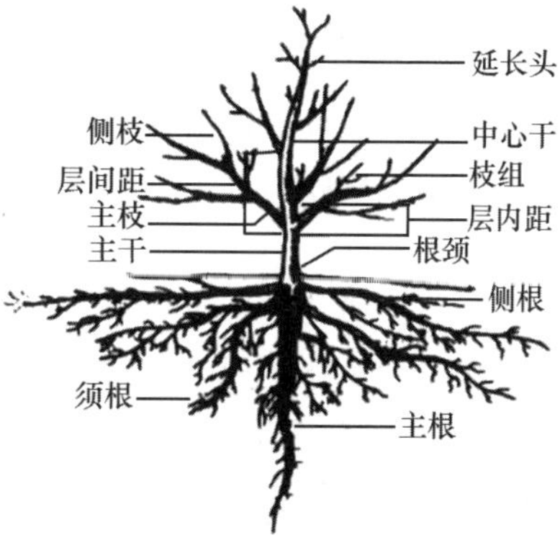

图 2-2-1　果树的根

2. 须根

须根是果树根系最活跃的部分，按形态结构及功能可分以下几部分。

(1)生长根　为初生结构,白色,有分生和吸收能力,能扩大须根分布范围,形成吸收根。

(2)过渡根　白色的生长根经过一定时间生长逐渐变为棕黄,失去生长能力,变为过渡根。

(3)输导根　过渡根进一步发育,具有次生结构,褐色,起输导作用,也能吸收,逐年增粗,能变成半骨干根和骨干根而固定树体。

(4)吸收根　为初生结构,白色,长 0.1～4 mm,粗 0.3～1 mm,吸收水分和矿物质,并能转化有机物及部分激素类物质。一般不能变为次生结构,寿命仅 15～25 d,由白色变成浅灰色,起过渡根作用,经一定时间死亡。

(5)根毛　为果树吸收养分、水分的主要部位,寿命很短。

3. 菌根

菌根与果树根系共生,有利于果树根系吸收,活化根系的生理机能。

(1)共生与菌根类型　两种生物互相依赖,各自获得一定利益的现象称为共生。根系与土壤中一些真菌存在共生的现象,我们把这种共生体称为菌根。根据真菌侵入未木栓化皮层的程度,可以将菌根分为三种类型(图 2-2-2)。

①外生菌根　多数木本植物都能形成外生菌根,如石楠科、蔷薇科、胡桃科、柿树科、壳斗科和葡萄科的一些果树。

②内生菌根　包括大多数一年生作物、许多灌木和乔木树种都有内生菌根,如柑橘、樱桃、桃都具有内生菌根。

③兼生菌根　同时具内生和外生菌根特点的内外生菌根。

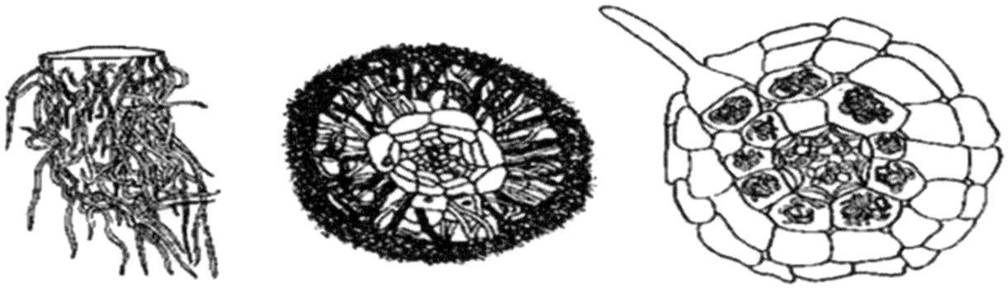

图 2-2-2　外生菌根(左、中)与内生菌根(右)

(2)菌根的作用

①扩大了根系的吸收范围,增强了吸收能力　菌根的菌丝或菌丝束向四周扩展,扩大了吸收面积,改善了根系对土壤扩散率低的元素的吸收能力。

②提高树体的激素水平　有研究表明菌根真菌能合成细胞分裂素、生长素、赤霉素和维生素等,提高叶片中激素的活性。

③促进果树的糖代谢　菌根能提高根系向地上部供应营养的能力,促进地上部光合产物的提高。菌根还能够将吸收的糖转化为海藻糖和甘露醇并贮存起来,再转化为被寄主利用的糖类物质。

④提高果树的抗病力　菌根分泌抗生素抑制有害病菌发育,净化根际环境,菌根可以有选择地与某些微生物共栖,而抑制另一些微生物的生存,从而提高了抗病性。

(3)菌根的生产应用

①减少化肥施用量　提高肥料利用率,降低成本,减少土壤污染。

②提高果树的适应力　菌根可以提高果树的抗病性,在干旱条件下菌根可以增加水分吸收,增强输导效率和抗旱力,适应性也随之提高。

③解决果树连作障碍　果树连作引起发育不良，抗性降低，甚至死亡。栽植前结合土壤杀菌处理，施用菌根剂可克服重茬障碍，有较好效果。

（三）根系生长特性

1. 根系分布

果树水平根沿着土壤表层向平行方向生长。其分布深度与范围因地区、土壤、树种、砧木不同而变化。水平根多分布在肥沃土层，对果树地上部的营养供应起极重要的作用。

果树垂直根与土壤呈垂直方向生长。伸入土壤深度决定于树种、砧木、繁殖方式、土层厚度和土壤理化特性。一般来说，乔化砧木垂直根强于矮化砧。种子繁殖的垂直根强于无性繁殖的果树。土壤疏松，通气良好，下层土壤水分、养分充足，垂直根分布就较深；地下水位高，下层有黏土、砾石层，则分布较浅。垂直根能固定树体，吸收较深层土壤中的水分和养分，有利于果树抗旱、抗寒。

2. 根系生长动态

（1）果树根系生长情况　果树根系无自然休眠现象，周年内均可生长，在一些特定条件下可被迫停止生长。一年内生长有所起伏。随着开花和新梢生长，根系生长逐渐减弱。当春梢生长即将停止，果实加强生长和花芽大量分化前，出现第二次根系生长高峰，这是全年发根最多的时期。以后随着果实迅速发育，大量花芽分化，根系生长又逐渐减弱。果实采收后，花芽分化大致稳定，根系生长出现第三次高峰。以后随土温下降，根系生长逐渐减弱。

（2）果树根系生长特点

①在一年中没有自然休眠，条件适合，随时可以生长。

②在一年中呈现几次生长高峰。

③年生长动态与树种、品种、砧木特性和环境条件均有关系。

④根系生长与地上部分的生长呈互相消长关系。

⑤在一年中不同土层的根系也是交替生长的，这与温度、湿度、通气条件有关。

⑥根系昼夜均可进行生长，夜间生长量与发根量多于白天。

⑦根系的吸收总面积的变化，与年周期生长高峰基本吻合。

⑧无论是一年还是一个生命周期，根系都有一个发生、发展、衰老、更新和死亡的过程。

（四）影响根系生长的因素

和地上部比较起来，根系对不良的外界条件表现更为敏感。许多果树的吸收根只能存活1～2周，除遗传因素外，主要是不良的环境条件引起的。

（1）地上部有机养分的供应　根系的生长与养分、水分的吸收运输和合成所需要的能量物质都依赖于地上部有机营养的供应。地上部分的营养供应直接影响到根系的生长状况。

（2）土壤温度　每种果树的根系生长都有最适宜的生长温度。不同种类，乃至同一种类不同品种的果树，其根系最适温度也不一样。对多数果树来说，根系的适宜生长温度为20～25 ℃。

（3）土壤组成　土壤的固相、液相和气相的组成比例对根系生长影响很大。土壤田间持水量60%～80%是适宜果树根系生长的，根系正常生长要求含氧量在10%以上。

（4）土壤养分　通常，土壤的营养不像水分、温度和通气条件那样成为根系停止生长甚至死亡的因素。但肥沃的土壤根系发育良好，吸收根多，根系持续活动时间长。

二、果树的芽

芽是枝、叶、花或花序的雏体，也是果树度过不良环境的临时性器官，对果树繁殖、更新复壮意义重大。

(一)芽的种类

从不同角度、采用不同方法可将果树的芽分成许多类型。

果树的芽

1.叶芽与花芽

按照芽的性质不同，分为叶芽和花芽；花芽又分为纯花芽和混合花芽。纯花芽内只有花的原始体，萌发后只开花结果而不长枝叶，如桃、李、杏、樱桃等的花芽。混合花芽内既有枝叶原始体、又有花的原始体，萌发后先长一段新梢，并在新梢上开花结果。多数落叶果树的花芽都是混合花芽，如苹果、梨、山楂、柿、枣、葡萄等。

2.顶芽与侧芽

按照芽着生的位置不同，分为顶芽和腋芽(亦称侧芽)。

3.单芽和复芽

按照同一节上着生芽的数量多少，分为单芽和复芽，每节只生1个芽称为单芽，着生2个及2个以上芽称为复芽。

4.早熟性芽、晚熟性芽和潜伏芽

(1)早熟性芽　当年形成、当年萌发的芽，如葡萄、桃。

(2)晚熟性芽　第一年形成、第二年萌发的芽，如梨、李子、杏。

(3)潜伏芽　芽形成后不萌发，呈潜伏状态，一旦受到刺激即可萌发。

5.活动芽和休眠芽

按照芽能否按时萌发，分为活动芽和休眠芽(亦称隐芽)。休眠芽是指上一生长季(年)形成，在第二生长季(年)甚至连续数年或更长时间都不萌发的芽。

另外，如依芽体外有无鳞片包被，分为鳞芽和裸芽。依芽发育的饱满程度不同，分为饱满芽、瘪芽和盲芽。若同一芽体内包含2个以上的芽，则处于中央位置、发育程度最好的芽称为主芽，处于两侧或周围、发育程度较差的芽称为副芽。副芽一般情况下都不萌发而处于潜伏状态，但寿命较长，对树体更新具有重要意义。

(二)叶芽的形成与分化

落叶果树叶芽的形成与分化，大致有以下三个时期。

1.叶芽原基出现期

果树的叶芽春季萌发前，芽内已经形成新梢的雏形，称为雏梢。随着叶芽的萌发，形成新梢，由基部往上各叶腋间发生新一代芽的原基。随着新梢生长，新的叶腋出现，可以不断分化直至新梢停长。

2.鳞片分化期

芽原基出现后，生长点由外往内分化鳞片原基，以后逐渐发育增大，形成固定形态的鳞片。鳞片分化的时期大致和节上着生的叶片增大时期相一致。

3. 雏梢发育期

叶芽鳞片分化以后，如果条件适合，就可开始花芽分化，形成花芽。如果条件不具备，叶芽进入雏梢发育期。

（三）叶芽的特性

1. 芽的异质性

同一枝条上处于不同节位的叶芽，在饱满程度、生长势、萌芽力均存在着明显的差别，称为芽的异质性。

这是由于不同部位的芽在发育过程中所处的环境条件及树体营养状况不同所造成的。一般枝条基部的芽在早春形成，处在新梢生长开始时，气温较低，形成的叶面积小，所以芽发育较差，常形成瘪芽或隐芽。以后气温升高，叶面积增大，光合作用增强，芽发育充实饱满。在果树修剪中，常利用芽的异质性，选用饱满芽或瘪芽、盲芽做剪口芽，以调节枝势。

2. 芽的早熟性和晚熟性

有些果树当年新梢上形成的芽，当年能够萌发成枝，一年内能多次分枝，称为早熟性。具有早熟性芽的果树，如桃、葡萄、枣等，年生长量大，树冠扩大快，幼树进入结果期早。而梨、核桃、柿、板栗等多数果树当年新梢上形成的叶芽，一般当年不萌发，待到第二年春季才萌芽。

3. 萌芽力

发育枝上的叶芽能够萌发的能力称为萌芽力，通常以萌发芽占总芽数的百分率表示，所以也称萌芽率。不同果树萌芽率不同，同树种不同品种间的萌芽率也有差异。萌芽率在50%以上的为萌芽力强。

4. 成枝力

发育枝上的叶芽萌发形成长枝的能力称为成枝力。形成长枝数量多的成枝力强，反之则弱，通常以形成的长枝数占总芽数的百分率表示。果树中桃、杏、葡萄成枝力较强，梨、板栗、柿成枝力较弱。同一树种不同品种之间也有差别。

5. 芽的潜伏力

果树各类枝条的潜伏芽（隐芽）发生新梢的能力称为芽的潜伏力。芽的潜伏力强的果树容易更新、复壮，果树寿命较长，如葡萄、枣。芽的潜伏力弱的果树容易衰老，寿命较短，如桃。

6. 顶端优势

顶端优势是指活跃的顶端分生组织或茎尖常抑制其下侧芽萌发，处于枝条顶端的芽往往首先萌发，而且长势最强，向下的侧芽长势依次减弱的现象。顶端优势强弱与树种、品种和枝条着生姿势有关。除去顶芽或以瘪芽、盲芽带头或开张枝条角度均可以控制顶端优势，促进下部侧芽萌发，是生产中常用的调节枝条长势的措施。

果树叶芽发育特点是果树整形修剪的重要依据，正确运用可使幼树加速成形，提早结果；可使大树维持正常的生长和结果间的关系，达到丰产、稳产和优质的目的。

三、果树的枝

（一）枝条的类型

1. 依枝龄分

凡是当年抽生，带有叶片，并能明显地区分节和节间的枝条称为新梢。不易区分节间的称为缩短枝或叶丛枝。新梢以其抽生的季节不同又可分为

枝的种类和特性

春梢、夏梢、秋梢和冬梢。

新梢在秋、冬季落叶后称为一年生枝。一年生枝在翌年春季萌芽后称为二年生枝。着生在二年生枝上的枝条称三年生枝,以此类推。二年生以上的枝统称多年生枝。

2. 依枝的性质分

营养枝上只有叶芽,萌发后只生枝叶而不开花结果,依据其生长状况不同又可分为徒长枝、发育枝。

结果枝是指着生有纯花芽的一年生枝或当年的带果新梢。

结果母枝是指着生有混合花芽的一年生枝或者直接着生结果枝的枝。

3. 依着生姿势分

根据枝条开张角度或与主干枝的夹角大小,分为直立枝、斜生枝、水平枝和下垂枝。生产中经常利用改变枝条着生姿势(即分枝角度)的方法来调节生长势。

4. 依所起的作用分

(1)骨干枝　果树上构成树冠骨架的永久性大枝称为骨干枝(图 2-2-3)。例如,中心主干、主枝、侧枝、副侧枝等总称为骨干枝。各类骨干枝要从属分明,分布均匀,使树势平衡,结构合理,通风透光良好,这是达到果树高产、稳产、优质、长寿的重要条件之一。

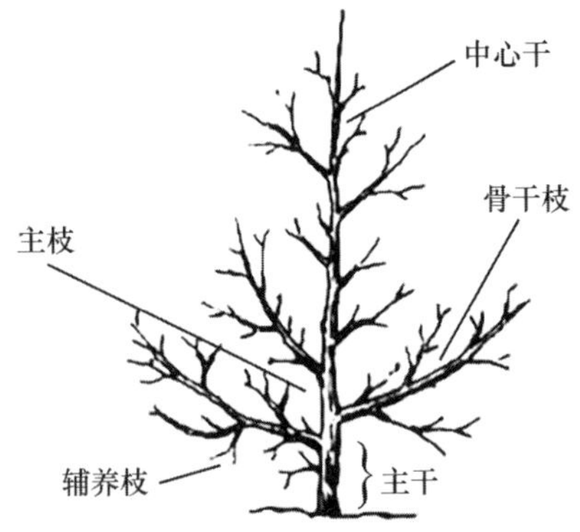

图 2-2-3　果树枝干

(2)辅养枝　是指在幼树阶段,除骨干枝外,其他所有枝条的总称。作用是利用其上叶片制造营养,促进骨干枝生长,加快树体发育,并可利用其提早结果;成年后视其需要和所处空间大小,或改造为结果枝组或疏除。辅养枝是一种临时性枝或过渡性枝。

(3)延长枝　是指处于各级骨干枝和中、大型枝组尖端的一年生枝(或新梢),它的延伸方向决定骨干枝或枝组的发展方向,其生长强弱对骨干枝和枝组的长势有很大影响。可见延长枝选定是否合理直接影响整个树体结构,因此,在果树修剪实践中特别强调骨干枝和大、中型枝组延长枝的选择和剪截。

(4)竞争枝　指着生在延长枝附近,长势与延长枝相当,可能与延长枝产生竞争的枝。竞争枝处理不及时或不合理,不仅造成养分浪费,而且严重扰乱树体结构,因此修剪时要及时处理。

(二)枝条的基本特性

1. 生长势

枝条生长强弱和枝类组成的性状综合表现称为生长势。枝条生长势按营养枝的总生长量、节间长度、分枝次数及春、秋梢生长状况来确定。抽生长枝数量愈多、长度愈长者,则其生长势愈强。树势强弱是制定栽培管理措施的重要依据,而生长势则是衡量树势强弱的最重要形态指标。

2. 生长量

生长量是指枝条增长的重量。由于重量与枝条粗度呈正相关,因此,也可泛指枝条的粗度;对一年和多年生枝均适用,是衡量枝条营养多寡的指标。对于骨干枝和大、中型枝组,生长量大小与其长势密切相关:生长量大者,营养贮藏多,所发枝的生长势也往往偏强,若不加以控制，结果会强者更强，弱者愈弱，致使树体平衡遭到破坏。

3. 干性

干性是指中心干的强弱和维持时间的长短。中心干强、维持时间长者为干性强，反之为弱。干性强弱主要决定于树种、品种的生长习性，是确定树形结构的重要依据。

4. 分枝角度

分枝与母枝所形成的夹角称为分枝角度。分枝角度大者长势缓和，容易形成花芽。各种丰产树形对骨干枝的分枝角度都有基本要求，角度大、通风透光好，树冠内可容纳较多的枝组，有利于获得优质丰产。在修剪中也常用改变骨干枝、枝组分枝角度的方法，平衡树势和枝势。

（三）枝条生长年周期规律

1. 加长生长

果树枝条的加长生长是由枝条的顶端分生组织的细胞分裂和伸长而实现的。由一个叶芽发育成一条枝，通常要经过以下三个时期。

(1)开始生长期　叶芽萌发后幼叶伸出芽外，节间伸长，幼叶分离。此时新梢上的叶较小，含水分多，光合作用弱，新梢生长主要靠树体上年积累贮藏的营养物质。

(2)旺盛生长期　节间伸长明显，叶片增多，叶面积加大，光合作用增强。新梢生长依靠当年叶片制造的养分。

(3)缓慢生长和停止生长期　受外界环境的变化和果实、花芽、根系发育的影响，新梢长至一定时期，生长点细胞分裂逐渐减慢到停止，加长生长也逐渐减慢到停止，形成顶芽。木栓层形成，机械组织的细胞内充满木质素，新梢完全木质化而成熟，出现蜡质、茸毛等保护组织，准备越冬。

不同树种新梢生长动态有很大差异，同一种类也会因品种、环境、树龄、树姿、负载量等因素的影响而有所变化。

2. 加粗生长

果树枝干由于形成层细胞不断进行分裂、分化、增大而不断增粗。一般加粗生长稍晚于加长生长，停止生长也较迟。芽开始萌动时，接近芽的形成层先开始活动，然后逐渐向枝的基部发展。落叶果树形成层开始活动稍迟于萌芽，春季形成层细胞分裂较弱，加粗生长也较弱，主要靠上年贮藏的营养。以后随新梢加长生长加强，形成层细胞分裂加强，此时叶片光合作用也加强，积累养分较多，所以枝干加粗生长增强，粗度增加明显。以后随着气温下降，加长生长停止后，加粗生长也逐渐变慢而最后停止。

多年生枝条只有加粗生长而没有加长生长。枝龄越小，加粗的绝对值越小，相对值越大；矮化砧木嫁接的果树增粗较慢，主要原因在于接穗枝条导管数量和面积较少。

多数果树多年生枝干的加粗生长比加长生长要晚 1 个月左右开始，生长停止的时间要推迟 2～3 个月。

（四）枝条生长的特点

1. 顶端优势

果树枝条顶端生长点抑制其下侧芽或侧枝的发育，上部芽能萌发抽生强枝，其下侧芽或侧枝生长势逐渐减弱，最下部芽不萌发，处于潜伏状态。因此果树树冠内的中心干的生长势强于同龄的主枝，树冠上部的枝条要强于下部的枝条。

2. 层性

果树枝条的生长由于具有顶端优势，其上的芽有异质性，所以枝条上部的芽萌发形成长枝，中部的芽形成短枝，下部和基部芽不萌发，每年如此生长，枝条的分布有成层排列的特性。在生产上部分果树可根据这一特性培养分层的树形。

3. 垂直优势

枝条着生的方位不同而导致枝条生长势强弱的不同，直立生长的强，下垂枝条弱。分枝角度越大，生长势越弱，越有利于结果。

影响枝梢生长的因素包括环境条件如光照、温度、水分等以及砧木和品种特性。

四、果树的叶

（一）叶的形态

单叶：如仁果类、核果类果树的叶片。

复叶：如核桃、荔枝、龙眼的叶片。

单生复叶：如橙、柚的叶片。

（二）叶的发育

果树叶原基出现后就进行叶片、叶柄、托叶的分化，经过萌芽叶片展开，直到叶片停止增大为止。萌芽后叶片展开，叶面积迅速增大，叶柄伸长，叶片内部进行组织分化和发育。每个叶片从展叶到叶面积停止扩大所需要的时间，有很大差别，一般枝条下部叶片发育的时间较长，上部较短。不同树种、品种间也有很大差异。

树冠内各种叶片出现的时间不同，并处于不同的发育阶段，因此光合能力不一样。幼嫩叶片，组织分化不完善，叶绿素浓度低，光合能力较弱。随着叶龄增加，叶面积扩大，组织分化完善，叶绿素浓度增高，生理代谢活跃，光合能力较强，一直到叶片成熟。以后叶片逐渐衰老，生理活性降低，光合能力逐渐下降。

（三）叶幕

叶幕是指在树冠内集中分布区的全部叶片构成的具有一定形状和体积的集合体。

根据果树的年龄、树形和树龄的差异，形成的叶幕形状和体积也不相同。落叶果树的叶幕在年周期中有明显的季节变化，一般树势强、幼年树、发生长枝为主的树种、品种，叶幕形成的时间较长，叶片出现高峰晚；树势弱、年龄大、发生短枝为主的树种、品种，叶幕形成的时间较短，叶片出现高峰早。

生产上常以叶面积指数 LAI(总叶面积/单位土地面积，或单株叶面积/单株营养面积)来表示。叶面积指数高，表明叶幕内的叶片多，反之则少。一般果树的叶面积指数以 3.5～4 比较适合，耐阴树种可以稍高。叶面积指数小于 3，是为低。叶面积指数过高，表明叶幕过厚，叶片过多，树冠内光照不良。如果树冠内部的光照处在全光照的 30%以下，叶片的光合能力下降，合成低于消耗而变成寄生叶。所以树冠过大，叶面积指数过高，会导致产量下降，目前采用矮化密植，小冠整形，就是为了增加树冠内的有效光区，提高光能利用率。

五、花芽分化

果树芽轴的生长点经过生理和形态的变化，最终构成各种花器官原基的过程，称为花芽分化。通过缩短童期的方法可以使实生苗尽早开花、结果。对于无性系果树，尽快完成从营养生长向生殖生长的转化，每年稳定地形成数量适当、质量好的花芽，才能保证早果、高产、稳产和优质。

（一）花芽类型

（1）混合花芽　又称混合芽，既有叶原基和腋芽原基，又有花部原基；既抽枝发叶，又开花结果。根据着生部位不同又可分为顶花芽和腋花芽两类。顶花芽着生在枝的顶端。腋花芽着生在枝的叶腋间。

（2）纯花芽　花芽内只有花器官，不能抽生枝叶。根据着生部位不同，也可分为顶花芽和腋花芽两类。

（二）花芽分化过程

果树的生长点内开始区分出花原基或花序原基时，称为花的开始分化。随后，花器官各部分原基陆续分化和生长，称为花的发育。从花原基最初形成至各花器官形成完成，称为形态分化。在此之前，生长点内进行着由营养生长向生殖生长状态的一系列的生理、生化转变，称为生理分化。

（1）生理分化　生长点内由叶芽的生理状态转向形成花芽的生理状态的过程为花芽的生理分化，绝大多数果树是新梢生长缓慢或停止之后开始的；此时期生长点原生质处于不稳定状态，对外界因素具有高度的敏感性，是决定花芽分化的关键时期，即分化临界期，也称花芽孕育期。

（2）形态分化　落叶果树的叶芽从生理、组织、形态方面向着花芽的生理、组织、形态转化，直至芽内部花器官出现的过程，称为花芽的形态分化。

（3）性器官形成期　形成花粉母细胞、胚囊等性细胞的时期，此时期一直延续到开花。

（三）花芽分化的特点

（1）长期性　需要经历生理分化→形态分化→休眠期→性器官形成期。

（2）不可逆性　正常情况下，花芽形态分化一旦开始，将按部就班地继续分化下去，此过程通常是不可逆转的。

（3）相对集中和相对稳定性　各种果树花芽分化的开始期和盛期在不同年份有差别，但大都集中在6—9月。花芽分化的相对集中和相对稳定性与相对稳定的气候条件和物候期有密切关系。一般是在新梢停长后（包括春梢、夏秋梢）和采果后各有一个分化高峰。

（四）花芽分化的条件

花芽的形成受基因控制，同时需要一定的条件。

1. 内部条件

花芽分化需要植株体内积累足够的营养物质，如激素、酶类和遗传物质等。

2. 外部条件

（1）光照　落叶果树的花芽分化对光照强度要求较高，光照不足会降低光合速率和树体的营养水平，使花芽分化不良。同时强光能抑制新梢内生长素的合成，从而抑制新梢生长，也有利于花芽分化。大多数果树对光周期反应不敏感，少数敏感。

（2）温度　不同果树的花芽分化有各自适宜的温度范围。落叶果树在花芽发育的后期，还要求一定低温以完成分化过程，否则会出现败育或花器官不全现象。

（3）水分　花芽分化期短时间适度控制水分（田间持水量60%左右），水分胁迫可抑制新梢生长，有利于光合产物的积累，增加精氨酸水平，提高叶内脱落酸（ABA）、细胞分裂素（CTK）含量，从而抑制赤霉素（GA）的合成和淀粉酶的产生，促进淀粉积累并抑制吲哚-3-乙酸（IAA）的合成。水分过多会引起细胞液浓度降低，延长新梢生长，不利于花芽分化。

（4）养分　进行花芽分化需要消耗大量的氮、碳、磷、钾、锌等营养物质，充足的营养能保证果树正常进行花芽分化。营养物质不足时，花芽分化极少或分化的花芽质量较差，花器官败育，形成大量不完全花芽，这种花芽部分在越冬时受冻或干枯死亡，大部分萌芽后形成不完全花，不能正常授粉受精，不能结果，反而消耗大量养分。

（5）重力作用　水平枝比直立枝易成花，这可能与生长素水平下降和乙烯水平增高有关。

（五）花芽分化的调控

应用农业技术可以在一定程度上调节与控制花芽的形成。各种技术措施效果都因树种、品种、年龄和树体状况而有所不同。

（1）调控时间　一般来说，花芽分化持续的时间较长，同一植株上花芽分化的时间也有早有晚，但在地区、年龄、品种相同的情况下，对产量构成起主要作用的枝条类型基本相同，花芽分化期也大体一致。例如，柑橘在适生区的北部以春梢结果为主，越向南推移，夏梢和夏秋梢结果的比例越大。调控措施应在主要结果枝类型花芽诱导期进行，进入分化期效果就不明显。

（2）平衡生殖与营养生长　生长平衡是控制花芽分化的主要手段之一。例如加大疏果量，有利于花芽形成；幼树通过轻剪、长放、拉枝等手段缓和生长势，可促进成花；因地制宜地选择矮化、半矮化或乔化砧，可以适时结果；环剥、环割和倒贴皮也有明显的促花效果。

（3）控制环境条件　通过修剪改善树膛内部的光照条件，花芽诱导期控制灌水，合理增施硝态氮肥和磷、钾肥，均能有效地增加花芽数量。

（4）生长调节剂的应用　目前应用最为广泛的是乙烯利、丁酰肼和多效唑。由于这些物质抑制茎尖赤霉素的合成，使枝条生长势缓和而促进成花。

六、果实的生长发育

（一）坐果

从开花结果到果实生长成熟的过程称为坐果。

1. 单性结实

不经授粉，或虽经授粉而未完成受精过程而形成果实的现象称为单性结实。单性结实又分为自发性和刺激性两种类型。单性结实的果实大都无种子。

（1）自发性单性结实　子房发育不受外来刺激，完全是自身生理活动造成的，称为自发性单性结实。

（2）刺激性单性结实　经过授粉但未完成受精过程而形成果实，或受精后胚珠在发育过程中败育，称为刺激性单性结实。

2. 无融合生殖

不经过受精也能产生种子的现象称为无融合生殖。如柑橘类果树能以珠心和珠被组织直接发育成胚。

3. 自花结实

同一品种内授粉，称为自花授粉；如果自花授粉后能获得商品生产所要求的产量，称为自花结实;反之,则称为自花不实。

4. 异花结实

不同品种间进行授粉,称为异花授粉。如果异花授粉后能获得商品生产要求的产量,称为异花结实。供给花粉的品种称为授粉品种或授粉树。有的品种间异花授粉不能结实或结实很少,这种现象称为异花不亲和。有些自花结实的品种,异花授粉后能提高产量。

5. 雌雄异熟

雌雄同株或雌雄异株的果树,雌蕊和雄蕊不在同一时期成熟,称为雌雄异熟,也需要授粉树。

(二)坐果的过程

1. 授粉受精

果树的花粉粒落到雌蕊柱头上,条件适宜时萌发形成花粉管,进入柱头,并继续伸长进入花柱,到子房和心室,释放精细胞和雌配子(卵细胞、助细胞)结合,即为果树的受精过程。这一过程能否正常进行,常受性器官的发育程度、生态条件和营养状况的影响。

(1)性器官发育　花内性器官的发育差异较大,发育正常的能保证受精坐果,发育不正常的就不能受精坐果。果树性器官的败育有以下两种情况。

①花粉败育　花粉在发育过程中出现组织退化、中途停止发育、萎缩现象。

②雌蕊败育　雌蕊在发育过程中也存在败育现象。一般雌蕊败育不能受精结实,雌蕊内胚珠较多的果树,胚珠部分败育、部分正常时,能受精结果。

(2)生态条件对性器官发育的影响

①温度　直接影响花粉萌发和花粉管生长,不同树种、品种的最适温度不同。

温度还影响花粉管通过花柱的时间。温度过低时,花粉管生长缓慢,到达胚囊前,胚囊已失去受精能力。所以花期低温易使胚囊和花粉受到伤害,同时低温还影响养分物质的合成和分配。低温也影响授粉昆虫的活动,蜜蜂活动一般需 15 ℃以上的气温。

②风　花期遇 17 m/s 以上风速的大风,不利于昆虫活动,并使雌蕊枝头干燥,花粉不易萌发,影响受精、坐果。

③湿度　阴雨潮湿天气不利于昆虫传粉,花粉很快失去生活力,或花粉吸水过多、膨胀破裂。干旱使雌蕊柱头干萎、花粉不能萌发,影响受精结果。

④大气污染　大气污染会影响花粉发芽和花粉管生长。有研究表明,空气中氟剂量增加,会使甜樱桃花粉管生长减弱。

⑤光照　光照不足也极易引起落果。

(3)营养状况对性器官发育的影响　果树体内营养供应状况对花粉萌芽、花粉管生长速度、胚囊发育及其寿命,以及柱头接受花粉的时间有重要影响。

①氮充足可加速花粉管生长,延长柱头接受花粉的时间和胚囊接受授精的时间,加快受精后的胚囊和胚珠的生长。氮不足时花粉管生长缓慢,胚囊寿命短,当花粉管到达珠心时,胚囊已失去功能,不能受精。所以花期喷氮能提高坐果率。

②磷能促进花芽内的组织分化。缺磷会延迟花芽萌发,延迟花期,影响异花授粉、受精的概率,不利于坐果。同时还会降低细胞激动素的含量,进一步降低坐果率。

③缺钙抑制花粉管的生长,影响花粉管向胚珠方向的向心生长。

④硼对花粉萌发和受精有良好影响,能促进对糖的吸收、运转和代谢,并增加对氧的吸收,

有利于花粉管的生长。硼不足也影响花粉萌芽、花粉管生长而不利于受精。所以花期喷硼也能提高坐果率。

此外，赤霉素能加速花粉管的生长，并能提高自花不实果树的坐果率。

2. 胚、胚乳的发育

多数果树坐果需要胚和胚乳的正常发育，由于某种原因使胚或胚乳发育受阻，果实常发育不全，呈畸形，易脱落。由于多倍体的染色体行为不正常，即使已受精的合子也不能正常发育。

胚发育所必需的营养物质如碳水化合物、氮素以及水分缺乏，常是胚停止发育、引起落果的主要原因。因此，增加贮藏营养，或调节养分分配，抑制枝叶徒长，疏除过多的花果等措施，都可提高坐果率。

低温伤害和光照不足，授粉期过多的降雨促进新梢旺长等情况，都会对胚的发育不利。

（三）落花落果

果树开花后有落花落果的现象，是生物为了适应不良环境和节约自身营养而形成的一种自我调节方式。

第一次落花落果是在开花后随即发生，子房尚未膨大而脱落，原因是花芽分化不良，花器官生活力弱，无授粉受精能力；虽然花芽发育正常，但因气候不良和花器官特性的限制，开放的花没有授粉或授粉不良而落花。

第二次落花落果发生在开花后第 2 周，子房开始膨大而后脱落，原因是没有受精或受精不良。

第三次落花落果发生在开花后第 4 周，有大量幼果脱落，常称“六月落果”或“生理落果”，主要原因是营养不良，果实和其他器官间对营养产生竞争，枝叶生长上消耗多；特别是氮素供应不足，导致胚发育中止。缺硼、锌等微量元素也会导致落花落果。

此外，早春低温、多湿、光照不足，常抑制花粉发芽和胚的发育、影响昆虫活动；水分过多影响根系生长、吸收；水分不足容易使花柄产生离层；花期多雨使花粉破裂、被冲失，柱头分泌物流失，不利于授粉受精；大气干燥也会导致柱头干缩，不能授粉受精；低温会使胚中止发育而发生落花落果。

有的品种在成熟前（采收前 3～4 周）有落果现象，常称“采前落果”，也影响果树的产量，主要是异常环境条件和病虫危害导致的，也和品种的遗传特性有关。

（四）提高坐果率的措施

（1）加强综合管理　调节树体和生长发育的平衡，加强前一年夏秋季的管理，延长有效叶片的寿命，防治病虫害。

加强氮肥管理，提高树体氮素水平，促进花芽分化，第二年秋季和开花期，通过环割等措施，使营养生长和生殖生长平衡。花前灌水，开花期喷施尿素、磷酸二氢钾、硼肥等。

（2）保证授粉受精的条件　大多数果树为虫媒花，可以结合养蜂进行传粉。还可以进行人工辅助授粉，高接花枝或挂花罐，保证坐果。

（3）应用生长调节剂　花期喷施一定浓度的 IAA 等生长调节剂以促进坐果。

（五）果实的生长动态

1. 果实生长时期

果树从开花以后，受精的果实在生长期间，体积、果径、重量的增加动态，可以分为三个时期。

(1)果实迅速生长期　从受精到生理落果。此期果肉细胞和胚乳细胞迅速分裂、增加，到最后细胞停止分裂。

(2)果实缓慢生长期　生理落果后，果肉细胞基本不再分裂，胚开始发育，种子充实，种皮硬化或内果皮木质化而形成硬核，细胞体积增大缓慢。

(3)果实熟前生长期　种子发育完善后，果实细胞体积迅速增大，直到固有的大小，内含的有机物逐渐积累和转化，果面着色，香味渐浓，种子变色直到成熟。

2. 影响果实生长的因素

在实践中，影响果实生长的因素复杂多样。一般而言，凡是有利于果实细胞加速分裂和膨大的因子都有利于果实的生长发育。

(1)细胞数量和体积　果实体积的大小取决于细胞的数目、细胞体积和细胞间隙的增大，前两个是主要因素。细胞数目的多少与细胞分裂时期的长短和分裂速度有关。

(2)有机营养　果实细胞分裂主要是原生质的增长过程，树体贮藏的碳水化合物可影响果实细胞分裂、影响细胞数量，进而影响果实的大小。凡能增加供应幼果贮藏营养的措施，如秋季施肥、疏花都可增加果实细胞数量和体积而增大果实。

果实发育中、后期，即果肉细胞体积增大期。果实重量的增加主要在这一时期，保证适宜的叶果比和较高的光合能力，才有利于碳水化合物的合成和积累。

(3)矿质元素　有机营养向果实内的运输和转化有赖于酶的作用，酶的活性与矿质元素有关。例如钾能提高细胞原生质活性，促进碳水化合物输入，所以对果实增大、重量增加有明显作用。钙能稳定果实细胞膜结构，降低呼吸强度并与果实某些生理病害有关。

(4)水分　果实内80%～90%为水分，随果实增大而增加，是果实体积增大的必要条件，特别是细胞增大阶段，如果此时水分不足，限制果实体积增大，以后供水也不能弥补。水分也影响矿质元素的吸收。

(5)种子　果实内种子的数量和分布，会影响果实的大小和形状。如苹果、梨果实内没有种子的一面果肉发育不良，果实不匀称。

(6)温度　每一种果实的成熟都需要一定的积温，如原产广东的甜橙和椪柑在柑橘栽培的北缘地区种植，则成熟迟，品质差。过低或过高的温度都能促进果实呼吸强度上升，影响果实生长。由于果实生长主要在夜间进行，所以夜温对果实生长影响更大。

(7)光照　众多的试验表明遮阴影响果实的大小和品质。降低光照强度影响叶片的光合效率，使光合产物供应减少，果实生长发育受阻。

(六)果实的成熟

1. 跃变型和非跃变型

(1)跃变型　乙烯的形成有两个系统：系统Ⅰ负责跃变前低速率形成乙烯；到呼吸跃变时，乙烯启动系统Ⅱ产生大量的乙烯促进成熟。

(2)非跃变型　只有系统Ⅰ，而没有系统Ⅱ。

2. 果实内主要有机物质变化

(1)碳水化合物　碳水化合物是果实内仅次于水分的主要成分。大多数果树果实发育前期以淀粉类多糖较多，以后随着果实逐渐成熟，淀粉水解，全部消失或部分残留。树种不同，所含糖类有差异，葡萄以葡萄糖最多，其次为果糖，无蔗糖。苹果、梨、柿含有葡萄糖、果糖和蔗糖,前两种糖含量较高。

果实内的可溶性糖与游离酸的含量比值称为糖酸比。高温、光照充足、叶果比大、磷钾多可提高糖酸比,低温、阴雨、多氮时会降低糖酸比。

(2)有机酸　果实内的有机酸主要为苹果酸、酒石酸、柠檬酸,此外尚有极少量的草酸、琥珀酸、奎宁酸。幼果时随果实生长,有机酸含量增加,由蛋白质、氨基酸分解形成,但大多为呼吸产物,至成熟时含量减少。

(3)果胶　决定果实硬度的是细胞间的结合力、细胞构成物质的机械强度和细胞膨压。果实细胞间的结合力受果胶的影响,随果实的成熟,可溶性果胶增多,原果胶减少,维生素也减少,果实细胞间失去结合力,果肉变软。

(4)色素　随着果实成熟,果皮外层中的叶绿素逐渐分解消失,出现花色素、类胡萝卜素等色素。果实表面呈现树种、品种特有的色泽。

果树体内碳水化合物较多、光照充足,水分适宜、昼夜温差较大时,有利于形成花色苷,果实色泽艳丽,反之则差。许多果树着色与钾、锌有关,激素中萘乙酸、乙烯能促进着色,CTK、GA 延迟叶绿素的降解。

(5)维生素　果实含各种维生素,特别是维生素 C,以含叶绿素的幼果期含量较高,随果实生长,绝对量增加,但单位鲜重的含量下降。果皮内比果心含量高,受光良好的果实和同一果实受光良好部位含维生素 C 较多。

(6)挥发性成分　果实在成熟过程中经酶或非酶作用急剧变化而形成果实特有的香气,多为微量挥发性成分。例如,苹果香气中 92%为醇类,羰基化合物占 5%,酸类占 2%。

(7)涩味物质　不少果实未成熟时含有单宁类物质,单宁进入口腔之后,会和唾液中的蛋白质结合,生成不可溶的沉淀物,单宁还有一定收敛作用,所以食用有涩味。在果实成熟过程中单宁被过氧化物酶逐渐氧化成无涩味的过氧化物,或凝集成不溶于水的胶状物质,涩味减淡,慢慢消失。

(七)果实品质构成

果实的品质由外观品质和内在品质构成。外观品质主要包括果形、大小、整齐度和色泽等,内在品质主要指风味、质地、香气和营养。

市场经济的发展要求果实具有性状、性能和嗜好三种品质。性状指果实的外观,如大小、果形、整齐度、光洁度、色泽、硬度、汁液等。性能指与食用目的有关的特性,如风味、糖酸比、香气、营养和食疗作用等。嗜好是因国家、地区、民族乃至个人爱好而有所差异,如我国人民多喜欢个大、红色果实,日本人喜欢甜味较浓的水果,俄罗斯人喜欢酸味较浓的水果。发展果树生产时,应注意结合市场定位和目标群体确定其综合品质。

(八)提高果品质量的措施

(1)土肥水管理　土壤有机质含量在 1%以下时,应进行测土施肥、配方施肥、营养诊断。水分与果实的大小有很大的关系,果实膨大期要保持充足水分供应。

(2)改善光照条件　通过长期的修剪调整树体结构来改善光照条件,使树体内部受光率在 70%左右,不能低于 50%。果树的夏季修剪很重要。

(3)适宜的负载量　花量大、坐果率高的果树要进行合理的疏花疏果,避免过度消耗树体养分,造成大小年现象,导致果实品质下降。

(4)采取增色措施　套袋既可以减少污染,又可以减少病虫害,还可以起到保色的作用。其他增色措施包括转果和摘叶、铺设反光膜和喷施植物生长调节剂等。

(5)防治病虫害　病虫害不仅影响产量，还直接影响果实的外观和风味等，因此需要采取适当的措施对果树病虫害进行绿色防控和综合防治，生产绿色优质果品。

(6)适时采收　不同果树果实成熟期不同，根据果实风味特点、外观品质变化和内含物质等确定适宜采摘期，保证果品最佳风味。

任务实施

任务　果树生命周期观察及物候期记录

了解了果树各个器官的特点与生长发育特性，以你所熟悉的某种果树为例，总结其生长发育周期，观察并记录物候期。

一、果树的生命周期

果树的生命周期

果树的一生有生长、结果、衰老、更新和死亡的过程，这种过程包含了果树的全部生命活动，称为生命周期。了解果树生命周期的规律，对控制果树达到早果、丰产、稳产、优质和长寿的目标，有重要的意义。

(一)实生树的生命周期

(1)胚胎发育阶段　从胚胎形成到种子成熟这一阶段。

(2)幼年阶段　也称童期，是指从种子萌发，经历一定的生长阶段，到具备开花潜能这段时期。这段时期果树植株只进行营养生长而不开花结果，抗逆性较强。

(3)成年阶段　实生果树进入性成熟阶段(具有开花潜能)后，在适宜的条件下可开花结果，这个阶段称为成年阶段。

(4)衰老期　其特点是树势明显衰退，表现为树体的骨干枝、骨干根逐渐衰亡，枝条生长量小，细小纤弱，结果枝或结果母枝越来越少，结果量少，果实小且品质差，体内生理活动减弱，树冠更新复壮能力和抗逆能力显著下降。

(二)非实生树的生命周期及其调控

通过压条、扦插、嫁接等营养器官繁殖法获得的果树植株称为营养繁殖树。这类个体发育的生命周期中，没有种子萌芽这一生命活动，只有生长、结实、衰老、死亡。

营养繁殖从已结实的枝条上采集繁殖材料，生理年龄已进入成年阶段，理应成活以后就可以开花结果。但实际上，这些树苗在最初的一两年或更长一段时间内营养生长相当旺盛，不易开花结果，甚至在某些形态特征上与幼年阶段的实生树相似，如枝条徒长、带有针枝或刺，叶片薄或较小等。但这种“复幼”现象的存在，并不意味着营养繁殖树必须度过童期，因为有些营养繁殖的幼苗可以开花结果。营养繁殖树在苗期或种植之初生长旺盛，可理解为个体发育的需要，进入结果期前造就一个具多级分枝、贮备足够营养物质的树冠，将有利于开花和坐果。

由于营养繁殖树先要经历一个营养生长为主的阶段才进入开花结果阶段，所以它们的个体发育生命周期通常分成幼树期、结果期和衰老期三个阶段。

1. 幼树期

从果苗定植到第一次结果的时期称为幼树期。其特点是树冠和根系生长迅速，地下部分生长快于地上部分，分枝角度小，管理的目的是尽早促使结果。应采用深翻扩穴，增施肥水，培养强大的根系，加大枝条开张角度，轻剪为主，多留枝，使早期形成预定的树形，适当使用生长抑制剂或进行环割等技术措施促进花芽分化。

2. 结果期

(1)结果初期　从第一次结果到有一定的经济产量。其特点是树冠和根系加速发展、生长旺盛，离心生长强，产量逐年上升。此时期树体结构已经建成，从营养生长占绝对优势向生殖生长平衡。管理不当时，有的树种、品种开始出现大小年。管理的目的是加快扩大树冠，尽早进入盛果期。应采用合理施用肥水，继续深翻改土；轻剪缓和树势，建成树冠骨架，着重培养结果枝组，防止树冠旺长，使生长和结果有适宜的比例。

(2)结果盛期　从有经济产量起经大量结果到产量开始下降。其特点是树冠已达最大体积，产量也达最高时期，小枝与须根开始死亡，果实大小、形状、品质完全显示出该品种的特性。管理的目的是尽量延长这一时期，调节好生殖生长和营养生长的关系，保持新梢生长、根系的生长、结果和花芽分化之间的关系。应加强肥水管理，及时更新修剪，按比例配置发育枝、结果枝和预备枝，尽量保持较大的叶面积，疏花疏果以控制花量，防止过早出现大小年结果现象。

(3)结果后期　从大小年逐渐明显，产量急剧下降，直到几乎无经济效益。其特点是树体生长衰弱，病虫害加剧，新梢生长量小，出现大量的中间枝和短果枝，枝条与根系大量死亡，根系分布范围逐渐缩小。管理的目的是尽量延长结果，减缓衰老。结合深翻改土，加强肥水管理，促进根系更新，适当重剪回缩和利用更新枝条，及时防治病虫，大年注意疏花疏果，小年促进新梢生长、严格控制花量，以平衡树势。

3. 衰老期

从开始无经济产量到大部分植株不能正常结果，开始死亡。其特点是骨干枝、骨干根大量死亡，病虫害严重，树体残缺不全，结果小枝愈来愈少，新枝很少发生，已无更新复壮可能，无经济价值，应砍伐清园。

各时期的长短主要取决于栽培管理技术措施。应正确认识各时期的特点及变化规律，有针对性地制定合理的技术管理措施，以利于早结果、高产稳产、延长盛果期，从而提高经济效益。

二、物候期

果树每年都有与外界生态条件相适应的形态和生理机能的变化，呈现一定的生长发育的规律性，即果树的年生长周期。这种与季节性气候变化相适应的果树器官的动态时期称为生物气候学时期，简称物候期。落叶果树可明显地分为生长期和休眠期。

(一)果树的生长期

果树的年生长周期

落叶果树的生长期从叶芽、花芽、根系三方面考虑，大致可以分为以下六个阶段。

1. 根系活动

当土温达到果树发根所需的温度范围时，经一定时间即开始发生新根。原产北方的果树需温较低，如苹果在4～5 ℃、梨在6～7 ℃、樱桃在6 ℃、杏和桃在 7～8 ℃ 开始发生新根。一般发根早于萌芽，也有与萌芽大致同时，或稍迟于萌芽的。

2. 萌芽

果树休眠以后，气温达到果树萌芽所需的温度范围时，经一段时间即开始萌芽。原产在温暖地区的果树，要求较高温度，如枣、柿需日平均温度在 10 ℃以上时才能萌芽。叶芽与花芽萌发所要求的温度不同，因而形成各树种、品种叶芽萌发和花芽萌芽开花时间的差异。

3. 开花

各种果树开花要求一定温度，李、杏要求 10.3 ℃以上，桃要求 12.7 ℃以上，梨要求 16 ℃以上，葡萄要求 15～28 ℃，柿要求 17 ℃以上，枣要求 20～28 ℃才能开花。果树花期与生态地理条件关系密切，一般来说，纬度每向北推进 1°，果树开花可延迟 4～6 d。山区海拔每升高 100 m，开花延迟 3～4 d，北坡较南坡要迟 3～5 d。果树开花物候期可分为以下 5 个阶段：①始花期，5%的花开放；②盛花期，25%以上的花开放；③盛花末期，95%的花开放；④终花期，花全部开放并有部分开始脱落；⑤落花期，大量落花到落尽。

花期延续时间因树种品种、生态条件和树体营养状况的不同而有差异。一般梨花期可延续 4～5 d，桃 5～11 d，枣 21～37 d。冷凉潮湿天气、树体营养状况较好时，花期会延长；干旱高温则会缩短。幼树、盛果树比老树花期长。

4. 枝叶生长

不同果树新梢开始生长期有很大差别，如核果类一般早于仁果类。生长初期受气温和营养物质的限制，果树枝叶生长缓慢，叶面积较小，叶脉较稀，易黄化，寿命也较短，光合能力较差，叶腋内形成的芽大都发育较差而潜伏。以后随气温升高，当年合成营养物质能力提高，新梢旺盛生长，对水分需求量较大，若水分不足则会促使过早停止生长，所以这一时期称为新梢需水临界期。在这期间形成的叶片具有品种的代表性，面积大，光合能力强，寿命长，叶腋内形成的芽发育饱满。随着高温、干旱或气温降低，新梢生长减缓，这时形成的叶面积减小，含水量下降，衰老过程加速，寿命较短。

5. 果实发育

果实生长发育所需的时间，自受精到果实成熟，因树种、品种而不同。一般早熟果树如樱桃，其果实发育时间为 40～50 d，杏 80～130 d，桃 70～190 d。早熟品种发育时间较短，晚熟品种较长。

6. 花芽分化

大多数果树花芽的发生和分化延续时间较长，部分果树如葡萄、枣当年形成花芽，当年开花。花芽分化开始时期因树种、品种、年龄、营养状况、生态条件有明显差别，但大多在新梢旺盛生长之后，生长缓慢时开始。不同枝类分化开始时间不同，停止生长较早的短枝顶芽开始较早，长枝和腋芽较迟。水分、养分供应充足时，花芽分化时间持续较长；营养不良、干旱则过早停止分化，缩短花芽分化期，常使花芽分化不良并产生不完全花。

（二）果树的休眠期

果树休眠是指果树的芽或其他器官生长暂时停顿，仅维持微弱的生命活动的时期，是为了适应如低温、高温、干旱等不良的生态环境所表现的一种特性。

1. 休眠期的特点

落叶果树叶片脱落，新梢成熟，冬芽发育完善，根系暂时处于生长停顿状态，是果树进入休眠的标志。冬季休眠期中树体内仍进行着一系列的生理活动，如呼吸、蒸腾，根的吸收、合成，芽的进一步分化，营养物质运转和转化等，但比生长期微弱得多。根据休眠期果树的生态表现和生理活动的特点，可分为自然休眠和被迫休眠两种不同类型。

(1)自然休眠　在自然界果树形成了适应外界生态环境的特性，要求一定的低温条件才能顺利通过休眠，为自然休眠。此时给予树体生长活动适宜的条件，也不能萌芽生长。一般落叶果树自然休眠期多在12月到翌年1—2月，进入自然休眠的时间因果树种类不同而异，且休眠深度、通过休眠所需时间也有所差别。

(2)被迫休眠　果树通过自然休眠，完成了生长所需的准备，但外界生态条件不适宜萌芽生长，被迫呈休眠状态，为被迫休眠。

一般幼年果树进入休眠期迟于成年树，而通过休眠也晚于成年树。小枝、细弱枝比大枝、主干休眠早。早形成的芽较晚形成的芽休眠早；花芽较叶芽休眠早；顶花芽较腋花芽休眠早，萌芽也早。根颈部进入休眠最晚，通过休眠最早，所以根颈容易遭受冻害。枝条内皮层和木质部进入休眠较早，形成层、髓部较迟，所以初冬遇到低温严寒，后两者容易受冻，而一旦进入休眠后，形成层比皮层、木质部抗寒能力强。

2.果树休眠的生态条件

(1)低温　落叶果树进入休眠需要一定的低温，才能通过自然休眠，一般在12月到翌年2月间，平均气温在0.6～4.4 ℃，可以顺利完成自然休眠，翌年可正常萌芽。各种果树完成自然休眠的时间不尽相同。

(2)日照　短日照也是影响果树休眠的一个重要生态因子，气温下降到15 ℃以下，日照缩短，果树即开始落叶，所以果树休眠需要一定暗期。

(3)水分　果树生长后期树体组织缺水，发生生理干旱，会提早减弱树体内的生理活动，提早进入休眠。如果生长后期雨水过多，会使新梢旺长，延迟结束生长的时间，会延迟进入休眠期。

3.休眠期的调控

果树休眠期开始和结束的早晚，在果树生产上有着非常重要的意义。因此，生产上常采取多种措施对果树的休眠期进行调控。

(1)促进休眠　对幼年树或生长旺盛树，需促其正常进入休眠。可在生长后期限制灌水，少施氮肥，也可使用生长抑制剂或其他药剂抑制其营养生长。

(2)推迟休眠　对花期早的树种、品种，适当推迟进入休眠期，不仅可以延长营养生长期，还可以延迟翌年萌芽和开花的时期，避免早春的冻害。主要的方法是采取适当的夏季重修剪，后期加施氮肥或加强灌水。

(3)延长休眠　果树在通过自然休眠期以后如遇回暖天气，有利于开始萌芽活动，这时若遇春寒，将会出现冻花冻芽现象。可采用树干涂白、早春灌水等办法防止春天树体增温过快，推迟花期，减少早春冻害。秋季使用青鲜素或多效唑，早春使用赤霉素、萘乙酸(NAA)等也可起到延长休眠、推迟开花的作用。

(4)打破休眠　在温室或大棚内栽培葡萄，未经低温处理，用石灰氮处理可使80%植株于30 d后萌芽。此外，还可以用赤霉素打破草莓休眠，用细胞分裂素打破葡萄的休眠等。

能力转化

结合所学知识与实践，谈谈实生果树与非实生果树、落叶果树与常绿果树在生长发育特性上有哪些不同之处。

项目三　果园建设和规划

任务目标

知识目标：

了解果园类型与合理规划建设的重要性；掌握果园规划设计步骤与方法。

能力目标：

能够根据立地条件和环境气候特征科学地进行果园规划与果树栽植。

素质目标：

增强环境保护意识，践行“两山”理论。

知识准备

果园是果树生产的一项重要基础建设，建立果园时，要对园地自然条件和社会经济状况进行充分调查研究。在此基础上根据果树栽培区域化，生产规模化、集约化和绿色有机化的发展趋势，进行统筹安排、全面规划，突出重点、合理布局。尽可能地根据气候、土壤等环境条件选用适宜的树种、品种和砧木，以实现较高的经济效益。

海拔、坡度、坡向与果树生长发育的关系

果园园址的选择，应从当地的气候、土壤状况、水源、交通条件、周边环境等方面综合考虑，其中首要的是气候条件。一般要求选择气候适宜，土壤深厚，水源充足，交通便利，地下水位 1.5 m 以下，无工业废气、废水等污染的地区或区域。

光与果树生长发育的关系

一、果园类型及特点

1. 平地果园

地势比较平坦，在同一范围内的平地，土壤和气候基本一致，管理方便，利于机械化操作与运输。但在通风、日照及排水方面往往不如山地，所以果实品质及耐贮运能力较山地差。由于平地果园的土壤成因和质地不同，可分为冲积平原、洪积平原等。

2. 山地果园

以 3°～5°的缓坡建果园最好，坡度在 5°～15°亦可栽各种果树，坡度在 20°～30°的山坡可栽根深抗旱的果树，坡度再大则不宜建园。一般将坡度在 10°以上，相对高差大于 200 m 的果园称为山地果园。随海拔高度的变化，温度、日照、雨量等气候条件发生变化，因而果树有成层分布的现象，称为果树垂直分布带，在安排树种、品种时要注意。

温度与果树分布及生长发育的关系

水分与果树生长发育的关系

土壤与果树生长发育的关系

果园规划设计

果园建立

3. 丘陵地果园

坡度在0～10°、相对高差小于200 m的坡面地形称为丘陵。丘陵地虽无植被垂直分布的特征，但由于丘陵起伏较大，与山地一样，土层深浅、气候条件受坡度、坡向的影响，安排树种时要注意。南坡(阳坡)日照充足、昼夜温差大，易遭晚霜冻害及日灼，蒸发量大，土壤易干旱；但果实品质好，适于喜光、喜温树种、品种的生长。北坡(阴坡)则日照少，相对湿度大，果实风味、色泽差。东坡和西坡介于南坡和北坡之间。但在坡度不大时，水分与日照充足地区差异不明显。山谷昼夜温差大，又因冷空气聚集易形成霜害和冻害。

4. 庭院果树

家庭院落一般背风向阳，具有良好的小气候，初霜期晚，解冻早，光照充足，有效积温高，而且有优越的肥水条件，可利用闲暇时间经营管理。

二、果园规划和设计

在进行果园规划前，应先进行地形勘察和土壤调查，了解当地的地形、气候、土壤、植被、社会状况(人口、劳动力等)，测量果园面积，在山地丘陵建园需进行等高线测量，并绘出平面图，标明突出的地形地物。

(一)小区划分

小区是果园中耕作管理的基本单位。正确划分果园小区，是提高果园工作效率的一项重要措施。

小区的大小，因地形、地势和气候条件而不同。如山地地形复杂，气候条件不太一致，小区面积一般以1～2 hm^2为宜，若地形过于复杂，小区面积应相应缩小。平地果园可以3～7 hm^2为一小区，小区形状以长方形为宜。山地果园小区的长边同等高线走向一致，并同等高线弯度相适应，以减少水土冲刷和有利于机械耕作。同一小区内品种最好不超过5个，树种以小区为单位，若需在同一小区内种植两个或两个以上树种时，以分段集中栽植为宜。

小区划分还要与果园道路系统、防护林设置、水土保持及排灌系统的规划设计相适应。也可考虑按行间作业方便来划分。总之，小区的划分应从实际出发，主要依据原则是便于田间操作与管理。

(二)道路系统

果园道路一般由干路、支路和区内小路组成。干路是果园的主要道路，一般设在园内中部，纵横交叉，把果园分成几个大区，内与建筑物相通，外与公路相接，路宽6～7 m。支路与干路相连，宽度4 m左右。一般小区以支路为界。小区中间可根据需要设置与支路相接的区内小路，宽1～2 m，便于作业。

山地果园的道路应根据地形修筑。干路宜选坡度较小(以不超过10°为宜)的地方，顺山坡修盘山道。支路应尽量连通各等高行，宜选在小区边缘和山坡两侧沟旁。丘陵地果园的干路和支路有时可修筑在分水岭上。

修筑山地果园道路，要注意在路的内侧修排水沟，路面稍向内斜，减少冲刷，保护路面。

此外，建筑物的设置，如包装场、肥料库、农具室等，可本着少占耕地的原则，按照需要设置在最便于工作的地点。果实贮藏窖要选冷凉、干燥的地点修建，有利于果品贮藏，便于运输。

（三）排灌系统的规划

果园的灌溉系统包括蓄、引、排、灌四部分。

1. 灌溉系统的规划

（1）蓄水和引水　在丘陵和山地果园，可在溪流不断的山谷或三面环山的凹地修建小型水库。水库位置宜高于果园。堰塘的位置应选在坳地。引水上山可采取自流式取水和扬水式取水。

（2）输水系统　果园的输水系统包括干渠和支渠。果园输水渠的设计要求：①位置要高，干渠的位置应当设在分水岭地带，支渠亦可沿斜坡的分水线设置；②要照顾到小区的形式和方向，并与道路系统相结合；③输水渠道距离要短；④输水渠的渗透量要求最小。

（3）灌溉渠道　灌溉渠道紧接输水渠，将水分配到果园小区中的输水沟。输水沟可用明渠，也可用暗渠。现代化果园的灌溉渠道，皆用有孔的管道埋于园中，可以自动调节。山地果园的灌溉渠道，结合水土保持系统，沿等高线按照一定的比降挖成明沟。这种明沟可以排灌兼用。无论是平地或坡地，灌溉渠道的方向都应当与果园小区的长边一致，而输水支渠的方向则与小区的短边一致。平地果园，如进行沟灌，则可不另开灌溉渠。现代化果园除了采用地面及地下管道浸润灌溉外，也可用喷灌和滴灌。

2. 排水系统的规划和设计

果园排水系统的规划和设计，主要是解决土壤中水分和空气的矛盾。排水沟之间的距离可根据地下水位、年降水量和最大降水量以及土质、树种而定。如在低洼地建园，桃园排水沟的修筑比梨园更重要，因为不同树种抗涝能力不同。地下水位较高的果园雨季易渍涝。常用的排水措施有明沟排水和暗沟排水（图 2-3-1）。

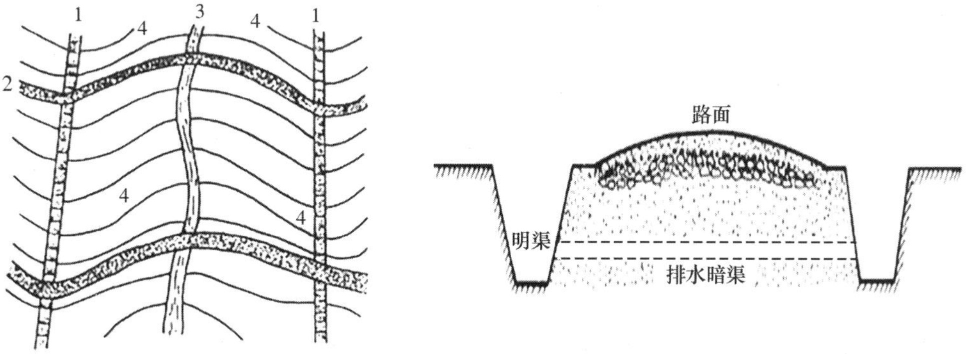

左：1. 顺坡路　2. 横坡路　3. 总排水沟　4. 小区　　右：排水沟渠

图 2-3-1　排水沟渠示意图

三、果园防护林营造

防护林不仅可防止风沙侵袭，保持水土，还可增加土壤和空气温度，减少冻害。防护林的作用范围，与它的结构、果园地形等有关。在平地情况下，背风面有效范围为林带高度的 25～

35 倍，而 10～15 倍林带高度范围内效果最好。向风面有效范围约为林带高度的 5 倍。

林带可分为透风林带和不透风林带两种。不透风林带是由多行乔木和灌木相间配合组成的。林带上下密闭，气流不易通过。因此在迎风面形成高气压，迫使气流上升，跨过林带的上部。这样空气密度下部小、上部大，越过林带后，迅速下降恢复原来速度，因而防护距离较短，但在其防护范围内的效果较好。透风林带，气流可从林间通过，使风速大减，因而防护范围较远，但防护效果较差。

防护林配置的方向和距离应根据当地主要风向和风力来决定。一般要求主林带与主风向垂直，通常由 5～7 行树组成。风大地区适当增加行数，还可与其垂直方向设副林带。山地果园营造防护林除防风外，还有防止水土流失的作用。不论主林带还是副林带，都可适当增加行数，最好乔木与灌木混交。为了避免坡地冷空气聚集，林带应留缺口，使冷空气能够排出。同时，林带应与道路结合，根据具体地形和风向，尽量利用分水岭和沟边营造。果园背风时，防护林应设于分水岭；迎风时，设于果园下风向；如果风来自果园两侧，可在沟两岸营造。

为了保证防风效果和利于通气，边缘主林带可采用不透风林型，其余均可采用透风林型。林带内株行距因林型和树种而不同，一般情况乔木株距 1.5m 左右，灌木株距 0.5～0.75 m，行距 1.5～2 m。

林带树种的选择，应本着就地取材、以园养园、增加收益的原则，在树种配置中除选择对当地风土条件适应力强、生长迅速、寿命长、与果树没有共同病虫害的树种外，可选适应当地风土条件的果树，或蜜源、绿肥、建材、筐材、油料等树种。在配置果树时要注意，果树要成行栽植，不宜单株栽植或与森林混栽，以便进行病虫防治与经营管理，并栽在背风与光照好的一面。

树种品种规划与配置

四、树种品种的配置

在选择树种、品种时，必须根据树种、品种的生物学特性与对环境条件的要求，结合当地的立地条件与果园经营方针，并本着以短养长的原则来安排。如建园时可适当栽一些桃、杏、葡萄等结果早的树种，以及在果树行间间作草莓、果树苗等。

1. 根据树种对环境条件的要求

不同树种对生态的适应性不同，根据其对环境条件的要求统筹安排，只有在良好的环境下果树才能丰产、稳产、优质。

2. 根据果园经营策略

如在距城镇较近处建园，则应以周年供应城镇鲜果为目的，尤其要注意解决当地淡季供应问题。在树种、品种的配置上可以多样化。但在同一个园内树种不宜过多，树种过多则管理不便。一般以 1～2 个树种为主，其余为辅。同一树种可配以早、中、晚熟品种，以延长鲜果供应期，也方便合理调配劳力和贮运工作。

3. 授粉树的配置

许多果树有自花不实现象，即使能自花结实但异花授粉能提高坐果率，这类果树（表 2-3-1）在同一园中应栽 2～3 个品种，以利于相互授粉。且要正确选择授粉品种，优良的授粉品种具有下列条件：①能与主栽品种同时进入结果期，同时开花，且能产生大量萌发率高的花粉。②与主栽品种能相互授粉，无杂交不亲和现象，且有较高的经济价值。③与主栽品种的成熟期一致或前后衔接。

表 2-3-1　需配置授粉树的果树

需配置授粉树原因	树种
自花不实	梨、李、柚、甜樱桃、梅
雌雄异株	杨梅、猕猴桃、银杏、香榧
异花授粉可提高产量	石榴、桃、龙眼、荔枝、枇杷、杧果、油梨等
雌雄异熟	核桃、板栗、山核桃、长山核桃等

授粉树与主栽品种的距离一般不超过 50 m。

在果园中常用的配置方式有:若与主栽品种有同样经济价值,又能相互授粉时,可用 1∶1 或 2∶1(授粉树∶主栽树),若经济价值较小可用 1∶(2～4),即 1 行授粉树配 2～4 行主栽品种;若原来园中无授粉树,可采用中心式配置 1∶8,即中心 1 株授粉树。在山丘地授粉树也宜等高栽植,并应植于主栽品种上方(图 2-3-2)。

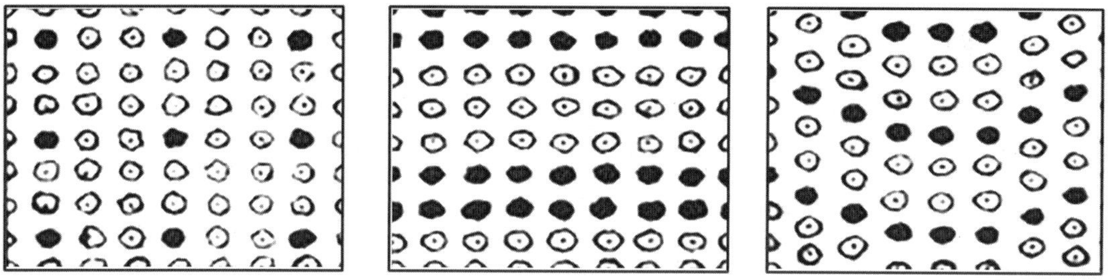

图 2-3-2　授粉树(黑色)的配置

五、庭院果树的规划

根据庭院的大小、栽培目的进行规划。若为改善环境条件,方便家庭品尝鲜果,在布局上力求做到夏蔽烈日,冬御寒风,为进餐、乘凉、读书、写字创造舒适的环境。

整个布局应园地制宜,就地取材,乔木、灌木、藤本、草本相互搭配,早、中、晚熟搭配,院端或角落单植或丛植中等冠幅的桃、李、杏或樱桃;庭前通往大门的通道配置葡萄棚廊;后院孤植高大的枣树;窗台或矮墙上可以配置大小适宜的盆栽石榴、葡萄、草莓。

若以补充淡季市场果品、增加经济收入为主要目的时,则应根据当地市场情况及家庭劳力情况选用适宜树种。树种、品种不宜过杂。

庭院栽植的果树应选结果期早的树种,如草莓、葡萄、桃、杏、石榴。

除采用地面灌溉外,也可在庭院内安置简易的滴灌装置。

庭院栽植时因房前屋后面积有限,空间狭小,种植果树种类又多,管理不当时易出现进入结果期晚、只开花不坐果、病虫蔓延等现象。应着重解决通风、透光等问题。严格肥水管理,加强病虫防治,合理配置授粉树或进行人工授粉。

任务实施

任务　设计坡地果园水土保持方案

我国果园多建在山地丘陵地带，做好坡地水土保持工作尤为重要，通过建梯田、撩壕沟等方法可以有效缓解这一问题。

一、坡地果园水土保持

丘陵、山地一般都有一定的坡度，在有水时就形成了“土向下处走，水往低处流”的现象。因而表面较肥沃的土壤被冲到山下，造成山上山下土壤肥力差异悬殊。土壤冲刷速度与地形、降水量、植被和土壤质地有关。坡度越大，土质越松散，水土流失越严重。常见的几种水土保持方法如下。

1. 梯田

梯田是中国各地常用的一种水土保持方法(图 2-3-3)。修筑梯田应考虑当地的地形、地势、土质、气候等自然条件，以及灌溉情况和机械化程度。梯田面的宽度和梯壁的高度与坡度有关，即坡度越大，梯田面越窄，梯壁越高。在一定的坡度情况下，梯田面宽度与梯壁高度成正比。为了便于耕作管理，梯田面宽最好在 3 m 以上。梯田壁有石壁与土壁两种。不论哪种梯壁，其基底最好都挖“基坑”。石壁一般是直立的，或稍有坡度。土壁则需有一定坡度以免崩塌。梯田面外高里低，稍有坡度，以防冲刷。同时，在梯田内侧需挖排水沟，以便排泄过多的雨水。

在土质疏松的沙面山地，梯壁下留一段原坡面不挖动，以保护梯壁，称为护坡。梯田上栽植果树的位置，最好靠梯田外缘约 1/3 处为宜，因为这段土层较厚，有利于果树根系生长。

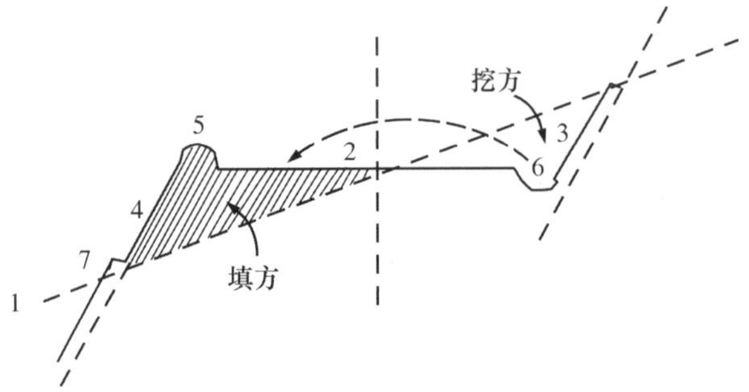

1. 原坡面　2. 梯面　3. 削壁　4. 垒壁　5. 边埂　6. 背沟　7. 壁间

图 2-3-3　梯田修造

2. 撩壕

在山坡上，按照等高线挖成横向的浅沟，在沟的下沿堆成垄，称为撩壕。这种方法可以减短坡长，削弱地表径流，保持水土，并可排出多余的水，还可增加坡面的利用面积。

壕的大小应根据水和树的情况决定。其两端必须与排水系统相连接。壕的密度根据坡度而定，坡度大时壕距应近；反之可远。在壕间还可以栽植紫穗槐坝，既能增加水土保持能力，又能增加肥源。一般壕距等于树的行距。撩壕一般不能一年完成，而是随着树龄的增加逐年完成的。每年于春季修理一次。果树的栽植位置以壕的外坡为最好，因外坡的水分、空气适当，不易积水及被冲刷，土层较厚；同时，果树的根系可以巩固土壕。如将果树栽在壕顶上，则水易顺树干下流，形成小沟，易将壕冲开，且在树长大后，会因大风而倒伏。但是壕沟的管理工作困难，局部地段水土流失依然存在，其保持水土的能力较梯田差。

二、栽植密度和方式

合理密植计划密植

1. 栽植密度

栽植密度应根据树种、品种、砧木、土壤、气候条件等来确定。树体高大，株行距宜大。同一树种在土层深厚的肥沃地生长高大，株行距要比栽在土壤瘠薄、土层浅的要大；接在矮砧上的树体比接在乔砧上的矮小，株行距应比乔砧小。

2. 栽植方式

果树栽植方式与土地利用、土壤管理制度、机械操作及对不良环境的适应能力均密切相关。合理密植可经济利用土地和光能，提高单位面积产量，并能增强群体作用，改善小气候条件，减轻风害、旱害、冻害、日灼等自然灾害。在进行合理密植时应注意宽行窄株，即株距可以小些，行距不宜过小，行距过小，不便操作。常用的栽植方式如下：

(1)长方形栽植　其特点是行距大于株距，通风透光好，适于密植，便于操作管理，是生产上最广泛采用的栽植方式。

(2)正方形栽植　株行距相等，通风透光好、管理方便，但不适于密植，土地利用不经济。

(3)等高栽植　适于山丘地栽植，利于水土保持，将果树栽在等高线上。

(4)带状栽植(宽窄行栽植)　一般以两行为一带，带距为行距的3～4倍。带内采用株行距较小的长方形栽植。由于带内较密，群体抗逆性增强。而带间距离大，通风透光好，便于管理。

(5)计划密植　为早期获得丰产，在栽植时比原定的株行距减半，对临时株严加控制，使其早结果，待树冠相交时可以隔株间伐或间移，再密时隔行间伐或间移。但采用计划密植必须要有肥水条件及技术力量，否则易造成果树尚未结果，果园已郁闭。

三、栽植时期与准备

1. 栽植时期

一般落叶果树在落叶后至春季萌芽前均可进行，分秋栽与春栽。秋栽一般在落叶后至封冻前进行。秋栽利于伤口愈合，来年发芽早，生长快，尤其在春季干旱地区秋栽易成活；但在冬季严寒地区，秋栽易发生生理干旱造成“抽条”，或遭冻害，影响成活率。春栽以春季土壤解冻后至萌芽前进行为宜。

2. 栽植前的准备

(1)选用壮苗　不论自育或采购的苗木，在栽前应进行品种核对、登记、挂牌。对苗木进行质量分级，选用根系完整、枝条粗壮、皮色有光泽、芽大而饱满、苗高1 m左右、无检疫对象的优质苗木栽植，这种苗木栽后只要条件好，缓苗快、成活率高、生长健壮，为早结果与早丰产打下了良好的基础。对剔出的畸形苗、弱苗、伤口过多的苗木另行处理。远地购入的苗木，因失水过多，应立即解包并浸根一昼夜，待充分吸水后再行栽植，若不立即栽植则应假植。

(2)树穴准备　果树是多年生作物，且大多栽在荒滩地与瘠薄山丘地，因此栽前土壤改良特别重要。有条件的地方最好全园深翻熟化。如果劳力不足、肥料不足，可按株行距定点挖穴，密植时应定线挖沟，穴或沟的深宽一般为 1 m×1 m。黏重土壤，特别是下层有胶泥层的地区，栽前开沟，使沟底有一坡度与排水沟相接，以免雨水过多时积水。沙性土保肥保水能力差，应将沙、土、肥充分混匀后填入穴或沟中。挖穴或开沟时将表土和心土分放两边。填穴时应分别掺入有机肥混匀后各按原土层回填。回填土后应立即浇透水，借水沉实土壤；若土壤未沉实，栽后浇水易导致苗木下沉，造成栽植过深，树体生长不良。

四、栽植技术

在浇水沉实后的穴或沟中挖出 40 cm 见方的小坑，挖出的土加 15～20 kg 的优质有机肥和 50～100 g 氮肥，与土充分混匀。缺磷的土壤还应加入 50～100 g 磷酸氢二铵或过磷酸钙。然后将掺肥后的土回填入小坑中，在地面下 20 cm 处放入苗木，将根系均匀分布于土坑内，同时进行前后、左右对直，校正位置，继续埋土，轻轻踏实并将苗木稍稍上下提动，使根系与土壤密接，继续埋土直至苗木出圃时留下的土印处。轻轻踏实后立即浇大水，渗水后封土保墒。嫁接苗嫁接口应高出地面 10～15 cm。

五、栽植后的管理

(1)检查成活　对受冻害和旱害的苗木应落到好芽处重截，促发新枝。未成活的植株应立即补栽。

(2)树体整理　栽后立即按整形要求定干(图 2-3-4)，在春季易发生干旱的地区或者秋栽植株，为防失水抽干，可涂抹一层薄薄的油膜，以发亮不见油为度，切忌过厚。风大地区应设立支柱。秋栽的果树为防止抽条，应灌冬水。萌芽后及时抹除砧木上的芽。栽后精细管理的苗木，当年生长健壮，应及早选择确定用作主枝的新梢，按整形要求加大开张角度。

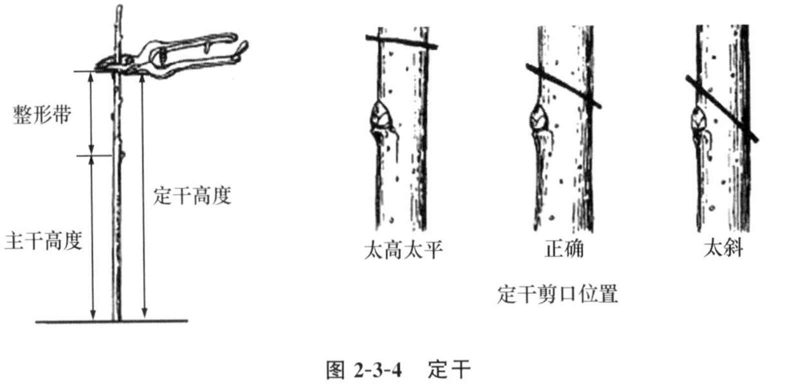

图 2-3-4　定干

(3)土壤管理　春栽的果树，定干后立即用地膜覆盖，四周用土压实封严，保墒增温。秋栽的果树，浇水后封土，发芽时及时扒开，以改善土温及通气条件。

(4)肥水管理　定植当天必须灌足水，定植后第 2～3 天进行第二次灌水。以后续根据土壤墒情适时灌溉，忌频繁灌水而造成烂根。新叶初展后，及时追肥；若新梢生长过旺，为促使枝条成熟，可喷 0.4%～0.5%磷酸二氢钾。

(5)病虫害防治　主要虫害有金龟子、蚜虫、红蜘蛛、刺蛾等。可人工捕杀或用药防治。

(6)其他　根据杂草生长情况及时除草，在有需要的地区可进行树干涂白防虫防冻，或在秋后灌冬水后围绕树干基部培土防寒，防止冬季根颈冻害。

能力转化

调研当地 3～5 个果园，分析其规划设计特点及果树栽植方法，以及是否存在不合理之处，并提出改进方案。

项目四　果树育苗

任务目标

知识目标：

了解果树苗圃建设要求与方法；熟悉果树实生繁殖与营养繁殖的概念和方法；掌握果树嫁接、扦插等无性繁殖基本技术。

能力目标：

学会分析不同繁殖方法的优缺点，能够根据树种特性选择合适的繁殖方法。

素质目标：

加强文化自信，培养创新意识。

育苗的意义及方法

苗圃地的选择与规划

知识准备

苗木是果树生产的基本材料，苗木质量直接影响果树的栽植成活率、整齐度、生长状况等，是果园优质丰产的重要基础条件之一。果树育苗有播种繁殖和营养繁殖两种。播种繁殖又称种子繁殖、实生繁殖。营养繁殖又称为无性繁殖，常用的无性繁殖方法包括嫁接、扦插、分株、压条等。在果树育苗上应以嫁接方法为主，同时也应根据不同树种的特点及目的，采取播种、扦插、压条、分株、组培等不同的繁殖方法。

一、苗圃地的选择

苗圃地的选择应从当地具体情况出发，因地制宜，建立苗圃。在确定苗圃地点时，应注意以下事项：

(1)地点　应设在交通便利、需用苗木的地区附近，以减少苗木运输费用和运输途中的损失；要靠近水源，便于灌溉，还应注意水质，勿用有害苗木生长的污水灌溉。无检疫性病虫害传播，远离污染区。

(2)地势　应选择背风向阳、日照良好、稍有坡度的倾斜地。坡度大的地块，应先修筑梯田。平地苗圃地下水位宜在1.5 m以下，并且水位在一年中升降变化不大。地下水位过高的低地，要做好排水工作，否则不宜做苗圃地。低洼盆地不但易汇集冷空气形成霜眼，而且排水困难，易受涝害，不宜选为苗圃地。

(3)土壤　以沙壤土和轻壤土为宜。因其理化性质好，适于土壤微生物的活动，对种子发芽、幼苗生长都有利，而且起苗省工，伤根少。黏重土、沙土、盐碱土都必须先行土壤改良，并大量施用有机肥料后方能利用。土壤的酸碱度对苗木的生长有明显影响，不同树种对酸碱度的适应性不同。

二、苗圃地的规划

为了培育、生产规格化优质苗木，应根据不同地区设立各种类型的专业性苗圃。大型专业苗圃应根据苗圃的性质和任务，结合当地的气象、地形、土壤等资料进行全面规划，包括母本园和繁殖区两大部分。

苗圃中繁殖区实行轮作是十分重要的。连作会造成土壤中缺乏某些营养元素、土壤结构破坏、病虫害严重以及有毒物质的积累，从而使苗木生长不良。

在制订果树育苗轮作计划时，一种果树在繁殖区的同一地块上，轮作年限一般为2～5年。在不同种类果树间相互轮作时，则轮作的间隔年限可短一些。轮作也是防治病虫害的重要措施，因此，应避免在同一地块中连续种植同类或近缘的以及病虫害相同的苗木。

育苗种类和数量都比较少时可以不建立专业苗圃。非专业苗圃一般面积较小，可以不进行具体区划，直接以畦为单位分别培育不同苗木。

三、育苗方式

(1)露地育苗　指育苗全过程是在露地条件下进行和完成的育苗方式。这种方式只能在适于苗木生长和有利于培养优质苗木的环境条件下进行。露地育苗是我国当前广泛采用的主要育苗方式。

(2)设施育苗　设施育苗又称为保护地育苗，即利用保护设施，在人为控制条件下培育果树苗木的方式。它可以在不良的外界环境下，给予适宜的温度、湿度和光照，满足果树苗木生长发育的必要条件，达到育苗目的。通常在育苗前期应用，后期则利用自然条件，移栽露地后继续培育。

保护设施类型较多，如地热装置、地膜覆盖、塑料拱棚、温室、地下式棚窖、荫棚等。

(3)容器育苗　在装有培养基质的容器内，按照常规的育苗方法进行育苗，具有成活率高、缩短育苗年限、打破季节限制、利于培育优质壮苗和实现机械化等优点。

(4)弥雾育苗　利用弥雾装置在喷雾条件下采取间歇性供给液体进行育苗，也可用于嫩枝扦插或硬枝扦插的生根阶段。

(5)组织培养　在人工培养基中，放入果树植物经过脱毒的茎尖、茎段、叶片、叶鞘或胚，作为外植体进行培养，使其发育为完整植株。组织培养具有繁殖速度快、繁殖系数高、苗木品种纯正等特点。主要应用于快速大量培育自根苗木，大量繁殖和保存无籽果实的珍贵果树良种，多胚性品种未成熟胚的早期离体培养，胚乳多倍体和单倍体育种等。目前，草莓、葡萄、柑橘、猕猴桃等许多树种的组培苗已获成功，并建立了组培苗木果园。

四、苗圃地档案制度

为了积累资料、统筹生产、掌握进度，必须建立苗圃地档案。档案内容包括：

(1)苗圃地原来地貌特点，改造建成后的苗圃平面图、高程图和附属设施图，按比例制图留档。

(2)土壤类型，各区的土壤肥力原始水平，建立土壤改良档案和各区土壤肥水变化档案。

(3)各区的树种、品种档案和母本园品种引种档案、栽植图。在每次育苗后画出栽植图，按

苗木出圃

树种、品种标明面积、数量，嫁接或扦插的品种区号、行号和株号，以便出苗时检查核对。

(4)苗木销售档案：将每次销售苗木种类、数量去向都记入档案，以了解各种苗木销售的市场需求、栽植后情况和树种品种流向分布，用于后续指导生产。

(5)苗圃土地轮作档案：将轮作计划和实际执行情况以及轮作后的种苗生长情况都归入档案，以便今后调整轮作计划。

(6)繁殖管理档案：将繁殖方法、时期、成活率和主要管理措施记入档案，以利于改进方法。同时记入主要病虫害及防治方法，以便制订管理周年历。

任务实施

任务一　实生苗的繁殖和培育

实生苗培育

一、实生苗的特点

用种子播种方法培育成的苗木，称为实生苗。我国繁殖实生苗，主要用于果苗嫁接的砧木和直接繁殖果树苗木。因其具有种子来源多、繁殖方法简便、便于大量繁殖、根系发达、适应性强等优点，至今仍为主要繁殖方法。实生苗的主要特点如下。

(1)主根强大，根系发达，入土较深，对外界环境条件适应能力强。

(2)实生苗的阶段发育是从种胚开始的，具有明显的童期和童性，进入结果期较迟，有较强变异性和适应能力。

(3)大多数果树为异花授粉植物，故其后代有明显的分离现象，不易保持母树的优良性状和个体间的相对一致性。

(4)少数果树种类具有无融合生殖特性或称无配子生殖，其后代生长性状整齐一致。

(5)柑橘同一粒种子内有多胚现象，除一个有性胚外，其余均为营养胚(或称珠心胚)，生长势强，能较稳定遗传母本特性。

(6)在隔离的条件下，育成的实生苗是不带病毒的，利用实生苗繁殖脱毒品种苗木或用无配子生殖体的营养胚繁殖苗木，是防止感染病毒病的途径之一。

二、实生苗的繁殖原理和方法

(一)种子的采集

种子的质量关系到实生苗的长势和合格率，是培养优良实生苗的重要环节。应当选择品种纯正、生长健壮的无严重病虫害的植株作为采种母树。同时还应注意丰产性、优质性、抗逆性。种子必须充分成熟、籽粒饱满。

采集种子必须适时，果皮转变为成熟色泽，果肉变软，种皮颜色变深而具光泽，种子含水量减少、干物质增加而充实饱满，通过以上特征确定种子达到形态成熟。多数果树种子在生理成熟以后进入形态成熟；银杏等少数果树则在形态成熟以后再经过较长时间，种胚才逐渐发育完全。

（二）种子的贮藏

大量贮藏种子时，应注意种子堆内的通气状况，通气不良时加剧种子的无氧呼吸，积累大量的二氧化碳，使种子中毒。特别是在温度、湿度较高的情况下更要注意通气和防止虫害。

贮藏方法因树种不同而异。大多数落叶果树的种子在充分阴干后贮藏。但板栗、甜樱桃和绝大多数常绿果树的种子，采种后必须立即播种或湿藏，才能保持种子的生活力，否则，干燥以后将丧失生活力或降低发芽力。人工低温、氧气稀少的环境条件，可使不适于干藏的种子延长其生活力。

（三）种子的休眠与层积处理

1. 种子的休眠

这是果树在长期进化过程中形成的抵御外界不良条件的适应能力。落叶果树的种子大都有自然休眠特性。果树种子在休眠期间，经过外部条件的作用，种子内部发生一系列生理、生化变化，从而进入萌发状态，这一过程称为种子后熟。解除种子休眠需要综合条件和一定的时间。通过后熟的种子吸水后，如遇不良环境条件可再次进入休眠状态，称为二次休眠或被迫休眠。

造成种子休眠的主要原因有：

（1）种胚发育不完全　有些果树种子外观看起来已成熟并脱离母体，但胚尚处于幼小阶段，还需继续生长发育，才能正常发芽生长（如银杏、桃、杏早熟品种等）。

（2）种皮或果皮的结构障碍　如山楂、桃、橄榄及葡萄的种子虽已成熟，但因其种壳坚硬、致密或具有蜡质或革质种皮，不易透水和透气而妨碍种子吸水膨胀和气体交换，造成发芽困难而处于休眠状态。只有通过物理或化学的方法（如沙藏处理）使其种壳或种皮软化，增加透水通气性，并在一定的温度条件下，才能萌发。

（3）种胚尚未通过后熟过程　梨、桃、杏等许多温带果树种子成熟以后，需要在低温、通气和一定湿度条件下经过一定时间，胚内部发生一系列生理生化变化，使复杂有机物水解为简单可利用的物质，种子吸水能力增强，种胚通过后熟过程以后，才能萌发。大多数常绿果树种子没有后熟过程。

2. 种子的层积处理

这是指落叶果树种子在适宜的外界条件下，完成种胚的后熟过程和解除休眠、促进萌发的一项措施。因处理时常以河沙为基质与种子分层放置，故又称沙藏处理。层积处理多在秋、冬季节进行。多数落叶果树的种子需要在 2～7 ℃的低温、基质湿润和氧气充足的条件下，经过一定时间完成其后熟过程。

层积处理期间，有效最低温度为－5 ℃，有效最高温度为 17 ℃，超过上限或低于下限，种子都不能发芽而转入二次休眠。种子层积处理需要良好的通气条件，降低氧气浓度也会导致二次休眠。基质湿度对层积效果有重要作用，通常沙的湿度以手握成团而不滴水（约为最大持水量的 50%）为宜。层积处理时间长短主要由不同树种的遗传特性所决定，但也与层积前贮藏条件有关。

种子的胚在一定时期内和在不同环境条件下所含促进生长或抑制生长的激素，对胚的休眠有控制的作用。

（四）种子的生活力鉴定

种子的生活力是指种子的发芽能力。种子生活力的鉴定可以为确定播种量提供依据。种子的生活力受采种母株营养状况、采收时期、贮藏条件和贮藏年限等条件的影响。新采收的种子生活力强，发芽率高。放置时间较长的种子则因贮藏条件和时间长短，其生活力有所不同。鉴定种子生活力的方法有目测法、染色观察法和发芽试验法。

1. 目测法

直接观察种子的外部形态。凡种粒重而饱满且有弹性、种皮有光泽、胚及子叶呈乳白色的，为有生活力的种子。核果类种壳坚硬，应检查胚及子叶状况。然后计算有生活力种子的百分数。

2. 染色观察法

根据胚及子叶染色情况，判断种子生活力强弱。常用的染色剂有靛蓝、胭脂红和 TTC（2,3,5-三苯基氯化四氮唑）。

3. 发芽试验法

将无休眠期或经过后熟的种子，均匀放在衬垫滤纸的培养皿中，并给予一定水分，置于20～25 ℃条件下促其发芽，判断种子生活力。种子的生活力常用发芽势和发芽率表示。

发芽势可表示种子发芽能力强弱、速度的快慢和发芽的整齐程度，数值大表示活力强。计算公式为：

$$\text{发芽势}=\frac{\text{规定天数内种子发芽粒数}}{\text{供试种子总粒数}}\times 100\%$$

发芽率表示种子的发芽能力，结合发芽势，可进一步说明种子活力情况，计算公式为：

$$\text{发芽率}=\frac{\text{发芽种子粒数}}{\text{供试种子粒数}}\times 100\%$$

（五）浸种催芽

浸种可使种子在短期内吸收大量水分，加速其内部的生理变化，缩短后熟过程。未经沙藏的种子，播种前需经浸种，以促使其萌芽。已经沙藏但尚未萌芽的种子，再经浸种可加速萌发。浸种方法因树种不同而异，核桃、山桃、山杏等带有硬壳的大粒种子，可用冷水浸种：把种子放在冷水中浸泡 5～6 d，每天换水一次，待种子吸足水后，即可播种。如播种期紧迫，还可用开水浸种：将种子倒进开水内速浸 2～3 s，捞出后放在冷水中浸泡 2～3 d，待种壳裂口时即可播种。

（六）播种

播种是培育果树实生苗和砧木苗的基本环节，有关播种的各项技术对育苗成败和苗木质量都有重要影响。

1. 播种地准备

应选壤土或沙壤土作为播种地，苗圃地应进行深翻熟化，一般应深翻 20～30 cm，深翻时结合施入底肥，每公顷施厩肥 60～75 t，然后整平、除去杂物，做畦或做垄。多雨地区或地下水位较高时，宜用高畦，以利于排水。少雨干旱地区宜做平畦或低畦，以利于灌溉保墒。为防治地下害虫，应在播种前予以土壤消毒。畦的宽度以有利于苗圃作业为准，长度可根据地形和需要而定。一般长 10 m、宽 1 m，每公顷做畦 750 个。苗圃地不能重茬连作，繁殖同一树种苗木，一般需轮作 2～3 年。

2. 播种时期

分为春播、秋播和采后立即播种。适宜的播种时期，应根据当地气候和土壤条件以及不同树种的种子特性决定。许多常绿果树种子，采后干燥失水，易丧失发芽力，应随采随播。柑橘产区利用枳的种子发芽高峰在 7 月中下旬、发芽率达 90%以上的特性，常用嫩籽播种，第二年秋即可嫁接，且出苗整齐，长势健壮。

3. 播种方法

(1)条播　条播是在地面或畦床内按计划行距开沟播种，出苗后密度适当，生长比较整齐，容易施肥、中耕、除草、起苗出圃等作业，应用较为广泛。小粒种子可采用双行带状条播，每畦两带四行，带内距 15 cm，带间距 50 cm，边行距畦埂 10 cm，方便嫁接时操作。

播种深度根据种子大小和土壤质地而定，种子大宜深，种子小宜浅，土壤疏松可深，黏重土壤宜浅。

经过沙藏的种子可与湿沙一起播下，播后应立即覆土，并轻轻镇压。最好用草或地膜覆盖，即能保墒又可提高地温，出苗快而整齐。

(2)点播　大粒种子如核桃、板栗、桃、李、杏等可按一定行株距点播。一般行距 30 cm，株距 15～20 cm，覆土深度为种子横径的 1～3 倍。此法用种量较少，苗木生长健壮，田间管理方便，起苗出圃容易，但单位面积产苗量较少。

(3)撒播　撒播是将小粒种子均匀撒在畦床中，已很少应用。

4. 播种量

播种量是指单位面积内计划生产一定数量的高质量苗木所需要种子数量，单位为 kg/hm^2。播种量不仅影响产苗数量和质量，也与苗木成本有密切关系。

为了有计划地采集和购买种子，应正确计算播种量。计算播种量的公式是：

$$每公顷播种量=\frac{每公顷计划育苗数}{每千克种子粒数\times种子发芽率\times种子纯净率}$$

播种量的确定还要考虑播种质量，田间管理和病虫害等实际问题。

5. 播种深度

播种深度与出苗率有密切的关系。播种过深，土温低，氧气不足，种子发芽困难，出土过程中消耗养分过多，出苗晚，甚至不能出土。播种过浅，种子得不到足够和稳定的水分，影响出苗率。

播种深度因种子大小、气候条件和土壤性质而异，覆土深度以种子最大直径的 1～5 倍为宜。干燥地区比湿润地区播种应深些。秋冬播比春夏播应深些。沙土、沙壤土比黏土应深些。

为有利于种子发芽出苗，尤其干旱地区或风大而水源较少时，应注意采取播后覆膜或覆草保墒。

任务二　嫁接苗的培育

一、嫁接苗的特点及意义

将优良品种植株上的枝或芽嫁接到另一植株的枝、干上，成活后长成新的植株即为嫁接苗。用于嫁接的枝或芽称为接穗，承受接穗的植株为砧木。

嫁接苗的根系是砧木的根系。因此，可以利用砧木的特性如抗寒、抗旱、耐涝、耐盐碱、抗病虫害、矮化等提高嫁接苗的适应性或进行矮化栽培。接穗来自阶段性成熟、性状稳定的优良品种的母株上，能保持母本品种的优良性状，如生长快、结果早、品质优。所以，嫁接苗在果树生产上应用极为广泛。其优点主要体现在以下几个方面：①能保持接穗品种特性；②能够矮化树体和提早开花结果；③利用砧木根系的适应性扩大栽植范围；④可以加速品种的更新；⑤救伤防衰；⑥组装观赏的植株；⑦克服其他方法难以繁殖的困难。

二、嫁接成活的原理

（一）嫁接愈合过程

果树嫁接成活主要取决于砧木和接穗能否相互密接产生愈伤组织，并进一步分化产生新的输导组织而相互连接。砧、穗接合部愈伤组织先从周围开始向中心扩展，充满接合部的空隙，砧、穗愈伤组织的薄壁细胞互相连接，愈合为一体。砧、穗形成层分裂延伸，形成形成层环而相互连接（图 2-4-1），接穗形成层向内产生新的木质部，向外产生新的韧皮部，逐渐延伸，与砧木产生的木质部和韧皮部连接。愈伤组织部分细胞分裂形成管状组织，与砧、穗木质部导管和韧皮部的筛管上下连通，形成新的输导组织，成为一个新的植株。所以愈伤组织增生越快，则砧、穗连接愈合越早，嫁接成活可能性越大。

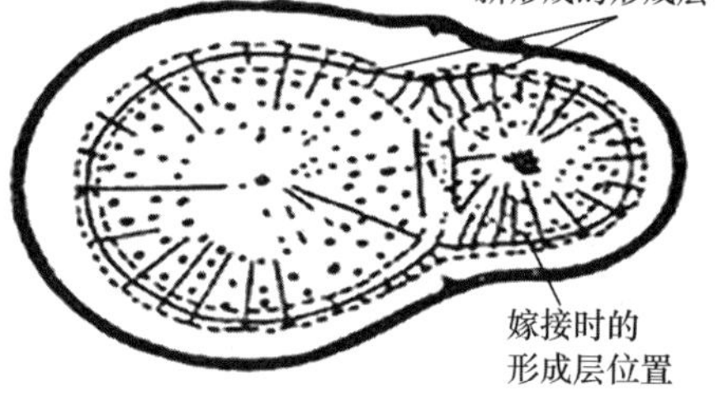

图 2-4-1　砧木与接穗形成层

（二）影响嫁接成活的因素

（1）砧木和接穗的亲和力　砧木和接穗的亲和力是指两者在内部组织结构、生理和遗传等方面差异程度的大小，差异越大，亲和力越弱，嫁接成活的可能性越小。嫁接亲和力低有以下几种表现：①嫁接不成活；②嫁接成活率低；③嫁接成活后表现不良，如树体衰弱，结合部位上下粗细不均等。

嫁接亲和力主要取决于砧木和接穗的亲缘关系，一般亲缘关系越近，亲和力越强。同种同品种间的嫁接亲和力最强，为共砧嫁接，如板栗接板栗，毛桃接桃等。同属异种间的嫁接亲和力因树种而异，梨接在杜梨上、柿接在君迁子上、桃接在山桃上等，其嫁接亲和力都很强。另外还有组织结构、生理代谢方面的影响。

（2）嫁接时期　嫁接成败与气温、土温、砧木与接穗的活跃状态有关。春季嫁接过早，温度较低，愈伤组织增生慢，嫁接不易愈合。在生产实践中，各种果树最适宜的嫁接时期有所不同。

（3）砧木和接穗的质量　砧木和接穗组织充实，贮存的营养丰富，嫁接后容易成活。因此，应选择组织充实、芽体饱满的枝条做接穗。

（4）接口湿度　愈伤组织由柔嫩的薄壁细胞组成。在愈伤组织表面保持一层水膜，对愈伤组织的大量形成有促进作用。砧、穗结合部位用塑料布条绑缚可起到保湿作用。

（5）伤流、树胶、单宁物质的影响　核桃、葡萄等树种根压较大，根系开始活动后，地上部有伤口部位易出现伤流。因此，春季嫁接核桃或葡萄等树种，由于接口处出现大量伤流，妨碍切口处细胞的呼吸而影响成活。此外，桃、杏等树种伤口部位流胶；核桃、柿等树种切面细胞内单宁氧化形成不溶于水的单宁复合物，都影响愈伤组织的形成而降低成活率。

(6)嫁接技术　总的要求是做到“快、平、准、紧、严”。即操作动作要快；刀具锋利，削面要光滑平整；砧木和接穗形成层对准对齐，充分接触；绑扎要紧；薄膜封口要严，既可保湿又可增加结合部位的温度，有利于愈伤组织的形成而促进成活。另外，嫁接工具、砧木切口和接穗芽片等要保持干净。

三、砧木与接穗间的相互影响

1. 砧木对接穗的影响

(1)对生长的影响　嫁接后，某些砧木可促进树体生长高大，这种砧木称为乔化砧。如杜梨是梨的乔化砧等。另一些砧木嫁接后使树体矮小，这种砧木称为矮化砧。一般乔化砧寿命长，矮化砧寿命短。

此外，砧木对嫁接果树的物候期，如萌芽期、落叶期等均有明显影响。

(2)对结果的影响　砧木对嫁接果树结果的早晚、果实成熟期及品质都有一定的影响。

(3)对抗逆性、适应性的影响　果树所用砧木一般是野生或半野生的，它们都具有较强的适应性。如用山桃嫁接的桃树，抗寒、抗旱能力较强；用毛桃嫁接桃树，耐湿能力较强。

砧木对嫁接果树虽有多方面的影响，但这些影响是在接穗遗传性已经稳定的基础上产生的，属生理作用，并不涉及遗传基础的变化，因此不会改变品种的固有特性。

2. 接穗对砧木的影响

嫁接果树，其根系的生长是靠地上部制造的有机营养。因此，接穗对砧木也会产生一定影响。例如，用杜梨做梨的砧木，其根系分布浅且易发生根蘖。

3. 中间砧的影响

中间砧对接穗具有和矮化砧木相同的影响，矮化效果与中间砧的长度呈正相关，中间砧越长，矮化效果越明显。一般使用长度为 20～30 cm。

四、砧木苗的选择

砧木对接穗产生深远影响，因此对砧木的选择是培育优良果树苗的重要一环。不同种类的砧木对气候、土壤等环境条件的适应性是不同的。从当地原产的树种中选择适宜的砧木，一般能适应当地或与其类似的环境条件。如当地树种缺乏，需从外地引种时，应对引种的砧木特性有充分的了解或先行试栽，观察其适应能力再大量引种。

中国果树砧木种类极多，各地又有其适宜的树种，在选择果树砧木时应考虑以下条件：①与接穗有良好的亲和力；②对接穗的生长与结果有良好的影响，如生长健壮、丰产、寿命长等；③对栽培地区的环境条件适应能力强，如抗旱、抗涝、抗寒、抗盐碱、抗病虫害等；④资源丰富，繁殖容易；⑤具有特殊需要的性状，如矮化等。

五、接穗的选择与采集

接穗采自优良品种的植株。采取接穗的母株必须具有丰产、稳产、优质的特性，而且要生长发育健壮，无检疫病虫害。

芽接用的接穗应采自当年生的发育枝。在生长季芽接时，最好随采随接。采后立即剪掉叶片，仅保留叶柄以减少水分蒸发。如当日或次日嫁接，可将接穗的下端浸入水中。如隔几日嫁接，则应在阴凉处挖沟铺沙，将接穗下端埋入沙中，并喷水保持湿度。

枝接用的接穗来自一年生发育枝，可结合冬季修剪采集，采集的接穗按品种打捆，并加标签，埋于窖内或沟内的湿沙中。在贮藏期间，注意保温防冻；春季回暖后，要控制接穗萌发，以便延长嫁接时期。

接穗需要远距离运输时，应用塑料薄膜包好，再装入布袋或木箱中，以保持水分。

枝接的接穗在嫁接前用石蜡密封，可大大提高嫁接成活率，并可免去接后埋土保湿，而且保存期长，可延长嫁接时期。蜡封的方法是把石蜡熔化加温至 110～120 ℃，将接穗在石蜡液中迅速浸蘸约 1/10 s，使接穗表面形成一层极薄的蜡膜，起到保湿作用。

六、嫁接方法

生产上常用的嫁接方法主要有芽接和枝接两种。

1. 芽接法

芽接法是应用最广泛的一种嫁接方法。其优点是可经济利用接穗，当年播种的砧木苗即可进行芽接；而且操作简便、容易掌握、工作效率高、嫁接时期长、结合牢固、成苗快，未嫁接成活的便于补接，能大量繁殖苗木。

芽接时期在春、夏、秋三季。凡皮层容易剥离，砧木达到芽接所需粗度，接芽发育充实，均可进行芽接。芽接的具体方法有 T 字形芽接、方块芽接、嵌芽接等(图 2-4-2)。

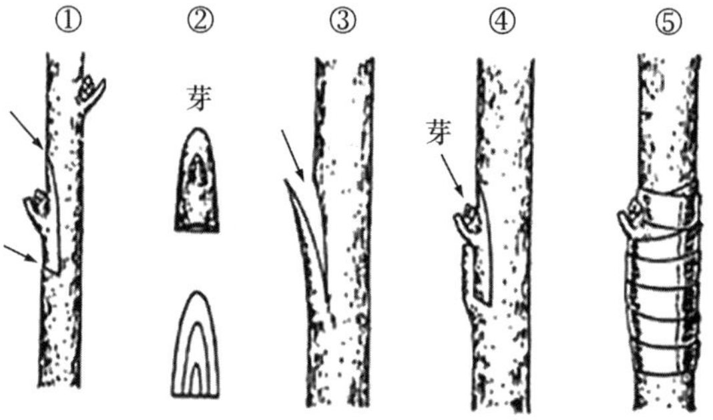

图 2-4-2　嵌芽接

①～⑤为嵌芽接的步骤

2. 枝接法

枝接一般在春季砧木萌动而接穗未萌动时进行，有的树种在生长季也能进行。常用的方法有劈接、切接、插皮接、舌接、靠接等。

七、嫁接苗的管理

1. 芽接苗的管理

(1)检查成活，解除绑缚物及补接　多数果树，芽接后 15 d 即可检查成活情况及解除绑缚物，未成活的进行补接。凡芽体和芽片呈新鲜状态，叶柄一触即落时说明已经成活。芽接未成活的，如砧木尚能离皮，可行补接，补接时要防止品种混杂。

(2)越冬防寒　在冬季严寒干旱地区，为防止接芽受冻，于结冻前应培土保护，春季解冻后要及时扒开，以免影响接芽萌发。

(3)剪砧　春季萌芽以前，应将接芽以上的砧木剪除，以集中营养供接芽生长，剪口应在接芽以上 0.5 cm 处，呈马蹄形(图 2-4-3)。

(4)嫁接苗生长前期的管理　应注意加强肥水管理，中耕除草，防治病虫害，秋季适当控氮肥、控水，促进枝条成熟。

2. 枝接苗的管理

枝接成活后，如成活接穗较多，应选生长健壮、愈合良好、位置适当的保留一枝，其余剪除，以集中营养供应。如果当地春季风大，为防嫩梢折断，应立支柱绑缚，并注意及时除掉萌蘖，以节约营养供接穗生长。其他管理与芽接苗相同。

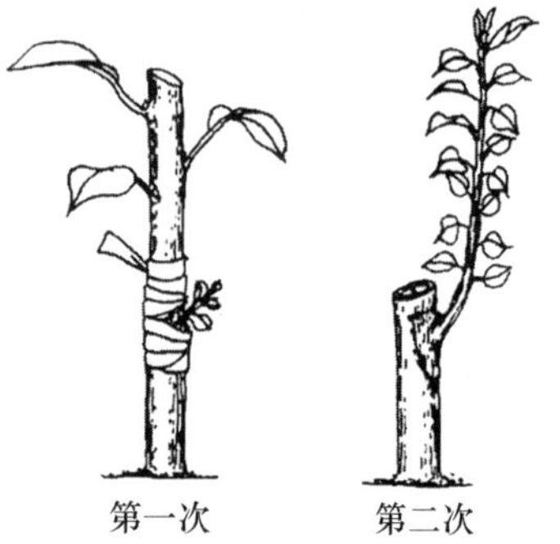

图 2-4-3　二次剪砧

任务三 自根苗的培育

一、自根苗的特点

自根苗是用扦插、压条、分株等方法繁殖的苗木。组培苗木也可以称为自根苗。

自根繁殖的果树，其发育阶段是母株发育的继续。因此，进入结果期较早，变异性小，能保持母株的优良特性，生长较为一致；繁殖比较简单，繁殖系数较低，抗逆性、适应性较差。

二、自根苗繁殖的原理

自根繁殖主要利用植物营养器官的再生能力发根或发芽后，与母株分离，形成一个独立的植株。无论采取哪种自根繁殖的方法，成活的关键在于形成不定根或不定芽的能力。而再生不定根或不定芽的能力与树种的遗传特性有关。

（一）不定根的形成

多年生木本植物的不定根原始体通常在枝条的次生木质部产生，有些果树不定根原始体是从形成层和髓射线交界处产生的。多数果树是在扦插、压条的过程中，由茎内某些细胞的进行逆分化而形成根原体，进而产生不定根。在扦插繁殖时，插条的愈伤组织和不定根，在多数情况下是同时产生的，但又是各自独立进行的。有时先形成愈伤组织而后产生不定根，使人们误认为不定根是由愈伤组织产生的。在扦插葡萄时，可以看到插条基部未产生愈伤组织，而在节部形成了不定根。虽然愈伤组织的形成与不定根的产生没有直接关系，但愈伤组织形成后对防止插条内营养物质的流失、病原入侵、伤口腐烂有重要作用，为发根及根的生长创造了良好的条件。

（二）不定芽的形成

在分株繁殖的过程中，在母株的根上产生不定芽，特别是在根系受伤的情况下，更易发生不定芽。在幼年的根上，不定芽产生的中柱鞘靠近维管形成层的部位；在老龄根上，不定芽是从木栓化形成层或射线增生的类似愈伤组织里形成的。在受伤的根上，主要在伤口面愈伤组织里形成不定芽。

（三）极性

器官的生长发育均有一定的极性现象，即枝条总是在其形态学顶端抽生新梢，下端发生新根。用根段扦插时，在根段的形态学顶端形成根，而在其形态学基部发出新梢。因此，扦插时要特别注意不能倒插。能够用根插成活的树种有中华猕猴桃、无花果、梨、枣和柿等。

（四）影响扦插、压条生根的因素

1. 内部因素

（1）树种与枝龄、位置　果树树种不同，其枝上发生不定根或根上发生不定芽的能力不同。枣、核桃、李等树种，枝条上发生不定根的能力很弱，而根上产生不定芽的能力很强，根插易成活。而葡萄、石榴等树种，枝条上容易产生不定根，扦插枝条容易成活。枝条年龄对扦插成活影响也较大，通常从实生幼树上剪取的枝条较容易发根。枝龄较小的枝条皮层幼嫩，其分生组织的生活力强，扦插容易成活。

(2)插条内的营养物质　在营养物质中,尤其以碳素营养和氮素营养对促进生根关系密切。插条中的淀粉和可溶性糖类含量高时发根好。许多树种的插条在糖液中浸泡一定时间,可以提高发根率。在氮素营养中,有机氮较无机氮更能促进生根。生产过程中施用氮肥,植株生长在充足的阳光之中,对果树进行环剥或环缢等措施,都可以使枝条积累较多的营养物质和生长素,有利于扦插、压条的成活。

(3)生长调节剂　有些生长调节剂能促进形成层细胞的分裂,加速愈伤组织的形成,同时还可加强淀粉和脂肪的水解,提高过氧化氢酶的活性,从而提高生根能力。生长素、赤霉素、细胞分裂素对根的分化均有作用。生产上常在扦插前用外源激素(吲哚丁酸、ABT 生根粉)处理插条,可促进生根。此外,维生素类物质也是营养物质之一,现已证明维生素 B_1、维生素 B_2、维生素 B_6、维生素 C 以及烟碱在生根中是必需的。维生素与生长素混用,对促进生根有更好的作用。

2. 外部因素

(1)土壤温度　插条生根的最适土温为 15～20 ℃或高于气温 3～5 ℃,因此,提高早春土壤温度,使枝条先发根、后发芽,以利于根系对水分的吸收和地上部分的水分消耗趋于平衡,可促进扦插成活。

(2)土壤水分与空气湿度　插条在生根以前往往地上部芽体萌发在先,消耗大量水分;即使生根以后,根系吸收水分的能力与地上部的耗水量,在相当长的一段时间内也不能平衡。而细胞的分裂、分化及根原体的形成都需要一定的水分供应。因此,一般在插条旺盛生长之前,土壤含水量不能低于田间最大持水量的 50%。

(3)土壤通气　除土壤水分和空气湿度外,土壤通气对插条生根也相当重要。例如,葡萄扦插土壤中氧气的含量在 15%以上时,发根情况最好;土壤中氧气的含量低于 2%时,几乎不能发根。一般树种扦插发根时,要求适宜的水分和空气之比大致为 1∶1。因此,扦插时应选择土壤结构疏松、通气保水状况良好的沙壤土。

(4)光照　插条生根前或发根初期,强烈的光照会加速插条及土壤水分的蒸发而使插条干枯,扦插失败。因此,扦插时应避免强光直射,尤其是绿枝扦插,在扦插初期应搭棚遮阴。

(五)促进生根的方法

1. 加温处理

早春扦插常因土温低而生根困难,成活率低。可采用加温愈伤处理,效果很好。当前生产上利用的加温方法有地热线、塑料棚、温室等。总的原则是在保持湿度的条件下,使插条基部温度保持在 20～28 ℃,插条上部温度处在 10～15 ℃,能促进愈伤组织形成。约 10 d 后形成愈伤组织,然后降温锻炼 2～3 d,即可扦插。

2. 生长调节剂处理

对不易发根的树种、品种,采用药剂处理,加强插条的呼吸作用,提高酶的活性,促进分生细胞的分裂而发根。药剂种类繁多,常用于促进插条生根的植物生长调节剂有吲哚丁酸(IBA)、吲哚乙酸(IAA)和萘乙酸(NAA)。其中以吲哚丁酸效果最好,浓度为 50～500 mg/L 浸泡 12～24 h,也可用 1 000 mg/L 以上的浓度短时间浸蘸 5～10 min,效果均比较理想。

3. 机械处理

对扦插生根比较困难的树种品种,可采用剥皮、纵刻伤、环剥等方法处理,能促进生长。

(1)剥皮　对枝条木栓组织比较发达的果树,如葡萄中难发根的品种,扦插前先将表皮木栓层剥去,对发根有良好的促进作用。

(2) 纵刻伤　在插条基部 1～2 节的节间刻 5～6 道纵向伤口，深达韧皮部。刻伤后扦插，不仅使葡萄在节部和茎部断口周围发根，而且在通常不发根的节间也发出不定根。

(3)环状剥皮　在枝条的某部位剥去一圈皮层，宽 3～5 mm。压条繁殖前在枝条上环剥；也可在采插条前 15～20 d 对欲插条的枝梢环剥，待环剥伤口长出愈伤组织而未完全愈合时，剪下扦插。

剥皮、纵刻伤和环剥促进生根，是由于生长素和碳水化合物积累在伤口区或环剥口上方，提高了过氧化氢酶活性，从而促进细胞分裂和根原体的形成。

4. 黄化处理

在新梢生长初期用黑布或纸条等包裹基部，使叶绿素分解消失，枝条黄化，皮层增厚，薄壁细胞增多，生长素积聚，有利于根原体的分化和生根。一般常用培土的方法使插条黄化。黄化处理必须在扦插前 3 周进行。

扦插苗的培育

三、扦插繁殖

(一)枝插

1. 硬枝扦插

利用充分成熟的一年生枝，在休眠期进行硬枝扦插。如葡萄的硬枝扦插是在春季萌芽前进行。在深秋葡萄落叶后结合冬季修剪采集插条，长 50 cm，在湿沙中贮藏，温度保持在 1～5 ℃。扦插时将插条剪成 2～3 节为一段，上端剪平，下端剪成马蹄形，插条上端距离最上芽 2 cm(图 2-4-4)。用萘乙酸或吲哚丁酸处理后，将插条斜插在苗床上，在春季风大地区使顶芽露出地面并覆土保护。温暖而湿润地区插好后灌水，可不覆土。

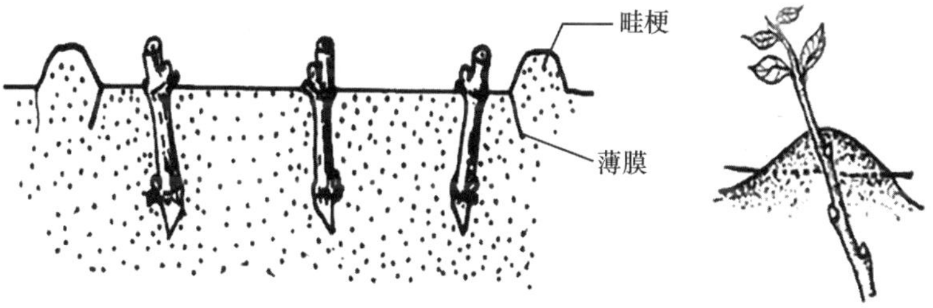

图 2-4-4　硬枝扦插(左)和绿枝扦插(右)

2. 绿枝扦插

利用半木质化的新梢在夏末进行绿枝扦插。选健壮的半木质化枝蔓，每段 3 节，将下部叶片去掉，只留上部两叶片，插条最好在早晨枝条含水量多而且空气凉爽、湿度大时采集。插后应遮阴并勤灌水，待成活后再逐渐除去遮阴设备。

绿枝扦插比硬枝扦插容易发根，但绿枝对空气和土壤湿度的要求更严格，因此，多采用室内弥雾扦插繁殖，使插条周围保持湿度在 100%，叶片被有一层水膜，室内气温平均 21 ℃左右，从而降低蒸腾作用、增强光合作用、减少呼吸作用，使难发根的插条保持生活力的时间长些，以利于发根生长。

(二)根插

根插主要用于繁殖砧木苗。在枝插不易成活或生根缓慢的树种(如枣、柿、核桃、长山核桃、山核桃等)中,根插较易成活。李、山楂、樱桃等根插较枝插成活率高。杜梨、秋子梨等砧木树种,可利用苗木出圃剪下的根段或留在地下的残根进行根插繁殖。根段粗 0.3～1.5 cm 为宜,长 10 cm 左右,上口平剪,下口斜剪,呈马蹄形。根段可直插或平插,以直插容易发芽,但切勿倒插。

(三)茎插法

茎插主要用于南方热带果树如香蕉、菠萝,可在短期内培育大量芽苗。香蕉用地下茎切块,于 11 月至翌年 1 月扦插繁殖;菠萝用吸芽、冠芽和裔芽于 3—6 月扦插繁殖,也可纵切老茎,选带休眠芽的切片扦插。

(四)叶插法

叶插主要用于广东一带的菠萝繁殖,利用吸芽、冠芽、蘖芽和裔芽带叶进行扦插,每一个冠芽可以分成 40～60 个带叶芽片,繁殖系数较高。主要方法是将叶尖、老叶去掉,用刀连同带芽的叶片和部分茎一起切下,稍微晾晒后,进行斜插。

四、压条繁殖

压条是在枝条不与母株分离的状态下把枝条压入土中,促使生根,生根以后再与母株分离,成为一个独立的新的植株。对于扦插繁殖不易生根的树种,常采用压条繁殖(图 2-4-5)。

1. 垂直压条

石榴、无花果、苹果的营养系矮化砧木等均采用垂直压条的方法繁殖。例如,繁殖苹果的营养系矮化砧木,定植的株行距为 30 cm×50 cm,于春季萌芽前,母株距地面 2 cm 处剪断,促发萌蘖,当萌蘖新梢长到 15～20 cm 时,第一次培土,高度为新梢的 1/2 左右。当新梢长到 40 cm 时第二次培土,培土高度为 30 cm,宽 40 cm。培土前先行灌水,培土后,注意保持一定湿度。一般 20 d 后开始生根。冬前或翌年春季扒开土堆,在每根萌蘖的基部,靠近母株处留 2 cm 的短桩剪断,未生根的萌蘖也应同时剪断。如此每年反复进行。

2. 水平压条

采用水平压条繁殖苹果营养系矮化砧木时,按株行距(30～50)cm×150cm 定植。把母株枝条弯曲到地面,呈水平状态,用枝杈将其固定,为促使枝条上芽的萌发,在芽前方 0.5～1 cm 处环割。待新梢长到 15～20 cm 时第一次培土,新梢长到 25～30 cm 时进行第二次培土。入冬前或翌年春扒开培土,对靠近母株基部的萌蘖留 1～2 株,供再次水平压条用。

3. 先端压条

黑莓、黑树莓、紫树莓等很少发生吸芽,主要采用先端压条繁殖,其枝条顶芽既能长梢,又能在梢基部生根。通常在夏季新梢尖端已不延长,叶片小而卷曲如鼠尾状时,即可将先端压入土中。若压入太早,则新梢不形成顶芽而继续生长;太晚则根系生长差。压条生根后即可剪离母体成独立新植株。

4. 高枝压条(又称高压法)

我国很早即已采用此法繁殖荔枝、龙眼、柑橘、石榴、枇杷等果树,具有成活率高、技术易掌握等优点;但繁殖系数低,对母株损伤大。

高枝压条在整个生长期都可进行,但以春季和雨季进行效果较好。广东省多用椰糠、锯木屑做基质,亦可用稻草与泥混合做填充材料,成本低,生根效果良好。

高压法应选用充实的 2～3 年生枝条,在枝条近基部行环剥,宽度为 2～4 cm,注意刮净皮层和形成层，并于剥皮处包以保湿生根材料，用塑料薄膜或棕皮、油纸等包裹保湿。高压柑橘枝条约 2 个月后即可生根，8—9 月份即可剪离母树，连同生根材料假植一年，待根系发育强大后定植。

图 2-4-5 水平压条(左)和高枝压条(右)

五、分株繁殖

1. 根蘖分株

适用于根系容易发生大量不定芽而长成根蘖苗的树种，如枣、山楂、树莓、榛子、樱桃、李、石榴、杜梨、山荆子、海棠等。生产上多利用自然根蘖进行分株繁殖。为促使多发根蘖，可于休眠期或发芽前将母株树冠外围部分骨干根切断或造伤，并施以肥水，促使发生根蘖和旺盛生长，秋季或翌年春季挖出根蘖，分离栽植。

2. 吸芽分株

香蕉、菠萝等用此法繁殖。香蕉在生长期能从母株地下茎抽生吸芽并发根，生长到一定高度后与母株分离栽植。菠萝的地上茎叶腋间能抽生吸芽，选择健壮、大小适宜的吸芽，切离母体定植。

3. 匍匐茎分株

草莓地下茎的腋芽生长当年可发生匍匐茎，在匍匐茎的节上发生叶簇和芽，下部生根长成幼株，夏末秋初将幼株挖出，即可栽植。

4. 根状茎分株

草莓根状茎分枝能力和发新根的能力比较强，可用根状茎进行分株繁殖。

能力转化

本地主栽果树有哪些？都是用什么方法进行繁殖育苗的？总结其繁殖过程及要点。

项目五　果园土肥水管理

任务目标

知识目标：

掌握果园土壤管理的方法；熟悉果树营养特点，掌握施肥技术；掌握果树需水特性，合理灌溉和排水。

能力目标：

能够根据果树特性和立地条件进行科学合理的土肥水管理；学会全面分析，树立整体意识，能够较好处理整体与局部的关系。

素质目标：

践行“两减一控”，树立环保意识。

知识准备

科学的土、肥、水管理制度是果树丰产、稳产、优质的重要条件。绝大多数果树是多年生植物，长期固定生活在一个地方，除了栽植时应当改良土壤，打下良好的基础外，在以后的生长发育过程中，还需要经常适时地供应并协调养分和水分，以利于根系生长、吸收，保证植株生长结果之需。

果园土壤管理的目的是扩大根际土壤范围和深度，为果树创造适宜的土壤环境；供给和调整果树从土壤中吸收的养分与水分；增加和保持土壤有机质，提高土壤肥力；疏松土壤，增强土壤的通透性，有利于根系扩展；保持水土和排出多余水分。

一、深翻熟化

果树根系深入土层的深浅，直接影响果树吸收营养的多少，与生长结果有密切的关系。深翻可以加厚土层，改善土壤的理化性状，增加透气性，有利于蓄水保肥，加强微生物活动，加速土壤熟化，使果树根系向纵深发展。深翻时配合施入有机肥料，则效果更好。

1. 深翻时期

一年四季均可以进行深翻，多在秋季果实采收后，结合秋施基肥进行。此时，果树生命活动慢，养分回流，对地上部影响较小，伤根后易愈合，并有利于翌年根系的生长，因此是最好的季节。

2. 深翻方式

深翻的深度一般到达果树主要根系分布层。在土层浅、土质差的果园，因根系生长受到土壤状况的限制，应适当加深，可达 80～100 cm。常用的深翻方式有以下几种：

(1)扩穴深翻　各种果园都常采用此法，尤以山区果园更为普遍。即幼树定植数年后，依根系生长状况逐年向外深翻扩穴，至遍及全园为止。一般需进行 3～4 次。

(2)隔行深翻　用隔一行翻一行的方法进行深翻，全园分两次完成。因每次只伤一侧根系，对果树生育影响较小。平地果园可利用机械配合，山地果园可结合水土保持工程完成。

(3)全园深翻　除栽植穴以外的土壤一次深翻完。树龄较大的果园因易伤根太多，对植株有不利影响，应慎用。

深翻应配合施有机肥料及秸秆，注意改良下层土壤。必要时进行客土。并应尽量少伤大根，以减轻对植株生长结果的影响。

二、土壤改良

果园土壤改良

土壤的酸碱度可影响果树根系生长，各种果树对酸碱度有一定的适应范围。如柑橘能适应酸性土壤，葡萄能适应微碱性土壤。果树树种不同，耐盐能力也不一样。如葡萄较耐盐，梨属耐盐力中等。在盐碱地果树根系生长不良，且易发生缺素症，树体易早衰，产量也低。因此，在盐碱地栽植果树必须进行土壤改良，主要方法有以下几种：

(1)设置排灌系统　改良盐碱地主要措施之一是淡水洗盐。在果园顺行间隔 20～40 m 挖一道排水沟(一般沟深 1 m，上宽 1.5 m，底宽 0.5～1.0 m)。排水沟与较大较深的排水支渠及排水干渠相连，使盐碱能排出园外。园内则定期引淡水进行灌溉，达到灌水洗盐的目的。

(2)深耕施有机肥　有机肥料除含果树所需要的营养物质外，还含有机酸，对碱能起中和作用。有机质可改良土壤理化性状，促进团粒结构的形成，提高土壤肥力，减少蒸发，防止返碱。

(3)地面覆盖　地面铺沙、盖草或其他物质，可防止盐分上升。干旱季节在盐碱地上铺 10～15 cm 河沙，可防止盐碱上升和起到保墒的作用。

(4)营造防护林　防护林可以降低风速，减少地面蒸发，防止土壤返碱。

(5)种植绿肥植物　绿肥作物可以增加土壤有机质、改善土壤理化性质，同时，绿肥的枝叶覆盖地面，可减少土壤蒸发，抑制盐碱上升。结合排水洗盐，效果更好。

三、果园土壤管理制度

果园土壤管理

(一)幼年果园

1. 幼树树盘管理

树盘即树冠垂直投影范围。树盘内的土壤可以采用清耕或覆盖法管理。耕作深度以不伤根系为限。有条件的地区也可用各种有机物覆盖树盘。覆盖物的厚度一般在 10 cm 左右，如用厩肥、稻草或泥炭覆盖还可薄一些。为了降低地温，在夏季给果树树盘覆盖，效果较好。沙滩地树盘培土，既能保墒又能改良土壤结构，减少根颈冻害。

2. 果园间作

幼龄果园行间空地较多时可间作。果园间作既可充分利用光能，又可增加土壤有机质，改良土壤理化性状。利用间作物覆盖地面，抑制杂草生长，减少蒸发和水土流失，还有防风固沙的作用，可改善局部小气候，有利于幼树生长，有利于果树的生长发育。间作还可增加收入，提高土地利用率。

间作物选择上，注意优先选择植株矮小、生育期较短、适应性强、与果树需水临界期错开的植物。间作物应与果树没有共同病虫害，比较耐阴，收获较早。

间作物要与果树保持一定距离，尤其是播种多年生牧草时更应注意。因多年生牧草根系强大,应避免其根系与果树根系交叉,加剧水肥竞争的矛盾。尤其是在间作物与果树竞争养分剧烈的时期,要及时施肥灌水。

(二)成年果园

1. 清耕法

园内不种作物,经常进行耕作,使土壤保持疏松和无杂草状态。一般在秋季深耕,春季进行多次中耕,使土壤保持疏松通气,促进微生物繁殖和有机物分解,短期内可显著地增加土壤有机态氮素。耕锄松土,能起到除草、保肥、保水作用。但长期采用清耕法,土壤有机质迅速减少,还会使土壤结构受到破坏,影响果树的生长发育。

2. 生草法

在果树行间播种禾本科、豆科等草种,如三叶草、紫云英、大豆、毛苕子、毛野豌豆、山绿豆、山扁豆、鸡眼草、草木樨、酢浆草、黑麦草、野燕麦等。选择优良草种,关键时期补充肥水,刈割后覆于地面,在缺乏有机质、土壤较深厚、水土易流失的果园,生草法是较好的土壤管理方法。豆科和禾本科混种,对改良土壤有良好的作用。选用窄叶草可节省水分,在年降水量 500 mm 以上且分布不集中的地区可以试种,在生草管理中出现有害草种时,须翻耕重播。

生草后土壤不进行耕锄,土壤管理较省工,可减少土壤冲刷,遗留在土壤中的草根增加了土壤中有机质含量,改善土壤理化性状,使土壤能保持良好的团粒结构。在雨季,生草果园消耗土壤中过多水、养分,可促进果实成熟和枝条充实,提高果实品质。

但是长期生草也会给果园带来一些不利影响,易使表层土板结,影响通气。生草根系强大,且其在土壤上层分布密度大,截取下渗水分,消耗表土层氮素,因而导致果树根系上浮,与果树争夺水肥的矛盾加大,因此要加以控制。

3. 覆盖法

在树冠下或稍远处覆以杂草秸秆、沙砾、淤泥等,不同果园应根据土质情况就地取材。

果园以覆草最为普遍,覆草厚度 5～10 cm,覆后因其逐年腐烂减少,要不断补充新草。覆草能防止水土流失,抑制杂草生长,减少蒸发,防止返碱,积雪保墒,缩小地温昼夜与季节变化幅度。覆草还能增加土壤中有效养分和有机质含量,并能防止磷、钾和镁等被土壤固定而成无效态,对团粒结构形成有显著效果,因而有利于果树的养分吸收和生长。但覆草也有招致虫害和鼠害、使果树根系变浅等不利影响。

4. 免耕少耕法

对土壤不进行耕作或很少进行耕作,这种方法具有保持土壤自然结构、节省劳力、降低成本等优点。

免耕少耕法管理的土壤容量、孔隙度、有机质含量、酸碱度、土壤承压强度以及根系分布等都发生显著的变化。免耕少耕法管理的地表面易形成一层硬壳,这层硬壳在干旱气候条件下变成龟裂块,在湿润条件下长青苔,但在表层形成的硬壳并不向深层发展,故免耕少耕法果园能维持土壤自然结构。由于作物根系伸入土壤表层以及土壤生物的活动,非毛细管孔隙减少,但土壤中可形成比较连续而持久的孔隙网,所以通气效果较耕作土壤为好。且土壤动物孔道不被破坏,水分渗透常有所改善,土壤保水力也好。

5. 地膜覆盖

利用无色或有色地膜覆盖树盘或树行间地面,有减少土壤水分蒸发、提高土壤肥力和早春土温、提早萌芽、促进果树生长、提高扦插和果树栽植成活率、增加产量、改善品质、促进成熟的作用。

任务实施

任务一　果园施肥

果树和其他植物一样，需要从土壤中吸收各种营养元素。果树固定生长在一个地方，每年都要不断地从同一块土地取得养分，即使原来是肥沃的土壤，也会逐渐缺乏某些元素。因此要保持果树的丰产优质，就必须陆续供给必要的营养，所以施肥是每年必不可少的工作。

一、营养元素的种类和主要作用

果树对营养元素的需要是多种多样的，分析果实的化学组成，至少有40种以上的元素，其中主要的有碳、氢、氧、氮、磷、钾、硫、钙、镁、铁、锰、硼、铜、锌、氯等。碳、氢、氧可从空气和水中得到，其他元素则几乎都靠从土壤中获得。氮、磷、钾需要量最多而易缺乏，称为肥料"三要素"；钙、镁、硫需要量也较多，与氮、磷、钾一起都属于大量元素。而硼、锰、锌等其他元素需要量很少，称为微量元素。无论大量元素还是微量元素，只是植物需求多少不同，都是不可或缺的，它们具有同样重要的作用，如果缺乏，均会导致果树生理机能失常，甚至死亡。

各种元素对果树的作用、需要量及过量或缺乏时引起的症状见表2-5-1。各种元素之间存在复杂关系，如增效或拮抗作用，这对正确施肥有重要的指导意义。同时，不同果树种类、不同土壤条件和不同的物候期，对营养的需要都有很大差别。因此，满足各种果树对营养的需求是一个复杂的问题。还有多种元素的作用和相互关系有待于进一步研究。

表2-5-1　主要矿质元素生理作用

元素	主要生理功能	缺乏症状	过量症状
氮	蛋白质、核酸、磷脂、酶、植物激素、叶绿素、维生素、生物碱、生物膜的组成成分	株小，叶黄，茎红，根少而质劣，老叶先黄化	贪青徒长，开花延迟，产量下降
磷	植物激素、核酸、磷脂、酶、磷酸腺苷的组成成分；促进糖运转；参与糖、含氮物质、脂肪代谢；提高植物抗旱性和抗寒性；提高植物体内可溶性糖含量，降低细胞质冰点；提高磷脂的含量，增强细胞的温度适应性	株小，根少，叶红，籽瘪，老叶先发病；缺磷叶片糖代谢受阻，糖分累积，形成花青素(紫色)	呼吸作用过强；根系生长过旺；生殖生长过快；抑制铁、锰、锌的吸收
钾	以离子状态存在于植物体中，酶的活化剂；促进光合作用、糖代谢、脂肪代谢、蛋白质合成；提高植物抗寒性、抗逆性、抗病和抗倒伏能力	叶尖端和边缘发黄，进而变褐色，渐次枯萎，但叶脉两侧和中部仍为绿色；组织柔软易倒伏；老叶先发病	由于体内离子的不平衡而影响到其他阳离子(特别是镁)的吸收；过分木质化
钙	细胞壁结构成分，提高保护组织功能和植物产品耐贮性，与中胶层果胶质形成钙盐，参与形成新细胞，促进根系生长和根毛形成，增加养分和水分吸收	生长受阻，节间较短，植株矮小，组织柔软，幼叶卷曲畸形，叶缘变黄并逐渐坏死，幼叶先发病	不会引起毒害，但是抑制铁、锰、锌的吸收

续表 2-5-1

元素	主要生理功能	缺乏症状	过量症状
镁	叶绿素的构成元素，许多酶的活化剂	根冠比下降；高浓度的 K^+、Al^{3+}、NH_4^+ 可引起镁缺乏	茎中木质部组织不发达，绿色组织的细胞体积增大，但数量减少
硫	蛋白质的组成成分，参与呼吸作用、脂肪代谢、氮代谢和淀粉合成；组成维生素 B_1、辅酶 A 等生理活性物质	籽粒中蛋白质含量降低；蛋白质合成受阻，与缺氮症状类似，但是先出现在幼叶	
铁	叶绿素合成所必需；参与体内氧化还原反应和电子传递；参与核酸和蛋白质代谢；参与植物呼吸作用；还与糖类、有机酸和维生素的合成有关	顶端或幼叶失绿黄化，由脉间失绿发展到全叶淡黄白色	
铜	参与体内氧化还原反应，许多氧化酶 的组分或某些酶的活化剂；构成铜蛋白并参与光合作用；参与氮代谢，影响固氮作用；促进花器官发育	植株瘦弱，新叶失绿发黄，叶尖发白卷曲，叶缘灰黄，叶片出现坏死斑点	叶尖及边缘焦枯，严重者植株枯死
锌	参与光合作用；作为多种酶的成分参与碳、氮代谢；参与生长素的合成；促进蛋白质代谢；促进生殖器官的发育；提高抗逆性（抗旱、抗热、抗冻）	植株矮小，节间短，生育期延迟；叶小，簇生；中下部叶片脉间失绿	叶片黄化，出现褐色斑点
锰	直接参与光合作用；许多酶的组分；调节酶活性及体内氧化还原过程；促进种子萌发和幼苗生长	幼叶脉间失绿黄化，有褐色斑点散布于整个叶片	老叶失绿区中有棕色斑点，诱发其他元素的缺乏症
硼	促进分生组织生长和核酸代谢，促进糖类运输和代谢；参与细胞壁物质的合成；促进细胞伸长和细胞分裂；与生殖器官的发育有关	茎尖、根尖生长停止或萎缩死亡；“花而不实”等	
钼	作为硝酸还原酶和固氮酶的成分参与氮代谢；促进维生素 C 的合成；促进植物体内含磷化合物的合成；参与光合作用和呼吸作用；促进繁殖器官发育；增强抗病能力	叶片畸形、瘦长，螺旋状扭曲；老叶脉间淡绿发黄，有褐色斑点，变厚焦枯；不结或少结根瘤	叶片失绿等
氯	水光解酶的活化剂；调节气孔保卫细胞活动而帮助控制膨压，从而控制水分损失；天然生长素的组成成分，调节植物生长；促进钾、钙、镁离子的运输；液泡膜 ATP 酶的激活剂	叶片萎蔫，失绿坏死，最后变为褐色；根系生长受阻、变粗，根尖变为棒状	高氯对忌氯作物有毒害作用
硅	以非结晶水化合物的形式沉积在内质网、细胞壁和细胞间隙中；与多酚类物质形成复合物，成为细胞壁加厚的物质，增加细胞壁的刚性和弹性	蒸腾加快，生长受阻，植株易倒伏且易被真菌感染而发病	
镍	脲酶的成分，脲酶的作用是催化尿素水解成 CO_2 和 NH_4^+；固氮菌脱氢酶的成分	叶尖处积累较多的脲，出现坏死现象	

二、果树营养特点

果树的营养特点

（1）多次结果的特性　果树生命周期与草本植物相比要长得多，在不同生长阶段中果树有其特殊的生理特点和营养需求。果树与草本植物相比，具有多次结果特点，而多数果树在结果前一年就形成花芽，并在树体内部贮备养分以备来年春季生长之需，所以头一年营养状况对翌年生长结果关系密切。故果树栽培既要注意采前管理，还要加强采后管理措施，为来年丰收打下基础。

（2）对立地条件要求严格　除草莓等少数草本类型果树外，多数果树为根深、体大的木本植物，在发育过程中需要养分很多，因此，考虑果树立地条件时，须选择土层深厚、质地疏松、通气良好、酸碱适宜的土地。同时在建园前还应进行土壤改良以改善根系生长环境与营养条件。由于果树长期生长于一地，根系不断地从土壤中选择性吸收某些元素，常使土壤环境恶化，造成某些营养元素贫乏，因此，需要定期进行园地深翻并重视有机肥料以及富含多种营养元素的复合肥料施用，以不断改善土壤理化性状，创造果树生长与结果的良好环境条件。

（3）无性繁殖植株的营养状况与砧-穗组合关系密切　多数果树为维持其原品种特性，多采用无性繁殖，嫁接是最常用的方法，不同砧-穗组合会明显影响果树生长结果并能改变果树养分吸收。因此，选用高产、优质的砧-穗组合不仅可以节省肥料，还可以减轻或克服营养缺乏症。

（4）果-梢平衡与施肥关系密切　果树在营养生长的同时进行开花、结果与花芽分化。为使果树连年获得高产，就必须注意营养生长与生殖生长的平衡，也就是在保证当年达到一定产量的同时，还要维持适量的营养生长。如果结果过量，枝梢生长受到削弱，叶果比下降，就会导致果形变小，品质变劣，花芽形成减少，贮藏养分降低，而导致大小年。

三、诊断施肥与平衡施肥

配方施肥

1. 营养诊断

在叶片成熟时，通过叶片分析来确定施肥量。根据各种果树的标准分析。

2. 平衡施肥

主要依据果树元素吸收量及土壤供给能力来计算实现目标产量所需要的施肥指标。所需具体参数如下。

（1）目标产量　根据树种、品种、树龄、树势、花芽及气候、土壤、栽培管理等综合因素确定当年合理的目标产量。

（2）作物需肥量　果树在年周期中需要吸收的养分量，以构成自体完整的组织。

（3）土壤供肥量　土壤中矿质元素的含量相当丰富，但如果长期不施肥，则果树生长发育不良。这是由于土壤中的矿质元素多为不可给态存在，这部分矿物质元素不能被根系吸收利用。土壤中三要素天然供给量大致如下：氮的天然供给量约为氮所需吸收量的1/3，磷为1/2，钾为1/2。

（4）肥料利用率　施入土壤中的肥料，由于土壤的吸附、固定作用和随水淋溶流失、分解挥发，而不能全部被果树吸收利用。果树对肥料的利用率，由于树种、品种、砧木以及土壤管理制度等而有不同。

四、施肥技术

施肥时期、施肥量、施肥方法

（一）施肥量

果树是多年生植物，植株本身情况和外界条件以及两者的关系非常复杂，因此很难定出统一施肥量标准。一般可根据下列几方面确定：

（1）根据果树需肥情况　果树树种、品种不同，需肥量不一样。例如，柑橘、苹果、葡萄需肥量大，而枣、杏等较耐瘠薄。品种间由于生育特性不同也有差别，例如，玫瑰香葡萄、青香蕉苹果在生产上常较其他品种多施肥，才能生长结果良好。不同砧木的嫁接苗需肥状况也常不同，应在施肥量上加以调节。

幼树根系分布范围小且结果少，需肥量较成年树少。不同生长状况的树，施肥量应有区别，生长势的强弱、花芽和结果量的多少都是决定施肥量的重要依据。

（2）根据土壤、气候等外界条件　土壤状况与施肥量有密切关系。基础好而肥沃的土壤，施肥量可适当减少；瘠薄的山地、沙地果园除进行土壤改良外，必须配合多施肥，才能保证果树生长结果良好。多雨地区，必须采用少量多次的施肥方法才能防止肥料浪费，提高肥效。此外，地形、地势、土壤酸碱度、气候条件的综合状况等，对施肥量都有影响。果园的栽培管理技术也是施肥的依据之一。

（3）根据肥料种类和施肥期　各种肥料中有效成分不同，施用量应有区别。不同施肥时期的作用不一样，使用肥料种类不同，都应区别对待。

（二）施肥时期

1. 确定施肥期的依据

（1）掌握果树需肥时期　果树的需肥情况因物候期而不同，据河北农业大学对苹果、梨、枣等果树用^{32}P标记观测，证明随物候期进展，养分分配中心随之转移，首先满足生命活动最旺盛的器官。在生长前期，由于建造大量的器官，需氮量最多，以后则逐渐减少。磷的吸收在生长初期较多，以后保持稳定。钾的吸收主要在开花以后，果实生长及成熟期需要量更多。

（2）掌握土壤水肥状况　土壤含水量与发挥肥效有关，土壤缺水时，施肥常有害无利，因此要根据是否能供应水分确定施肥期，在缺水地区应在降水期施肥。

（3）肥料的种类和性质　迟效性有机肥料及发挥肥效较慢的种类应在秋季施入，而速效性肥料宜在果树需肥期稍前施入。

2. 施肥时期和类型

根据肥料的性能和施肥时期可分为基肥和追肥两大类：

（1）基肥　基肥是供果树长期使用的营养来源。通常在秋季落叶前后施用。基肥以有机肥为主，无机肥为辅。施用的有机肥主要有厩肥、粪尿肥、堆肥、作物秸秆、杂草、绿肥等。有时也可混入氮磷钾复合肥、过磷酸钙、骨粉等，以利于翌年肥效的发挥。基肥逐渐分解，可不断供给果树各种大量元素和微量元素。

（2）追肥　在施基肥的基础上，根据物候期及果树生长发育需肥特点，再补施一些速效性肥料。果树追肥的时期和次数依树种、生长结果状况和土壤肥力而定。

上述追肥时期和次数应根据具体情况灵活运用。追肥的次数和数量应本着经济有效的原则，合理施用，以求取得良好效果。

(三)施肥方法

1. 土壤施肥

(1)环状施肥　在树冠外围稍远处挖环状沟施肥。此法具有操作简便、经济省肥等优点。但易切断水平根,且施肥范围较小,一般多用于幼树。

(2)放射沟施肥　这种方法较环状施肥伤根较少,但挖沟时也要少伤大根,可以隔年交替更换放射沟位置,扩大施肥面,促进根系吸收。但施肥部位也存在一定的局限性。

(3)条沟施肥　在果园行、株间或隔行机械开沟施肥,也可结合土壤深翻进行。

(4)穴施　挖穴进行肥料施入。

(5)全园施肥　在成年果树或密植果园,根系已布满全园时多采用此法。将肥料均匀地撒布于园内,再翻入土中。但因施入较浅,常导致根系上浮,降低根系抗逆性。此法若与放射沟施肥隔年更换,可取长补短,发挥肥料的最大效用。

(6)灌溉式施肥　近年来广泛开展灌溉式施肥研究,尤以与喷灌、滴灌结合进行施肥的较多。实践证明,灌溉式施肥供肥及时,养分分布均匀,既不伤根系,又保护耕作层土壤结构,节省劳力,肥料利用率高,可提高产量和品质,降低成本,提高劳动生产率。灌溉式施肥对树冠相接的成年树和密植果园更为适合。

2. 根外追肥

叶面喷肥法简单易行,用肥量小,发挥作用快,且不受养分分配中心的影响,可及时满足果树的需要,避免某些元素在土壤中的化学或生物固定作用。也可以采用枝干注射的施肥方法。

3. 种植绿肥

果园绿肥可以增加土壤可给态养分、有机质含量,改良土壤理化性质,促进根系发育,提高肥料利用率。果园间作绿肥,应根据绿肥种类、茎秆高矮以及根系分泌物对果树的影响等,与果树保持适当距离,以免影响果树生长发育。

总之,施肥方法多种多样,方法不同,效果也不一样,应根据果园具体情况酌情选用。

任务二　果园水分管理

一、果园灌溉

(一)果树需水规律

掌握果树需水的规律,是合理安排灌排工作、科学调节果园水分状况、适时适量地满足果树需水要求、确保优质高产稳产的基础。果树需水情况具有以下特点:

1. 不同果树对水分的要求不同

不同种类的果树,其本身形态构造和生长特点均不相同,凡是生长期长、叶面积大、生长速度快、根系发达、产量高的果树,需水量均较大;反之,需水量则较小。梨、桃、葡萄、柑橘等比枣、柿、栗、银杏等果树的需水量均大。同一果树种类不同品种间需水量也有差别,柑橘中的本地早比椪柑的需水量要大,葡萄中的藤稔比巨峰需水量大。

各种果树对水分的要求不同,有抗旱和耐涝之分。根据需水量不同,可将果树划分成三大类：柑橘、梨、葡萄等需水量大；桃、柿、杨梅、枇杷等需水量中等；枣、栗、无花果、银杏等需水量较小。

2. 同一果树不同生育阶段和不同物候期，需水量不同

果树前半期必须保证水分供应充足，以利于生长与结果；而后半期要控制水分，保证及时停止生长，使果树适时进入休眠期，做好越冬准备。根据各地的气候状况，如土壤含水量过低时，必须进行灌溉。

（1）发芽前后到开花期　此时土壤中如有充足的水分，可以促进新梢的生长，加大叶面积，增加光合作用，促进开花和坐果，为当年丰产打下基础。在春旱地区，此期充分灌水更为重要。

（2）新梢生长和幼果膨大期　此期常称为果树的需水临界期。此时果树的生理机能最旺盛，如水分不足，则叶片夺取幼果的水分，使幼果皱缩而脱落。严重干旱时，叶片将从根组织中夺取水分，影响根的吸收作用，导致生长减弱，产量显著下降。南方梅雨季节，除注意均匀供给土壤水分外，还应注意排水。

（3）果实迅速膨大期　就多数落叶果树而言，此时既是果实迅速膨大期，也是花芽大量分化期，此时及时灌水，不但可以满足果实膨大对水分的要求，而且可以促进花芽健壮分化，在提高产量的同时，又形成大量有效花芽，从而达到连年丰产。

（4）采果前后及休眠期　在干旱地区，秋冬季灌水可使土壤中贮备足够的水分，有助于肥料的分解，从而促进果树翌年春季的生长发育。在南方对柑橘而言，秋冬季灌水结合施肥，有利于恢复树势，并促进花芽分化。

3. 自然条件不同，需水量不同

不同果树生长地区，其气候、地形、土壤等自然条件不同，其需水状况也不一致。气温高、日照强、风大、空气干燥，叶面蒸腾和株间蒸发加大，需水量增多。

4. 农业技术措施不同，需水量不同

合理深耕、密植和多肥条件下，需水量也会相应增多。

（二）灌溉

依据果树生长的特点，结合土壤含水量确定合理的灌溉时期和灌水量。灌溉方式有沟灌、分区灌溉、盘灌、穴灌、喷灌、滴灌、渗灌等。

灌水与排水

二、果园排水

平地果园的排水系统一般分为明沟排水与暗管排水两种。

明沟是在地面挖成的沟渠，广泛地应用于地面的灌溉贮水和雨水排水。

暗管排水多用于排出地下水。在特殊情况下，也可用暗管排泄雨水或过多的地面灌溉贮水。当需要汇集地下水以外的外来水时，必须采用直径较大的管子，以便顺利排出增加的流量并防止泥沙堵塞。暗管排水不占用土地，也不影响机械耕作，但地下管道容易堵塞，成本也较高。

能力转化

以你熟悉的某种果树为例，分析其需肥需水特性，并设计全年水肥管理计划。

项目六　果树植株管理

任务目标

知识目标：

了解果树整形修剪意义；掌握整形修剪的基本原则与方法；熟悉常用树形及其特征。

能力目标：

能够根据果树特性和立地条件合理选择适宜的树形与修剪手段，因地制宜，看树做形。

素质目标：

树立整体与局部的关系，增强大局意识，能够举一反三，学会用发展的眼光看问题。

知识准备

整形修剪是调节果树养分分配和利用，提高产量和品质的重要管理措施。整形通过修剪技术手段完成，而修剪必须根据整形的要求进行。总的任务是根据树体特性和环境条件，合理修整树冠，使幼树迅速构成坚强骨架，枝条密度适宜，便于管理，及早进入丰产期，保持丰产稳产，延长盛果期及经济寿命，提高果品的产量及品质，取得较高的经济效益。

一、整形修剪的概念

1. 整形

人为地把树体造就一定的形状，使其形状符合自身的生长发育特点或能够满足生产特殊需求。整形的目的是使主侧枝在树冠内配置合理，构成坚固的骨架，能负担起丰产的重量，并充分利用空间和光照，减少非生产性枝，缩短地上部与地下部距离，平衡营养与生殖生长，均衡树势，使果树立体结果，生长健壮，丰产优质。

2. 修剪

使用机械、物理、化学等方法对树体枝条进行剪裁，凡是能够控制果树枝干生长的方法都可以称为修剪。修剪是调节果树生长与结果关系的措施，除完成整形任务外，还应使各类枝条分布协调，充分利用光照条件，调节养分分配，以使果树早结果、丰产稳产，延长盛果期和经济寿命。

二、整形修剪的意义

(1)可以使果树提早结果，调控营养生长与生殖生长的平衡与转化。

(2)延长果树经济寿命，减少冻害及光氧化伤害，延缓枝条老化速度，改变物质运输和分配。

(3)提高产量，克服大小年现象。

(4)改善树体通风透光条件,提高品质。

(5)减少病虫害,提高抗逆性。

三、整形修剪的作用及依据

1. 整形修剪的作用

整形修剪可以调节果树与环境的关系,合理利用光能,与环境条件相适应;调节树体各局部的均衡关系及营养生长与生殖生长的矛盾;调节树体的生理活动。

(1)调节果树与环境的关系　整形修剪的重要任务之一是通过调节个体、群体结构,改善通风透光,充分合理地利用空间和光能,调节果树与温度、土壤、水分等环境因素之间的关系,使果树适应环境,环境更有利于果树的生长发育。

整形和修剪可调节果树个体与群体结构,改善光照条件,使树冠内部和下部有适宜光照。开心形比有中心干的树形光照好。有中心干的中、大型树冠,一定要控制树高和冠径,保持适宜的叶幕厚度,通常可将叶幕分为2～3层,叶幕间距保持1 m左右,光能直接射到树冠内部,尽量减少光合作用无效区。

增加栽植密度,采用小冠树形,有利于提高光能利用率,表面受光量增大。叶幕厚度便于控制。如果密度过大,株行间枝叶交接,互相遮挡,同样也会在群体结构中形成光合作用无效区。此外,通过开张角度,注意疏剪,加强夏季修剪等,均可改善光照条件。

(2)调节树体各局部之间的关系　果树植株是一个整体,树体各部分之间处于动态平衡状态。修剪可以打破原有的平衡,调节地上部分与地下部分、营养生长与生殖生长、同类器官之间的关系,建立新的动态平衡,向着有利于人们需要的方向发展。

(3)调节生理活动　修剪有多方面的调节作用,但最根本的是调节果树的生理活动,使果树内在的营养、水分、酶和植物激素等的变化有利于果树的生长和结果。

2. 整形修剪的依据

(1)树体特征　仁果类、树体高大、长势强、有一定层性的果树,宜选用分层结构;核果类、树体矮小、干性不明显的果树宜选用开心形;灌木类可选用丛生形;藤本类可根据架形整枝。

(2)根据栽植密度确定树形　稀植栽培可选大冠、分层多的树形,密植栽培尽量选用树冠小的纺锤形、Y字形等。

(3)栽培地点　光照好的阳坡,可充分考虑利用光能多留枝叶。

四、主要树形

我国果树生产中,最初仁果类多采用疏散分层形及类似的树形,核果类常采用各种形式的开心形,蔓性果树则以棚架形或篱架形为主,常绿果树主要是各种形式的圆头形。随着果园矮化密植的发展,树形变化很大,各类适宜密植的树形层出不穷,应用较多的是纺锤形、树篱形及篱架形,在超密植栽培中又有扁纺锤形、圆柱形和无骨干形。目前树形变化的趋势是:树冠由大变小,由单株变为群体,由自然形变为扁形,树体结构由复杂变简单,骨干枝由多变少、由分层变为不分层,甚至单株变成只有1～2个枝组的无骨干形。

(1)主干形　由天然形适当修剪而成,中心干上主枝不分层或分层不明显,树形较高。

(2)无骨干形　全树只有1～2个枝组,不设骨干枝,枝组不断回缩更新。

(3)纺锤形　又名纺锤灌木形、自由纺锤形。由主干形发展而来，在欧洲广泛应用。树高2.5～3 m，冠径3 m左右，在中心干四周培养多数短于1.5 m的近水平主枝，不分层，下长上短。适于发枝多、树冠开张、生长不旺的果树，修剪轻结果早。纺锤形应用于矮化或半矮化砧的苹果时，由于根系浅，需设立支柱、架线和绑枝。若控制树高在2～2.5 m，冠径1.5～2 m，称为矮纺锤形。在更高密度情况下，中心干上分生的侧枝生长势相近、上下伸展幅度相差不大，分枝角度呈水平状，树形瘦长，则称为细纺锤形。

(4)圆柱形　与细纺锤形树体结构相似，其特点是在中心干上直接着生枝组，上下冠径差别不大，适用于高度密植栽培。

(5)自然圆头形　又名自然半圆形。主干在一定高度剪截后，任其自然分枝，疏除过多主枝，自然形成圆头。此形修剪轻，树冠形成快。缺点是内部光照较差，树冠内有一定的无效体积。此形适用于柑橘等常绿果树，梨、栗等果树粗放栽培时也有应用。

(6)主枝开心圆头形　又名主枝开心半圆形。自主干分生3个主枝后，最初使其开展斜生，至长达1～1.4 m时，使其与水平线成80°～90°角向上，而于其弯曲处保留侧枝，使向外开展斜生，利用周围空间。就主枝的配置来说，树冠是开心的，但中心长满小枝组，树冠仍为圆头形。常用于温州蜜柑。

(7)多主枝自然形　自主干分生主枝4～6个，主枝直线延长，根据树冠大小，培养若干侧枝。此形构成容易，树冠形成快，早期产量高。缺点是树冠上部生长壮，下部易光秃，树冠较高而密，管理较不方便。常用于核果类。

(8)自然杯状形　主枝在主干上一分为三，再三分为六，以后则直线延伸，在其外配置侧枝，为开心形。幼树主枝多，整形容易，枝量增加快，早期产量高。多用于核果类果树。

(9)自然开心形　三个主枝在主干上错落着生，单轴延伸，主枝两侧培养较壮侧枝，充分利用空间。此形符合桃等干性弱、喜光性强的树种，树冠开心，光照好，容易获得优质果品。缺点是初期基本主枝少，早期产量低些。

(10)自然树篱形　果树树体任其自然生长，根据树篱横断面的形状有长方形、三角形、梯形和半圆形之分，其中以三角形或近似三角形的表现好。常用于柑橘栽培，在国外常采用机械化篱剪或顶剪。

(11)扁纺锤形　这是纺锤形的一个变形。下层只留两个骨干枝，沿行向生长，其余枝尽可能沿行向压至水平，树篱宽1.5～2 m。常用于苹果、梨等的矮化密植园。

(12)自然扇形　与棕榈叶形相似，但不设篱架。干高20～30 cm，主枝3～4层，每层两个。第一层主枝与行向保持15°夹角，第二层主枝与行向保持和第一层相反的15°夹角，上下相邻两层主枝左右错开，主枝上留背后或背斜枝组，冬季留长1 m左右，生长季达2 m。

(13)双层栅篱形　主枝两层近水平缚在篱架上，树高约2 m，结果早，品质好；适宜在光照少、温度不足处应用。

(14)Y字形　篱架行向南北，每株仅两个骨干枝，分向东西呈Y字形，与地面成60°夹角。一般株距0.75～1 m，行距4.5～6 m，每亩111～200株。

(15)棚架形　主要用于蔓性果树，如葡萄、猕猴桃。但在日本和我国南方梨栽培中，为防御台风和提高品质，也多采用。

(16)丛生形　其特点是无主干，着地分枝成丛状。主要适用于灌木类果树。

(17)匍匐形　果树枝干倾斜匍匐于地表，在冬季严寒地区以便埋土防寒。

任务实施

任务一　修剪的方法和时期

修剪方法、作用及综合运用

一、修剪的方法及作用

果树基本修剪方法包括短截、缩剪、疏剪、长放、曲枝、刻伤、除萌、疏梢、摘心、剪梢、扭梢、拿枝、环剥等。了解不同修剪方法及作用特点，是正确采用修剪技术的前提。

1. 短截

短截亦称短剪，即剪去一年生枝梢的一部分。短截可分为轻、中、重和极重短截，轻至剪除顶芽，重至基部只留 1～2 个侧芽，其反应随短截程度和剪口附近芽的质量不同而异。短截反应特点是对剪口下的芽有刺激作用，以剪口下第一芽受刺激作用最大，新梢生长势最强，离剪口越远则受影响越小；短截越重，局部刺激作用越强，萌发中长梢比例增加，短梢比例减少；极重短截时，有时发 1～2 个旺梢，也有的只发生中、短梢。短截对母枝有削弱作用，短截越重，削弱作用越大（表 2-6-1）。

表 2-6-1　短截程度及效应

类型	短截程度	效应
轻短截	剪掉 1/4～1/3	易发枝形成花芽，截后形成中短枝
中短截	剪掉 1/2～1/3	芽萌发率高，长势强壮，形成中长枝
重短截	剪掉 2/3～3/4	芽可以萌发，形成几个强枝，促进营养生长
超重短截	留下枝条基部的 2～3 个芽，其他部分去掉	削弱枝条的生长势，发芽时母体枝条变小

短截的作用有：

（1）枝梢密度增加，树冠内膛光线变弱，短波光减弱更重，利于枝条伸长，而不利于组织分化。为增加分枝，常用短截。

（2）缩短枝轴，使留下部分靠近根系，缩短养分运输距离，有利于更新复壮。

（3）改变枝梢的角度和方向，从而改变顶端优势部位，为调节主枝的平衡，可采取强枝短留、弱枝长留的办法。

（4）短截可增强顶端优势，故强枝过度短截，往往顶端新梢徒长，下部新梢变弱，不能形成优良的结果枝。

（5）控制树冠和枝梢，尤其重短截，会使树冠变小。

2. 缩剪

缩剪亦称回缩，即在多年生枝（2 年以上）上短截。缩剪对剪口后部的枝条生长和潜伏芽的萌发有促进作用，对母枝则起到较强的削弱作用。其具体反应与缩剪程度、留枝强弱、伤口大小有关。如留强枝，伤口较小，缩剪适度，可促进剪口后部枝芽生长；过重则可抑制生长。缩剪的促进作用常用于骨干枝、枝组或老树复壮更新，削弱作用常用于骨干枝之间调节均衡、控制或削弱辅养枝上。

3. 疏剪

疏剪是将枝梢从基部疏除。疏剪对伤口上部枝芽有削弱作用，对下部枝芽有促进作用，疏剪枝越粗，距伤口越近，作用越明显。对母枝的削弱作用比短截强，疏除枝越多、枝越粗，其削弱作用越大。疏剪可减少分枝，使树冠内光线增强，调节骨干枝之间的均衡，控制上部枝梢旺长，增强下部枝梢生长。

4. 长放

长放亦称甩放，即不剪一年生长枝。中庸枝、斜生枝和水平枝长放，由于留芽数量多，易发生较多中短枝，生长后期积累较多养分，能促进花芽形成和结果。背上强壮直立枝长放时顶端优势强，母枝增粗快，易发生"树上长树"现象，因此不宜长放；如要长放，必须配合曲枝、夏剪等措施控制生长势。

5. 曲枝

曲枝即改变枝梢方向。一般是加大与地面垂直线的夹角，直至水平、下垂或向下弯曲，也包括向左右改变方向或弯曲。可削弱顶端优势或使其下移，有利于近基枝更新复壮和使所抽新梢均匀，防止基部光秃；开张骨干枝角度，可以扩大树冠，改善光照，充分利用空间；减缓枝内蒸腾液流的运输速度。

6. 刻伤

在芽、枝的上方或下方用刀横切皮层达木质部，称为刻伤，宽度为枝条直径的 1/8～1/5。春季发芽前后在芽、枝上方刻伤，可阻碍顶端生长素向下运输，能促进切口下的芽、枝萌发和生长。

多道环刻，亦称多道环切或环割，即在枝条上每隔一定距离，用刀或剪环切一周，深至木质部，能显著提高萌芽率。单芽刻伤多用于缺枝一方；多芽刻伤和多道环刻主要用于轻剪、长放的辅养枝，缓和枝势，增加枝量。

7. 除萌和疏梢

芽萌发后抹除或剪去嫩芽，称为除萌或抹芽；疏除过密新梢，称为疏梢。其作用是选优去劣，除密留稀，节约养分，改善光照，提高留用枝梢质量。如柑橘的芽具有早熟性，一年能发生几次梢，常采用抹芽放梢的办法，培养健壮整齐的结果母枝。葡萄通过抹除夏芽副梢，逼冬芽萌发，进行多次结果。

8. 摘心和剪梢

摘心是摘除幼嫩的梢尖，剪梢包括部分成叶在内。其作用是削弱顶端生长，促进侧芽萌发和二次枝生长，增加分枝数；促进花芽形成；提高坐果率；促进枝芽充实。

9. 扭梢

在新梢基部处于半木质化时，扭转 180°，使木质部和韧皮部受伤而不折断，新梢呈扭曲状态。扭梢有促进花芽形成的作用。

10. 拿枝

在新梢生长期用手从基部捋到顶部，逐步使其弯曲，伤及木质部，响而不折，又称捋枝。拿枝可使旺梢停长和减弱秋梢生长势，形成较多副梢，有利于形成花芽。秋梢开始生长时拿枝，减弱秋梢生长，形成少量副梢和腋花芽。秋梢停长后拿枝，能显著提高翌年萌芽率。

11. 环剥

即将枝干韧皮部剥去一圈。环割、环状倒贴皮、大扒皮等都属于这一类，只是方法和作用程度有差别；环缢也有类似作用。环剥在枣、苹果、梨、柿、柑橘等多种果树上都有应用。

植物体内的有机物质虽能沿着活细胞向任何方向转移，但速度很慢，只有韧皮部才是有机物质沿着整个植物长距离上下运输的主要通道。此外，韧皮部也负担一部分矿质元素运输。环剥暂时中断了有机物质向下运输，促进地上部分碳水化合物的积累，生长素、赤霉素含量下降，乙烯、脱落酸、细胞分裂素增多，同时也阻碍有机物质向上运输。环剥后必然抑制根系的生长，降低根系的吸收功能，同时环剥切口附近的导管中形成充塞体，阻碍了矿质营养元素和水分向上运输。因此，环剥具有抑制营养生长、促进花芽分化和提高坐果率的作用。

二、修剪的时期

果树一年中的修剪时期，可分为休眠期修剪（冬季修剪）和生长期修剪。生长期修剪可细分为春季修剪、夏季修剪和秋季修剪。为提高修剪效果，除应重视冬季修剪外还应重视生长期修剪，尤其对生长旺盛的幼树更为重要。

（一）休眠期修剪

休眠期修剪指落叶果树从秋冬落叶至春季萌芽前，或常绿果树从晚秋梢停长至春梢萌发前进行的修剪。休眠期修剪在冬季进行，故又称为冬季修剪。

休眠期树体内贮藏养分较充足，修剪后枝芽减少，有利于集中利用贮藏养分。落叶果树枝梢内的营养物质，一般在进入休眠期前即开始向下运入茎干和根部，至开春时再由根茎运向枝梢。因此，落叶果树冬季修剪时期以落叶后、春季树液开始流动前为宜。常绿果树叶片中的养分含量较高，叶片中氮、磷、钾含量均随叶龄增长而下降，尤其在落叶前下降最快，大都被重新利用，光合效能也随叶片老化而下降。因此，常绿果树的修剪宜在春梢抽生前、老叶最多并将脱落时进行，此时树体贮藏养分较多而剪后养分损失较少。

冬季修剪还要综合考虑树种特性、修剪反应、越冬性和劳动力安排等因素。不同树种春季开始萌芽早晚不同，如杏、李、桃较早，修剪应早些进行，而柿、枣、栗等萌芽晚，修剪时间相应也可延迟。落叶果树进入休眠期后早修剪可以促进剪口附近芽的分化和生长，加强顶端优势，减少分枝；晚修剪相反，可缓和树势，增加分枝。对于大面积的果园，多从劳动力合理利用考虑，根据树种和树龄的不同，修剪安排有前有后。

（二）生长期修剪

生长期修剪指春季萌芽后至落叶果树秋冬落叶前或常绿果树晚秋梢停长前进行的修剪，主要修剪时间在夏季。

（1）春季修剪　主要内容包括花前复剪、除萌、抹芽和延迟修剪。花前复剪是在露蕾时，通过修剪调节花量，补充冬季修剪的不足。除萌、抹芽是在芽萌动后，除去枝干的萌蘖和过多的萌芽。为减少养分消耗，时间宜早进行。延迟修剪，亦称晚剪，即休眠期不修剪，待春季萌芽后再修剪，此时部分贮藏养分已被萌动的芽梢消耗，一旦先端萌动的芽梢被剪去，顶端优势受到削弱，下部芽再重新萌动，生长推迟，因此能提高萌芽率和削弱树势。此法多用于生长过旺、萌芽率低、成枝少的品种。

(2)夏季修剪　指新梢生长旺盛期,树体各器官处于明显的动态变化之中,根据目的及时采用适当的修剪方法,才能收到较好的调控效果。如为促进分枝,摘心和涂抹发枝素宜在新梢迅速生长期进行。夏季修剪的关键是及时。夏季修剪对树生长抑制作用较大,因此修剪量要从轻。

(3)秋季修剪　指秋季新梢将要停长至落叶前进行修剪,以剪除过密大枝为主。此时树冠密度容易判断,修剪程度较易掌握。由于带叶修剪,养分损失比较大,翌年春季剪口反应比冬剪弱。因此,秋季修剪具有刺激作用小,能改善光照条件和提高内膛枝芽质量的作用。秋季修剪在幼树、旺树、郁蔽的树上应用较多,其抑制作用弱于夏季修剪,但比冬季修剪强。

任务二　果树的花果管理

花果管理,主要指直接用于花和果实上的各项技术措施。在生产实践中,既包括生长期的花、果管理技术,又包括果实采后的商品化处理。加强果树的花期和果实管理,对提高果品的商品性状和价值、增加经济收益具有重要意义,也是培育健壮树体,实现优质、丰产、稳产的重要技术环节。

一、合理负载

1. 适宜的负载量

确定某一树种的适宜负载量是较为复杂的,因为它依品种、树龄、栽培水平、树势和气候条件而不同。通常确定果实的适宜负载量应考虑三个条件:①保证当年果实数量、质量及最好的经济效益;②不影响翌年必要花果的形成;③维持当年的健壮树势并具有较高的贮藏营养水平。

2. 过量负载的不良后果

产量不足使果树应有的生产潜力得不到充分发挥,造成经济上的损失,过量负载同样会产生严重的不良后果。

(1)结果过多易造成树体营养消耗过大,果实不能进行正常的生长发育,导致果实偏小,着色不良,含糖量降低,风味变淡,严重影响果实的商品品质。

(2)在超量负载的情况下,易发生果树大小年结果现象。由于结果过多,树体营养物质积累水平低,同时,源于种子和幼果内的抑花激素(GA、IAA 等)含量增加,不利于当年花芽形成,导致第二年或第三年连续减产而成为小年。

(3)过量结果使树势明显削弱。树体内营养水平低,新梢、叶片及根系的生长受抑制,不利于同化产物的积累和矿质元素的吸收。超量负载的大年树,其根系第二、第三次生长明显减弱,或缺乏第二次生长高峰,活跃的吸收根数量显著减少。

(4)过量负载还会加剧风害和病害。

3. 确定负载量的依据

负载量应根据果树历年产量和树势以及当年栽培管理水平确定,不同树种、品种等也有差异。生产实践中，主要根据当地生产经验、坐果枝与总枝数量比例、树干直径、树势强弱及叶果比、枝果比确定留果量。其中，按叶果比确定留果量是我国多年应用的保证树势、防止大小年和增进果实品质的方法。

总之，在实际应用中，尚需结合当地的具体情况做必要的调整，使负载量更加符合实际，达到连年优质丰产。

保花保果技术

二、保花保果

（一）加强综合管理，提高树体营养水平

良好的肥水管理条件、合理的树体结构和及时防治病虫害，是保证树体正常生长发育、增加果树贮藏养分积累、改善花器官发育状况、提高坐果率的基础措施。

（二）创造良好的授粉条件

对异花授粉品种，应合理配置授粉树，并辅之以下措施，以加强授粉效果，提高坐果率。

1. 人工辅助授粉

在缺乏授粉品种或花期天气不良时，应该进行人工授粉，常用方法主要如下。

（1）人工点授　将花粉点在柱头上。为了节省花粉用量，可加入滑石粉或淀粉作为填充剂稀释，一般花粉与填充剂的比例为 1∶4。

（2）机械喷粉　此法比人工点授所用花粉量多，喷时加入 50～250 倍填充剂，用农用喷粉器喷。宜现配现用。

（3）液体授粉　把花粉混入 10％的糖液中，用喷雾器喷洒，糖液可防止花粉在溶液中破裂。配制比例：水 10 kg、砂糖 1 kg、花粉 50 mg，为增加花粉活力，使用前加入硼酸 10 g。配好后应在 2 h 内喷完，喷洒时间宜在盛花期。

（4）掸子授粉　在长杆一端用稻草绑成掸子状，外面用白毛巾包紧，用毛巾端于盛花期在授粉品种和主栽品种之间交替滚动，以达授粉目的。此法简便易行，速度快，但效果不及人工点授。

2. 花期喷水

花期的气候条件直接影响坐果率。如枣的花粉发芽需要温度 24～26 ℃，空气湿度 70％～80％。若花期遇到高温干燥天气，则花期缩短，焦花多，影响坐果。因此，在盛花期（6 月上中旬）用喷雾器向枣花上均匀喷清水，可提高坐果率。

3. 花期放蜂

大多数果树为虫媒花，花期放蜂对提高坐果率有明显作用。放蜂期间果园切忌喷农药，阴雨天气影响放蜂效果。

4. 喷施植物生长调节剂

落花落果的直接原因是果柄离层的形成，而离层形成与内源激素（如生长素）不足有关。此外，外界条件如光照、温度、湿度、环境污染等都可引起果柄基部产生离层而脱落。应用生长调节剂，可以通过改变果树体内内源激素的水平和不同激素间的平衡关系，以提高坐果率。生理落果期和采收前是生长素最缺乏的时期，这时在果面和果柄上喷生长调节剂，可防止果柄产生离层，减少落果。用于提高坐果率的生长调节剂有赤霉素（GA）、丁酰肼（B_9）、多效唑

(PP_{333})和细胞分裂素(6-BA)等。

5. 叶片喷肥

用于喷施的肥料主要有尿素、硼酸、硼酸钠、硫酸锰、硫酸锌、钼酸钠、硫酸亚铁、醋酸钙、高锰酸钾及磷酸二氢钾等,一些微量元素与尿素混喷,有增效作用。喷施时期多在盛花期和生理落果以前,以1～3次为宜。

6. 高接授粉花枝

当授粉品种缺乏或不足时,可在树冠内高接带有花芽的授粉品种枝组,以提高主栽品种的坐果率。对高接枝于落花后需做疏果工作,以保证当年形成足量的花芽,不影响来年授粉效果。也可以在开花初期剪取授粉品种的花枝,插在水罐或瓶中,挂在需要授粉的树上,用以促进授粉,达到坐果目的。

7. 其他措施

通过摘心、环剥和疏花等措施,引导树体内营养分配向开花坐果处转移,使有限的养分优先输送到子房或幼果中去,促进坐果。此外,及时防治病虫害,预防花期霜冻和花后冷害,避免旱、涝等,也是保花保果的必要措施。

三、疏花疏果

疏花疏果技术

(一)作用及意义

在花量过大、坐果过多、树体负载量过重时,正确运用疏花疏果技术,控制坐果数量,是调节大小年和提高果实品质的重要措施。

(1)可使果树连年稳产　花芽分化和果实发育往往是同时进行的,当营养条件充足或花果负载量适当时,既可保证果实肥大,也可促进花芽分化;而营养不足或花果过多时,则营养的供应与消耗之间发生矛盾,过多的果实抑制了花芽分化,易削弱树势,出现大小年结果现象。因此,进行合理疏花疏果,是调节生长与结果的关系、达到连年稳产的必要措施。

(2)提高坐果率　疏去了一部分果实,节省了养分的无效消耗,减少了由于养分竞争而出现的幼果自疏现象,并且减少无效花,增加有效花比例,从而提高坐果率。

(3)提高果实品质　由于减少了结果数量,使留下的果实肥大,整齐度增加。此外,疏果时疏掉了病虫果、畸形果和小果,提高了优质果率。

(4)使树体健壮　开花坐果过多,消耗了树体贮藏营养,叶果比变小,树体营养状况和积累水平下降,影响翌年生长;疏去多余花果,提高树体营养水平,有利于枝、叶和根系生长,树势健壮。

(二)疏花疏果的方法

疏花疏果必须严格依照负载量指标确定留果量,以早疏为宜。具体方法分为人工疏花疏果和化学疏花疏果两种。

(1)人工疏花疏果　人工疏除花果可从花前复剪开始,以调节花芽量,开花后可行疏花和疏幼果,直到生理落果以前结束,若发现留果仍然偏多时,则于生理落果后再定果一次。疏果应于幼果第一次脱落后及早进行。早疏果可以减少对光合产物和养分的竞争,增大留在树上的果实体积,去除形状不正和偏小的果实。疏果不仅影响当年果实的品质,更重要的是决定翌年结果的多少。

依照负载量标准，采用果台间距为指标进行疏果和留果，具有较强的可行性。此外，应及早疏去弱小果、病虫果和畸形果。

人工疏花疏果灵活度高，目的明确，但较费时费工，劳动力紧缺和面积较大的果园必须及早做好计划和安排。

（2）化学疏花疏果　用化学药剂疏除花果，在一些国家已作为果树生产中的常规措施，可大大提高劳动效率。近年来，随着栽培水平的提高，化学疏花疏果正日益受到栽培者重视，对于化学疏花疏果的研究也逐渐深入。目前用于疏花疏果的试剂主要有西维因、石硫合剂、萘乙酰胺等。

能力转化

当地主栽果树常用树形是什么？试分析有没有更好的整形修剪手段。

模块三

大宗水果生产技术

项目一　柑　　橘

任务目标

知识目标：

了解柑橘产业的地位、柑橘分类及生物学特性。

能力目标：

能够根据柑橘的生长发育特性开展田间土肥水及植株管理。

素质目标：

增强种植资源保护意识，学会全面客观分析问题，因地制宜。

知识准备

柑橘的生产概况

一、概述

柑橘属于亚热带常绿果树，是橘、柑、橙、金柑、柚、柠檬、枳等的总称。柑橘是全球最重要的经济作物之一，世界第一大类水果。柑橘鲜果色、香、味兼优，酸甜多汁，风味醇厚，含有丰富的维生素、柠檬酸、类黄酮、单萜、香豆素、类胡萝卜素等多种营养成分，营养价值高，深受消费者喜爱。除鲜食外，还可用于加工果汁、果酒、蜜饯等食品，柑橘的花、叶、果皮亦是提取香精油的优质原料。

21 世纪以来柑橘增产速度持续加快，占世界水果总产量的比重呈稳定上升趋势。据联合国粮食及农业组织（FAO）数据，2000—2021 年，世界柑橘产量由 11 517.80 万 t 增至 16 180.09 万 t，占世界水果总产量的比重也由 24%增至 28.84%。中国柑橘分布在北纬 16°—37°，海拔最高达 2 600 m（四川巴塘），而经济栽培区主要集中在北纬 20°—33°，海拔 700 m 以下。其中主产柑橘的有浙江、福建、湖南、四川、广西、湖北、广东、江西、重庆和台湾，其次是上海、贵州、云南、江苏。据 FAO 统计，2021 年我国柑橘栽培面积和产量分别为 303.18 万 hm^2 和 4 667.29 万 t。

湖北省近几年柑橘种植规模依然保持比较稳定的状态。湖北柑橘种植集中分布在"两江一区"(长江上中游、清江流域和丹江口库区)的宜昌、荆门、十堰和荆州四个地区,其中宜昌市几乎占到全省柑橘总产量的1/2。宜昌有着得天独厚的地理气候环境,也是全国最大的宽皮柑橘生产基地,宜昌市柑橘种植分布集中在夷陵区、宜都市、枝江市、当阳市、秭归县五个区域。目前湖北省主要种植的柑橘类果树有温州蜜柑、椪柑、橙类(脐橙、夏橙等)、柚类,柑∶橘∶橙∶柚大约为11∶12∶5∶1。温州蜜柑主要分布在丹江口市、恩施土家族苗族自治州和宜昌市的夷陵区、宜都市、当阳市、枝江市;椪柑主要分布在当阳市、长阳县等地;脐橙主要分布在宜昌市秭归县、枝江市、兴山县,恩施的巴东县等地;夏橙、伦晚脐橙主要分布在秭归县;柚子主要分布在恩施及秭归。

二、生物学特性与栽培环境

(一)生长特性

1. 根系

柑橘的根系包括主根、侧根、须根和菌根等部分。通常无根毛,吸收养分和水分依靠与根共生的真菌菌丝即菌根来完成。根群一般分布在表土下 10～40 cm,土层深厚的也可达 1 m 多深。

一年中,柑橘的根系和枝梢生长交替进行。两者的生长高峰呈现互为消长的关系:枝梢生长时根系生长受抑制;枝梢停止生长后新根出现生长高峰。

根系最适宜的生长环境是温度 25～26 ℃,湿度 60%～80%,pH 5.5～6.5,土壤空气含氧量 8%以上。根系在土温 12～13 ℃开始生长,高于 37 ℃时生长停止。

2. 芽

柑橘的芽是裸芽,无鳞片包被,分为叶芽和花芽。花芽是由叶芽原始体在一定条件下发育转变而成。花芽分化的时期与当年的气候及植株的营养条件有关,秋季温度偏高和冬季低温干旱能促进花芽分化。大年时花芽分化晚,小年时花芽分化早。

柑橘的芽具有早熟性,一年可多次抽梢。潜伏芽寿命长,所以柑橘树较易更新复壮。

柑橘的芽萌发成枝梢,停止生长后 1～2 d,顶端 1～4 节处产生离层而自然脱落,称为"自剪"。自剪后,侧芽代替顶芽生长。

3. 枝梢

柑橘的枝梢由叶芽发育而成,柑橘一年中可抽生 3～4 次梢,依枝条抽生的季节,可划分为春梢、夏梢、秋梢和冬梢。

春梢是一年中抽生数量最多的枝梢,可分为花枝和营养枝两种。

花枝抽生后当年在顶端或叶腋处开花结果。营养枝只有叶片,无花,主要制造养分,发育后可成为翌年的结果母枝。5—7 月陆续零星抽生的夏梢长势不一,抽梢时与幼果争夺养分,常加剧生理落果。秋梢抽发数量较多,生长健壮的早秋梢是优良的结果母株,花质好,着果可靠;冬梢生长期短,基本无利用价值。

(二)开花结果习性

1. 花

柑橘的花为完全花,通常由花萼、花冠、雄蕊、雌蕊和花盘等部分构成。柑橘花量极大,但坐果率低。柑橘一般可以自花授粉,也有杂交能力。花期一般为 1 个月,4 月开花。

2. 花芽分化

柑橘的花芽分化为冬春分化型。柑橘芽从叶芽转变成花芽，到花器官分化完全为止，这段时期称为花芽分化期。花芽分化一般分为生理分化期和形态分化期。柑橘花芽分化期一般从9月开始到次年1月。影响花芽分化的因素很多，首先是物质基础，其次是环境条件。糖类物质积累充分、碳氮比高、蛋白质丰富、激素平衡，有利于花芽分化。生产上可采取秋季环剥、环割、冬季控水、断根等措施，促进花芽分化。

3. 结果枝与结果母枝

(1)结果枝　根据结果枝上叶片的有无，可细分为有叶结果枝和无叶结果枝。前者又可分为有叶单花枝、腋花枝和有叶花序枝。后者又分为无叶单花枝和无叶花序枝。

(2)结果母枝　发育健壮的春、夏、秋梢都能成为良好的结果母枝。

4. 授粉受精与结实

(1)授粉受精　柑橘一般能自花授粉结实，如普通甜橙、柑、橘等。

(2)单性结实　有些种类品种，如温州蜜柑、脐橙、乳橘、南丰蜜橘、无核柚等不经过受精，果实也能发育成熟而形成无核果实，这种现象称为单性结实。沙田柚、新会橙等因自花授粉，坐果率低，生产上需配置授粉树。

(3)落花落果　柑橘花量大，但坐果率低，通常只有1%～5%。大量的花果都因各种原因而脱落。发育不完全的畸形花和衰弱花在蕾期和花期相继脱落，幼果则由于生理原因和外界原因发生落果。

从谢花后一周开始陆续落果，其中有两次落果高峰。第一次通常发生在4月下旬至5月上旬，小果带果梗一起脱落，称为第一次生理落果，主要原因是花器官发育不良或授粉不良。第二次生理落果通常发生在6月，从蜜盘脱落，不带果梗，以谢花后20～35 d脱落最多，主要原因是树势较弱或营养不足。

(4)果实发育　果实生长发育时间的长短因种类品种不同而异。同一品种成熟期的迟早，还与地势、树龄、树势、砧木、年份等因素有关。一般采用矮化砧比乔化砧成熟早，山地柑橘比平地成熟早，成年树比幼树成熟早，弱树比强旺树成熟早，干旱年份比温暖湿润年份成熟早。

(三)对生态环境条件的要求

1. 温度

柑橘生长发育要求12～37 ℃的温度。秋季花芽分化要求昼夜温度分别为20 ℃左右和10 ℃左右，根系生长的土温与地上部大致相同。过低的温度会使柑橘受冻，甜橙 −4 ℃、温州蜜柑−5 ℃时会发生枝叶冻伤，甜橙−5 ℃以下、温州蜜柑−6 ℃以下会发生大枝和枝干冻伤，甜橙−6.5 ℃以下，温州蜜柑−9 ℃以下植株会冻死。

2. 光照

柑橘是耐阴性较强的树种，但要优质丰产仍需好的日照。一般年日照时数1 200～2 200 h的地区均能正常生长。日照好、热量丰富的华南与日照少的重庆柑橘产区相比，果实糖含量高，酸含量低。

3. 水分

一般年降水量1 000 mm左右的热带、亚热带区域都适宜柑橘种植，但由于年降水量分布不均而常常需要灌溉。土壤的相对含水量以60%～80%为宜，雨水过多、排水不良的柑橘果园，易发生土壤积水，会使根系死亡。

4. 土壤

柑橘对土壤的适应范围较广，pH 4.5～8 均可生长，以 pH 5.5～6.5 为最适宜。柑橘根系生长要求较高的含氧量，以土壤质地疏松、结构良好、有机质含量 2%～3%、排水良好的土壤最适宜。

5. 地势

柑橘园地宜选择无明显冻害地段，要求土层深厚、排水透气良好、有机质丰富、灌溉方便、交通便利。丘陵、山地海拔高度在 800 m 以下，坡度在 25°以下。冬季有冻害的地区应选择东南坡。排水不良的低洼地和冷空气易停滞的谷地不能建园。在 5°以下的缓坡地、江河两岸及水稻田建园时，必须注意排水。

三、主要种类和优良品种

柑橘主要种类和优良品种

中国是柑橘的重要原产地之一，柑橘资源丰富，优良品种繁多，有 4 000 多年的栽培历史。据考证，直到公元 1471 年，橘、柑、橙等柑橘类果树才从中国传入葡萄牙的里斯本，1665 年才传入美国的佛罗里达。

柑橘是芸香科、柑橘亚科的一类植物，共有 6 个属，其中栽培利用最广泛的为枳属、金柑属、柑橘属。下面主要介绍柑橘属。

（一）主要种类

1. 大翼橙类

叶柄翼叶发达，翼叶与叶身同大或大于叶身，新叶、幼果无茸毛。花小，有花序，花丝离生。果皮厚，味极酸苦，不堪生食。现有两个种和一个变种，即红河橙、马蜂柑、厚皮大翼橙。用作砧木或育种材料。

2. 宜昌橙类

叶柄翼叶大，新叶、幼果无茸毛。花较小，花丝分离联结成束。果皮厚，味极酸苦。有一个种和两个变种，即宜昌橙、香橙、香橼。用作育种材料和矮化砧。

3. 枸橼类

叶柄无翼叶或翼叶甚小，新梢和花均为紫红色，枝有刺，一年多次开花。果主要做药用或饮料。有 4 个种，即香橼、黎檬、绿檬、来檬。1 个变种，即佛手。

4. 柚类

叶柄翼叶发达，心脏形，新叶、幼果有茸毛。花大，有花序。果实大，果皮厚，囊瓣通常为 8～10 瓣，难剥皮。种子大，子叶白色，单胚。主要品种有沙田柚、文旦柚、晚白柚、琯溪蜜柚等。葡萄柚是柚与橙的杂交种。

5. 橙类

叶柄翼叶较小，叶尖不分叉，果皮包着很紧，囊瓣 10～13 瓣，囊瓣难分离。子叶白色，多胚。有甜橙和酸橙 2 种。

6. 宽皮柑橘类

叶柄翼叶较小，叶尖不分叉或模糊，果皮宽松易剥，囊瓣易分离。种子多胚或单胚，胚绿色。包括柑和橘 2 类。柑类主要品种有温州蜜柑、蕉柑等；橘类主要品种有椪柑、南丰蜜橘、红橘、乳橘等。

7. 杂柑类

柑与橙的杂交产品，有的甚至多次杂交，还有柚参与杂交。近年来很多新兴的非常受市场欢迎的柑橘品种，如沃柑、红美人、天草、明日见等都属于杂柑类。

柑橘高接换种

（二）主要优良品种

我国目前主要栽培的柑橘品种见表 3-1-1。

表 3-1-1　我国目前主要栽培的柑橘品种

品种	主要特性
椪柑	果扁圆形，或蒂部隆起呈短颈状的阔圆锥形，橙黄至橙红色，油胞大，油量多，皮粗糙，松脆，甚易剥离，种子少或无。汁多化渣，甜而微酸，风味好。11—12 月成熟
温州蜜柑	根据成熟期不同，分为特早熟、早熟、中熟和晚熟四个品系。果实无核，汁胞柔软多汁，酸甜适度，品质优良。有兴津、宫川、尾张等品系。9—12 月成熟
砂糖橘	果实扁圆形，顶部有瘤状突起，蒂、脐端凹陷，色泽橙黄至橙红，果壁薄，易剥离。砂糖橘尤以四会黄田镇出产的为正宗，鲜美而极甜，无渣，口感细腻。10—11 月成熟
南丰蜜橘	树势强健，枝叶稠密，无刺。果小扁圆，30～50 g。果面呈黄色，较光滑，皮薄易剥；果肉柔软多汁，浓甜芳香，核少，品质优良。不耐贮藏。11 月上中旬成熟
纽荷尔脐橙	果实长椭圆形或短椭圆形，橙红色，美观，平均单果重 250～350 g，果皮光滑，具清香味。果肉细嫩而脆，化渣，多汁，酸甜适口，风味浓郁。可溶性固形物达 12%以上。11 月中下旬成熟
朋娜脐橙	短椭圆形或倒锥状圆球形，单果重 180 g 左右，无核，果面较光滑，果色橙红。品质上等，肉质脆嫩化渣，甜酸适口，风味浓，可食率达 75%以上，果汁率 50%，可溶性固形物 12%～13%。11 月中下旬成熟
青秋脐橙	果卵圆形或长椭圆形，单果重 270 g，果色橙红。肉质脆甜化渣，风味浓郁有香气。可食率 70.8%，出汁率 55.5%，可溶性固形物 12.9%。重庆 10 月上中旬成熟
伦晚脐橙	果实近圆球形，平均单果重 200 g 以上；果皮浅橙红色，皮硬光滑，较易剥皮；肉质致密脆嫩，汁多化渣，可溶性固形物含量 12.5%以上，果汁率 45.5%，可食率 74.1%。3—4 月成熟
沙田柚	果圆球形、扁圆形、梨形或阔圆锥状，横径通常 10 cm 以上，淡黄或黄绿色，杂交种有朱红色的，果皮甚厚或薄，海绵质，油胞大，凸起，果心实但松软。平均单果重 1 000～1 500 g。汁胞脆嫩，味清甜，可溶性固形物 12～15%。极耐贮藏。10 月下旬成熟
琯溪蜜柚	果大，单果重 1 500～2 000 g，长卵形或梨形；果面淡黄色，皮薄；果肉质地柔软，汁多化渣，酸甜适中，味芳香，品质极优。种子少或无。10 月中下旬成熟
玉环柚	果大形美，平均单果重 1.25 kg，最大可达 3.5 kg 以上，果实近圆形，肉嫩汁多，可食率在 65%以上，酸甜适口。宜运输、耐贮藏。10 月上中旬成熟
矮晚柚	果形美观，扁圆形或短圆柱形，一般果重 1 500 g，最大果重 3 600 g。果皮黄色，表面光滑，海绵层白色。果肉淡黄色，肉质细嫩，汁多化渣，甜酸爽口，果实充分成熟时有浓郁的芳香，无苦麻味，品质上等。果汁可溶性固形物 10.5%～12.5%，种子多。极耐贮藏。1—2 月成熟
晚白柚	果实扁圆形或圆球形，果顶和果蒂两端近对称，单果重 1 500～2 000 g，果面光滑，果色橙黄。果肉白色，细嫩多汁，甜酸适口，富香气，可溶性固形物 12%，每果种子 60～100 粒。耐贮藏。12 月至次年 1 月成熟

续表 3-1-1

品种	主要特性
红肉蜜柚	果倒卵圆形，单果重 1 200～2 350 g，平均单果重 1 680 g；皮黄绿色；果肩圆尖。果面因油胞较突，手感较粗，皮薄，平均厚 0.7～0.9 cm。囊瓣数 13～17 瓣，有裂瓣现象，裂瓣率 54%，囊皮粉红色；汁胞红色，果汁丰富，风味酸甜，品质上等。果肉为淡紫红色，可溶性固形物 11.55%。9 月下旬成熟
金弹（金橘）	果实椭圆形或卵状椭圆形，橙黄色或金黄色，有光泽，单果重 11～13 g，皮较厚；果肉质脆、味甜、种子 4～9 粒。抗寒性强，丰产稳产，品质好，适鲜食，也可制作橘饼。11 月下旬成熟
尤力克柠檬	果实椭圆形至倒卵形，两头有明显乳凸，其果色鲜艳，油胞凸出，出油量高，汁多肉脆，是鲜食和加工的首选品种。平均单果重 150 g 左右，果皮淡黄，较厚而粗。果汁多，香气浓，尤力克柠檬酸含量高，具香气，品质上等，适应性广，较丰产。11 月中下旬成熟
红美人	杂柑类，果形圆，深橙色，油胞稀，光滑，外形美观，平均果重 200 g，易剥皮。汁多味甜，可溶性固形物 11%～13%，无核，口感细嫩化渣，清香爽口，风味极佳。耐贮藏，抗寒性强，极丰产。10 月中旬至 11 月成熟
不知火	俗称丑橘。果实大，平均果重 200 g，最大 400 g 以上。果实倒卵形，多有突起短颈；果皮黄橙色，10 月上旬开始着色，12 月上旬完全着色；果皮黄橙色，果面稍粗，易剥皮，果汁糖度在 13%以上，最高达 17%，味极甜。2—3 月成熟
春见	俗称粑粑柑，果实呈高扁圆形，大小较均匀。果皮橙黄色，果面光滑，有光泽，油胞细密，较易剥皮。果肉橙色，肉质脆嫩多汁，囊壁薄、极化渣，糖度高，可溶性固性物可达 14.5%左右，风味浓郁，酸甜适口，无核，品质优。12 月中旬至翌年 1 月成熟
金秋砂糖橘	爱媛 30 号与砂糖橘杂交后代。果圆形，小果，颜色橙红。果皮光滑细腻，易剥离。果实无核，肉质细嫩化渣，入口即化。可溶性固形物 12%左右。早熟，四川 10 月中下旬即陆续采收上市

任务实施

任务一 柑橘栽培管理

一、定植

1. 定植时期

春季定植在 2 月下旬到 3 月上旬，秋季定植可在 10 月上中旬。

2. 定植密度

丘陵低山地区，每亩栽种 40～50 株，株行距(3.5～4)m×(3.5～4)m；平地每亩栽种 40 株，株行距 4 m×4 m；在山地和河滩地，以及肥力较差、干旱少雨的地区，可适当密植，株行距为 3 m×4 m，每亩栽种 55 株。

3. 定植方法

在定植沟的定植点上或定植穴上，用表土或其他肥土做定植墩，墩面高于畦面 30～40 cm，定植墩中心挖种植穴，苗木垂直放入穴中，舒展根系，用细土填入根间，边填边压实，并使苗木嫁接口高出土面，做一直径 50 cm 的盘状穴，适当加盖表土后再盖上 5～10 cm 的草，一次浇透定根水。

二、土肥水管理

橘园土壤管理

橘园施肥技巧

橘园水分管理

柑橘树的整形修剪

1. 土壤

柑橘园多数是建立在山地、丘陵和荒滩上，土壤质量往往欠佳，因此要加强土壤耕作管理，从而为柑橘生长营造良好的生态环境。通过深翻改土、合理间作、种植绿肥等方法达到土壤改良的效果。一般要求土层厚度0.8 m以上，土质疏松透气，有机质含量2%以上，pH 5.5～6.5。成年果园土壤耕作制度可采取覆盖法、生草法和免耕法。其中，生草法是近年来逐渐推广的一种较好的方法。可根据实际情况和需求选种合适的生草，实现较高的经济效益和生态效益。地面覆反光膜可抑草保墒增糖(彩图 1)。

2. 施肥

一般幼龄旺树结果少，土壤肥力高的可少施肥；大树、弱树结果多，或在肥力差的山地、荒滩，都要多施肥；沙地保水保肥力差，施肥时要少量多次，以免肥水流失过多。施肥方法有沟施、穴施、撒施及灌溉施肥等。由于幼树根系不发达，吸收能力弱，施肥应以浇水肥为主，便于吸收。

幼年树主要的施肥时期包括秋施基肥、促梢肥和壮梢肥。基肥以有机肥为主，配合磷钾肥。促梢肥在新梢萌芽前一周，施以氮肥为主的复合肥，促进新梢萌发整齐健壮。壮梢肥在顶芽自剪时施用，以磷钾复合肥为主，促进新梢生长与老熟。

成年树基肥占全年施肥量的60%～70%，追肥占30%～40%，包括花前肥、壮果肥、采果肥。现代果园提倡减肥减药，只要保证树体营养与生殖生长平衡，一年施两次肥即可满足生产需要。必要时，可根据柑橘的实际生长情况进行根外追肥，用0.2%～0.3%的尿素加0.2%～0.3%磷酸二氢钾进行树冠喷施。

3. 水分

(1)灌水　萌芽开花期、新梢萌发生长期、果实膨大期及采果后是灌水的关键时期，应保持田间持水量的60%～80%为宜。

(2)排水　低洼地、雨季易造成园地积水的果园，应做好排水工作。

三、整形修剪

柑橘传统树形多为自然圆头形，随着轻简化栽培管理技术的推广，逐步探索出更适宜的其他树形。山地梯面较窄的梯田适合冠幅小的扁状树形，柑橘圆柱树形也能丰产稳产，且管理方便。以温州蜜柑为例，生产上常采用自然开心形，整形修剪过程如下。

1. 整形

第一年，在苗木离地面50～60 cm处短截，剪口以下选择生长势较强、分布均匀的新梢作为主枝进行培养，与主干开张角度40°～50°。其余新梢除少数作为辅养枝外全部抹去。

第二年，当主枝长到60～70cm时，进行短截。促进主枝抽生分枝，在先端选一强梢作为主枝延长枝，留5～8片叶摘心，其余当作侧枝。

第三年，陆续在各主枝上选留相互错开方向、距离为 30～40 cm 的副主枝，与主干呈 60°～70°角。在主枝与副主枝上合理配置侧枝，开心形树冠即可形成。

2. 修剪

幼树生长势较强，宜轻剪。以短截、夏秋季摘心、抹芽放梢为主，去除无用枝梢、扰乱树形的徒长枝、病虫枯枝等；1～2 年幼树花蕾期全部摘除，第 3 年以后根据树势及时合理疏花疏果。

成年树进入结果期后视需要进行适当的整形修剪。树冠密闭的，去除 3～4 年生的大枝，开出“天窗”，使树冠通风透光。通过结果量来自动调节生长，结果多了，枝梢抽生自然变少，从而减少短截、抹芽等工作量。去掉直立向上生长的长枝、徒长枝，而保留较多短小枝，就可以保留较多结果部位，促进良性循环。对夏梢要进行适当控制，以防果梢矛盾和潜叶蛾、木虱、溃疡病等病虫害。促发早秋梢，早秋梢可成为来年良好的结果母枝。

四、花果管理

柑橘结果树修剪

1. 保花保果

利用生长调节剂保花保果；利用营养元素保果；利用环剥、环割与环扎等方法保果。

2. 疏花疏果

柑橘花量大，春季可剪除部分细弱结果枝，减少花量。稳果后进行疏果，一般可疏去总果量的 10%左右。不同品种柑橘疏果后叶果比指标不同，可根据立地条件、目标产量、树龄树势等合理负载。疏去畸形果、特大特小果、病虫果、过密果、果皮缺陷和损伤果。一年可进行三次疏果。第一次在 5 月底，即第二次生理落果后；第二次在 7 月中旬，即果实第二次膨大前；第三次在采果前 15 d 左右。

五、病虫害综合防控

柑橘病虫害防治

柑橘冻害成因及防冻措施

1. 检疫

(1)严格执行检疫措施。要严格检验柑橘苗木、接穗、果品等，以免传入检疫性病虫。

(2)在新柑橘园选址时，需要听取当地植物检疫站的意见。3 年内出现过柑橘溃疡病的地区不适宜新建柑橘园。建园地址应地势较高、排水系统良好、灌溉便捷等。平地建园则需要采取深沟高畦措施，以降低病虫害的发生率。

(3)园区内设置 2 个左右监测点，进行持续监测，及时发现和上报各种有害生物。一旦送检确认，即结合实际情况运用封锁、防除、扑灭等措施，避免病虫害范围扩大。

2. 农业防控

(1)合理选择苗木品种　选择抗性强的无病毒苗木，规避柑橘溃疡病的发生；借助矮牵牛等指示植物，诱发显现苗木症状，对苗木是否带有柑橘裂皮病毒进行判断；利用抗病砧木预防柑橘脚腐病；在育苗过程中，合理提高嫁接口的位置，以降低发病率；浅栽定植，充分露出抗病砧木的根茎部，避免病害的出现。

(2)科学修剪　每年 12 月，剪掉病害的枝梢，同时对过度郁闭的衰弱枝、干枯枝等进行修剪，带出果园集中处理；改善树体的通风透光条件。柑橘果实发育中期，及时摘除虫蛀果，清理树下落果，将其集中埋入坑中，并以一层石灰和土覆盖，可有效消灭害虫。

(3)清园翻耕　结合冬季修剪，及时清除和销毁园内的各种枯枝落叶、病虫枝等。利用矿物油、晶体石硫合剂等对柑橘园进行喷洒，使用涂白剂刷白树干，保护树体。通过翻耕消灭土壤越冬虫蛹，在霜雪天气即将出现时浅耕，效果明显。

(4)栽培管理　增施有机肥，合理使用氨基酸叶面肥，以增强树势，提高抗病虫害能力。3月初至6月底，用宽幅地膜覆盖树盘，并把树干周围的地膜扎紧，阻止各种越冬代害虫出土为害。同时可提高地温，抑制杂草，保持土壤湿度，促进柑橘树生长发育。

3. 绿色防控

柑橘的绿色防控主要是合理使用生态调控、生物防治、理化诱控等手段，不断改善柑橘园林的生态系统结构和提高柑橘对病虫害的自控能力。

(1)生态调控　重点采用抗病虫品种、优化布局、培育健康种苗、改善水肥管理等健康栽培措施，并结合生态工程、果园生草覆盖、作物间套种、天敌诱集带等生物多样性调控与自然天敌保护利用等技术，改造病虫害发生源头及滋生环境，人为增强自然控害能力和植物抗病虫能力。

通过对柑橘园的生态系统中现有的害虫种类和因素进行分析，利用人工技术调节果园的环境，采取食物链加环的方法，协调柑橘园的农作物与害虫、益虫与害虫、环境与生物之间的关系，实现对害虫的防治，保益灭害，有效提升柑橘品质，保护环境。

(2)生物防治　生物防治主要是指利用天敌昆虫对害虫进行防治，是有效、节约和友好的防治方法。主要包括以虫治虫、利用微生物代谢产物防治害虫等。

(3)理化诱控　主要采用灯光、黄板、性诱剂、食诱剂、诱虫球或诱虫果等诱杀。

绿色防控技术降低了农药及化学物(表3-1-2、表3-1-3)的使用量，有利于柑橘产业的可持续发展。

表3-1-2　柑橘主要病害化学防治

病害	症状	防治
疮痂病	叶片被害后，一面隆起呈圆锥状疮痂，另一面向内凹陷；果实被害后，有木栓化的瘤状突起，高发期在5—6月	波尔多液；55%硫菌霉威可湿性粉剂1 000～1 200倍液；50%多霉清可湿性粉剂800～1 000倍液；30%二元酸铜可湿性粉剂400～500倍液；20%龙克菌(噻菌铜)胶悬剂500倍液；12%松脂酸铜乳油500倍液
炭疽病	主要为害叶、枝和果实，病斑上有黑色小点	夏、秋梢抽发期和幼果期是重点防治时期。清理落叶枯枝后喷1～2次杀菌剂，每10 d左右一次。可用65%代森锌可湿性粉剂600倍液；50%代森铵水剂800～1 000倍液；70%甲基托布津可湿性粉剂800～1 000倍液；50%多菌灵800倍液等
溃疡病	主要为害叶片和枝梢、果实。病斑突出特点是有海绵状裂口，中间稍凹陷	抽梢、开花和幼果期是药剂防治时期。硫酸铜0.5～0.8 kg，石灰1～1.6 kg，水100 kg，配成波尔多液；硫酸铜0.25 kg，松脂合剂1 kg，水100 kg，配成铜皂液；0.2～0.3波美度的石硫合剂；72%农用链霉素可湿性粉剂2 500倍液；3%金核霉素水剂300倍液

续表 3-1-2

病害	症状	防治
青霉病	果实出现柔软、褐色、水渍状、略凹陷皱缩的圆形病斑。2～3 d 后，病部长出白色霉层，随后在其中部产生青色粉状霉层，病健交界处为水渍状环纹。高温高湿条件下，病斑迅速扩展，致全果腐烂；干燥时则成僵果	贮果前半个月，用 4%漂白粉的澄清液喷洒库壁和地面。也可每立方米空间用 10 g 硫黄粉密闭熏蒸库房 24 h。果实采下后即用 70%甲基托布津可湿性粉剂或 50%多菌灵可湿性粉剂 500 倍液浸果约 1 min
黑色蒂腐病	多自果蒂或伤口处开始发病，初为暗褐色水渍状病斑，常流出暗褐色的黏液；之后沿果心和瓤囊迅速扩展，数日内可致全果腐烂。病果在干燥情况下成为僵果，暗褐色或黑色；潮湿时病果表面出现污白色绒毛状菌丝，而后呈橄榄色，并产生许多小黑粒	果实采收前 7～10 d，用 80%代森锰锌可湿性粉剂 1 000 倍液、50%甲基硫菌灵可湿性粉剂 1 000～1 500 倍液、50%多菌灵可湿性粉剂 1 500 倍液喷施，可有效预防

表 3-1-3　柑橘主要虫害化学防治

虫害	症状	防治
橘蚜	橘蚜常群集在嫩梢和嫩叶上吸食汁液，引起叶片皱缩卷曲、硬脆，严重时嫩梢枯萎，幼果脱落。橘蚜分泌的大量蜜露可诱发煤烟病和招引蚂蚁上树	10%吡虫啉可湿性粉剂 2 000 倍液；25%噻虫嗪水分散粒剂 5 000～6 000 倍液；15%丁硫吡虫啉乳油 2 000 倍液；3%啶虫脒乳油 1 500～2 500 倍液；0.3%苦参碱水剂 400 倍液；2.5%鱼藤酮乳油 600～1 000 倍液
蚧	主要为害叶、枝和果实。受害叶片变黄，导致枝梢、果实粗糙不平	若虫盛期尤其是 1 龄盛期是重点防治时期。12 月中下旬全面喷药(以石硫合剂、石油乳剂为主)防治 1 次。对虫害严重的柑橘园可于萌芽前喷布一次松脂合剂。对 1 龄至 2 龄初期的幼虫，喷洒 25%噻嗪酮悬浮剂 1 000～1 500 倍液，每年使用 1～2 次。还可选择 20%或 30%松脂酸钠200～300 倍液，每年使用2～3 次
红蜘蛛	主要为害叶、枝和果实。受害叶片正面和果实表面出现苍白色斑点	每片叶(每个果)上有 5～10 个虫或虫卵时，是重点防治时期。10%联苯菊酯(虫螨灵)乳油 4 000 倍液；扫螨净 1 500～2 000 倍液；70%克螨特乳油 2 000 倍液；15%哒螨酮乳油 3 000 倍液；20%螨克乳油 1 500 倍液
锈壁虱	主要为害叶片和果实，果实形成麻柑子	每片叶(每个果)上有虫 2～3 个时或见灰色露状物时，是重点防治时期。10%联苯菊酯(虫螨灵)乳油 4 000 倍液；扫螨净 1 500～2 000 倍液；70%克螨特乳油 2 000 倍液；15%哒螨酮乳油 3 000 倍液；20%双甲脒乳油 1 500 倍液；20%威灵 2 500 倍液

续表 3-1-3

虫害	症状	防治
潜叶蛾	主要为害叶片，受害叶片上有许多银白色虫道	夏、秋梢萌发期，放梢后 7～10 d，嫩梢上虫或卵的比例达 20%时，为防治时期。18%杀虫双水剂 400 倍液；1.8%阿维菌素（虫螨克）乳油 3 000 倍液等
花蕾蛆	成虫在花蕾直径 2～3 mm 时，将卵从其顶端产于花蕾中，幼虫取食花器官，使其成黄白色不能开放的圆球形，状如灯笼，影响产量	以地面喷药为主，花蕾喷药为辅，花蕾初期树冠喷用 10%氯氰菊酯，同时用 50%辛硫磷 1 000～1 500 倍液进行地面施药
大实蝇	成虫产卵于柑橘幼果中，幼虫孵化后在果实内部穿食瓤瓣，常使果实未熟先黄，黄中带红，提前脱落。果实严重腐烂，失去食用价值	于成虫盛发期（5 月中下旬至 6 月下旬）用 90%晶体敌百虫 100 g＋红糖 1.5 kg＋水 50 kg 的比例配制成 500～800 倍药液，在上午 9:00 左右大雾滴喷于园中枝叶茂密、结果较多的柑橘树叶背。全园喷 1/3 的树，每树喷 1/3 的树冠，隔 5～7 d 改变方位喷雾一次，连续喷 4～5 次

六、采收

1. 采收时期

鲜食果实，要求色泽、风味都达到该品种的固有特点，肉质开始变软时，采收为宜；贮藏用果实，一般果皮有 2/3 转黄，果实尚坚硬而未变软时即可采收。

2. 采收前的准备

（1）采果剪　采用剪口部分弯曲的对口式果剪。

（2）采果篓或袋　采果篓一般用竹篾或荆条编制，也有用布制成的袋子，通常有圆形和长方形等形状。采果篓不宜过大，为了便于采果人员随身携带，容量以装 5 kg 左右为好。

（3）装果箱　有用木条制成的木箱，也有用竹编的箩或筐，还有用塑料制成的筐。

（4）采果梯　采用双面采果梯，既可调节高度，又不会因紧靠树干而损伤枝叶和果实。

3. 采收方法

采果时，要做到“一果两剪”，即第一剪带果梗剪下果实，第二剪齐果蒂剪平。

4. 采后处理

果实采收后，按大小、成熟度、色泽等，依分级标准（GB/T 12947—2008《鲜柑橘》）进行分级。初采的果实，体温高，果实含水较多。预先进行短期的贮藏即“发汗”。预贮有散热预冷、蒸发水分和愈伤防病的作用，可以抑制果实腐烂。果实经过防腐处理后，理想的预贮温度为 7 ℃，相对湿度为 75%，经 2～4 d 以后，用手轻捏果实有弹性时，便可包装。

5. 果实分选

分级机通常由提升传送带、洗涤装置、打蜡抛光带、烘干箱、选果台和分级箱组成。可根据需要打蜡或者不打蜡。具体操作流程：传送带将果实传送至清水池，柑橘在水箱中漂洗，喷洒清洁剂，经毛刷洗刷去污后传送到喷头下喷水淋洗。经过清洗的果实先经过泡沫滚筒擦干，减少果面水渍，再由喷蜡嘴喷上蜡液或杀菌剂，然后由毛刷旋转抛光，使蜡液均匀。果实进入烘干箱内，烘干表面蜡液，形成光洁透亮的蜡膜。打蜡后的果实传送至选果平台，剔除劣果，并由小到大筛选出不同等级的果实。最后按照不同级别分别装箱。

任务二　柑橘留树保鲜技术

我国柑橘 90%以上都是早中熟品种，品种布局极不合理，果实销售期主要集中在 10—12 月份，往往导致其价格低廉，造成丰产不丰收、销售困难的局面，在短期内很难通过品种改变这一现状。利用贮藏手段延长柑橘销售时期，避开销售旺季，是一种有效减轻销售压力的途径。

柑橘留树保鲜是指在柑橘即将成熟时，用植物生长调节剂处理和农业技术措施使果实的果梗基部不产生离层，就能在树上保持较长时间而不脱落。柑橘果实在成熟过程中有与其他果实不同的特性，即它没有一个明显的呼吸高峰，所以果实成熟期较长，利用这一特性，生产上可将已经成熟的果实继续留在树上，分期分批采摘。目前在浙江、福建、江西、广西、湖北、重庆和四川等地区通过留树贮藏的品种有福橘、金柑、蜜橘、锦橙、脐橙和杂柑等。

运用留树保鲜这项技术要遵循以下几个原则：一是选择立地条件较好、土壤肥沃、海拔高度在 500 m 以下的果园，要求是背风的南坡果园，洼地、北坡及坡顶不宜。二是尽量选择中晚熟或晚熟品种，脐橙如佛罗斯特脐橙、华盛顿脐橙和红肉脐橙等，杂柑类如不知火和青见等品种适合留树贮藏。三是选择树龄 8 年以上，树势强壮且无病虫害的柑橘园作为留树保鲜对象，不连年进行留树保鲜。四是选择无病、无伤、果个中等的树冠中下部和内膛的果。单株留果量 15～35 kg。

果实套袋技术

果实留树保鲜期不是果树需水临界期，所以不用特别浇水，以免水分过多引起裂果和采前落果。一般在套袋前 15 d 对全树喷杀虫剂、杀菌剂。一般在 11 月底或 12 月初的时候对果实进行套袋并对树冠覆塑料膜。在霜雾出现较早的地方，建议在 11 月下旬前完成覆膜（彩图 2）。来年 2—3 月气温回升，薄膜出现水雾时揭膜。

生产链接

柑橘优质产区

伊华林、刘慧宇（2022 年）将我国柑橘栽培分为 5 个优势带和若干特色产区，并对湖北省不同柑橘产区品种选择进行了探讨。

（一）我国柑橘优势产区与特色基地

（1）西江晚熟柑橘带　该带为新发展优势带，新兴产区主要发展沃柑、砂糖橘、皇帝柑，呈井喷式增长。老产区桂北变化明显，脐橙弱化，砂糖橘面积急剧上升，现在品种动荡。该带位于北纬 20°—29°，涉及粤、桂、黔、滇。

（2）浙闽粤柑橘带　该优势带发展的品种比较稳定，主要是柚类、宽皮橘类。该带位于北纬 21°—30°、东经 110°—122°的东南沿海地区。

（3）赣南-湘南优势带　原赣南-湘南-桂北优势带调整为赣南-湘南优势带，原桂北产区调整到西江晚熟柑橘优势带，面积稳中有升，品种比较稳定，以脐橙为主，间有少量其他品种。该带位于北纬 25°—26°，东经 110°—115°。

(4)长江上中游甜橙优势带 栽培面积稳中有升，鲜食橙产区向晚熟品种方向转化。该带位于湖北秭归以西、四川宜宾以东，以重庆三峡库区为核心的长江上中游沿江区域。

(5)湘、鄂西宽皮柑橘产区 近年来，该带传统主栽品种温州蜜柑和椪柑效益下滑、不稳定，品种调整趋势明显，椪柑、温州蜜柑种植面积下滑明显，杂柑、脐橙等引入，品种混乱。该带位于东经 111°左右，北纬 27°—31°。

(6)特色产区 如云南玉溪早熟蜜橘、冰糖橙产区；丹江口、汉中蜜橘产区；安岳柠檬产区；岭南晚熟柑橘产区；南丰蜜橘产区；德宏中晚熟柑橘产区；海南绿橙、象山红美人产区；上饶马家柚特色产区；阳朔、融安金柑特色产区。

(二)湖北柑橘不同产区品种定位

不同产区宜采取差异化发展，充分合理地安排和利用资源，做到适地适栽。

(1)秭归、兴山 位于长江中上游，是成熟的脐橙产区，应在低山河谷地区发展晚熟品种，根据海拔及小气候，拉开熟期，合理分布品种。

(2)长阳 生态型多样，应根据气候发展多样性品种，以早熟和极早熟温州蜜柑、椪柑与晚熟脐橙为主。

(3)枝江、夷陵、宜都 作为传统温州蜜柑产区，在温州蜜柑为主的基础上优化品种结构，拉长熟期，极早熟、早熟、中晚熟品种搭配，适当种植极早熟脐橙、葡萄柚和一些杂柑品种。

(4)当阳 根据市场适当调减椪柑面积，根据北缘产区的特点完善栽培技术、提高品质，同时，发展极早熟温州蜜柑与杂柑，宜采取一村一品策略。

(5)丹江 位于柑橘栽培北缘，以早熟与极早熟温州蜜柑为主的品种结构不变。根据当地温州蜜柑果皮稍厚、酸稍高的特点，定向销售特定的市场，如东北、西北与华北市场及中亚一带。

能力转化

根据所学知识，结合地区实际，制订当地柑橘绿色高效优质生产方案。

项目二　梨

任务目标

知识目标：

了解梨树生产概况和经济意义，了解五大梨系统，了解梨的生长发育过程。

能力目标：

能够准确识别砂梨系统的主要品种，能够因地制宜选择品种，进行梨园规划、建园、土壤管理和树体管理。能够发现、分析梨树生产中存在的问题，并提出解决问题的办法。

素质目标：

培养学生爱岗敬业精神，培养能吃苦、肯奋斗、具有“三农”情怀的果树专业技术人才。

知识准备

梨的生产概况

一、概述

中国是世界栽培梨的三大起源中心之一，已有 3 000 多年的栽培历史，是世界第一大梨生产国。梨产业发展是我国农业发展的重要单元，不仅关系着农民创收和农业企业发展，更是协调发展经济、社会、资源和环境保护，助力乡村振兴，实现人民富裕的重要力量。

我国主要果树产量排序为：①柑橘，②苹果，③梨，④桃，⑤葡萄，⑥香蕉。梨居第 3 位。

湖北省水果产量排序为：①柑橘，②桃，③梨，④猕猴桃，⑤葡萄，⑥核桃。梨居第 3 位。湖北老河口、钟祥、京山、枝江、公安、天门、仙桃、潜江等地的砂梨生产已经形成规模。其中老河口市洪山嘴办事处、钟祥市旧口镇、枝江市百里洲镇为砂梨生产优势基地。

（一）梨树栽培的经济意义

（1）果实营养丰富，肉质脆嫩，汁多爽口，香甜宜人。

（2）梨既可鲜食，也可制成梨果酒、梨膏、梨脯、梨干、梨汁和罐头等。

（3）梨有帮助消化、润肺清心、止咳去痰等医疗功效（“冰糖炖梨治疗咳嗽”自古流传至今）。

（4）梨树产量高、寿命长，适应性强，经济效益高。每亩产 5 000 kg 的梨园屡见不鲜。

（5）梨品种多，市场供应期长。全国现有梨品种 3 000 个左右，从 5 月份到 11 月份都有鲜果上市。

（6）梨是观光果园的首选树种之一，“梨花节”“梨果采摘”可以带动当地文化、旅游、经济发展。

（二）梨树栽培的发展方向

建设高水平的技术人才队伍，以新型经营主体为重点，实现梨树种植机械化、梨园管理标准化、生产过程信息化、病虫害防治绿色化，建立现代化智慧农业体系。在梨生产、贮藏、运输、销售各个环节形成产业链、价值链、利益链连接，推动梨产业上、中、下游协同发展。

二、生物学特性与栽培环境

（一）梨树的特点

(1)梨树经济寿命一般在 30～80 年，有的可达 100～200 年。潜伏芽生命力强，容易更新复壮。

(2)危害梨树的病虫害多，如梨茎蜂、梨食心虫、梨刺蛾、梨锈病、梨黑心病、梨轮纹病等。俗话说“要吃梨，刮树皮”，冬季主干涂白、清园消毒尤为重要。

(3)梨是喜光果树，若光照不足，表现徒长，影响花芽分化和果实发育；如果光照严重不足，生长会逐渐衰弱，甚至死亡。

(4)如果 8 月份因高温干旱、病虫害等原因导致叶片脱落，可能在 10 月份二次开花。生产上应避免出现这种情况。

(5)梨树以短果枝或者短果枝群结果为主，结果枝长度在 5 cm 以下的称为短果枝，许多短果枝聚集在一起形成短果枝群。这是盛果期梨树的主要结果枝类型。

（二）梨树的生物学特性

(1)花芽为混合芽，一个花芽萌发后既抽生营养枝，又着生花蕾开花结果。一般每个花序有 5～8 朵花。

(2)花芽分化属于夏秋分化型，6—8 月份是梨树花芽分化时期，此时期营养水平影响花芽分化的数量和质量。

(3)一个梨果实正常生长发育直到成熟需要的叶片数量是 30～40 片。叶果比因品种不同、叶片大小不同而略有差异。

(4)梨树自花不实。同一品种栽植在一起，不能达到理想的经济产量，因此生产上需要配置两个或者三个品种，即异花传粉。一个花芽常常有 5～8 朵花，边花先开，边花着果率高，中心花后开，如疏花常疏中心花。

(5)果实直感，即父本花粉对母体组织(果实)有影响。宜选择大果品种作为授粉品种，可以提高主栽品种的单果重，从而提高产量。

(6)干性强，层性明显，分枝角度小。幼树整形修剪时注意加大骨干枝角度。

(7)萌芽力强，成枝力弱，顶端优势明显。在整形修剪上注意控制上强下弱现象，培养下层牢固骨干枝。

(8)枝硬、脆，易劈裂。拉枝、拿枝要选择枝软的季节，一般在 7 月份进行。

（三）梨树对生态环境条件的要求

(1)温度　梨树比较耐寒，可耐－23 ℃低温，我国南方种植区一般无冻害威胁。随着海拔的升高，气温逐渐降低，在高山地区栽培梨树，往往花期易受到霜害。

砂梨适于多雨、温暖的气候，多在南方栽培。

白梨、西洋梨、秋子梨适于雨水较少、气候干燥的冷凉气候，多在北方栽培。

梨树冬季一般需要 2 个月低于 7.2 ℃的低温休眠期，这是我国南方梨栽培需要考虑的重要因素。在长江流域气温到达 10 ℃以上便开花，20～30 ℃花芽分化较好。

(2)水分　梨树需水较多,耐湿性较强。砂梨在年降水量 1 000 mm 以上的南方生长结果良好。采用套袋技术,可克服因高温多湿而导致的果点变大、果面粗糙、锈斑增加等弊端。干旱则导致果实石细胞增多,故在干旱时应灌水。

(3)光照　梨树喜光,若光照不足,表现徒长,影响花芽分化和果实发育,导致落花落果,果实含糖量降低,色泽变差。

(4)土壤　梨对土壤适应性强,沙土、壤土和黏土都可栽培。但梨的耐旱性较差,故以土层深厚、疏松肥沃、透水和保水性能好的沙壤土、壤土最好。在 pH 5～8.5 的土壤均可种梨,但以 pH 5.5～7.0 最适。

(5)风　风对梨树产量的影响显著。风能增加蒸腾作用,使叶内水分减少,从而影响光合作用的正常进行。大风影响昆虫活动,影响授粉,使枝叶发生机械损伤,果实掉落,甚至倒树。采果前的大风加剧采前落果,采用棚架和篱架栽培可缓解。微风有利于传粉和提高光合作用强度。梨树生长发育的适宜风速为 0.5～1 m/s。

三、主要种类和优良品种

梨是蔷薇科梨属植物。我国栽培的梨品种均属于以下五大系统:秋子梨系统、白梨系统、砂梨系统、西洋梨系统、新疆梨系统。据初步统计,目前有一定商业栽培规模的品种有 90 个以上。

1. 秋子梨

秋子梨野生于我国东北、华北,最抗寒,可耐－30～－35 ℃低温,在寒地栽培较好。果实需后熟才能食用,京白梨和南果梨是本种中品质最好的两个品种。

2. 白梨

白梨原产于黄河流域,主要分布于河北、山东、辽宁、山西。品种有鸭梨、雪花梨、砀山酥梨、苹果梨等。果实石细胞少,不需后熟即可食用。

3. 砂梨

砂梨主要分布在长江流域。喜温暖湿润气候。果实多圆形。石细胞多,近年来培育的新品种石细胞少,但无后熟期,耐贮性差。湖北省梨新品种石细胞较少。

湖北省梨主要品种:苏翠 1 号、翠玉、翠冠、黄金、园黄、鄂梨 2 号、晚秋黄;湘南、黄花、湘菊、华梨 1 号、华梨 2 号、土佐锦、金水 1 号、金水 2 号、“三水”梨(新水、丰水、幸水)、爱宕等。详见表 3-2-1。

表 3-2-1　湖北省梨主要品种

品种	特性
苏翠 1 号	江苏省农业科学院果树研究所以华酥为母本、翠冠为父本杂交选育的早熟砂梨新品种。大果,平均单果重达 330 g。果面平滑,果皮黄绿色,核极小,可食率高达 93%,果肉白色,肉质细嫩,脆甜多汁,含糖量 13.5%左右,风味口感极佳,果实生育期 98 d 左右,在宜昌地区 6 月 25 日前后上市,为砂梨系统中成熟最早
翠冠	平均单果重 320 g,含糖量可达 12.5%。果实近圆形,不套袋绿色,果点较大,套袋后为黄色,有果斑,果面光滑,皮薄、心小,可食率 90%,肉脆汁多,味甜,带蜜香,因其入口即化,故又称“六月雪”。果实生育期 110 d 左右,在宜昌地区 7 月 15 日前后上市

续表 3-2-1

品种	特性
翠玉	极早熟，7 月初成熟，平均果重 270 g，含糖量 12.5%～13%，果肉白色，肉质细嫩、外观微黄色，早产丰产性突出，耐贮耐运性好，果锈少，为初夏淡季梨的一个优良品种
圆黄	从韩国引进，果大，平均果重 300 g 左右，最大果重可达 800 g。果形扁圆，果面光滑平整，果点小而稀，无水锈、黑斑。成熟后金黄色，不套袋果呈暗红色，果肉为透明的纯白色，可溶性固形物含量为 12.5%，肉质细腻多汁，果实生长发育天数 125 d，在宜昌地区 8 月初成熟上市
黄金	从韩国引进，平均果重 280 g 左右，果肉细嫩而多汁，白色，石细胞少，果心很小。含糖量可达 14.7%。味清甜，具香气。风味独特，品质极佳。不套袋果皮黄绿色，贮藏后变为金黄色。套袋果果皮淡黄色，果面洁净，果点小而稀。果肉白色，肉质脆嫩，多汁，石细胞少，果心极小，可食率达 95%以上，有天然矿泉水之称。在宜昌地区 8 月中下旬成熟，果实发育期 129 d 左右，较耐贮藏
鄂梨 2 号	湖北省农科院果茶蚕桑研究所用“中香”为母本，“43－4－11(伏梨 ×启发)”为父本杂交选育。可溶性固形物含量 13%，总酸含量 0.16%。果形整齐，倒卵圆形，果皮黄绿色，果心极小。果肉洁白，肉质细嫩酥脆，具香气，石细胞少，汁液多，品质优，在宜昌地区 7 月 15 日中下旬果实成熟上市
湘南	树势中等，树冠开张，丰产稳产。该品种适应性广，对肥水条件要求高，对锈病抗性弱。在湖北宜昌地区 8 月中旬成熟。适宜的授粉品种有黄花等

4. 西洋梨

西洋梨原产于欧洲，性喜冷凉干燥气候，抗寒力较弱，易生病，栽培面积不大。品种有贵妃、康德、身不知、伏梨等。

5. 新疆梨

新疆梨分布于新疆、甘肃、青海，耐寒，抗旱力特强。果实需后熟才可食用。品种有库尔勒香梨等。平均果重 80～100 g，果实倒卵圆形或者纺锤形，果皮黄绿色，阳面有暗红色晕，果面光滑、皮薄，果肉白色、质脆、汁多、味浓甜、香气浓郁。

任务实施

任务一　梨树栽培管理

一、育苗

梨树生产上常用嫁接育苗，先播种砧木种子，培育砧木实生苗，然后嫁接品种。

1. 砧木（杜梨、棠梨）

秋季选取饱满的杜梨、棠梨果实平摊于背阴处，高度不超过 8 cm，使其果肉自然变软，其间需经常翻搅，待果肉发软后，放在水中搓洗，将种子捞出，放在室内阴干，去除瘪种子、坏种子以及杂质，使种子纯、净、新，籽粒饱满。

梨树的生产技术
——育苗栽植

(1)春播(2 月下旬)　杜梨、棠梨的种子秋季采收后需要 60～80 d 的后熟才能发芽,春播需层积处理。

(2)秋播　种子可不层积,直接进行播种。每亩约需种子 1 kg。播种分床播和直播,播种深度为 2～3 cm,当幼苗具有 2～3 片真叶时进行移栽,当砧木生长到直径 0.6～0.8 cm 时即可嫁接。

2. 嫁接

春季 2—3 月采用枝接,如切接、劈接、腹接。秋接 8—9 月采用芽接,如 T 形芽接、嵌芽接。

二、建园

一般采用高垄栽培建园。垄高 50 cm,垄沟宽 0.5～1.0 m,垄沟深 30 cm,垄面宽 4 m。宽行密株:(4.5～5.5)m×(1.2～1.3)m。授粉树与主栽品种的比例为 1∶(1～3)。长江流域梨树一般在秋季 11 月份栽植。

梨园的土肥水管理

三、土肥水管理

(1)促　在 3 月份至 4 月中旬,对梨树进行肥水管理,使梨树在早春快速萌芽抽梢,形成有效光合叶面积,从而使叶片、枝梢生长快,果实生长好。

(2)控　开花 1 个月后,枝都长出来了,若不控则形成许多长枝,叶薄、小。因此控也是"促"。

(3)再促　梅雨过后的 7 月中下旬,进行叶面施肥,提高抗旱能力,全力为果实增长创造条件。地面栽培生草,刈割生草覆盖于树盘,草根是一个"小水库",干旱时期可以为梨树叶片光合作用和果实生长提供水分。

(4)壮　8 月份壮花芽、保护叶片,防止叶片不正常脱落,控制秋季二次开花。

(5)改　改土,重施基肥。必须强调秋施基肥(每生产 1 kg 果实需施 1 kg 优质农家肥)和早春追施化学肥料。

梨树花果管理

四、花果管理

各种管理措施的最终目的是开花结果,但开花不一定结果,结果也不一定结好果。"满树花半树果""满树果无好果""大小年结果"等情况的发生,主要是花果管理不周到所致。花果管理是梨树栽培中画龙点睛的一笔。

(1)辅助授粉　方法有:借助昆虫特别是蜜蜂传粉;人工点粉;喷粉;喷液授粉;上一年秋季高接花枝;当年春季从另一个品种上截取少量初花期花枝挂在梨树骨干枝上。

(2)疏花疏果　疏蕾比疏花好,疏花比疏果好,越早越节约养分。疏花宜在盛花期至盛花末期进行;疏果宜在落花后 1 周开始,2 周内完成为好。一个花芽留一个果实(彩图 3)。

(3)合理用药　变换用药种类,减轻"药锈""果锈",提高果面光洁度。幼果期不用波尔多液,建议用多菌灵、甲基硫菌灵、苯甲嘧菌酯预防病虫害。

(4)套袋　通过套袋可提高果实品质,防治果实病虫害,降低果实农药残留量,提高果实耐贮性,提高果实商品价值,增加经济效益。

不同的品种根据成熟果实表皮颜色而选择不同的套袋纸。翠冠梨果表固有颜色是绿白相间，选择外黄内黑的双层套袋纸，可以使整个果面成为金黄色。翠玉选用外黄内白的双层套袋纸，可以使果实保持该品种固有的颜色。黄金梨选用外黄内黑双层袋，可以使果皮颜色更加金黄。

五、整形修剪

梨树整形修剪

（一）与整形修剪有关的特点

（1）梨树极性强，开张角度小，干性明显，常会出现上强下弱的现象。因此，整形修剪时应注意进行摘心，拉枝开角（拉枝在 7 月上中旬好），基层多留主枝，抑上促下（彩图 4）。

（2）梨树萌芽力强，成枝力弱。应多截少疏，增加枝量，增强骨架牢固性，提高负载能力，有利于提高单产。

（3）梨树以短果枝和短果枝群结果为主。短果枝结果后，果台再抽生副梢形成花芽，几年之后形成短果枝群（彩图 5）。既要多培养短果枝和短果枝群，又要有计划地培养较多中型及大型结果枝组。短果枝长度在 5 cm 以下；中果枝长度为 5～15 cm；长果枝长度为 15 cm 以上。

（4）梨树容易形成花芽。一年生枝经过缓放，翌年就能形成结果枝，且着果率高，因此要注意适当的叶果比。负载过量会出现大小年结果现象或早衰。

（二）梨树主要树形

1. 疏散分层形

疏散分层形为乔砧稀植梨园代表树形，结构牢固，在盛果期单株产量高，但是进入结果期迟。亩栽 33 株（株行距 4 m×5 m），树高 3.5 m 左右。具有中心干，主干高度为 50～60 cm，全树主枝 6 个，在中心干上疏散排列。

第一层主枝 3 个，邻近分布于 40 cm 内，各主枝的水平夹角为 120°左右，主枝开张角度为 50°～60°；第二层选留 2 个主枝，层内距 20 cm 左右，分布方位与下层主枝不重叠，与第一层间距 80～100 cm，开张角度 45°～50°；第三层主枝留一个，与第二层间距 40 cm 左右。

第一层主枝上应培养三个副主枝：第一副主枝距主干 50 cm；第二副主枝距第一副主枝 40 cm，且对生；第三副主枝在第一副主枝的同侧，距第二副主枝 50 cm。

结果枝和结果枝组配备在骨干枝上。

疏散分层形果实在主枝上的分布计划是：第一层三大主枝要承担全树 70%的产量，第二层的二大主枝要承担全树 20%的产量，第三层的主枝只承担 10%的产量即可（彩图 6）。

2. 主干形

主干形是现代梨树产业发展最常用的一种树形。株行距是（4.5～5.0）m×（1.2～1.3）m。树高 3.0～3.5 m，干高 60～70 cm，中心干上直接着生 15～25 个中小型结果枝组，枝组基部粗度不超过着生部位中心干直径的 1/3，枝组分枝角度 70°～80°，行间方向的枝展不超过行距的 1/3。这种树形第二年即可试花结果，第三年亩产超过 500 kg，第四年进入丰产期（彩图 7、8、9）。

3. 双臂顺行式棚架

双臂顺行式棚架栽培是湖北省农业科学院果树茶叶研究所研发的梨树栽培新模式（图 3-2-1、图 3-2-2）。该模式树形结构简单，两个主枝反向顺行延伸，其上着生的结果枝不会交叉，光照条件好，具有防风作用，便于人工标准化管理和机械化作业，生产的果实品质好。该栽培方式枝条在棚面上水平分布，架下空间大，果实伸手即可摘，故称“伸手梨”。也便于开展赏花、采果、品果等观光旅游活动。

盛果时期，亩产 3 500～4 500 kg，单果重≥350 g 的比例到达 90%以上。

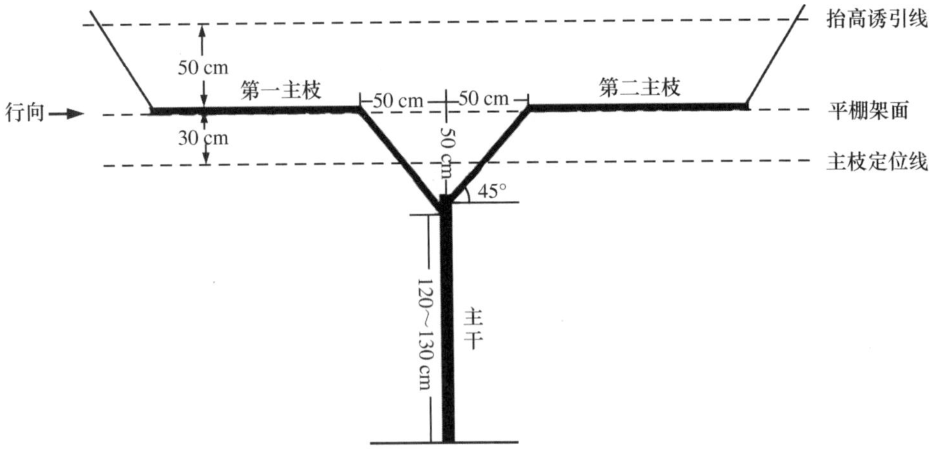

图 3-2-1　双臂顺行式树形

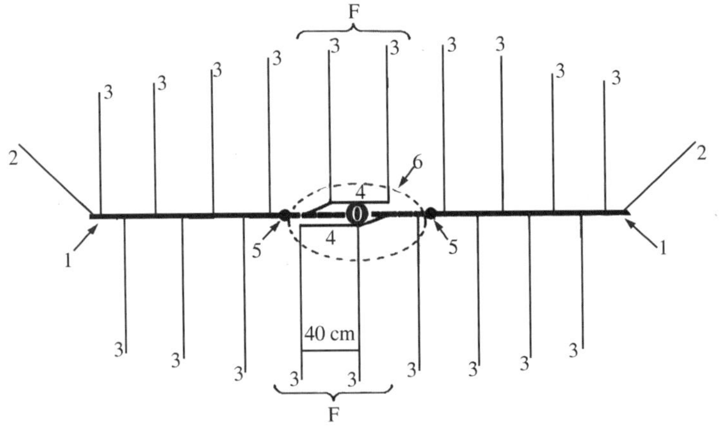

0-主干；1-主枝；2-主枝延长；3-结果枝；4-双臂；5-主枝定位；6-棚架平面；7-结果枝粗

图 3-2-2　双臂顺行式梨树结果枝组(俯视)

六、常见病虫害防治

梨树常见病虫害防治方法见表 3-2-2。

表 3-2-2　常见病虫害防治

病虫害	防治方法
黑星病	疏花疏果结合剪除病梢能预防发病，落花后 7～10 d 用 40%福星 8 000 倍液进行防治；如发现梨树患病，用 80%代森锰锌 800 倍液喷洒
梨锈病	又称赤星病，为害梨树叶片、新梢及果实。病叶开始呈现黄色小斑，逐渐扩大为椭圆形，染病后期，叶片病斑变黑枯死。梨树展叶至幼果期，每 10 d 左右喷一次 40%福星 8 000 倍液，2～3 次即可恢复健康

续表 3-2-2

病虫害	防治方法
梨木虱	成虫、若虫均能为害梨树叶片、嫩梢，并诱发梨树煤烟病，导致落叶、落果。以虫螨克 1 250～1 500 倍液、康复多 3 000 倍液对梨树枝叶进行喷洒。也可以采取人工捕虫
梨小食心虫	卵果率达 1%时喷 15%桃小灵 2 000 倍液或阿维菌素 4 000 倍液混甲基硫菌灵 1 000 倍液。蛀果达 1%时喷 15%桃小灵或 10%吡虫啉 2 000 倍液混 50%多菌灵 1 000 倍液，遇雨补喷。多雨年份增喷 1～2 次石灰倍量式波尔多液

任务二　梨果实采收保鲜技术

梨果实的采收，是梨树栽培管理的最后一个环节。梨果实采收的好坏，直接决定梨园经济效益的高低。如若采收不当，不仅降低果品质量，而且降低果实耐贮存性。在梨树的管理过程中必须重视采收工作。采后的果品不能直接销售的，要及时将其进行贮藏。

目前常用的贮藏方法有两种，一种是冷库贮藏，另一种是气调库贮藏。在贮藏过程中，要严格控制贮藏期间的病害。

一、果实的采收

砂梨果实皮薄、水分多，不耐贮藏，所以不能用编织袋、麻袋等软材料来盛梨果，否则将造成梨果的外皮损伤，形成次果，降低果实的耐贮存性。在短期贮存梨果的地方，要搭建凉棚，避免光照直射造成的发热烂果。

（一）确定果实采收的依据

采收期的早晚直接影响果实的产量、品质、耐贮存性。采收早了，产量下降、品质差，梨果实达不到应有的风味，降低了果实的商品价值。采收晚了，果实的硬度降低，果实不耐贮存，而且影响树体养分的贮存和翌年梨树的产量。

1. 梨果的成熟度

（1）可以采收的成熟度　梨果的大小已经定型，但梨果应有的风味、香气未充分表现出来，肉质较硬，适宜用于加工和贮存的果实在此期采收。

（2）用作食用的成熟度　梨果表现出此品种应有的品质、香味、风味，并达到该品种营养指标。此期采收的梨果可以在当地销售，并可以制作果汁、果酱、果酒。

2. 确定梨果成熟的依据

（1）果皮的色泽　梨果成熟时，都显示出该品种固有的色泽。随着果实成熟度的提高，果皮上的叶绿素逐渐分解，底色逐渐呈现出来。果皮底色由绿色开始变为浅绿色或黄绿色，里面略带蜡质，出现光泽时，表明果实即将成熟，可以采收。如翠冠梨，成熟时具有淡黄色的果皮（套袋果）；翠玉梨成熟时果皮淡绿色；圆黄梨成熟时果皮淡黄褐色。

（2）果肉的硬度　梨果的成熟过程中，原来的不溶性果胶变成可以溶解的果胶，梨果也由硬变软。

（3）果实的含糖量　一般根据梨果中的可溶性固形物含量来确定，6 月底至 7 月份成熟的早熟品种要求达到 9%，8 月份成熟的中熟品种要求达到 11%以上，9 月份成熟的晚熟品种要求达到12%。

(4)果实的生长天数　在同一环境条件下，不同的品种从盛花到果实成熟，都有不同的生长发育的天数。如翠冠梨的果实生长发育天数为110 d左右，圆黄梨的果实生长发育天数为125 d左右。

(5)果实的种子色泽　已经成熟的梨果，其内部的种子的颜色变成褐色，若种子的色泽较淡，则该品种还未达到应有的成熟度。

(6)果柄脱落难易程度　果柄基部离层形成，果实容易采收，表明果实已经成熟。

(二)梨果采收的方法

1. 采收的要求

一是采前要喷药。在采收前要喷一次高效低毒的杀菌剂，如多菌灵、甲基硫菌灵等，以铲除梨果表面病原菌，减轻贮存期间的病害。二是要求无伤采收。在采收过程中要轻拿轻放，避免机械损伤，如指甲划伤、磕碰伤、擦伤、积压伤等。梨果的果柄要完整，既不能损伤果柄，又不能损伤果台及果台枝，否则会影响当年商品果率及翌年的产量。盛装梨果实的容器要求用硬的材料，如塑料周转箱或竹筐，箱或筐的里面要用软的发泡塑料膜或麻布片做内衬，以避免在采收过程中碰伤梨果。

2. 采收方法

一般人工采收，采收时要求左手紧握果台枝，右手握紧梨果的果柄，向一侧将梨果轻轻掰下。要求果柄完整，因为果柄不完整的话，将影响梨果的耐贮存性。一般应按自下而上、先外后内的顺序采摘，以避免碰伤其他果实，减少人为造成的经济损失。在采运的过程中要避免挤、压、抛、碰、撞。

二、采后处理

1. 预冷

将果实放入专用房间，温度控制在5～10 ℃，经过24 h预冷，释放果实呼吸热，将果实中心温度降到10 ℃以下。

2. 分级贮藏

将通过预冷的果实按照大小分级，装箱，然后放入冷库贮藏，冷库温度设定为0.5～1.0 ℃。用于贮存的梨果中不能混入病虫果。

3. 包装

果实包装要与分级同时进行。包装分内包装和外包装。内包装采用白纸，每个梨果都要套塑料网套，在箱内的底部要加衬板。外包装采用5层瓦楞纸箱，每箱有5、10、15 kg多种重量规格；或精制木盒包装，每盒6、8或12个果实。

生产链接

湖北省枝江市百里洲砂梨产业发展案例

枝江市百里洲镇位于长江中游，四面环水，是万里长江第一大江心洲，因具有适宜砂梨生长的温润气候、沙壤土质、土壤肥沃、水源充沛等独特的地理气候条件，砂梨果实个大、肉脆、汁多、味甜,“色若金,大若拳,脆若菱,甜若蜜”,先后获评“国家地理标志商品”“2019 年度中国果业最受欢迎的梨区域公共品牌 10 强”等荣誉称号。现有 10 万亩砂梨高标准优质生产基地,有 100 个连片 500 亩以上的精品优质砂梨种植示范基地,形成双红、禾润、龙广、曹家河等高标准示范梨园合作社。

2020 年,枝江市百里洲双红砂梨专业合作社作为主体,与湖北省农科院果茶所、湖北三峡职业技术学院、枝江市农业技术推广中心、枝江市百里洲农业服务中心联合组成创新团队,共建枝江砂梨种植乡村振兴科技创新示范基地。引进鄂梨 2 号、苏翠 1 号、翠冠、翠玉、圆黄、黄金、洲梨 1 号等新品种 7 个,建成 1 000 亩砂梨连片示范园。

采用的关键技术有:

(1)高标准建园、梨园生草、水肥一体化、病虫害绿色防控、脱萼、疏果、套袋新技术。

(2)推广双臂棚架及圆柱形、主干形树形。

(3)推广绿色病虫害防控技术,化学农药减量 30%。

(4)推广化肥减量增效技术,化肥减量 20%。

示范园第二年试花结果,第三年亩产 500 kg,第四年亩产 1 500 kg,第五年亩产超过 2 500 kg,优质果率达到 90%以上,亩产值达到 2 万元。

基地与梨农签订保底价收购合同。着力培植“越天然”电商销售平台,利用“互联网+”模式使砂梨均价提高 1.5～3 元/kg,基地推动梨种植与观光旅游、休闲采摘、梨树认养、特色餐饮、田园民居等三产业融合,让果农共享产业链整合发展的增值效益,培育果农增收新模式。为了强化品牌保护,百里洲所有上市砂梨必须经过检验登记后,才能使用统一的二维码和包装外销,低次劣果一律不发放“身份证”。消费者只需扫描二维码,砂梨从“田间”到“舌尖”的过程一目了然。未经许可的电商,不得开展线上销售业务。

百里洲砂梨以前论斤卖,现在论个卖。分级品控是关键,精品特级砂梨采自梨树的中部,单果重可达 400 g 左右。

春有梨花压海棠,夏有砂梨走四方。每年春季的梨花观赏节给百里洲镇带来近 10 万游客(彩图 10)。

能力转化

1. 实地调查,了解当地梨主栽品种及主要栽培方式,分析生产效果。

2. 参与具体生产过程,并根据操作体验,总结经验、提出技术创新。

项目三　桃

任务目标

知识目标：

了解桃树生产概况和经济意义，了解桃树生长发育过程。

能力目标：

能够准确识别桃主栽品种，能够因地制宜选择品种，进行桃园规划、建园、土壤管理和树体管理。能够发现、分析桃树生产中存在的问题，并提出解决问题的办法。

素质目标：

培养学生爱岗敬业精神，培养能吃苦、肯奋斗、具有“三农”情怀的果树专业技术人才。

桃的生产概况

知识准备

一、概述

桃素有“仙桃”“寿桃”的美称，长期以来，桃一直是广大人民群众喜爱的果品之一。

1. 栽培历史

桃原产于我国西部高原地带，有 4 000 多年的栽培史。在《诗经》《尔雅》《史记》等古书中都有记载，《齐民要术》中对桃树栽培有详细叙述：“桃性早实，三岁便结子，故不求栽也”。

2. 经济意义

(1)桃果实营养丰富、汁多味美，芳香宜人，而且外观艳丽，鲜食、加工均可，加工品有罐头、桃汁、桃酱等。

(2)医疗效能高，其根、叶、花、果、仁可以入药，具有止咳、活血、通便、杀虫之效。

(3)美化环境，桃树、桃花、桃果的观赏价值高，是观光果园的首选树种。

二、生物学特性与栽培环境

(一)桃树的特点

(1)结果早、成熟早、丰产早，早期收益快，但易早衰。主要原因是：①潜伏芽寿命短；②流胶衰退；③根系分泌有毒物质，$C_{20}H_{27}NO_{11}$（扁桃苷）$+2H_2O \longrightarrow C_6H_5CHO$（苯甲醛）$+2C_6H_{12}O_6+HCN$（氢氰酸）。

(2)喜光，怕湿。根的需氧量高，耐涝性差，积水 1～2 d 即可引起落叶，2～4 d 可以引起植株死亡。

(3)对化学物质(农药、化肥、激素)敏感,使用时应采用低浓度。

(4)忌地现象明显,桃树衰老砍伐后再建桃园,会影响新植桃树生长势,降低产量,因此不能连作。

(二)桃树生物学特性

(1)干性弱、树冠开张、中心干自然消失,一般为自然开心形,芽具有早熟性,一年中可以多次抽枝,萌芽率、成枝率均强。

(2)根浅(地下 20~50 cm),大部分为水平状分布,根系怕水,短期积水就会引起树体死亡。

(3)早熟品种果实成熟、种子未熟;果实生长曲线呈双 S 形。

(4)以长果枝(30~60 cm)和中果枝(15~30 cm)结果为主。长果枝无二次枝,侧芽为复芽,处于中间的花芽最为饱满。中果枝以单花芽为主,为多数品种的主要结果枝,修剪时只能疏,不能短截。

(5)隐芽寿命短(不超过 3 年),顶芽均为叶芽;侧芽有单芽和复芽之分,单芽有叶芽和花芽之分,复芽有双复芽和三复芽之分,三复芽中间为叶芽,两旁为花芽。

(6)少数品种雄蕊败育,如白凤、砂子早生、肥城桃,需要配置授粉品种。

(7)花芽分化为夏秋分化型,6—8 月是集中分化期。花芽为纯花芽。

(三)对环境条件的要求

桃原产于我国西北地区,在长期系统发育中形成了喜光、耐旱、耐寒力强的特性。其中温度是影响桃树分布的最主要因素。

(1)温度　桃树喜温耐寒,年均温 8~17 ℃的地区都可栽培。但经济栽培多在北纬 25°—45°。桃树冬季能耐 −22 ℃~ −25 ℃的低温,且需要一定的低温才能正常完成休眠,所需 7.2 ℃ 以下的低温时数依品种不同有很大差别,变幅在 100~1 250 h。需冷量 400 h 以下为短低温品种,适于长江流域和我国南方栽培。

(2)水分　桃原产于气候干燥的西北地区,枝叶要求较低的空气湿度,根系耐旱,不耐涝,土壤排水不良会影响根系生长。

(3)光照　桃树是最喜光的果树,但只是小枝喜光,骨干枝忌直射光照射,直射光过强常引起骨干枝日灼。

(4)土壤　桃喜微酸性土壤,pH 5.5~6.5 时生长良好,pH 低于 4 时易缺镁,高于 7 时易缺锌,高于 8 的强碱性土壤则不宜种植。

三、主要种类与优良品种

桃属于蔷薇科桃属植物。

(一)主要种类

1. 普通桃

又名毛桃。栽培桃都属于本种,有 4 个变种。

(1)油桃　由毛桃芽变而来,主要特征为果皮光滑无毛,果肉硬脆,果汁少、味稍酸。

(2)蟠桃　主要特征为果实扁平形,果肉柔软多汁。

(3)寿星桃　树矮小,根浅,常供观赏,现也作为矮化砧及矮化桃育种材料,有红花、粉红花、白花 3 类。其中红花的植株较矮,结实率低。

(4)碧桃　供观赏。

2. 山桃、扁桃、甘肃桃、新疆桃等

这些都是野生品种，常作为砧木。

(二)优良品种

1. 黄桃品种

见表 3-3-1。

表 3-3-1　黄桃品种

品种	介绍
锦绣	老牌良种，上海市农科院林木果树研究所选育。果实圆形或椭圆形，果形整齐匀称，平均单果重 260 g，大果 400 g 以上。果皮底色金黄，大部分阳面红色，套袋后整个果面金黄色。果肉黄色、硬溶质，可溶性固形物含量 14%以上，口感浓甜，香气浓郁，风味诱人。自花结实，坐果率高，丰产稳产。观光采摘园的必备品种。果实生育期 115 d 左右，湖北宜昌地区 7 月底成熟
锦花	上海市农科院林木果树研究所选育。平均单果重 300 g，大果 400 g 以上。果实近圆形、果顶圆平，缝合线较明显。果皮底色黄，着 30%红色，套袋果金黄色。果肉黄色、汁液较多、肉质致密。可溶性固形物含量 13%～15%，酸甜可口，有香气，黏核，鲜食品质优。硬溶质，耐贮运，自花结实，丰产稳产。果实加工性状优良，既可制罐又可制汁。湖北宜昌地区 8 月中下旬成熟，果实生育期约 155 d
新世纪	果实圆形，果顶圆，平均单果重 300 g，最大果重 750 g，缝合线浅，茸毛少，果面光滑。果皮纯黄色，果肉金黄、硬脆、黏核。可溶性固形物含量 15%，香气浓郁。近核处无红色素，桃核小，适合加工罐头，也是鲜食的优良品种。湖北宜昌地区 9 月底成熟，生育期 90 d 左右
锦春	上海市农科院林木果树研究所选育。果实圆形，果顶平，两半部对称，缝合线明显。平均单果重 200 g 左右，大果 300 g 以上。果面光滑，茸毛短，底色橙黄，着浅红色纹理，套袋后均为纯黄色。可溶性固形物含量 12%～14%，肉质细腻，脆甜，黏核，硬溶质，耐贮运。既有水蜜桃一样的水分，又有黄桃特有的蜜、香、甜口感。果实生育期 65 d 左右，5 月下旬开始成熟
金宝	极早熟，浓甜、浓香型高品质，高效益黄桃品种，5 月中旬成熟
黄金蜜 4 号	郑州果树研究所选育。果实近圆形，平均单果重 280 g 左右，大果 400 g 以上。果皮底色黄，着鲜红色纹理，套袋后里外皆呈金黄色。果肉硬溶质，风味浓甜、浓香，可溶性固形物含量 15%以上，品质极上。自花结实，极丰产，采收期长，成熟后可挂树 20 d 以上不软不落，采摘后常温放置 15 d 以上不软不烂，口感依旧硬脆香甜。湖北宜昌地区 9 月上旬开始成熟，果实生育期 160 d 左右
金冠	郑州果树研究所选育。形似苹果，圆形，果顶平、微凹、无果尖，茸毛少而短。肉质硬，耐贮运，不套袋果面红里透黄，套袋果纯黄，果顶带红晕，外观端庄秀美。平均单果重 190 g 左右，大果 300 g 以上。黏核，果肉金黄，肉质细腻，香甜，品质上等。早果性强，自花结实，极丰产。湖北宜昌地区 6 月上旬果实开始上色，果实生育期 70 d 左右，6 月 10 号左右开始成熟
黄金蜜 7 号	早熟黄桃新品种，5 月中下旬成熟。大果形，糖分高，有香味，品质优良。成熟后挂树时间长，为早熟黄肉桃的经典品种

续表 3-3-1

品种	介绍
黄金蜜 3 号	郑州果树研究所选育。果实圆形，果皮底色金黄，大部分果面着鲜红色。平均单果重 280 g，大果 400 g 以上。果肉金黄色，可溶性固形物含量 14%，风味浓甜，香气浓郁，品质极优。果肉硬溶质，耐贮运，货架期长，自花结实，极丰产。套袋后整个果面金黄色。果实生育期 100 d 左右，湖北宜昌地区 7 月中旬成熟
金星	极早熟高品质、高效益黄肉桃品种，5 月中下旬开始成熟

2. 水蜜桃品种

见表 3-3-2。

表 3-3-2　水蜜桃品种

品种	介绍
脆蜜	果皮成熟后呈乳白色，洁净美观品相极佳。平均单果重 200 g 左右，大果 300 g 以上，果个均匀。果肉乳白色，可溶性固形物含量 15%以上，风味浓甜，肉质清脆，品质上乘。硬溶质，极耐贮运，采摘后在自然条件下可存放 20 d 左右。自花结实，极丰产，适合大面积发展，远距离销售。果实生育期 150 d，湖北宜昌地区 8 月中下旬成熟
秋雪	由美国引进，属于浓甜、浓香型品种。平均单果重 300 g，大果 500 g 以上。果实圆整、果顶平，果面鲜红艳丽；果肉细腻硬脆，离核，口感香甜，含糖量 15%以上。成熟后挂树 20 d 不软，极耐贮运。自花结实，极丰产，不套袋也能生产出优质果。湖北宜昌地区 8 月下旬成熟
红雪	果实圆形，缝合线较明显，果顶略突起。大小均匀，平均单果重 300 g 左右，大果 600 g 以上。果实成熟时底色乳白，套袋果 70%以上着红色，果面茸毛稀、短，果实成熟后散发出浓郁的香味。果肉乳白色，黏核，近核处有红晕，肉质紧实硬脆，味甘甜，可溶性固形物含量 15%以上，最高达 20%。品质上等，耐贮运，货架期长。自花结实，极丰产，国庆节期间成熟上市，因口感优良而售价高。果实生育期 170 d 左右，湖北宜昌地区 9 月中旬开始成熟
鹰嘴	因果顶似鹰嘴而得名。果柄凹陷，缝合线浅，两半部对称。果皮色泽鲜亮、呈淡青色，成熟后着红色。果肉白色，近核部分带红色，含可溶性固形物 15%以上，黏核，肉质爽脆，味甜似蜜。平均单果重 150 g 左右，大果 250 g 以上，硬溶质，耐贮运，自花结实，极丰产。湖北宜昌地区 7 月上旬成熟
中桃 14 号	郑州果树研究所选育的白肉桃品种。果皮底色白净粉嫩，非常美观。平均单果重 250 g 左右，大果 400 g 以上。成熟后前期脆甜，后期糯甜，离核，含糖量 13%～16%，品质优良。自花结实，丰产稳产。留树时间及货架期长，耐长途运输。湖北宜昌地区 6 月上旬成熟，果实发育期 80 d 左右

3. 油桃品种

见表 3-3-3。

表 3-3-3　油桃品种

品种	介绍
中油 34 号	郑州果树研究所选育。果实发育期 70 d 左右，湖北宜昌地区 5 月中下旬成熟。果实较大，果形圆整，单果重 175 g，大果可达 256 g 以上。果皮底色黄，全面着鲜红色，亮泽美观。果肉黄，硬溶质，含可溶性固形物 13.0%～15.5%，浓甜、有香气，品质优。黏核，丰产

续表 3-3-3

品种	介绍
中油 18 号	郑州果树研究所选育，极早熟白肉甜油桃。湖北宜昌地区 5 月中旬成熟，果形圆正，果面全红、色泽鲜艳。单果重 170～265g，可溶性固形物含量 13.5%，口感脆甜，黏核，品质优良。成熟后留树 30 d 以上不变软，极耐储运，可大面积发展。自花结实，极丰产，南方地区栽培提早上市，效益高而稳定
中油 19 号	郑州果树研究所选育，极早熟黄肉甜油桃。肉质脆硬，成熟后留树 30 d 以上不变软，湖北宜昌地区 5 月下旬成熟。果实圆形、端正美观，果皮全红、色泽鲜艳。平均单果重 175 g，大果 250 g 以上，可溶性固形物含量 13.5%，口感脆甜，黏核，品质优良。果实硬度大，极耐贮运，可大面积发展。自花结实，极丰产，南方地区栽培提早上市，效益高而稳定

4. 蟠桃品种

长江流域梅雨季节雨水多，一些蟠桃品种容易裂果率，大大降低了商品性。表 3-3-4 中的蟠桃品种基本不裂果或裂果率极低，是为首选。

表 3-3-4　蟠桃品种

品种	介绍
金霞早油蟠桃	江苏农业科学院选育，早熟黄肉油蟠桃新品种。平均单果重 150 g，大果 250 g，果实扁平形，圆正美观，果面全面着红色，套袋果金黄。硬溶质，成熟后不易变软，果肉致密，浓甜浓香，品质优良。湖北宜昌地区 6 月上旬开始成熟，果实生育期 70d 左右
中蟠 17 号	郑州果树研究所选育。果肉橙黄色，成熟时果面 75%着红色，套袋果金黄色，外观漂亮。果实大，平均单果重 250 g，大果 400 g 以上。肉质细腻硬脆，果顶平，不撕皮，可溶性固形物含量 13%以上，风味浓甜。自花结实，丰产稳产。湖北宜昌地区 7 月下旬成熟
中蟠 102 号	郑州果树研究所选育。果形扁平，果顶凹陷，果面洁净不裂果。平均单果重 200 g 左右，果肉纯黄色，黏核，硬溶质。可溶性固形物含量 15%左右，口感浓甜，香气浓郁，品质优良。黏核，自花结实，极丰产。果实生育期 85 d，湖北宜昌地区 6 月上旬成熟
中蟠 104 号	郑州果树研究所选育，晚熟蟠桃新品种。果实扁平，多雨地区抗裂果。果皮底色黄，成熟后果皮着鲜红色，套袋果面金黄。平均单果重 200 g 左右，大果 350 g 以上。果肉硬脆，口感浓甜，香气浓郁，品质优良。湖北宜昌 7 月下旬开始成熟，果实发育期 120 d 左右
中油蟠味帝	郑州果树研究所选育。宜昌地区 7 月底成熟，为目前品质最好的油蟠桃品种

南方产区品种选择的原则：从气候条件考虑，必须能耐高温多湿，树势强，对病虫抗性强，着果率高，丰产。鲜食宜选择果形正、色泽美、果肉白或黄色、糖分高、有香气、风味优良的品种。罐藏宜选择、圆形、横径 5 cm 以上的品种。

任务实施

任务　桃树栽培管理

一、育苗

1. 砧木选择

桃的砧木主要是毛桃和山毛桃，寿星桃、李、梅、杏、樱桃也可以作为砧木。寿星桃作为桃树砧木，可以使树体矮化；李作为桃树砧木有矮化作用，但嫁接后植株生长缓慢、根系浅、果实小；梅作为砧木，则根群发达，根多而纤细，结果早，树龄短；杏与桃亲和力弱，嫁接口易分离。

2. 播种

种子以果实完全成熟时采集为宜，播种期可以分为春播和秋播。出苗后移植。到达适宜粗度嫁接。

3. 嫁接

春季桃树发芽前嫁接；秋季 8—9 月份嫁接。

二、栽植

1. 栽植株行距和密度

（1）自然开心形　强势品种（白花、连黄）行距 5.0～5.5 m，株距 4.0 m，每亩 25～30 株；中等品种（玉露、白凤）行距 4.5～5.0 m，株距 4.0 m，每亩 30～40 株；弱性品种（大久保、丰黄）行距 4.0～4.5 m，株距 3.0 m，每亩 55 株左右。

（2）Y 形桃树　行距 4.5～5.0 m，株距 2.0 m.

（3）主干形桃树　行距 4.0～4.5m，株距 1.5～2.0m.

2. 栽植时期

春季在 2 月上中旬，秋季在 10—11 月份。桃树因为忌地现象明显，不能连作，一是由于有毒物质的存在，二是连作会加重土壤线虫危害。

三、土肥水管理

1. 桃树营养生理特性

（1）桃根系发达，吸收肥水能力强，水平方向远较垂直方向强盛。

（2）桃幼树生长旺盛，即使在瘠薄地也能较好生长，如氮肥过多，引起枝梢徒长，难成花，落果严重，且易感染流胶病。

（3）枝梢生长与果实发育存在矛盾，氮肥过多或过少都不利。

（4）钾对桃果实发育特别重要。钾充足时产量高、果实大、品质优。

2. 土壤管理

桃树喜微酸性土壤，以疏松通气、排水良好、土层深厚的沙壤土为最好。桃树喜微酸性土壤，在 pH 5.5～8.0 的土壤均可生长，最适 pH 为 5.5～6.5。

3. 生草栽培

常用的有三叶草、苕子。3—4 月份播种，当草长到 30 cm 时刈割覆盖（彩图 11）。

4. 肥料管理

桃树在生长发育中要从土壤中吸收大量的养分，适时适量施肥是保证桃树优质、稳产、高产的重要措施之一。

（1）萌芽前追肥　在春季土壤解冻后、桃树萌芽前 1～2 周施入，以促进根系和新梢生长，保证开花受精良好，提高坐果率，以速效氮为主。

（2）开花后追肥　此次追肥主要是为促进新梢和果实生长，减少落果，可于花谢后 1～2 周再施一次速效氮肥。

(3)硬核期追肥　一般在 6 月上中旬，此时追肥能促进果实膨大，还能促进花芽分化，为下年结果打下基础。通常以氮、磷、钾肥配合施用。

(4)果实膨大期追肥　对于中、晚熟品种，以磷、钾肥为主，配合氮肥施用，以提高果实产量和品质。

(5)采收后追肥　在果实采收后要施一次氮、磷、钾复合肥，增强树体营养积累，提高越冬能力，以保证来年桃园持续高产。

5. 水分管理

桃树需水有三个主要时期，开花至幼果期、硬核期、膨大期，这三个时期及时补水，桃树才能健壮生长。

早熟桃与晚熟桃在管理上有着一定的差异。早熟桃硬核期施壮果肥后，果实马上就成熟了，有充足的营养和水分供应，果实生长圆润饱满、一切正常。晚熟桃则不一样，5 月份硬核期施壮果肥后，到果实成熟还有很长的一段时间。这段时间高温干旱，且果实的生长要消耗大量的营养与水分，其间还要补充 2～3 次速效水溶肥，才能满足桃果的正常生长。

四、整形修剪

(一)主要树形

1. 三大主枝自然开心形

主干高 30～50 cm，主干上培养三大主枝，开张角度 50°～60°，每一主枝上培养 2～3 个副主枝，开张角度 60°～80°，空隙部位用大型枝组补充，在主枝和副主枝上尽量多留小枝和枝组。

特点：主枝、副主枝从属分明，骨架牢固，通风透光好，产量高，采收管理方便，但是进入结果期需要 3～4 年，早期产量不高，此树形在 20 世纪 80—90 年代我国南方普遍应用(彩图 12，图 3-3-1)。

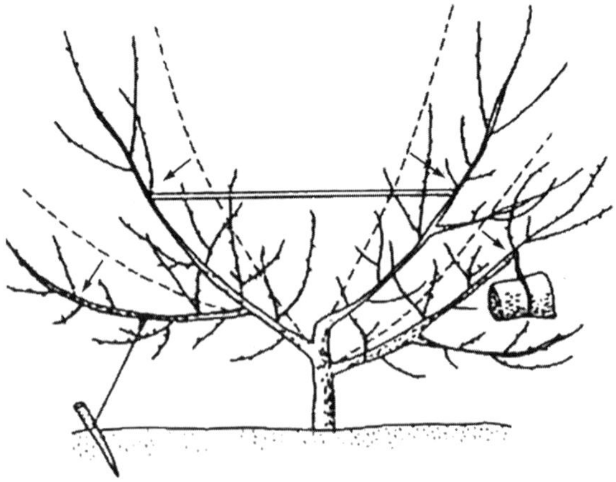

图 3-3-1　三主枝自然开心形

2. 两大主枝开心形(Y 形)

树高 2.0 m，主干高 50～60 cm，全树只配置 2 个主枝，两主枝呈 180°，伸向行间。在距地面 1 m 处培养第一侧枝，第二侧枝在距第一侧枝 50～70 cm 处培养，方向与第一侧枝相反。两主枝的基部角度是 60°左右，侧枝的开张角度为 80°，侧枝与主枝的夹角保持约 60°。在主枝和侧枝上配置结果枝组和结果枝(彩图 13,图 3-3-2)。

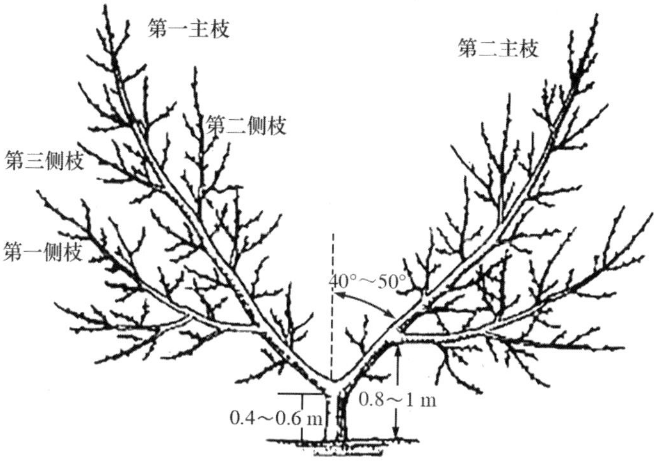

图 3-3-2　两大主枝开心形

优点:①成形容易,早结果,丰产性强;②光照条件好,果实品质高;③有利于机械化作业,提高生产效率;④树形整齐一致,便于田间统一管理。

简形高冠是一种简化两主枝树形(图 3-3-3)。

3. 主干形

主干形是近几年桃树生产中一种省工、省力、高产、高效树形,成形快,结果早,早期经济效益显著。

桃树主干形一般树高 2.5 m 左右,只有 1 个粗壮直立的中心干为永久性骨干枝,对整个树体起着支撑的作用,其上着生的分枝均为结果枝和结果枝组。树冠直径 0.8～1.0 m。株行距 1 m×(2～3)m,每亩栽植 222～333 株(彩图 14,图 3-3-4)。

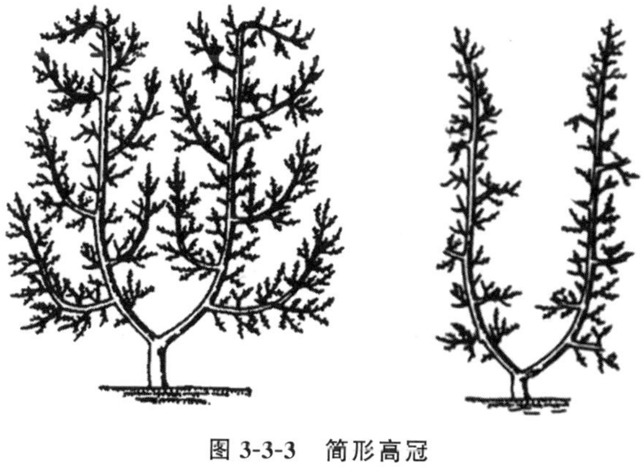

图 3-3-3　简形高冠

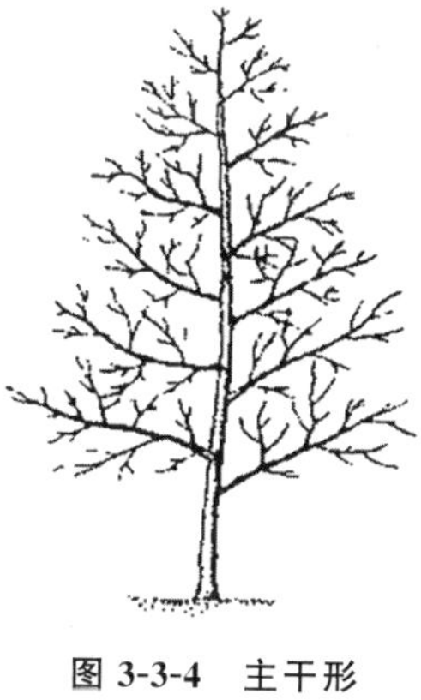

图 3-3-4　主干形

(二)修剪

1. 初结果树的修剪

定植后 3～6 年内桃树生长旺盛,有计划地培养枝组,对留作结果用的长枝,不要短截,以缓和树势,提高着果率。骨干枝延长枝可留 50～70 cm 短截。这个时期的夏季修剪很重要,目的在于辅助幼树整形,缓和树势,控制无效生长,对旺长幼树较重要。方法有抹芽除梢、摘心、扭梢、拿枝、疏枝、拉枝、短截等。

2. 盛果期的修剪

进入盛果期的桃树，树冠大小基本形成，盛果期一般可维持 8～12 年。维持健壮树势和明确的从属关系，调节主、侧枝的均衡长势；维持各类枝组的正常结果能力，及时更新，防止结果部位外移。内膛及下部光照不良部位枝条易枯死，秋季修剪对改善光照十分重要，可以防止早衰和内膛光秃。

3. 衰老树的修剪

桃树进入衰老期后，骨干枝进一步衰弱，新梢年生长量不到 20 cm，长果枝的比例显著下降，花束状果枝大量发生，多数果枝结果后，不能继续抽生新梢而枯萎死亡，树冠内出现不同程度的光秃，结果部位迅速外移，大枝组和下部侧枝相继枯萎死亡，果实变小，产量明显下降。在加强土肥水综合管理的前提下，通过回缩修剪进行更新，并对大剪口涂保护剂。

五、果实管理

1. 预防生理落果

(1)第一期落果　原因是雌蕊发育不全，这和树体营养状态关系密切。开花后 1～2 周，子房相继脱落。

(2)第二期落果　原因是花粉发育不完全和授粉不良，花期低温阴雨影响昆虫活动和花粉的发芽，从而影响授粉，在开花后 3～4 周见大量落果。

(3)第三期落果　由于胚的发育停止而落果，胚停止发育的原因主要有：氮素及水分的缺乏或过剩；光合作用弱，碳水化合物少；病虫害；土壤积水。

2. 人工授粉

桃为自花授粉果树，桃树是完全花，多数品种能自花授粉，主要靠风和昆虫授粉。对于缺乏花粉的品种，如白凤、砂子早生、肥城桃等除配置授粉树外，在开花期天气不良时，需要人工授粉。

3. 疏果

短果枝留 1 个，中果枝留 2 个，长果枝留 3～4 个果，疏去过小、畸形、过密、病虫果（彩图 15）。

4. 套袋

主要是为了减少炭疽病、褐腐病、象鼻虫、夜蛾等病虫害，保持果面整洁。

5. 采收

(1)采收时期　应根据果实的品种特性、用途、销售远近、运输工具和贮藏条件等综合因素来确定。一般就地鲜销宜八九成熟时采收，异地运输可于七八成熟时采收。硬桃、不溶质桃可适当晚采，而溶质桃，尤其是软溶质桃（如水蜜桃）必须适当早采，以免运输过程造成损耗。加工桃应在八九成熟时采收，加工的成品风味好。

(2)采收方法　一般品种应全掌握桃，均匀用力，稍稍扭转，顺果枝侧上方摘下。对果柄短、果梗深、果肩高的品种，摘取时不能扭转，而要顺枝向下拔取。采收顺序应从树顶由上而下、由外向里采摘。采摘时动作要轻，对果实轻拿轻放。所用的筐要浅，并用软质材料衬垫。尽量避免刺伤、捏伤、挤伤果实。采下的果实应迅速就地分级包装或运往分级包装场。防止受日光曝晒。

六、果实贮藏

贮藏是在维持果实生理活性的前提下，最大限度地抑制其生理活性物质的消耗，使果实在较长时间内，保持较好的食用品质和营养价值。

桃贮藏保鲜一般的工艺流程为：采前处理→采收→包装（隔板瓦楞纸箱、泡沫网、保鲜袋、保鲜纸等）→预冷（可以除去果实的田间热，迅速降低果温，抑制果实的生理活动）→贮藏（低温、高湿、气调、防腐保鲜剂等）→出库→销售。

1. 低温冷冻法

低温可以抑制果实呼吸作用以及内源激素乙烯的产生，有利于果实的贮藏。桃果贮藏的适宜温度为 0.5～1.0 ℃，相对湿度 90%～95%，在此条件下，可贮藏 30～40 d。

2. 气调贮藏法

在密闭的环境中，降低空气中氧的含量，提高二氧化碳含量，阻止果实的有氧呼吸，减少果实内营养物质的消耗，从而延长果实贮藏期。一般在氧气含量 1%、二氧化碳 5%的环境中，桃果可以贮藏 2 个月。

3. 热水和冰水处理

桃果实采摘后的热处理是一种新的贮藏技术，具有推迟果实软化、抑制果实成熟、控制果实生理病害、防止果实腐烂等优点，具体方法是用 35～40 ℃热空气处理 1～2 d。用 0 ℃的冰水短时（3 min 左右）处理桃果，也有助于延长其贮藏寿命。

七、病虫害防治

桃树主要病虫害的防治方法见表 3-3-5、表 3-3-6。

表 3-3-5　桃树主要虫害防治

虫害	防治要点
桃蚜	桃树芽萌动初期用 10%吡虫啉乳油或 8%啶虫脒乳油 1 500 倍液防治
梨小食心虫	梨小食心虫具有转移寄主为害的特性，成虫具趋光性、色觉效应和趋化性，在桃园中挂设黑光灯、黄色粘虫板、诱捕器（诱芯为性信息素）或糖醋液加少量敌百虫，可诱杀成虫。化学防治：可用高效氯氰菊酯乳油 2 000 倍液防治
桃小食心虫	同梨小食心虫防治法

表 3-3-6　主要病害及防治

病害	防治要点
细菌性穿孔病	主要为害叶片，也侵染果实和枝梢，气温 19～28 ℃，相对湿度 70%～90%利于发病。一般于 5 月出现，6—7 月发病严重。以农业防治和化学防治为主，加强桃园管理，增强树势；清除越冬菌源，结合冬季修剪剪除病枝，清除落叶，集中烧毁。结合化学药剂进行防治，可用农用链霉素
缩叶病	主要为害叶片，也可为害嫩枝和幼果。一年只发生一次。皱缩严重的病叶全部摘除，带出园外焚烧；皱缩不严重的病叶和好叶进行喷药防扩展。休眠季节喷布 3～5 波美度石硫合剂，铲除越冬病原菌；春季桃芽开始膨大，花瓣露红未展开时，喷洒 0.3～0.5 波美度石硫合剂或 1∶1∶100 波尔多液，或者 70%甲基硫菌灵可湿性粉剂 1 000 倍液，或 50%多菌灵胶悬剂 1 000 倍液
炭疽病	发芽前喷洒 5 波美度石硫合剂，消灭越冬病菌。生长季节可用 50%多菌灵可湿性粉剂 1 000 倍液或 70%甲基硫菌灵 800～1 000 倍液防治

续表 3-3-6

病害	防治要点
黑星病	又称疮痂病。发病多在果实肩部，先产生暗褐色圆形小点，以后扩大为直径 2～3 mm 的圆形病斑，病斑表面长有黑色霉状物，病斑一般不凹陷，多时聚合成片。病菌为害果皮，使其停止生长发育，但果肉仍然生长膨大，因此后期可出现裂口，一般不引起烂果。幼果生长期喷洒 70%甲基硫菌灵可湿性粉剂 1 000 倍液
褐腐病	又称灰腐病、灰霉病、果腐病。主要为害果实，从幼果期到成熟期均能发病，以接近成熟期的果实受害最重，可造成大量烂果、落果，在果园中相互传染受害，贮运中也能继续传染发病，造成较大的损失。在长江流域，5 月中旬以后为害果实。在桃树发芽前喷 5 波美度石硫合剂，落花后 10 d 左右喷 70%甲基硫菌灵 800～1 000 倍液
根腐病	定植过深、根系透气不良桃树刚坐果时，表现为叶黄、叶缘干枯变褐，5—6 月份全树或部分主枝的叶片突然萎蔫、脱落。挖土晾根 3～5 d，然后用多菌灵 300 倍液灌根。再用草木灰 10 kg 埋土

生产链接

枣阳皇桃

枣阳市为湖北省襄阳市代管的县级市，地处南北过渡带，气候适宜，物产丰富，以桃为主导产业。枣阳作为全国桃四大主产区之一，规模稳居湖北省及长江中下游流域的重点产桃县(市)榜首。近年来，全市优质桃种植面积近 30 万亩，年产量 40 万 t。

枣阳桃历来以“早”著称，以早熟、特早熟水蜜桃品种为主，每到 6 月集中上市，果农一度为抢占先机提前采摘，导致糖度低、口感差，价格低、售卖难。近年来，在华中农业大学和湖北省农科院的支持下，压缩早熟品种、适当发展中熟品种，扩大早熟优质红肉桃、枣油桃、鲜食黄桃等新优特品种，调整品种结构，引导果农错时采收、错峰销售。除传统水蜜桃外，油桃、黄桃总种植面积占四成以上，以连片种植为主，区域品种特色更加明显。同时主推果实套袋、重施有机肥、以草养地、水肥一体化等系列技术。目前，从 5 月中下旬开始由枣阳南向枣阳北鲜桃依次成熟，至 10 月中旬基本结束，实现了特色鲜果的均衡上市。

“枣阳皇桃”是枣阳市重点打造的区域公共品牌。鼓励合作社和家庭农场实施标准化生产，对外观包装使用“枣阳皇桃”农产品地理标志的合作社、公司、企业，且累计销售达 5 万 kg 以上的，每家给予 1 万元奖励；对经验收合格的果园，给予 10 万元奖励。桃农种优质桃、卖名牌桃积极性增强。

全市已建成 44 个产地仓储分拣中心，其中 26 个分拣中心建有仓储冷库，实现鲜桃低温预冷装运。同时，在水果主产区陆续建成田头交易市场 24 个，配套 100 t 以上果品冷库 16 个，引进自动化果品分级设备 4 套，实现随时收果分拣、即时冷藏、低温运输，大大降低鲜桃在长途运输中的损耗，确保桃果新鲜度。

2022 年 5 月，枣阳市举办第二届桃产业电商发布会，与顺丰速运达成战略协议，枣阳鲜桃 48 h 内到达万千家庭。6 月中下旬，该市鲜桃销售旺季，每天网络订单平均发货量在 4 万单以上，全年网络销售额超过 2.7 亿元。

以花为媒，以桃为介。在平林镇、仙市镇等桃主产乡镇形成 100 多千米的桃花景观长廊(彩图 16)。每年 3 月，吸引大量游客踏青赏花，带动餐饮消费 3 000 万元。

枣阳市兴达食品有限公司水果深加工项目2022年正式竣工，具备年收储、加工鲜桃4万t的能力，为鲜桃销售又多了一重保障。丰满园皇桃基地通过传感器实时采集果园现场数据，根据数据分析制订田间管理方案，精细管理，确保果品品质和优果率。同时依托物联网建立信息可视化追溯，实现溯源信息的公开和透明，搭建田间到餐桌的一站式销售模式。

能力转化

1. 实地调研，了解当地桃树产业发展现状和栽培模式，总结提高桃树果实产量和品质的综合技术措施。
2. 参与桃树生产过程和果实采摘、贮藏工作，并总结经验，提出技术创新。

项目四 葡　　萄

任务目标

知识目标：

了解葡萄生物学特性及生长发育过程，了解葡萄优质高效栽培技术。

能力目标：

了解葡萄的主要种群和品种，了解葡萄生产过程中品种选择、果园规划、建园、田间管理等技术。

素质目标：

掌握葡萄生产的基本操作技能，注重理论联系实际，在生产实践中提升专业能力。明确葡萄生产的精细化、专业化和标准化发展趋势。

葡萄的生产概况

知识准备

一、概述

葡萄（*Vitis vinifera* L.）为葡萄科葡萄属木质藤本植物，是世界最古老的果树树种之一，在世界各大洲均有分布，南、北纬 30°—50°被认为是世界葡萄栽培的优势区域。其中欧洲葡萄种植面积占世界总面积的一半以上，主要以酿酒葡萄为主。进入 21 世纪以来，我国的葡萄产量呈现强劲上升态势，截至 2019 年底，我国葡萄种植面积达 78 万 hm^2，产量 1 419.54 万 t，已成为全球最大的鲜食葡萄生产国。我国鲜食葡萄占国内葡萄消费总量的 85%以上，其次是制干和加工。葡萄产业已成为很多地方农业生产的支柱产业，在乡村振兴、精准扶贫工作中发挥着重要作用。

到目前为止，全国除香港、澳门外，都有葡萄的商品化种植，葡萄已经成为我国栽培分布最为广泛的果树之一。经过几十年发展，我国葡萄生产基本形成西北干旱产区（新疆）、黄土高原干旱半干旱产区（陕西、甘肃、宁夏、内蒙古西部等）、环渤海湾产区（山东、辽宁、河北等）、黄河中下游产区、以长江三角洲为核心的南方产区、西南产区（云南、贵州、广西、四川等）及以吉林长白山为核心的山葡萄产区等相对集中的七个栽培区域。其中，新疆是国内葡萄产量最大的产区，而河北与山东是中东部省份中的主要产区，南方产区葡萄规模处于持续增长阶段，葡萄产量占全国的比重超过 20%。

湖北地处我国中部地区，是我国南北气候的过渡地带，为典型的亚热带季风性湿润气候，其光能充足，热量丰富，无霜期长，降水充沛，雨热同季。年平均实际日照时数为 1 800～2 150 h，平均气温 15～17 ℃，年有效积温 4 700～5 400 ℃，无霜期 230～300 d，生长量大、生长期长，有利于葡萄枝条充分老熟。春季回暖快，葡萄成熟期比北方产区早；秋季温度下降迅速，最冷月平均气温 2～4 ℃，较南方产区低温量充足。随着设施果树栽培的发展，湖北省内葡萄种植面积和产量逐年增加。到 2019 年，湖北省葡萄种植面积达 1.57 万 hm^2，产量 29.81 万 t，平均亩产量达 1 266 kg，产值约 25 亿元。2020 年，新增面积约 0.05 万 hm^2，总面积约 1.62 万 hm^2，产量约 30.0 万 t，保持稳定。主要成熟上市期在 6—8 月，已成为我国早中熟鲜食葡萄主要产区之一。

湖北省葡萄产业发展已从传统的露地栽培模式发展到设施栽培、有机栽培、休闲观光高效栽培等多种模式。随着避雨栽培、根域限制、产期调控等关键技术的突破，省力化树形、花果管理技术、肥水一体化应用以及病虫害综合防控技术的配套研发，建立了适合不同生态区的葡萄栽培技术体系，改变了葡萄生产的时间和空间格局，使葡萄鲜果供应期延长至 10 个月。

随着消费市场对高端产品的需求快速增加，湖北省葡萄品种结构进一步优化，由过去单一的巨峰、藤稔发展为巨峰、藤稔、夏黑、阳光玫瑰、醉金香、浪漫红颜等多品种并存，品种多样性更加丰富。

二、生物学特性与栽培环境

（一）生物学特性

1. 根

葡萄是深根性果树，根系肉质化，由主根和侧根组成。吸收根系多分布于地表以下 15～40 cm。水平根的分布随着架势不同而发生变化，往往与枝蔓的分布走向一致。

葡萄根系的年生长期比较长，春季气温上升，当土温在 8～10 ℃时开始活动，如常年保持在 13 ℃以上、水分适宜的条件下，可终年生长无休眠。当土温低于 10 ℃或者超过 28 ℃时根系停止生长，最适生长土温为 21～24 ℃。一般情况下，每年春夏季和秋季各有一次发根高峰，以春、夏季发根量最多。

2. 茎

葡萄是蔓生茎，具有细长、坚韧、组织疏松、质地轻软、生长迅速的特点，着生有卷须供攀缘，通常称为“枝蔓”或者“蔓”。葡萄的枝蔓由主干（也有无主干）、主蔓、侧蔓、结果母蔓和新梢组成。

主干是指由地面到主蔓分枝部位的部分（单一的树干称为主干）。主蔓是主干上的分枝。如植株从地面上发出的枝蔓多于一个，习惯上均称为主蔓。侧蔓是主蔓上的分枝（多年生）。结果母蔓是由上一年成熟的枝蔓，经过冬季修剪而成的。由主干、主蔓、侧蔓、结果母蔓构成葡萄树冠骨架，称为骨干蔓。着生于侧蔓上的结果母枝与预备枝构成结果枝组，结果母枝和预备枝都是先年成熟的新梢，这些枝蔓上的芽眼在当年所抽生的新梢（带有叶片的当年生枝），带有花穗的称为结果枝，不带花穗的称为发育枝（生长枝）。

新梢叶腋中的夏芽或冬芽萌发的新梢，分别称为夏芽副梢或冬芽副梢。依其抽生的先后，分 1 次、2 次、3 次副梢等。副梢上也可能发生花序，开花结果，这种现象可称多次结果。

凡生长势强、枝梢粗壮、节间长、芽眼小、节位表现出组织疏松现象的当年生枝蔓称为徒长蔓。靠近地表的主干或主蔓上的隐芽萌发成的新梢称为萌蘖枝。一般情况下，对这类新梢应及早除去，必要时可用来培养新的枝蔓，补充空缺或更新老蔓。

新梢的组织内有很大的髓部，导管组织特别发达，髓部具有贮藏养分和水分的功能，随着枝蔓年龄的增大，髓部逐渐缩小而木质化。

葡萄新梢生长迅速，一年中能多次抽梢，一般年生长量可达 1～2 m。在江南的自然条件下，生长势旺的品种一年可生长 3～5 m。年生长期中，新梢一般具有 2 次生长高峰，如以主梢为代表，从萌芽展叶开始，至开花前，随气温、土温的升高，根系活动旺盛，新梢也随之加速生长，进入第一次生长高峰。第一次新梢生长的强弱，对当年花芽分化、产量的形成有密切关系，长势过强或过弱对开花、坐果都是不利的，随果穗的生长至果实着色，新梢生长速度减缓。新梢第二次生长高峰以副梢为代表，当浆果中种子胚珠发育结束和果实采收后才表现出来，这次生长量一般小于第一次。

3. 叶

葡萄叶片为单叶、互生，由叶柄、叶片和托叶 3 部分组成，着生于新梢节的部位。葡萄叶片有心脏形、楔形、五角形、近圆形和肾形，通常表现为 3 裂、5 裂、7 裂、多于 7 裂或全缘。叶形、叶色和茸毛的多少，随种类品种而异，是分类的依据，一般幼叶茸毛多，老叶仅叶背有茸毛。

4. 芽

葡萄新梢上的芽，实际上是新梢的茎、叶、花过渡性器官，着生于叶腋中。根据分化的时间分为冬芽和夏芽，这两类芽在外部形态和特性上具有不同的特点。

(1)冬芽　着生在结果母枝各节上的芽，体形较大，外被鳞片，鳞片上着生茸毛。一般当年不萌发，具有晚熟性，需要越冬。冬芽的外表是一个芽体，其内部包含有 1 个主芽和 3～8 个大小不等的预备芽，主芽居中，副芽排列两边，副芽一般不萌发。当主芽受损时，副芽才取代主芽，2 个或 3 个同时萌发，形成“双生枝”或“三生枝”。如果摘心或抹除副梢或给予化学处理等刺激，冬芽当年可抽生二次梢，形成果穗，再次结果。冬芽在越冬后，部分不萌发者呈休眠状态，尤其是一些枝蔓基部的小芽，随着枝蔓逐年增粗，潜伏于表皮组织之间，成为“隐芽”，或称潜伏芽。当枝蔓受伤，或内部营养物质突然增长时，潜伏芽便能萌发成为新梢。在生产上可以用于更新树冠。葡萄隐芽的寿命很长，因此葡萄恢复再生能力也很强。

(2)夏芽　着生在新梢叶腋内冬芽的旁边，是无鳞片保护的裸芽，当年分化，当年萌发生长。夏芽具早熟性，在当年夏季自然萌发成新梢，称为副梢。夏芽抽生的副梢同主梢一样，每节都能形成冬芽和夏芽，副梢上的夏芽同样能萌发成 2 次副梢，2 次副梢上又能抽生 3 次副梢，这就是葡萄枝梢能一年多次生长、多次结果的原因。

葡萄的花芽一般一年分化一次，也可以一年分化多次。冬花芽分化和发育的时间比较长，主梢开花始期也是冬芽分化始期。自然生长状态下，夏芽萌发成的副梢一般不形成花穗，如果对主梢进行摘心，则能促进夏花芽的分化。

葡萄的芽具有异质性。一般靠近结果母枝基部的芽质量差，中、上部的芽质量好。结果枝上的冬芽以基部第一个花芽质量最好，越往上质量较差。

5. 花

葡萄的花序属于复总状花序，呈圆锥形，由花序梗、花序轴、支梗、花梗和花蕾组成。从着生果枝处到穗梗节的花序分支，有的不带小花而为一卷须，有的带有小花而成为副穗。副穗的有无和大小，因品种而异。发育完全的花序一般有 200～1 500 个花蕾。

葡萄的花有三种类型：两性花(完全花)、雌能花和雄花。

(1)两性花　具有正常雌雄蕊，花粉有发芽能力，能自花授粉结实，绝大多数品种均为两性花。

(2)雌能花　除有发育正常的雌蕊外，虽然也有雄蕊，但花丝比柱头短或向外弯曲，花粉无发芽能力，表现雄性不育，必须配置授粉品种才能结实。

(3)雄花　在花朵中仅有雄蕊，而无雌蕊或雌蕊发育不完全，不能结实。此类花一般多见于野生种，如山葡萄、刺葡萄等。

葡萄的开花过程就是花冠脱离的过程。开花初，花冠基部开裂，逐个从花萼向外翻卷，通过雄蕊生长产生向上顶的压力，把花冠顶落。成熟良好的花，在日照良好、空气干燥、气温适宜时(20～25 ℃)，每朵花开放的过程仅 3 h 左右；而营养条件差的花，在低温高湿情况下，花冠脱落过程推迟，整个授粉受精过程也相应延长。

葡萄中的大部分品种经受精发育而成果实，这些果实都是有籽的；但有些品种不经受精，子房能自然膨大发育成浆果，可单性结实；另外，有的无核品种虽能受精，但由于种子败育，成为无籽葡萄；也有些葡萄品种开花时，部分花冠不脱落，花朵内部进行自花受精，以后花冠在花上干枯，闭花受精。

6. 果穗

花序在开花坐果后，成为果穗。果穗由穗梗、穗轴、副穗和果粒组成。果穗的形状可分为圆锥形、圆柱形、分支形三类，具体形态多种多样。果穗上果粒着生的密度，通常分为极紧(果粒间很挤，变形)、紧(果粒间较挤，不变形)、适中(果穗平放时，形状稍有改变)、松(果穗平放时，显著变松)、极松(果穗平放时，所有分支几乎都处于一个平面上)。鲜食品种要求果穗中等稍大，松紧适中。

葡萄的果粒由果梗(果柄)、果蒂、外果皮、果肉(中果皮)、果心(内果肉)、种子(无种子)和果刷等组成。浆果的形状、大小、色泽、香味、口感等因品种而千差万别。果粒形状可分为圆柱形、长椭圆形、扁圆形、卵形、倒卵形等。果皮色泽有白色、黄白色、绿白色、粉红色、紫红色和紫黑色等。果皮颜色主要是由果皮中的花青素和叶绿素含量的比例所决定的，也与浆果的成熟度、受光程度，以及成熟期大气的温度、湿度有关。葡萄浆果的品质主要取决于含糖量、含酸量、糖酸比、芳香物质的多少，以及果肉质地的好坏等。

(二)葡萄的年生长发育周期

栽培在温带地区的葡萄，在年生长发育周期中呈现出明显的季节性变化，概括起来可分为两大时期：休眠期和生长期。

1. 休眠期

从秋天落叶开始至翌年春季萌芽之前为休眠期。休眠可分为自然休眠和被迫休眠。

(1)自然休眠　葡萄的自然休眠受内部因素控制，即使外界环境条件适宜，植株也不能开始生长。葡萄通过自然休眠，要求一定的低温条件。不同品种所需低温的时间长短不同，欧洲葡萄一般在 10 ℃以下，经过 2～3 个月即可度过自然休眠期。自然休眠结束后，如果温度、湿度适宜，葡萄就可以萌发生长。

(2)被迫休眠　在我国北方，自然休眠结束后，气温和土温往往仍很低，这时葡萄仍不能正常生长，便进入被迫休眠期。除了由温度引起植株的整体休眠外，正在生长的某些组织器官也能处于休眠，如新梢上的冬芽因受营养和激素的调控而处在静止状态不萌发，如果除去正在生长的部分(强摘心)，就可以解除相关的控制，从而可使冬芽当年萌发，把这种由生长条件所控制的休眠称为条件休眠。

2. 生长期

从春季伤流开始到秋季落叶为止，根据葡萄生长期中不同阶段的特点，可分为树液流动期

(伤流期)、萌芽与花序生长期、开花期、浆果生长期、浆果成熟期、枝蔓老熟期。

(1)伤流期　从伤流开始，到芽萌动为止。当根系已开始吸收水分和养分，而地上部分未萌动时，枝蔓的新鲜剪口会出现伤流。葡萄伤流是由根压引起的，并和低温密切相关。当耕作层地温达 6～10 ℃时，根系开始活动，吸收水分和无机盐类，同时根部和多年生枝蔓中贮藏的有机营养也变为可供给状态。由于根系有强大的压力，加之葡萄枝蔓导管粗大，如果植株出现伤口，树液即会从伤口处排出体外，形成伤流。

(2)萌芽与花序生长期　又称为萌芽和新梢生长期。当昼夜平均温度稳定在 10 ℃以上时，欧洲葡萄开始萌芽。萌芽除受当年温度、湿度影响外，植株的生长势对其影响极大。如上一年叶遭受病虫害、结果过多、采收过晚等会导致萌芽推迟。冬季受冻也会导致萌芽推迟。新梢开始生长较慢，随着温度升高而加快，至高峰时每昼夜生长量可达 4～6 cm。

(3)开花期　从开始开花至开花终止，花期持续 1～2 周时间，是决定葡萄产量的重要时期。温度和湿度对开花影响很大，高温、干燥的气候有利于开花，能够缩短花期。相反，若遇到低温和降雨天气，会延长花期。持续低温还会影响坐果和当年产量。另外，树势衰弱、贮藏养分不足或新梢徒长等都会影响花的发育、授粉受精及坐果。一般在盛花期后 2～3 d 出现落花落蕾现象。土壤干旱或水分过多都会引起大量落花。

(4)浆果生长期　葡萄从开花坐果到浆果着色前为止。早熟品种 35～60 d，中熟品种 60～80 d，晚熟品种 80～90 d。一般需经历快速生长期、生长缓慢期和二次膨大期三个阶段，整个果实生长发育呈双 S 形曲线。

一般开花后一周，果粒约绿豆大时，由于有些花朵子房发育异常或授粉不良、缺乏养分，常出现生理落果现象。

快速生长期是果实的纵径、横径、重量和体积增长最快的时期，其间浆果绿色，肉硬、含酸量迅速增加，含糖量处于最低值。生长缓慢期又称硬核期，外观有生长停滞之感，但果实内的种胚在迅速发育和硬化，达到最大体积，浆果酸度达到最高水平。早熟品种的此期时间较短，晚熟品种的此期时间较长。二次膨大期是浆果生长发育的第二高峰期，生长速度次于第一期，浆果慢慢变软，酸度迅速下降，可溶性固形物含量迅速上升，浆果开始着色。

(5)浆果成熟期　自果粒开始变软、果皮着色至完全成熟为止，历时 20～40 d。浆果内部营养物质大量积累，含糖量(果糖和葡萄糖等)迅速增加，有机酸与单宁含量相对减少，细胞壁软化，果粒变软。有色品种的外果皮大量积累色素，呈现本品种固有色泽。白色品种与黄色品种果粒内的叶绿素分解，颜色变浅而成为黄色或黄白色。果粒外部表皮细胞分泌蜡质果粉层，种子成熟变褐色。

(6)枝蔓老熟期　又称新梢成熟和落叶期，是从采收到落叶休眠的一段时期(新梢老熟始期因品种而不同，多数品种与果实始熟期同步或稍晚)。新梢成熟的标志是枝梢木质化，皮色由绿色转变为黄色。在枝蔓老熟初期，绝大多数新梢和副梢的加长生长已基本停止，芽眼内花序原基也不再形成。此时根系生长又出现一个高峰。随着气温的降低，在叶柄基部逐渐形成离层，叶片逐渐老化。叶片从枝条基部向上部逐渐脱落。但在我国北方地区，一些品种常常因早霜而提前脱落，难以见到自然落叶。另外，也有因突然降温使离层来不及形成，而不能正常落叶。枝梢成熟情况与抗寒能力及翌年产量有密切关系。枝梢越成熟，其抗寒能力越强，反之，抗寒能力越弱。

（三）葡萄对环境条件的要求

气候因素对葡萄的生长发育起着首要作用，其次是土壤条件，不仅决定葡萄能否在一个地区成功地进行经济栽培，也决定葡萄的产量和品质风味。

1. 温度

葡萄属温带落叶果树，性喜温，对极端气温和平均气温都有一定的要求。经济栽培区的活动积温（≥10 ℃日均温的累积值）一般不能少于 2 500 ℃。生长和结果的最适宜温度为 20～25 ℃。

葡萄的生育期不同对温度的要求也不同。一般开花期适宜温度为 20～25 ℃，低于 14 ℃时将影响开花，引起受精不良，造成落果。在冬季极端气温低于－15 ℃的地区，葡萄需要埋土防寒越冬。冬季气温过低或低温持续时间过长以及防寒措施不利，会造成芽眼冻伤，影响萌发率及翌年的植株生长和产量。生产中常见的低温为害主要是早春的晚霜危害，萌芽后，气温低于 －1 ℃时，梢尖的幼叶被冻伤，0 ℃时花序受冻，并显著抑制新梢的生长；在秋季，叶片和浆果在 －5～－3 ℃时受冻。

高温也不利于葡萄的生长和结果。气温高于 40 ℃时抑制新梢的生长，叶绿素被破坏，叶片变黄，果实着色差，发生日灼，造成减产，影响翌年植株生长发育和结果。

2. 水分

土壤或空气中的水分不足或过多，对葡萄的生长发育都是不利的。地下水位直接影响土壤的湿度、根系分布和吸水功能。

3. 光照

葡萄是喜光植物，对光照非常敏感。光照不足时，新梢生长减弱、节间细长、叶片大而薄、叶色变淡、光合能力下降，导致枝条成熟不良、越冬能力差，芽眼分化不良、花芽少而质量差，果实小、成熟晚、着色差、味酸和失去芳香。

4. 土壤

在各类土壤中均能栽培，最理想的土壤是土质肥沃、疏松的沙壤土。从土壤的物理性质来看，葡萄对沙砾土、沙土、黏土均具有一定的适应性，若适当改良，都能获得较好的产量和质量。

5. 大气污染

葡萄对二氧化硫、硫化氢、氟化氢、氯气等相当敏感。初始时叶片边缘枯焦，继而叶片出现油渍状斑，最后叶片大面积干枯而脱落，同时花序萎缩，幼果僵硬。

三、主要种类与优良品种

全世界登记的葡萄品种有上万个，我国葡萄品种有千余个。按果实用途一般分为 5 类：鲜食品种，酿造品种，制罐品种，制汁品种，制干品种。按果实内有无种子可分为有核品种和无核品种。按生长期和果实成熟期可分为早熟品种（从萌芽到果实成熟为 100～130 d），中熟品种（从萌芽到果实成熟为 130～150 d）和晚熟品种（从萌芽到果实成熟大于 150 d）。按照种群分类，一般划分为四大种群：欧亚种群、北美种群、东亚种群和杂交种群。

（一）主要种类

1. 欧亚种群

该种群目前仅存一个种，即欧洲种或欧亚种（*V. vinifera* L.），起源于欧洲及亚洲。该种栽培价值最高，世界上著名的鲜食、加工、制干品种大多属于本种。该种的品种极多(5 000 多个)，其产量占世界葡萄产量的90%以上。我国栽培的龙眼、牛奶、玫瑰香、无核白等品种都属于该种。欧洲种果实品质好，风味纯正，抗寒性较差，易染真菌病害，不抗根瘤蚜，抗石灰能力较强，在抗旱、抗盐及对土壤的适应性等方面，不同品种之间有差异。适于在气候比较温暖、阳光充足和较干燥的地区栽培。

2. 北美种群

该种群包括28个种，大多分布在北美洲的东部。在栽培和育种上有利用价值的主要有三个种：

(1)美洲种　又称美洲葡萄，原产于北美东部。该种果实具有浓厚的麝香味或草莓香味，叶背密生灰白或褐色毡状茸毛。抗病性强，耐潮湿。抗寒性较强，成熟的枝条和芽眼可抗－22～－20 ℃低温，根系能抗 －7～－8 ℃的低温。该种对石灰质土壤敏感，易患失绿病。著名的制汁品种康可(Concord)为该种的代表性品种。

(2)河岸葡萄　原产于北美东部，抗寒力强，可耐－30 ℃低温，抗真菌病害和抗根瘤蚜的能力很强，在育种在主要用来培育抗根瘤蚜的砧木。生产上广泛应用的抗寒砧木贝达(Beta)即是河岸葡萄和美洲种的杂交后代，根系可抗－12 ℃左右的低温。

(3)沙地葡萄　原产于美国中部和南部，生长于干旱的峡谷、丘陵和砾石土壤上，呈分枝旺盛的小灌木。叶片光滑无毛，全缘。果实小，品质差，无食用价值。抗寒性较强，根系可抗－8～－10 ℃ 的低温，枝芽可抗－30 ℃的低温。该种抗旱性强，抗根瘤蚜、白粉病、霜霉病。该种及其杂种主要作为抗旱、抗根瘤蚜砧木，具有代表性的品种为圣乔治(St. George)。

3. 东亚种群

该种群包括39种以上，生长在中国、朝鲜、日本、俄罗斯远东地区的森林、山地、河谷及海岸旁。我国约30种，变种及类型丰富，主要用作砧木、供观赏及作为育种原始材料。其中重要的种如下：

(1)山葡萄　分布在我国的东北、华北及韩国、朝鲜、俄罗斯的远东地区，尤以长白山区最多，主要生长在林缘与河谷旁。这是葡萄属中抗寒性最强的一个种，成熟的枝条和芽眼能抗－40～－50 ℃的低温，根系可抗－14～－16 ℃低温，不抗根瘤蚜和真菌病害。山葡萄种内类型颇多，类型间性状变异较大。可作为寒冷地区的抗寒砧木，以扩大品种的栽培范围。可作为酿酒原料，由于山葡萄果实风味独特，果汁色艳，是酿酒的好原料，如吉林、黑龙江等地酿制的山葡萄酒，浓郁醇香，极富特色，畅销国内外。可作为抗寒育种的原始材料，与栽培品种杂交，如用玫瑰香×山葡萄，北京植物园培育出了北醇，吉林农业科学院果树研究所育出了公酿1号、公酿2号。这些品种均具有较好的酿造品质，还可作为抗寒砧木。

(2)蘡薁葡萄　又名董氏葡萄，产于华北、华中及华南各地，日本、朝鲜也有分布。浆果圆形，黑紫色。果汁深红紫色，含糖量14.6%，含酸量1.35%。扦插不易发根，抗寒性较强，在华北一带可露地安全越冬。可用作抗寒、抗病育种的原始材料。

东亚种群中可供酿造和利用的种还有刺葡萄(*V. davidii* Foex)、葛藟葡萄(*V. flexuosa* Thunb)、秋葡萄(*V. romanetii* Romen)和毛葡萄(*V. quinquangularis* Rehd.)等。

4. 杂交种群

该种群是葡萄种间进行杂交培育成的杂交后代。如欧洲种和美洲种的杂交后代称为欧美杂种，欧洲种和山葡萄的杂交后代称为欧山杂种。其中欧美杂种在葡萄品种中占有相当的数量，这些品种显著的特点是：浆果具有美洲种的草莓香味，具良好的抗病性、抗寒性、抗潮湿性和丰产性。这些特性使欧美杂种能在较大的地区种植。目前在我国、日本和东南亚地区，欧美杂种已成为主栽品种，主要用于鲜食和制汁，但品质普遍赶不上欧洲葡萄。我国和日本目前栽培较多的欧美杂种品种有巨峰、京亚、藤稔、康拜尔早生、玫瑰露等。

（二）主要鲜食葡萄品种简介

主要鲜食葡萄见表3-4-1。

表3-4-1　主要鲜食葡萄品种简介

品种	介绍
巨峰	大井上康于1937年用石原早生为母本、森田尼为父本杂交培育。适应性强，抗病、抗寒性能好，喜肥水。果实穗大，粒大，平均穗重400～600 g，平均果粒重12 g左右，最大可达20 g。8月下旬成熟，成熟时紫黑色，果皮厚，果粉多，果肉较软，味甜、多汁，有草莓香味，皮、肉和种子易分离，含糖量16%
藤稔	原产于日本，欧美杂交种。树势强盛，抗病力强，生长快，始果期早，丰产性高，成熟期早，果实短椭圆形或卵形，果皮紫黑色，肉质稍硬，汁多味甜，耐贮运。可溶性固形物高达20%，味甜酸，稍有香味，品质极优。平均穗重为700～800 g，最大可达1 400 g，平均果粒重20 g左右，最大可达30 g，故又称乒乓球葡萄
醉金香	欧美杂种四倍体鲜食品种，具有优质、抗病、高产、稳产等特点。嫩梢、幼叶绿色，茸毛中多。果粒较大，平均粒重为13.0 g，较大粒重为19.0 g。果实有香味
夏黑	欧美杂交种，三倍体品种，原产于日本，由巨峰×二倍体无核白杂交育成。果穗圆锥形或有歧肩，果穗大，平均穗重420 g左右，果穗大小整齐，果粒着生紧密。果粒近圆形，自然粒重3.5 g左右，经赤霉素处理后可达7.5 g，果皮紫黑色，果实容易着色且上色一致，成熟一致。果粉厚，果皮厚而脆。果肉硬脆，无肉囊，果汁紫红色，可溶性固形物含量20%，有较浓的草莓香味，无核，品质优良
玫瑰香	欧亚种，中晚熟，植株树势中庸，二次结果率高，丰产。果穗圆锥形或分支形，平均穗重为350 g，果粒椭圆形或卵圆形，平均5 g。果实紫红色，果粉厚，果皮中等厚；肉多汁，汁无色，玫瑰香味浓，可溶性固形物15%～19%，味甜酸
京早晶	早熟无核葡萄品种，植株生长势强。在4月中旬萌芽，5月下旬开花，7月下旬果实充分成熟，生长期91～111 d，有效积温为2 094～2 418.6 ℃。结果枝占芽眼总数的29.2%，每一结果枝上平均果穗数1.08个，产量中等，副梢结实力低。发根力强，抗病力为中等
红地球	欧亚种，原产于美国，果穗长圆锥形，平均穗重500 g，最大穗重可达1 000～1 200 g，最大粒重15 g。果皮中厚，暗紫红色，果肉硬、脆、甜，果粒不脱落，是鲜食葡萄中最耐贮运的品种
阳光玫瑰	别名夏音马斯卡特、耀眼玫瑰，由日本果树试验场安芸津葡萄、柿研究部以'安芸津21号'和'白南'为亲本杂交而成。果穗圆锥形，穗重600 g左右，大穗可达1 800 g左右，平均果粒重8～12 g。果粒着生紧密，椭圆形，黄绿色，果面有光泽，果粉少。果肉鲜脆多汁，有玫瑰香味，可溶性固形物20%左右，最高可达26%，成熟后挂果期长，不裂果不脱粒，抗病性强，鲜食品质极优
户太8号	欧美杂交种。早熟，植株生长势强，副梢易形成花芽，一年可多次结果。果穗整齐，果实紫黑色，果皮厚，果粉厚，成熟后果皮果肉易分离，果肉细脆，香味浓郁，可鲜食可制汁，平均粒重12～18 g，平均穗重600～800 g

续表 3-4-1

品种	介绍
克伦生	欧美杂交种，晚熟，无核。植株抗逆性极强，适应性广，在山地、平原、丘陵地均可栽培。果实味美色艳。果穗圆锥形，中等大小，而果粒整齐紧凑，穗重 800 g 左右，最大穗重 1 600 g。果粒长椭圆形，颜色透亮，果霜鲜艳，单粒重 6～8 g，可溶性固形物含量 20%～25%，果肉浅红色，肉质脆，能切片，既可鲜食又可制干
蓝宝石	又名月光之泪(moon drops)，欧亚种。中熟品种，成熟后不落粒、不烂尖，挂树 1 个月以上，耐贮运。易形成 1 000 g 以上的大穗，无核，果粒长圆柱形，状如小手指，长 5 cm 左右，10 g 左右。果色蓝黑，着色快速而均匀。刀切成片，风味纯正，脆甜无渣，可溶性固形物 20%以上，干燥少雨地区糖度更高，容易晒成蓝黑色大型葡萄干
浪漫红颜	欧美杂交种，果穗圆锥形，中等大小，穗重 750 g 左右，最大穗重 1 600 g。果粒整齐紧凑，长椭圆形，颜色鲜红透亮，果霜鲜艳，平均单粒重 18 g，可溶性固形物含量 20%～25%，果刷坚固，果肉红黄色，肉质硬脆，能切片，既可鲜食又可制干
妮娜皇后	欧美杂交种，红色特大粒，四倍体。平均单粒重 15 g，最大可达 17 g 以上；平均单穗重 580 g，最大可达 1 200 g；味浓甜，可溶性固形物含量 23%，易上色，完全成熟时为鲜红色，如红宝石。树势强、抗病，栽植后第二年即可大量结果
早霞玫瑰	欧亚种，早熟，果穗圆锥形，平均穗重 650 g，果粒偏大，着生中等紧密，果实紫红色，着色好，具有浓郁的玫瑰香味，含糖量高，果肉偏硬，不裂果，不脱粒，极耐贮运
寒香蜜	欧美杂交种，特早熟，耐阴雨，抗病力极强，枝条成熟性好。花芽极易形成。栽培容易。抗寒，自然无核。果穗圆锥形，单穗重 400～600 g，果粒圆形，着生紧密，平均单粒重 4 g 左右，果皮浅粉红色，果肉较脆而多汁，含糖 22%左右，味甜有香气，品质超群，适合大部分人的口味
金手指	欧美杂交种，早熟，果穗巨大，长圆锥形，松紧适度，平均穗重 750 g，最大穗重 1 500 g。果粒形状奇特美观，长椭圆形，略弯曲，呈弓状，黄白色，平均粒重 8 g。果皮中等厚，韧性强，不裂果。果肉硬，可切片，耐贮运，含糖量 20%～22%，甘甜爽口，有浓郁的冰糖味和牛奶味
早夏无核	欧美杂交种，夏黑的极早熟芽变，紫黑色，集中夏黑的优良品质，具有明显的荔枝香味
巨玫瑰	欧美杂交种，中熟，四倍体品种，紫红色，果粒椭圆形，果皮中等厚，果肉柔软多汁，种子易分离，有玫瑰香味，早果丰产性好，不裂果不落粒，抗病性强
甬优	欧美杂交种，早熟，藤稔葡萄的四倍体芽变，果粒圆形，果个大，紫黑色，果肉较硬，酸度低，坐果率高，上色整齐均匀，树上挂果时间较长，较抗炭疽病
申丰	欧美杂交种，早熟，四倍体品种，果穗圆柱形，紫黑色，果皮厚，果肉细腻较软，有草莓香味，易着色，不易裂果、脱粒，抗病性强
京香玉	欧亚种，早熟，黄绿色，果粒着生中等紧密，果皮厚，肉脆，甜酸适口，有玫瑰香味，抗病性较强
春光	欧美杂交种，早熟。果实紫黑色至蓝黑色，果粒大，椭圆形，平均果粒重 9.5 g，最大果粒重 17.0 g，果粉厚，果肉较脆，风味甜，可溶性固形物含量达 18.5%
蜜光	欧美杂交种，早熟。果皮紫红色，着色均匀，果粒大，椭圆形，平均果粒重 9.5 g。果皮厚度中等，无涩味，具玫瑰香味，果肉硬而脆
瑞都香玉	欧亚种，早熟。果穗长圆锥形，有副穗或歧肩，平均穗重 432 g，果粒着生较松，果粒椭圆形，平均粒重 6.3 g，果皮黄绿色，皮薄，肉质较脆，果粉薄，酸甜多汁，有玫瑰香味

续表 3-4-1

品种	介绍
早黑宝	欧亚种，四倍体品种。果穗圆锥形，带歧肩，平均穗重 430 g，果粒短椭圆形，平均粒重 7.5 g，果皮紫黑色，较厚而韧，果肉较软，完全成熟后有浓郁的玫瑰香味
矢富罗莎	又名粉红亚都蜜，欧亚种，早熟。树势较强，不裂果、不脱离、丰产性强，着色均匀鲜艳，二次结果能力很强，抗性较强。果穗圆锥形，平均穗重 500 g 以上，果粒长椭圆形，单粒重 9～12 g，紫红色，果皮薄，不易剥皮；肉质为溶质，稍软，多汁，甜酸适口
无核白	欧亚种，早熟。果穗中长圆锥形或分支形，有歧肩，平均穗重 350 g，果粒着生中等紧密；果粒椭圆形，平均粒重 2 g，果皮薄，黄绿色，不易与果肉分离；果肉脆，味甜，可溶性固形物 24%，品质上乘，无核，可鲜食，可制干，制干率 23%～25%
红宝石无核	欧亚种，晚熟。果穗大，一般重 850 g，最大穗 1 500 g，圆锥形，有歧肩，穗形紧凑。果粒较大，卵圆形，平均粒重 4.2 g，果粒大小整齐一致。果皮亮红紫色，果皮薄，果肉脆，无核，味甜爽口
京秀	欧亚种，早熟。果穗圆锥形，果穗重 400～500 g，大的 1 000 g 以上，果粒着生紧密，椭圆形，平均粒重 5～6 g，果皮鲜红色。肉脆，味甜，酸低，生长势中强，抗病性较强，较丰产，不裂果。果粒着生牢固，极耐运输
凤凰 51 号	欧亚种，早熟，果穗中等或大，平均重 350～420 g，圆锥形，极紧密。果粒大，平均重 6.6～8.7 g，红色，近圆形，果面有 3～4 条沟纹；果皮中厚；肉稍脆，汁多，味甜酸
京玉	欧亚种，早熟。果穗大，平均重 600 g，圆锥形，中等紧密。果粒大，平均重 6.5 g，椭圆形或长圆形，黄绿色；果皮薄；肉脆，含可溶性固形物 14%，含酸量 0.53%，味酸甜，品质佳。树势中庸，较丰产
火焰无核	别名弗蕾无核、红光无核、红珍珠。欧亚种。果穗较大，呈圆锥形，穗形紧密，平均穗重 650 g，浆果着生中等紧密，果粒近圆形，果实鲜红色或紫红色，平均单粒重 3.5 g 左右，经赤霉素处理可达 5～6 g。果肉硬脆，果皮薄，果汁中等，酸甜适口，早熟，无核，品质优良
克瑞森无核	欧亚种，晚熟。果穗中大，圆锥形，有歧肩，平均穗重 500 g。果粒亮红色，果粉厚，果粒椭圆形，平均粒重 4 g；果肉黄绿色、细脆、半透明，果刷长，不易落粒。果皮中厚，不易与果肉分离，果味甜，无核

任务实施

任务　葡萄栽培管理

一、建园及幼树管理

1. 园地选择

选择阳光与水源充足、通风良好、排灌便利、土质肥沃疏松、交通方便、地势较高的地块建园。葡萄对土壤的适应性较强，除了沼泽地和重盐碱地不适宜生长外，其余各类型土壤都能栽培，而以肥沃的沙壤土最为适宜，要求土壤有机质含量在 1%以上，pH 6.0～7.5。

2. 建园技术

(1)行向　栽培葡萄园以南北行向为主。山丘岭地修筑梯田，则按照等高线设置。

(2)架式　鲜食葡萄根据需要采用篱架或者棚架。篱架通风透光好，容易支架，节省架材，方便管理，适合机械化作业，常见类型有单篱架、双篱架、宽顶单篱架(T 形架)和双十字 V 形架。棚架架面不荫蔽，利于降低地温和气温，加大昼夜温差，提高果实品质，减轻病害，常见类型有水平棚架、倾斜大棚架、倾斜小棚架、篱棚架。小平棚架和V形架，实际上是T形架的一种。

葡萄的生产技术规程

(3)整地　山地深挖定植沟栽培，平地起垄栽培。山地需在定植前1～2个月翻耕，施足基肥，再开沟起垄，沟宽50 cm左右，深40 cm左右。平地起垄栽培，先撒施肥料，后用旋耕机进行翻耕，使土肥混匀。按行距2.0～2.5 m起垄，垄高50～60 cm，宽1.0～1.5 m，垄沟宽50 cm。

(4)品种选择与苗木处理　选择品种纯正、根系完整、须根较多的无病虫害脱毒苗木，留3～4个饱满芽，剪去过长根系，留15～20 cm。在清水中浸泡1 d，使其充分吸收水分。苗木修剪后可用生根粉＋杀菌剂浸蘸根，提高生根量和成活率。

(5)定植　葡萄可以春、秋季定植，一般春季为宜。按照规划的株行距，定点划线，挖直径30～40 cm、深20～40 cm定植穴，将苗木根系舒展、均匀地分布在定植穴内，覆土回填，轻提苗木，踩实，浇透水。

3. 幼树管理

刚定植的幼苗注意保持土壤湿润，遵循“成活在水，壮树在肥”的原则，干旱时要及时灌水，雨季及时排水、避免积水。苗木萌芽后15～20 d，新梢长出3～5片新叶，长势正常后开始追肥。及时抹除基部萌蘖，新梢长至20～30 cm时，对新梢绑缚固定，防止被风吹折。生长季结合多次摘心、除卷须，促进枝蔓生长。

二、周年生产管理技术

(一)土肥水管理

根据葡萄生长发育规律进行科学施肥，灌水一般结合追肥进行。一般在葡萄生长的萌芽期、花期前后、浆果膨大期和采收后4个时期灌水，共计5～7次。同时要注意根据当年降水量的多少而增减灌水次数。

葡萄园土肥水管理

1. 幼年园的施肥

(1)幼苗追肥　葡萄幼苗根系浅、根量少，对基肥暂时吸收不到，发芽后应及时追肥，追肥的原则：薄肥勤施，先淡后浓，先少后多。

一般当葡萄幼苗长至8～10叶时开始追肥，每7～10 d追施1次，逐渐提高浓度。第一次用0.15%尿素加5%人畜粪；第二次用尿素0.2%，人畜粪浓度不变；第三次尿素0.25%，人畜粪10%。

7月下旬至8月中旬，离树50 cm以外，沿行向两侧打孔或开沟施肥。每40 cm打直径8 cm、深30 cm的孔，或开20 cm宽、30 cm深的沟。每亩施饼肥75～100 kg，硫酸钾复合肥15～25 kg。

(2)幼年园秋季基肥　定植当年秋季落叶后应施足基肥。施肥量根据品种、树势、地力和架势等确定。生长势弱或需肥量大的欧亚种，每亩施饼肥200 kg、磷肥50～100 kg、人畜粪1 000～1 500 kg、硫酸钾10～15 kg、尿素10 kg、硼砂2 kg、硫酸锌2 kg。生长势强的品种或巨峰系欧美杂交种减半施用。距树60 cm以外，沿行向两侧打洞或开沟施用，施用后应灌水保湿5～7 d。

2. 结果园的施肥

(1)催芽肥 一般3月上中旬,萌芽前半个月左右施入。长势中等的葡萄园或需肥中等的品种每亩施复合肥15～20 kg;需肥较多的葡萄园每亩施尿素10 kg,复合肥15～20 kg。缺镁的葡萄园加施硫酸镁20～25 kg。在整个萌芽期间,一般不进行全园翻耕,只结合挖施肥沟、施肥穴时局部翻土。

(2)壮果肥 花后幼果和新梢均迅速生长,需要大量的氮素营养。坐果率高的品种在谢花期开始施肥,坐果率低的品种在着果后果粒黄豆大小时开始追施。

每亩施用饼肥100 kg、50%硫酸钾25 kg、磷肥50 kg、尿素10～15 kg。一般分2次、间隔10～12 d施用,每次施50%。施肥时将氮、磷、钾混合后撒施畦面,浅翻入土或畦两边开沟条施后覆土(每次施一边或每次两边均施,不宜开穴点施)。如土壤干燥,施肥后应适当浇水。

另外,还可加施叶面肥,在果粒硬核期以后,每10 d喷一次3%～5%的草木灰和0.5%～2%的磷肥浸出液,或喷施0.2%～0.3%的磷酸二氢钾,连续喷施3～4次,对提高果实品质有明显作用。

(3)上色肥 南方地区一般6月下旬至7月上旬为梅雨末期,浆果开始进入成熟期,需施一次上色肥。正值果实着色初期,施肥对提高果实糖分、改善浆果品质、促进新梢成熟都有作用。以磷、钾为主,也可添加少量速效氮肥(如枝叶茂盛可不加氮肥)。易裂果的品种切不可施氮肥。

通常每亩施磷肥50～100 kg,硫酸钾20～35 kg。可用打孔器打洞施用,或两边开10～15 cm的小沟施入,施后覆土、浇水,以提高肥效。

另外可加施叶面肥,以增加浆果体积和重量、提高含糖量、增加着色度、促进果实成熟整齐一致。结合病虫防治喷施0.2%～0.3%的磷酸二氢钾或1.0%～2.0%的草木灰浸出液,连喷2次。

(4)还阳肥 在采果后一周之内进行,以补充结果时的消耗,使树体及叶片保持健壮,促进当年花芽分化、枝蔓木质化,为下一年稳产奠定基础。每亩施尿素15～20 kg、硫酸钾10～15 kg。

(5)基肥 秋季叶片仍进行光合作用,根系进入一年中的第二个生长高峰期,此时施入基肥促进树体健壮,有利于越冬,为来年奠定基础。

以有机肥料为主,如厩肥、人畜粪、土杂肥、草木灰、火土肥均可,掺入适量过磷酸钙。施肥量应根据品种、树势、树龄、地力、架势等因素确定。一般每亩施饼肥200～300 kg、磷肥50～100 kg、人畜粪1 000～1 500 kg、硫酸钾10～15 kg、硼砂2 kg、硫酸锌2 kg;巨峰系欧美杂交种和生长势旺的葡萄园应减半施用。

施肥方法:①篱架葡萄园在树干两侧,棚架在架的后部距树干60 cm处,开沟40～50 cm深、30 cm宽。逐年扩大范围,直至超出定植时1 m宽的沟为宜。遇有细小须根时可切除,肥料填入沟中拌匀后覆土。这种施肥方法,可将根系引向深处,并向远处扩展,同时可通过逐年施肥,达到改良土壤的作用。②肥料混合撒施畦面,全园深翻30 cm,既不烧根,又可扩大根系对肥料的吸收面。施用后应灌水土壤保湿5～7 d。

(二)花果管理

葡萄花果管理主要分为花序管理、果穗管理和套袋。

1. 花序管理

有核结实、无核化处理和无核品种的葡萄花穗整形技术各有差异。

(1)有核结实 一般于花前7 d左右,去除歧穗、穗肩和穗尖,留果穗中部9～10 cm部分。

(2)无核化处理　须进行二次整穗。第一次在花前 7 d 左右,尽早疏除歧穗和果穗肩部过大的小穗;第二次在花前 3 d 至开花当天,留花穗顶端 4.5～5.5 cm(单穗重 400～600 g),其余小穗全部疏除。在花穗中上部,可留两个小花穗,作为无核处理和膨大处理时识别标记,每处理一次去除一个小穗,避免遗漏或重复(图 3-4-1)。

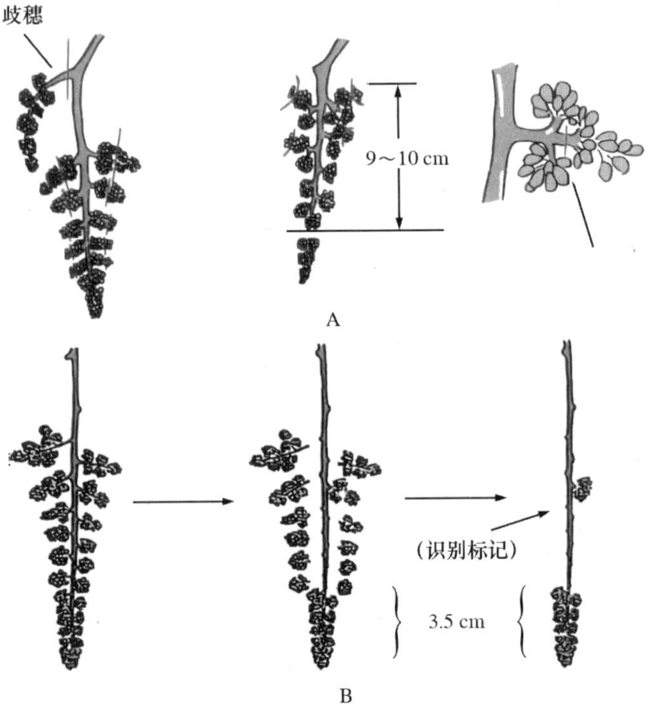

图 3-4-1　花序管理

A. 有核结实的花穗整形　B. 无核化处理的整穗方式

(3)无核品种　一般于花前 7 d 左右疏除歧穗和花穗基部 2～3 个小穗,基部过大小穗的顶端要切除,过密小穗要部分疏除;轻掐穗尖或不掐穗尖,由穗尖向基部选留 12～14 个小花穗。

2. 果穗管理

果粒生长至黄豆粒大小时,对过密的果穗进行疏果,疏去小粒果、畸形果、过密果。对于树势强且落花落果严重的品种,疏果时期可适当推后,果穗可稍紧些。在疏果后 1～2 周,可再次进行定果,疏除病虫果和过密果。

3. 套袋

花后 20 d 套袋,应在每天的 10:00 前、16:00 后进行,切忌雨后高温套袋。套袋前果穗采用苯醚甲环唑、烯酰吗啉、嘧霉胺等药剂处理,预防白腐病、灰霉病、霜霉病的发生。

(三)整形修剪

葡萄整形修剪,主要是为了调节生长和结果的矛盾,通过整形修剪,使枝蔓分布合理,便于管理,保证通风透光,延长寿命,提高丰产稳产。

1. 整形

篱架主要采用 V 形树形,棚架主要采用 T 形树形或 H 形树形。

(1)V 形树形　主干垂直高度 1.0～1.2 m，株距 2.0～3.0 m，行距 2.5～3.0 m，主蔓与行向方向水平延伸。新梢与主蔓垂直，在主蔓两侧倾斜绑缚，呈 V 形叶幕，新梢间距 15～20 cm。

(2)T 形树形　主干垂直高度 1.8～2.2 m，株距 2.0～3.0 m，行距 5.0～6.0 m，主蔓与行向垂直，水平延伸。新梢与主蔓垂直，在主蔓两侧水平绑缚，呈水平叶幕，新梢间距 15～20 cm。

(3)H 形树形　主干高度 1.8～2.2 m，株距5.0～14.0 m，行距 5.0～6.0 m，顶部以主干为原点沿行向各培养 0.9～1.2 m 的中心主蔓，中心主蔓两端各配置 2 个对生的主蔓，与中心主蔓垂直，共 4 条主蔓，在架面水平延伸，两个主蔓间距 1.8～2.4 m。主蔓上直接配置结果母枝，间距 15～20 cm(图 3-4-2)。

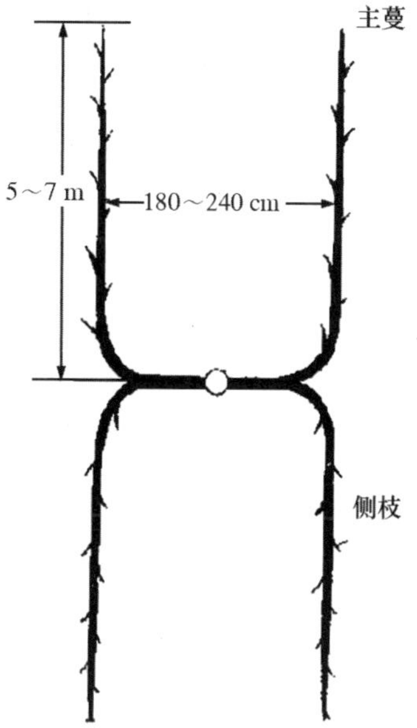

图 3-4-2　H 形树形示意图

2. 修剪

(1)冬季修剪　一般在葡萄落叶后 2 周到第二年伤流期 30 d 之前(彩图 17)。

新种植的植株根据树势的情况采用不同的修剪方法。主蔓较粗时，每株留 6～8 个结果母枝，在结果母枝基部留 2 个饱满芽短截，其他副梢疏除。主蔓粗度未达到 0.8 cm 以上的树，仅保留两个主蔓作为结果母枝，其上的二次副梢剪除。主蔓粗度不足 0.6 cm 时，从主蔓基部剪除，由主干上的冬芽重新抽生两个主蔓。

成年树的冬季修剪综合运用疏剪、长中短梢修剪及回缩等措施，保持结果部位不外移，避免形成光秃带，合理负载。疏除过密枝和病残枝，一般栽培 2 年以上的成年树每株树在主干分叉处的 2 根侧蔓基部各留 4 根芽眼饱满、枝条结实、粗度在 0.8 cm 以上的结果母枝，每根母枝留 8～12 芽修剪，并在侧蔓基部适当位置留 2～4 个更新枝并留 2 芽修剪。修剪时根据结果部位的情况，采用双枝更新或单枝更新。

葡萄的冬季修剪

(2)夏季修剪　主要采用抹芽、摘心、扭梢、去卷须、引绑枝蔓等措施进行枝梢管理，保证果园通风透光，维持合理的叶果比，使植株健壮生长。

(四)葡萄病虫害防治

葡萄病虫害防治应以预防为主，结合农业措施、物理防治、生物防治和化学防治等进行综合防治。尤其是提高葡萄栽培技术水平并逐步完善栽培管理制度，通过品种搭配、土壤管理、水肥管理、整形修剪、温湿度调控等培养健壮植株，从而提高抗逆性，减少农药和化肥的使用。葡萄病虫害防治周年管理详见表 3-4-2。

表 3-4-2　葡萄病虫害防治周年

关键点	防治对象及防治方案
发芽前	黑痘病、白腐病、炭疽病；蓟马、绿盲蝽、红蜘蛛、蚧。用 70%代森联水分散粒剂 600 倍液＋福美双 600 倍液＋吡虫啉 12 000 倍液喷雾；或世高(10%苯醚甲环唑水分散粒剂)2 000 倍液＋200 g/L 氯虫苯甲酰胺悬浮剂 3 000 倍液；或 3～5 波美度石硫合剂

续表 3-4-2

关键点	防治对象及防治方案
开花前	黑痘病、穗轴褐枯病；蓟马、绿盲蝽。丙森锌 800 倍液＋百泰 800 倍液＋福戈 4 000 倍液；若上一年病害轻，可单喷丙森锌 800 倍液或金雷(精甲霜灵代森锰锌)800 倍液加杀虫剂
落花后	黑痘病、霜霉病、白腐病；蓟马、绿盲蝽。丙森锌 800 倍液或阿米西达 2 000 倍液加 10％高效氯氟氰菊酯 3 000 倍液，于傍晚 17:00 左右喷雾防治；发现病斑喷施好力克 5 000 倍液
幼果期	此期病害较轻，以预防为主。预防用药：丙森锌 800 倍液，或福美双 600 倍液，或代森锌 600 倍液等。治疗用药：甲基硫菌灵 1 000 倍液，或多菌灵 500 倍液
套袋前	以预防为主。丙森锌 800 倍液＋好力克(43％戊唑醇)5 000 倍液；或阿米西达 1 500 倍液＋咯菌腈 400 倍液
套袋后	以预防为主，注意虫害。以波尔多液为主；在 5—6 月份每次下雨后喷一次世高 2 000 倍液
封穗至转色期	白腐病、褐斑病、霜霉病。雨季来临前，用丙森锌 800 倍液，间隔 15 d 左右，连喷 2～3 次预防；褐斑病、白腐病病症初现时加入好力克 5 000 倍液。霜霉病初显病斑时，应用 80％烯酰吗啉 5 000 倍液或其他有效药剂
着色增糖至成熟期	用凯润及乐谱道防治白腐病和炭疽病；霜霉病发生时，使用银法利或霜霉威盐酸盐喷雾
采果后至落叶前	霜霉病、褐斑病。波尔多液和代森锰锌
落叶后	消灭和减少病原菌。及时将落叶、病枝及僵果清出园外，集中处理；修剪后全株、架材及地面喷铜制剂、波尔多液或代森锰锌

三、果实采收与贮藏

葡萄需根据品种贮运特性，进行合理负载控产，选择适宜的采收期进行采收，并做好采收前的病害防治。宜在晴天的早晨露水干后或阴天气温较低时采收，切忌在雨天或雨后或气温较高或灌水后采收。葡萄采收时可溶性固形物需达到 15％以上，在树上进行果穗整修和分级，一次性装箱，使用单层包装箱，单果穗包装，整个过程做到“快、准、轻、稳”。果穗整修须将每一穗中的青粒、小粒、病果、虫果、萎蔫果、日灼果等有缺陷的果粒去除；分级与整修结合进行，即边整修边分级，一次到位。还需提前做好库房和运输车辆的消毒和温控工作，待葡萄采收后直接运输至预冷室进行预冷，预冷时间依照地域条件和预冷方式灵活掌控。

葡萄贮藏的侵染性病害可通过田间农药防控、采前食品级保鲜剂的应用、库房消毒、葡萄贮藏过程的防腐处理等四个环节进行有效控制。贮藏温度一般控制在 －0.5～0.5 ℃，进行合理码垛，保障垛内外空气流通，并定期对贮藏情况进行检测和监测。葡萄贮藏期限视品种贮运特性和地理区域特点而定，通过精准调节市场，实现葡萄周年供应。

生产链接

公安葡萄

公安葡萄是湖北省荆州市公安县特产，国家地理标志产品。公安县葡萄种植始于 1988 年，30 多年来，按照“优品种、扩面积、提品质、拓市场、增效益”的思路，做精做强葡萄产业，着力构建"品种优良化、栽培标准化、处理商品化、产品加工化、营销品牌化、采摘休闲化"的葡萄产业链条，打破了"江南不宜种葡萄"的传言，成为"长江中下游葡萄种植第一大县"，走出了一条特色化、产业化、现代化三产融合发展的产业转型之路。

2022 年，公安县葡萄种植已覆盖全县 16 个乡镇、140 个村、3 万多户农家，种植面积 11 万亩，总产量 20 万 t，产值达到 20 亿元，占据了湖北省葡萄产业的半壁江山，是县域农村经济发展的创新型、成长型和支柱型产业。公安葡萄成功注册了 27 个葡萄品牌，以"晶凉田""荆秋缘""天心眼"等为代表的品牌享誉全国。葡萄种植业发展带动了观光旅游、休闲采摘等产业融合发展，每年接待观光采摘游客达 10 万人次。

葡萄"F"树形篱棚架栽培模式

湖北省十堰市经济作物研究所为克服简易单栋拱棚与常用架式适配度低，致棚内郁闭、通风透光不良、病害重、果实品质差、农事操作和机械化作业不便等突出问题，开发出"F"树形篱棚架栽培模式。

葡萄"F"树形篱棚架栽培模式

葡萄"F"树形（图 3-4-3，专利号：ZL 202010458682.6）具有直立主干，上端培育沿垄反向延伸的第一主蔓和第二主蔓，垄间培育水平延伸的第三主蔓。第一、二主蔓两侧间隔培育第一结果枝，两侧培育形成 V 形叶幕；第三主蔓两侧间隔培育第二结果枝，在平棚架上沿垄反向水平延伸，培育水平叶幕。第三主蔓与第一、二主蔓投影夹角 90°。

1. 树形培养

（1）主干和主蔓　定植当年，萌芽后保留一个健壮新梢直立生长，当新梢长度达到 0.9～1.1 m 时摘心，培育为直立主干，在直立主干之上 15～20 cm 处，保留摘心后的顶端两个副梢分别沿垄反向延伸，培育成长 0.95～1.0 m 的第一、二主蔓，其他副梢均抹除；于第一主蔓或第二主蔓临近主干处选取一根健壮新梢作为第三主蔓进行倾斜培育，待该新梢达平棚架面后进行摘心，保留顶芽副梢继续水平生长，其中：倾斜部分的培育长度为 0.9～0.95 m，水平部分的培育长度为 1.2～1.3 m，其他副梢均抹除；当相邻两株的第一主蔓与第二主蔓相接、相邻两行的第三主蔓相接时摘心。

（2）结果母枝　主蔓上的所有新梢按照 15～20 cm 的距离抹芽定梢，并进行摘心促熟处理，即顶芽留 2～3 叶反复摘心，侧芽留 1～2 叶绝后摘心，使结果枝长度控制在 0.95～1.0 m；冬季修剪时，枝条基部粗度达到 0.8 cm 及以上，留 1～2 芽短梢修剪，作为下一年的结果母枝或预备枝，其余枝条由基部疏除，完成树形培育。

2. 应用效果

葡萄"F"树形篱棚架栽培模式于湖北省丹江口市亿润生态种植专业合作社基地进行了示范应用，表现出明显优势：①树形简洁，一年成形；②具 V 形叶幕和水平叶幕，光合利用率高；③通风透光好，有利于减轻病害发生程度和提升果实品质；④结果部位空间立体分布，观光采摘体验感强；⑤宽行高垄栽培，便于机械化作业和林下经济发展。

应用葡萄"F"树形篱棚架栽培模式，每亩可减少劳务用工 10 个，按照 80 元/d 人工成本计算，亩均节约人工投入 800 元；提高水肥有效利用率 15%，减少水肥投入和环境污染，亩均节约水肥成本约 150 元；间作（或发展林下经济）亩均增收 500 元；商品果率达到 85%以上，批发价格上浮 1.4 元/kg，目前葡萄亩均产量控产 1 500 kg 左右，亩均增收 2 100 元。每亩综合效益可增加 3 550 元。葡萄“F”树形篱棚架栽培模式实现了单位面积土地资源和立体空间对“光、肥、水、气、热”的高效利用，对葡萄避雨栽培技术和葡萄省力化绿色优质高效生产技术的推广具有重要的推动作用。

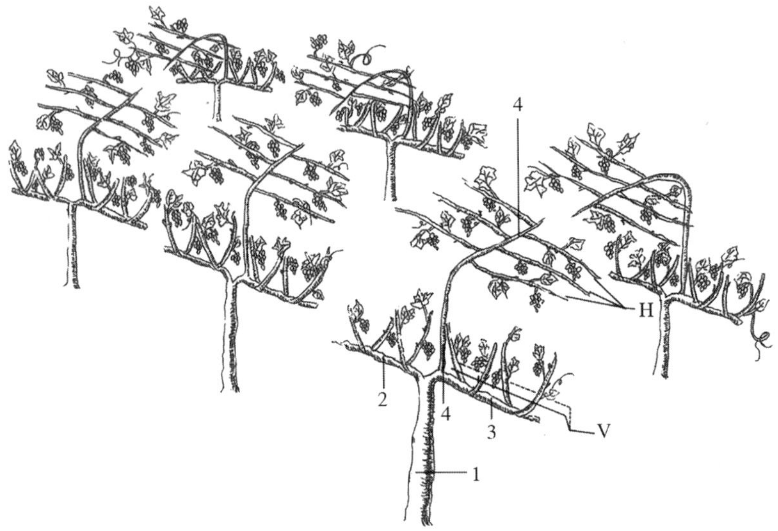

图 3-4-3　葡萄“F”树形篱棚架栽培模式示意图

1.直立主干　2.第一主蔓　3.第二主蔓　4.第三主蔓　V. V形叶幕　H.水平叶幕

能力转化

1. 参与生产管理，掌握主要技术操作要领，总结生产经验。
2. 调研当地葡萄生产现状、存在的主要问题，思考并提出合理有效的解决方案。

模块四

特色水果生产技术

任务目标

知识目标：

了解特色水果在现代农业中的重要性，熟悉主要种类和优良品种的生物学特性及生长发育过程，掌握当地主要生产方式。

能力目标：

能够根据实际选择品种，进行果园规划、建造、田间管理，能结合当地栽培情况，解决生产中遇到的实际问题。

素质目标：

注重理论联系实际，在生产实践中提升专业能力。培养独立思考、自主学习、分析问题、解决问题的能力。培养学生热爱农业、爱岗敬业的职业道德，以及强烈的社会责任感和吃苦耐劳精神。

项目一　猕猴桃

知识准备

猕猴桃的生产概况

一、概述

猕猴桃俗称阳桃、毛桃、山洋桃、毛梨桃等，属于猕猴桃科猕猴桃属多年生落叶藤蔓果树，是 20 世纪由野生到人工驯化、商业化栽培最为成功的果树种类之一，是当今最年轻的栽培果树之一。猕猴桃果实富含维生素 C、维生素 A、维生素 E 以及钾、钙、镁、纤维素、叶酸、胡萝卜素、钙、黄酮、氨基酸，具有促消化、降低胆固醇、降血脂、增强免疫力等功效，具有较高的营养价值和医疗保健价值，市场前景广阔。

中国是全球最大的猕猴桃生产国，2021 年猕猴桃种植面积 480 万亩，产量 320 万 t，面积和产量稳居世界第一。

中国的猕猴桃产业分布于 21 个省、自治区、直辖市，面积和产量前七位的是陕西省、四川省、贵州省、湖南省、江西省、河南省、湖北省。

猕猴桃原产于中国。2008 年 11 月 6 日，在新西兰举行的国际猕猴桃大会上，世界 19 个国家 200 多位专家一致认定：猕猴桃原产地在湖北宜昌市夷陵区雾渡河镇，这里是猕猴桃的原生中心，是国际公认的第一个猕猴桃商业品种起源地。20 世纪初，新西兰的女教师伊莎贝尔将其从雾渡河带回新西兰，并称为“奇异果”。

近年来，湖北省全力提升猕猴桃产业标准化、规模化、品牌化水平，将猕猴桃产业打造成为继柑橘、桃、梨之后的湖北省第四大特色水果产业。华中农业大学、中科院武汉植物园、湖北省农科院果树茶叶研究所、十堰市农科院、宜昌市农科院、咸宁市农科院、黄冈市农科院联合组建湖北省猕猴桃产业技术创新团队，开展新品种、新技术、新产品研发（彩图 18）。

目前，湖北省已形成武陵山、幕阜山、秦巴山以及大别山四大猕猴桃生产区，占据全省猕猴桃种植面积 80%以上，各生产区建设了一批规模在 500 亩以上的标准化生产基地，实行猕猴桃绿色生态化栽培。猕猴桃已经成为湖北省脱贫攻坚、乡村振兴、农民发家致富的“银串串”和“金蛋蛋”。

猕猴桃生长结果习性

二、生物学特性与栽培环境

（一）生物学特性

1. 根系

根系是猕猴桃生长的基础，要想保证树势长期健壮、高产、稳产，保根、护根非常重要。猕猴桃是肉质根，须根多，主根少，分布浅，穿土性差，含水量大，自我保护能力不强。土壤水多、板结以及土壤病害均易导致烂根。

2. 枝干

猕猴桃的枝呈褐色，有柔毛，髓白色。

幼枝有灰白色星状茸毛或褐色长硬毛或铁锈色刺毛；花枝短的 4～5 cm，长的 15～20 cm，直径 4～6 mm；隔年枝完全秃净无毛。

3. 叶片

猕猴桃的叶互生，叶片大，半革质或纸质，无托叶，倒卵形或近圆形，长 6～17 cm，宽 7～15 cm。叶柄长 3～6 cm，有灰白色茸毛。叶片边缘没有保卫细胞，夏季温度高、光照强时容易蒸腾失水。

4. 花

猕猴桃的花为聚伞花序，有香气。萼片 5 片，卵形，长 6～10 mm，两面密被压紧的黄褐色茸毛；花瓣 5 片，倒卵形，有短爪。

猕猴桃为雌雄异株的果树。雄花的花粉多而子房退化，雌花的花粉是无效的。因此在定植时，必须同时栽植雌、雄株，以保证授粉；或者人工授粉。

雄株 1 个花序有 1～3 朵花；雌株 1 个花序为 1 朵花。海沃德猕猴桃的一个结果枝上有时开 7 朵花，可以结 5 个果实。

5. 果实

浆果长圆形，横截面半径约 3 cm，密被黄棕色有分支的长柔毛。美味猕猴桃果实外表皮覆有茸毛（如米良 1 号、海沃德、秦美、翠香、徐香、翠玉等），中华猕猴桃果实外表皮比较光滑（如红阳、金桃等）。

（二）对环境条件的要求

猕猴桃对环境的要求

猕猴桃属阳性树种，耐半阴，喜阴凉湿润环境，怕旱、涝、风，耐寒，不耐早春晚霜。

宜选择气候温和、光照充足、雨量充沛、在生长季节降水较为均匀、空气湿度大（70%～80%）、早晚霜害和冻害较少的地区栽培。

1. 温度

猕猴桃主要分布在北纬 18°—35°的广大地区，年平均气温在 11～17 ℃，极端最高气温 42 ℃，极端最低气温约在 −20 ℃，10 ℃以上的有效积温为 4 500～5 200 ℃，无霜期 160～270 d。气温上升到 10 ℃时，幼芽开始萌动，15 ℃以上时才能开花，20 ℃以上时才能结果，当气温下降至 12 ℃时则进入落叶休眠期，整个发育过程需 210～240 d。

不同猕猴桃种群对温度的要求不同。中华猕猴桃的最适年平均气温在 4～20 ℃；美味猕猴桃为 13～18 ℃。

2. 光照

猕猴桃喜光怕晒，野生植株基本都长在阴坡或半阴坡及河畔，有极强的利用散射光的能力。但不能过分隐蔽，如果严重缺光照，枝条会枯死，这就是生产上强调合理株行距的原因。

3. 水分

猕猴桃不抗旱也不抗涝，因此需要有灌水和排水设备，如灌水沟、排水沟、滴灌和喷灌设备等。滴灌用水经济，而且供水均匀；喷灌用水量大，但是作用也较大，夏季喷灌除了供给根系需要的水分之外，还有增加空气湿度、降低树体温度的作用。对结果大树，以喷灌为宜。开花时期需要稍干燥的气候条件，有利于蜜蜂传粉。

生产上许多猕猴桃园在夏秋季不明原因大量死树，实际上就是淹死了。猕猴桃的大树不易旱死，容易涝死。在夏季如果连续降雨，排水不良，根系积水，一旦天气转晴，温度很快回升，猕猴桃树立即出现萎蔫，如不及时处理，很快就会死树，这就是典型的喜水怕涝。

4. 土壤

土壤以深厚肥沃、透气性好、地下水位在 1 m 以下、有机质含量高、pH 5.5～6.5 的沙质土壤最宜。土壤酸化会导致微量元素锰过剩。

5. 坡度与坡向

猕猴桃是喜光果树，在山区选择园地时宜选择向阳的南坡、东南坡和西南坡，坡度一般不超过 30°，以便于后期的整地及搭架，减少土壤水分及养分的流失。

6. 海拔高度

一般在海拔 100～1 800 m 都能种植，但以 300～1 200 m 较为适宜。800～1 500 m 也适宜种植软枣猕猴桃。

三、主要种类与优良品种

猕猴桃主要种类及优良品种

猕猴桃属共有 54 个种，21 个变种，共 75 个分类单元，其中 62 个种自然分布在中国。世界上生产栽培的主要是美味猕猴桃和中华猕猴桃两个种，软枣猕猴桃和毛花猕猴桃也有栽培。

栽培品种有红心、黄心、绿心三类。红心品种：红阳、东红、脐红、楚红、金阳、红实 1 号。黄心品种：金桃、金艳、炎农 1 号。绿心品种：金魁、徐香、翠香、翠玉、秦美、米良 1 号、海沃德、贵长、建香、瑞玉。

任务实施

任务　猕猴桃栽培管理

一、栽培技术

(一)抽槽起垄,定植苗木

1. 定植时间

秋季、春季都可定植,但以秋季定植效果最好。因为秋季落叶后就开始栽苗,根系的伤口愈合早,而且可以长出很多新根,比第二年春天栽的苗生长量大。在湖北山区,如果冬季气温长时间低于 0 ℃,冬季栽苗就有风险,因为幼苗抗冻能力差,要注意培土,再在上面覆盖地膜或者杂草。

2. 定植距离

(1)T 形篱架　常以株行距 2 m×3 m 挖穴栽种,亩栽 110 棵。这种架形应用较少。

(2)水平棚架　常以株行距 3 m×4 m 抽槽栽种,亩栽 56 棵。进入丰产期早,便于管理。

3. 授粉树的配置

猕猴桃是雌雄异株的果树,栽植时一般按照雄雌 1∶8比例配置,如图 4-1-1 所示(♀代表雌株;♂代表雄株)。

♀ ♀

♀ ♂ ♀ ♀ ♂ ♀ ♀ ♂ ♀ ♀ ♂ ♀ ♀ ♂ ♀ ♀ ♂ ♀ ♀ ♂ ♀ ♀ ♂ ♀

♀ ♀

♀ ♀

♀ ♂ ♀ ♀ ♂ ♀ ♀ ♂ ♀ ♀ ♂ ♀ ♀ ♂ ♀ ♀ ♂ ♀ ♀ ♂ ♀ ♀ ♂ ♀

♀ ♀

图 4-1-1　授粉树配置

4. 起垄

平整土地;施足有机肥,将有机肥和土壤混合均匀。起垄:垄面宽 2.5 m,垄沟宽 1.5 m,垄沟深 0.5～0.8 m(彩图 19、20)。

5. 幼苗栽植

中华猕猴桃和美味猕猴桃品种宜选用米良 1 号、金魁、布鲁诺等品种实生苗做砧木,用嫁接苗栽植。栽苗前要用泥浆蘸根,栽植时先将土埋住根系,然后轻轻提苗,多提几次,使根系舒展,更重要的是使根系与细土充分贴紧,不留空隙,再用土封好,踩实。栽植深度以埋住根系以上 5 cm 或者保持在苗圃时的土印略高于地面,嫁接部位不能埋入土中。

6. 浇水保湿

浇一次水,覆盖一层干土或者树叶或者地膜,用以保湿。

7. 栽植带的形成

栽植带最好宽 1 m 左右,这也正是猕猴桃根系的水平分布范围。前面挖的定植坑穴要位于栽植带的中间。湖北春夏季雨多，栽时可用高垄法，栽植带高出地面 20～30 cm，这样好排水，苗木不会积水。

（二）搭架方式

猕猴桃种植主要采用的搭架方式是水平棚架。

水平棚架的架设方法：支柱长 2.5 m，直径 10～12 cm，埋入土中 50 cm，地上高 2 m，支柱间距 5 m，横梁（行与行之间的连接）可采用 6 mm 钢绞线连接，然后沿树行线方向每隔 50 cm 拉一道 4 号塑钢线或者 14 号镀锌钢丝。为了加固大棚架，提高其负载量，应对树行两端支柱进行加固。加固的措施是将立柱以 60°的倾斜角向外侧斜埋入土中。再在柱顶向下垂线方向，挖 80～100 cm 深穴，埋入锚石，并用塑钢线一头缚住锚石，另一头连接柱顶，拉紧铁丝使与地面垂直，然后埋土踏实达到加固目的（彩图 21）。

二、整形修剪

猕猴桃整形修剪

1. 生长结果习性

猕猴桃是结果期早和丰产性强的树种，结果枝一般是从上一年的一年生枝（结果母枝）基部的第 3～7 节开始抽生。结果母枝的长短、粗度、芽的饱满程度等影响结果枝的萌生形成，徒长结果枝上从第 4 节开始抽生，长果枝着生在第 2～6 节，中果枝在第 2～5 节，短果枝在第 2 节。结果枝于基部第 2～7 节开始开花结果，一般着生 2～5 个果实。这是整形修剪确定产量的重要依据。

2. 猕猴桃整形

幼年树的修剪实际就是一个整形过程。水平大棚架整形，单主干上架。

苗木定植当年重短截，萌发的新梢选留一个粗壮的枝而抹除其余新梢，培养保留的新梢，用直径 2 mm 粗的钓鱼线引辅新梢直立向上生长。冬季在离架面下 30 cm 饱满芽处短截。

第二年春选留剪口下方 2 个着生方位适当的健壮新梢作为架面两边的主蔓培养，主干上其余新梢疏除，作为主蔓的新梢于 7—8 月将其倾斜，冬季轻剪后放平并绑扎于架面中央镀锌钢丝或者铁丝或塑钢线上。

第三年在主蔓顶端培养主蔓延长头，扩大架面，同时培养结果蔓，一般在架面上每隔 40～50 cm 交错位置选留侧蔓，垂直于主蔓方向均匀分布，多余的密枝及主干上短的辅养枝全部疏除。

第四年继续培养主蔓延长头的侧蔓及侧蔓上的结果母枝，结果母枝分布间距为 30cm，结果母枝要粗壮，基部芽饱满，在架面上分布均匀，不能交叉重叠，株间交叉时应及时回缩。

第五年培养结果枝组和结果母枝，树体骨架成形。

3. 冬季修剪

冬季修剪在落叶 10 d 以后至封冻前进行，在春节前修剪结束。幼年猕猴桃整形、主侧蔓培养以轻剪长放为主，结果母枝培养以轻剪与短剪结合；成龄树以中梢修剪为主，结果枝组修剪以回缩为主，实行更新防止结果部位外移，结合中梢修剪保持旺盛的结果能力。总体原则是"以树定产，以产定枝，以枝定芽"，合理确定负载量和修剪量。

（1）留枝量和留芽量　在结果母枝上每隔 20 cm 留一个结果枝，在母枝基部留一个营养枝作为预备枝，达到轮换结果、连年更新的目的。冬季修剪时结果母枝留 2～8 个芽进行短截；结果枝组预备枝留 2～5 个芽短截。

(2)枝蔓更新　猕猴桃生长十分旺盛，节间长，年生长量大，结果部位不能萌发，因此结果部位容易外移，影响结果，导致树势弱、产量低和品质差，每年应注意对结果母枝进行更新修剪，若母枝基部有生长健壮的新枝，可将结果母枝回缩到健壮枝部位；若结果母枝上分枝过高或生长过弱，应回缩到靠近主蔓的部位，促进萌发新枝更新。冬季修剪的重要任务是结果母枝的培养与更新，同时必须疏除枯枝、细弱枝、密枝、下垂枝、无用的徒长枝和没有成熟的秋梢。

(3)结果母蔓短截　强壮发育枝是来年最理想的结果母枝，适当长放、多留芽，弱枝少留芽，细弱枝疏除。短截处粗度 6～8 mm，能留多少芽就留多少芽。

4. 夏季修剪

夏季修剪在生长期进行，调节树体养分分配，改善树冠内部的通风透光条件，调节生长结果，是季节性强、工作量大、技术含量高的措施。

(1)抹芽　抹除枝蔓背上芽和背下芽、生长过密及无用的芽，一般在芽刚萌发时进行，确保每 20 cm 左右留一个芽。

(2)摘心　在开花前一周左右进行，即将新梢顶端去除嫩尖。徒长性结果枝、长果枝在开花部位以上 7～8 叶摘心；发育枝留 13～15 叶摘心；摘心后发出的二次枝只留一个，待长到 2～3 叶摘心，反复进行，控制其生长，促进枝条充实和果实发育。作为预备枝保留的徒长枝留 4～6 叶早摘心，促发二次分枝，对二次枝留 7～8 叶摘心。

(3)疏梢　从猕猴桃坐果后开始，将树冠内膛短束状枝、细弱枝、病虫枝及无用的发育枝全部疏除。对于可以利用的徒长枝，培养成为来年的结果母枝；剪除无用的徒长枝。结果母枝上的结果枝每隔 20 cm 保留一个，每平方米架面保留结果枝 8～10 个。

(4)绑蔓　冬季修剪结束时应进行绑蔓，把主蔓、侧蔓、结果母枝等按固定位置均匀有序地分开固定在架面上，利用布条、铝丝进行绑缚。生长季节，新梢生长到 40～50 cm 时开始绑枝，将结果枝和营养枝均匀绑缚在架面上；对直立性强的旺枝，斜向或水平方向绑缚以减缓生长势。用绑枝卡绑缚。

(5)雄株修剪　主要在夏季谢花后进行。疏除枯枝、细弱枝、过密枝、病虫枝和不必要的徒长枝，回缩大型结果枝组，短截结果枝。

5. 高枝牵引技术

高枝牵引技术由新西兰引进，在湖北赤壁市、宜昌市部分猕猴桃园开始运用。

猕猴桃高枝牵引主要部件包括水泥柱、撑杆、牵引绳、支撑铁丝。撑杆高 8 m，架面高 6 m，下端固定在水泥柱上，顶端圆环固定 32 根牵引绳，对称分布在撑杆两边，绑接在两侧钢丝上。将猕猴桃营养枝往上牵引，为来年培养粗壮的结果母枝；叶片的光合作用面积增大，通风透光好，生长速度快，可以提高当年产量和品质。本技术在猕猴桃高品质园建设中正在逐步推广应用(彩图 22)。

6. 猕猴桃的设施栽培

在湖北赤壁市、随州市、宜昌市、枝江市部分猕猴桃园有连栋大棚和拱棚设施栽培(彩图 23)。

三、水肥管理

猕猴桃喜水怕涝，6、7、8 三个月干旱时不能过多浇水。要地面生草，增施有机肥。强调保墒第一、浇水灌溉第二的科学用水原则。

1. 早春追施催芽肥

春季土壤解冻、树液流动后，树体开始生命活动，此期施肥有利于萌芽开花，促进新梢生长。催芽肥宜在发芽前施用，以速效氮肥为主，配以少量磷、钾肥。结果树一般每亩施纯氮 10 kg，纯磷 5 kg，纯钾 5 kg。采取全园撒施或株施，切记不要伤根。

猕猴桃水肥管理

2. 花后追施壮果肥

落花后 30～40 d 是猕猴桃果实迅速膨大时期，此阶段果实生长迅速，体积增大很快，缺肥会使果实膨大受阻。壮果肥宜在落花后 20～30 d 施入，以复合肥为主，防落花、落果、裂果、僵果、畸形果，使果实着色靓丽、果形美、品味佳。结果树每株可施入磷酸二氢钾 0.25～0.3 kg。施后全园浇水一次。

3. 盛夏追施壮果肥

宜在 6—7 月份追施一次磷、钾肥，增加单果重和提高品质。为弥补后期枝梢生长时营养的不足，也可叶面喷施速效氮肥 1～2 次。此期叶面喷钙肥还可增强果实的耐贮性。施叶面肥可选用 0.5%磷酸二氢钾、0.3%～0.5%尿素液及 0.5%硝酸钙。

4. 采果后基施越冬肥

采果后叶片内失去大量营养，此时补给树体养分尤为重要。在落叶前可对叶面喷施一次 0.5%尿素液以增加叶片光合作用，促进养分向根、茎回流，增加养分贮备。秋季宜早施基肥，以圈粪、沤肥、堆肥、厩肥、饼肥等有机肥为主，并混施部分速效肥（如过磷酸钙、硝酸铵等）。一般 4 年生树株施有机肥 20～30 kg，加 0.25 kg 过磷酸钙及硝酸铵即可。可采用全园撒施或条沟施，施后及时灌水 1 次。

四、花果管理

猕猴桃萌芽后便开始进入猕猴桃花蕾展露期，这是猕猴桃的管理关键时期，决定着当年的产量和质量。主要措施包括疏花疏果、授粉、幼果管理等。

猕猴桃花果管理

1. 疏花疏果

正常条件下，猕猴桃坐果率较高，基本上没有生理落果现象。如果不疏去劣果、小果，将会导致树体营养不良，果实品质下降，形成大小年现象。因此，疏花疏果是极为重要的措施。

（1）疏蕾疏花　侧蕾分离后开始疏蕾。疏去花柄两边的侧蕾和弱小蕾、畸形蕾。在生产实践中，疏蕾比疏完全开放的花效果好。疏蕾后营养相对集中，胚胎发育充分，生产出的商品果品质高。因此，疏蕾是个关键措施。

（2）疏果　疏果在谢花后 10～15 d 完成。疏果时，首先疏去畸形果、小果、病虫果和结果枝基部果。长枝可保留 4～5 个果，中果枝留 3～4 个果，短枝留 1 个果。

2. 加强授粉，提高坐果率

猕猴桃虽然少有生理落果，但其坐果率受授粉受精效率的制约，故要生产优质高效的猕猴桃，加强授粉是保证果品优质的重要配套措施。

（1）花期放蜂　放蜂前用加入猕猴桃雄花的饲料驯蜂 1～2 d，待雌花开放时，每 15 亩地放蜜蜂 5 箱，利用蜂的活动授粉。

(2)人工授粉　在雌花开放前，在上午 10:00 以前和下午 16:00 以后将含苞待放或初开放的雄花采回来，剥下黄色花药，摊放于黑色蜡光纸上，或置于 25～28 ℃的恒温箱中烘干。将摊晾干或烘干的花药置于箩筛中，用毛笔轻轻翻扫，使花粉落在筛子下方的有色纸上。再用毛笔轻轻地把花粉收集成堆后装入干净的有色瓶中，或用其他避光避潮的容器装好，放入冰箱中冷藏备用。花粉在避光防潮条件下，常温只能贮藏 3～4 d。注意，在摊放花药时，不能直接曝晒。也可以直接在市场上购买花粉，用授粉器授粉。

授粉方式是干粉授粉。干粉授粉可采用手工授粉和机械授粉。若花粉量较少，雌花也较少时，可用手工授粉。其方法是：把花粉和淀粉(或滑石粉)按 1:20 的比例混合均匀后，用毛笔取粉蘸雌花柱头即可。此法可每天授一次。若花粉量较充足，雌花量大时，可将花粉和石松子粉或滑石粉按 1:50 的比例混合均匀后，置于授粉器内，对准雌花柱头喷粉即可。在猕猴桃雌花开放的第 2 天、第 3 天授粉效果最好。

五、采收和贮藏保鲜

1. 采收

(1)适期采收　猕猴桃要适时无伤采收，湖北一般在 9 月上旬至 11 月下旬。

判断猕猴桃成熟度的方法：可根据果实的生育期来估测，中华猕猴桃为 140～150 d，达此时间采收为宜，美味猕猴桃则需要有 170～180 d 才能采收。也可根据果实中可溶性固形物含量来估测，通常，可溶性固形物在 6.5%～7.5%时，即为可采成熟度，9%～12%时为食用成熟度，超过 12%时属生理成熟度。但这些标准也因果实的品种、用途(贮藏、鲜销或加工)的不同而略有变化。贮藏用猕猴桃可采成熟度为 6.6%，最佳采收时期为 8%；用于果片、果脯加工时，可在七八成熟时采收；而加工果汁、果酱则要求在九成熟时采收。

(2)采收方法　采收宜在无风的晴天进行，雨天、雨后以及露水未干的早晨都不宜采收。在人工栽培的果园中应分批采收，先采大果、好果，后采小果、次果、有伤果。野生的猕猴桃成熟时，采时应注意避免掉落。采收时，要轻采、轻放，小心装运，避免碰伤、堆压，最好随采随分级进行包装入库。用来盛放果实的箱、篓等容器底部应用柔软材料作为衬垫。

2. 猕猴桃的贮藏方法

(1)短期贮藏　可把果实放在木箱或纸盒内。如放在温度较高的地方，6～7 d 就可食用。如放在冷凉的地方，可贮存 15 d 以上。

(2)长期贮藏　采收后 24 h 内进常温库预冷，库内温度 0.5～2 ℃，经过 12 h，果心温度降到 2 ℃左右，再放入贮藏库。在温度为 0～2 ℃、相对湿度 90%～95%的条件下，用珍珠岩吸收乙烯，库内气流风速 6 m/s，可贮藏 4～6 个月。相对湿度低于 90%时果皮易皱，高于 95%则易腐烂。贮藏期间应经常检查，发现软熟果或烂果，应及时拣出。

六、病虫害防治周年管理

猕猴桃病虫害防治

猕猴桃病虫害防治周年管理见表 4-1-1。

表 4-1-1　猕猴桃病虫害防治周年管理

月份	主要防治对象	药品选择与用药方案
1	溃疡病	全园喷洒 3%噻霉酮 600 倍液或者 0.3%四霉素 600 倍液
2	溃疡病、炭疽病、灰霉病	全园喷洒 2%春雷霉素 600 倍液+500 g/L 甲基硫菌灵悬浮剂 600 倍液+150 g/L 联苯吡虫啉 1 000 倍液或者 0.3～0.5 波美度石硫合剂
3	溃疡病、灰霉病、花腐病	萌芽后 15 d,全园喷 3%噻霉酮 600 倍液+40%嘧霉百菌清 500 倍液;或者 29%石硫合剂水剂 20 倍液
4	溃疡病、灰霉病、藤肿病;蚜虫、金龟子	2%春雷霉素水剂 600 倍液+70%吡虫啉 7 500 倍液。藤肿病防治:地面施硼砂,每亩 0.5～1 kg,或者花期喷 0.2%硼砂液
5	灰霉病;红蜘蛛、叶蝉、金龟子、蚧、卷叶蛾	0.3%四霉素水剂 600 倍液+42.8%氟菌肟菌酯悬浮剂 1 500 倍液
6	灰霉病、褐斑病、软腐病;红蜘蛛、蝽、象甲、蚧	40%苯甲肟菌酯悬浮剂 3 000 倍液+150 g/L 联苯吡虫啉悬浮剂 1 000 倍液
7	黑斑病、褐斑病、软腐病;蚧、透翅蛾、天蛾、毒蛾、斜纹夜蛾	42.4%唑醚氟酰胺悬浮剂 2 000 倍液+150 g/L 联苯吡虫啉悬浮剂 1 000 倍液
8	褐斑病、软腐病、根腐病;蚧、透翅蛾、斜纹夜蛾	42.4%唑醚氟酰胺悬浮剂 2 000 倍液
9	褐斑病、根腐病;斜纹夜蛾、蚧	30%松脂酸钠 800 倍液+有机硅 3 000 倍液
10	溃疡病、黑斑病、褐斑病	42.8%氟菌肟菌酯悬浮剂 1 500 倍液+0.3%四霉素水剂 600 倍液
11	溃疡病、蚧	喷洒 5 波美度石硫合剂清园或者用 30%矿物油石硫合剂 75 倍液清园。主干涂生石灰石硫合剂液
12	溃疡病、蚧	喷洒 5 波美度石硫合剂清园或者用 30%矿物油石硫合剂 75 倍液清园。主干涂生石灰石硫合剂液

生产链接

五峰苏家河村猕猴桃示范园

(一)简介

2015 年 8 月,湖北三峡职业技术学院在对湖北五峰土家族自治县长乐坪镇苏家河村的气候、土壤、海拔等环境条件进行深入细致的调查研究后,在该村建设了 50 亩猕猴桃高标准示范园和资源圃,引进了 50 份猕猴桃种质资源,筛选适合宜昌发展的猕猴桃品种 5 个,研究了一套猕猴桃建园、栽培、管理技术集成,带动了宜昌市猕猴桃产业发展。

(二)猕猴桃品种选择

根据五峰土家族自治县猕猴桃种植现状,按照绿心猕猴桃品种占比 80%、黄心猕猴桃品种占比 15%、其他占比 5%规划品种。

绿心猕猴桃:金魁、米良 1 号、徐香、翠香、翠玉、海沃德。黄心猕猴桃:金桃、金艳。红心猕猴桃：红阳、东红、脐红、楚红、金阳。软枣猕猴桃优株：卡兹红、小紫晶、猫耳枣。毛花猕猴桃：华特。野生猕猴桃系列单株。

（三）高标准示范园和种质资源圃建设

按照《宜昌市猕猴桃特色产业发展规划》，建立猕猴桃丰产优质栽培示范园、种质资源圃和苗圃。

1.科学建立示范园区基础设施

通过示范园区的建设研究，总结了猕猴桃丰产优质示范园区科学建园八个步骤：平整土地、全园深翻、施有机肥、再深翻、放线、起高垄、开垄沟、整理垄面。

（1）架材设置方式　根据基地自然坡度3°～5°地形，采用大棚架，架高2 m，按照5 m×4 m的间距栽植水泥柱（规格10 cm×10 cm×250 cm），用直径8 mm的钢绞线作为骨架线，直径4 mm塑钢线作为辅线，按照50 cm×50 cm正方形网格状布设。

（2）安装微喷灌设备　分片区设置微喷灌开关，由电磁阀控制。通过手机远程控制微喷灌开关，提高了智能化程度。

（3）建设资源圃和苗圃　资源圃根据地形条件，每个垄面栽两排水泥柱，采用双T形篱架，在水泥柱上横架3 m长的镀锌钢管，每隔50 cm拉一道4 mm塑钢线。交叉处用塑料扎丝固定。按照株行距4 m×3 m定植。

2.建立猕猴桃丰产优质栽培管理技术体系

探讨出一套丰产优质猕猴桃栽培管理技术，主要涵盖以下技术要点：

（1）定植　秋季最宜。栽植穴0.5 m×0.5 m。株行距4 m×2.5 m，雌雄株比8∶1，中心式授粉方式。选择生长健壮、根系发达的健康苗木，提前对根系消毒，定植后浇足定根水，树盘处覆黑色地膜，行间株间空地播种三叶草种子。

（2）土肥水管理　每年夏秋季人工刈割三叶草3～4次。肥水管理包括肥料种类选择、施肥量、施肥时期、施肥方法、叶面施肥、灌水量、灌水时期、灌水方法、排水防涝。

（3）花果管理　花蕾期人工疏花蕾，开花期人工授粉，开花后人工疏果。每个结果枝不超过5个果实。同时开展摘心工作。

（4）整形修剪　按照“一干二主蔓十六个结果母蔓”的要求进行整枝。

（5）病虫害防治　综合防治蚧、透翅蛾、天蛾、毒蛾、金龟子、蝽、小薪甲，以及根腐病、褐斑病、软腐病、溃疡病等。

（6）采收与贮藏　针对不同品种的果实确定最佳采收期与贮藏方法。

3.建立猕猴桃种质资源圃

定植两年生实生苗500株，收集了中华系、美味系、毛花、软枣及野生猕猴桃等五个猕猴桃系列共50份种质资源。通过栽植嫁接苗、栽植实生苗再高接，对各品种单株性状进行观察比较，筛选出具有栽培前景的品种和单株。

4.建立鄂西宜昌山区猕猴桃苗圃

建立猕猴桃苗圃，为农户种植猕猴桃提供优质苗木，同时将优质猕猴桃幼苗培育技术进行科学示范和技术推广，为推进猕猴桃产业发展提供资源和技术支撑。

(四)经济社会效益

通过建立高标准示范园，示范带动五峰土家族自治县猕猴桃产业发展，目前种植面积2 200亩，有12家农民专业合作社(公司)、4家家庭农场、600余人从事猕猴桃种植销售，每年产值1 000万元以上，为宜昌市猕猴桃标准化栽培提供范式。

能力转化

1. 实地调查，了解当地猕猴桃主栽品种及主要栽培方式，分析生产效果。
2. 参与具体生产过程，并根据操作体验，总结经验、提出技术创新。

项目二　樱　　桃

知识准备

一、概述

樱桃素有“报春鲜果第一枝”之美誉。它因色泽艳丽、品质优良、营养丰富，深受消费者青睐；因栽培经济效益高、果实生长期短、易管理，备受栽培者喜爱。樱桃果除鲜食外，还可加工成罐头、蜜饯、果脯、果汁等制品。

中国樱桃俗称小樱桃，起源于我国长江中下游，距今已有 3 000 多年的栽培历史。除青藏高原和台湾外，北纬 35°以南的广大地区均有分布，主要集中在山东、江苏、安徽、浙江、河南、湖北、四川、重庆、云南、贵州、陕西以及甘肃。

欧洲有 2 400 年樱桃栽培历史，有甜樱桃和酸樱桃两种。欧洲樱桃原产于亚洲西南部和欧洲南部一带，现在已扩散到世界大部分温带国家；但规模一直不大，长期是一种贵族水果。我国近年发展的大樱桃，基本上是欧洲甜樱桃，又名洋樱桃、车厘子，于 19 世纪 70 年代引入我国胶东半岛和大连等地零星栽培；20 世纪 80 年代开始规模化种植，20 世纪 90 年代开始大面积推广。经过近 30 年的发展，从山东烟台和泰安、辽宁大连、北京、河北秦皇岛等环渤海地区迅速扩展到陇海铁路沿线的河南、山西、陕西、甘肃、江苏、安徽等多个省份及云南、贵州、四川、新疆等海拔较高的冷凉地区。

据文献报道，截至 2021 年，我国现有樱桃栽培面积约 26.67 万 hm^2，其中甜樱桃 23.33 万 hm^2。以山东种植面积最大，占全国种植面积的 48%，其次是陕西、辽宁。我国樱桃鲜果市场需求缺口较大，一直依赖进口，据中国海关数据显示，2020 年中国樱桃进口数量最多地区为智利，其次是美国、阿根廷，全年共进口 46 769.2 t，而出口仅为 15.3 t。

湖北省近年来樱桃种植面积增长较快，连片种植以十堰面积较大，超过 0.167 万 hm^2，其他地市多为小面积的采摘园，以中国樱桃为主，在适应性、抗逆性、丰产性和鲜食风味品质等方面具有优势，缺点在于单果偏小，大多皮薄，果柄容易脱落，保鲜期短。

湖北地区不是大樱桃的优势区域，可通过选择适宜本地气候、高产优质的短低温品种，利用避雨设施，加强花果管理、促进花芽分化等系列技术措施实现高产优质，但是投入较大，技术难度高，盲目大规模种植风险大。宜找准市场定位，先开展种植试验，总结本地成功经验后再行逐步扩大。

不同栽培模式下樱桃的物候差异

二、生物学特性与栽培环境

（一）生长特性

樱桃一年中从花芽萌动开始，经过开花、展叶、抽梢、果实发育、花芽分化、落叶、休眠等过程。

1. 根系

樱桃主根不发达，根系较浅，须根较多。

不同种类的樱桃的根系有一定差别。马哈利樱桃、考特樱桃和山樱桃根系比较发达。中国樱桃根系较浅，主要分布在 5～30 cm 深的土层中。

砧木繁殖方法不同，根系有差别。实生砧木，垂直根比较发达，根系分布较深；无性繁殖的砧木，根系浅，水平根发达，须根多。

土壤条件和管理水平影响根系。土壤沙质、土层深厚、管理水平高时，樱桃根量大，分布广；土壤黏重、瘠薄，管理水平差时，根系不发达，也影响地上部分的生长和结果。

生产上土施多效唑，对樱桃根系有抑制作用，也控制地上部分旺长。用量过大时，能毒害根系，且很难恢复，甚至使部分根系死亡。

嫁接的樱桃树根系易发生根蘖苗，常围绕树干丛生出大量根蘖苗，是嫁接亲和力较差的一种表现。

2. 萌芽和开花

樱桃的芽单生，分叶芽和花芽两类。叶芽瘦长；花芽较肥实，呈尖卵圆形。

顶芽为叶芽。每个叶腋间的侧芽为叶芽或花芽，因树龄和枝条的生长势不同而异。幼树或旺树上的侧芽多为叶芽，成龄树和生长中庸或偏弱枝上的侧芽多为花芽。一般中、短果枝的下部 5～10 个芽多为花芽，上部侧芽多为叶芽。潜伏芽大多是在枝条基部的副芽和少数没有萌发的侧芽转变而来。

春季日平均温度达 10 ℃左右时，花芽开始萌动，达到 15 ℃左右开始开花，花期 7～14 d。中国樱桃比欧洲甜樱桃开花早 25 d 左右，花期易遇晚霜危害。一般气温低，花期稍晚；大树和弱树花期较早。同一棵树，花束状果枝和短果枝上的花先开，中、长果枝开花稍迟。

樱桃为总状花序，子房下位花。每个花序有花 1～10 朵，多数为 2～5 朵。花未开时，为粉红色，盛开后变为白色，先开花后展叶。雌蕊败育花的柱头极短，花瓣未落，柱头和子房黄化萎蔫，完全不能坐果。

3. 枝条生长

樱桃叶芽萌动一般比花芽萌动晚 5～7 d，叶芽萌发后约有 7 d 是新梢初生长期，长出 6～7 片叶，成为 6～8 cm 长的叶簇新梢。

开花期间新梢生长缓慢，甚至完全停止生长。谢花后，新梢与果实同时进入速长期；果实进入硬核期之后新梢继续缓慢生长；果实采收后，又有一个 10 d 左右的新梢速长期，以后停止生长。秋季气温高时还能长出秋梢，但生长势较弱的树只有春梢一次生长。

枝条如果不短截，其顶芽延长生长，不易形成分枝。短截能增加成枝力，但是能刺激叶芽生长旺盛而延迟结果。夏季一般在新梢长至 10～15 cm 时摘心，摘心部位以下的叶芽有 1～2 个萌发成中、短枝，其余芽则抽生叶丛枝。摘心是增加分枝、加速成形、提早结果和早期丰产的重要手段。

枝条分发育枝和结果枝。幼龄树和生长旺盛的树一般都形成发育枝，是形成骨干、扩大树冠的基础。结果枝按长短和特性可分为混合枝、长果枝、中果枝、短果枝、花束状果枝。花束状果枝是盛果期最主要的果枝类型，寿命较长，一般可达 7～10 年。

结果枝因种类、品种、树龄、树势不同，所占的比例也不同。中国樱桃在初果期以长果枝结果为主，进入盛果期之后则以中、短果枝结果为主。甜樱桃在盛果初期有些品种以短果枝结果为主，如大紫、小紫、红蜜、红艳等；有些品种以花束状果枝结果为主，如那翁、滨库、雷尼、红灯等。

结果枝与树龄和生长势有关。初果期和生长旺的树，长、中果枝占的比例较大，进入盛果期和偏弱的树则以短果枝和花束状果枝结果为主。

4. 授粉受精

樱桃不同种类之间自花结实能力差别很大。中国樱桃和酸樱桃自花授粉结实率很高。而甜樱桃除拉宾斯、斯坦勒、红艳等少数品种有较高的自花结实率外，大部分品种都存在明显的自花不育现象。因此，甜樱桃建园时要配置授粉品种，并进行花期放蜂或人工授粉。

5. 果实发育

樱桃果实生长发育期较短。中国樱桃从开花到果实成熟为 40～50 d；甜樱桃中，早熟品种 30～40 d，中熟品种 50 d 左右，晚熟品种 60 d 左右。红灯、拉宾斯、芝罘红和佐藤锦等从开花到果实成熟要 30～50 d。

樱桃果实生长发育一般分为 3 个阶段：第一阶段自坐果到硬核前，为果实膨大期，约 25 d，果实迅速膨大；第二阶段为硬核期，10～15 d，果核木质化；第三阶段为果实着色期，果实第二次迅速膨大并开始着色，约 15 d 后成熟。

樱桃果实的熟期较一致。成熟期的果实遇雨容易裂果腐烂，要注意调节土壤湿度，防止干湿变化剧烈。成熟的果实要及时采收，防止裂果。

中国樱桃单果重仅 1～4 g，欧洲甜樱桃单果重一般 5～10 g 或稍大。果实形状有扁圆形、圆形、椭圆形、心脏形、宽心脏形、肾形。果皮颜色有黄白色、有红晕、全面鲜红色、紫红色、紫黑色；果肉有白色、浅黄色、粉红色及红色。肉质柔软多汁。有离核和黏核，核椭圆形或圆形；中国樱桃成仁率高达 90%～95%，甜樱桃的成仁率低。

6. 花芽分化

一般在采果后 10 d 左右樱桃便大量分化花芽，分化期 40～45 d。分化时间的早晚与果枝类型、树龄、品种等有关。花束状结果枝和短果枝比长果枝和混合枝早，成龄树比生长旺盛的幼树早，早熟品种比晚熟品种早。

甜樱桃在果实采收后 10 d 左右便开始花芽的生理分化，而后转入形态分化。从形成苞片至雌蕊原基形成，历时 1 个多月，山东露地一般在 6 月下旬至 7 月上中旬。正常情况下，甜樱桃每朵花只分化 1 个雌蕊；如夏季高温干燥，1 朵花可以分化出 2～4 个雌蕊，翌年常结出 2～4 个相连的畸形果。

为了促进花芽分化，在樱桃采收后要及时施肥浇水，补充果实的消耗，促进枝叶的功能，为花芽分化提供物质保证。

设施樱桃有隔年结果现象。在棚室内花芽分化早，分化时间短；新梢生长初期，如生长速度过快，基部数节(4～8 节)平均节间长，发育成叶芽而成为营养枝；如果节间较短，基部 4～8 节部位分化形成花芽，成为结果枝。

7. 落叶和休眠

樱桃落叶一般在初霜开始时，一般在 10 月中旬至 11 月上旬。落叶后即进入休眠期，需要经历一定的低温积累，才能进入萌发期。甜樱桃不同品种需冷量有较大差别，一般在 600～1 400 h，少数品种需冷量低于 600 h。中国樱桃需冷量较少，一般低于 400 h，如乌皮 305 h、红妃 377 h。

樱桃的休眠期较短，在冬末初春气温回暖时易萌动，一旦遇有回寒，就常遭冻害；特别是中国樱桃开花早，更易受冻。

（二）对生态环境条件的要求

樱桃种类不同，对环境条件的要求也不同。中国樱桃原产于长江流域，适应温暖而潮湿气候，耐寒力较弱。甜樱桃、酸樱桃原产于亚洲西部及欧洲等地，适应凉爽干燥气候。毛樱桃原产于我国北部，分布广，抗寒力强。

1. 气温

中国樱桃适合在年平均气温 10～15 ℃的地区栽培。樱桃花芽易受冻害。在开花期温度降到 －3 ℃以下即受冻。

甜樱桃喜温而不耐寒，要求年平均气温 10～12 ℃，一年中要求日平均气温高于 10 ℃的天数 150～200 d。冬季最低温度不能低于－20 ℃，温度过低会引起大枝纵裂和流胶；－25.2 ℃时大树可冻死。花蕾期－1.7 ℃以下低温可致冻害；开花和幼果期－1.1 ℃以下低温可造成冻害，急剧降温时冻害加剧。

2. 光照

樱桃喜光，尤其是甜樱桃，其次是酸樱桃和毛樱桃，中国樱桃比较耐阴。光照条件好时，树体健壮，果枝寿命长，花芽充实，坐果率高，果实成熟早，着色好，糖度高，酸味少。光照条件差时，树体易徒长，树冠内枝条衰弱，结果枝寿命短，结果部位外移，花芽发育不良，坐果率低，果实着色差，成熟晚，质量差。因此，建园时栽植密度不宜过大，枝条要有较大的开张角度，保证树冠内部的光照条件，达到通风透光。

3. 水分

樱桃既不耐旱，也不耐涝。

中国樱桃的栽培区，除南方省份雨水充沛外，北方多选择山谷等小气候较湿润的地区栽培。世界各国甜樱桃的栽培大都选在靠近水系或近沿海地带；我国甜樱桃的主要栽培区目前多分布在渤海湾的山东烟台、辽宁大连等地，上述地区近海，年降水量为 600～900 mm，空气较湿润。

樱桃根系要求较充足的氧气，如果土壤水分过多，氧气不足，将影响根系的正常呼吸，树体不能正常地生长和发育，引起烂根、流胶，严重时树体死亡。

4. 土壤

樱桃适宜在土层深厚、土质疏松、透气性好、保水力较强的沙壤土或砾质壤土上栽培。在黏重土壤中栽培时，根系分布浅，不抗旱，不耐涝也不抗风。适宜的土壤 pH 为 5.6～7，对盐渍化反应很敏感，盐碱地区不宜种植樱桃。

樱桃很容易患根癌病。土壤中有根癌病菌及线虫则容易传染根癌病。种植樱桃、桃、李、杏的老果园，土壤中根癌病菌多，不宜栽植樱桃树，更不宜当作苗圃。如果树苗有根癌病，将引起更严重的后果。可接种抗根癌菌剂 K84。

三、主要种类与优良品种

（一）主要种类

樱桃属于蔷薇科（Rosaceae）樱属（*Cerasus* Mill.）或李属（*Prunus* L.），该属现有 120 多

种，世界范围内栽培樱桃现主要有三种：欧洲甜樱桃、欧洲酸樱桃、中国樱桃。习惯上将欧洲甜樱桃、酸樱桃及其杂种统称大樱桃。

1. 欧洲甜樱桃

果皮有红色和黄色，果肉有硬肉和软肉，主要用于鲜食；通常为二倍体（$2n=16$），偶尔有三倍体和四倍体。

2. 欧洲酸樱桃

酸樱桃主要用于加工；根据果肉和果汁颜色可划分成 Amarelle 和 Morello 两个不同的类型，前者的果汁和果肉几乎无色，而后者则为红色。

（二）主要优良品种

1. 砧木品种

适宜作为砧木的品种主要有圆叶樱桃、野生甜樱桃、草原樱桃、中国樱桃、日本晚樱、斑叶稠李、日本早樱等。

2. 中国樱桃

中国樱桃主要分布于黄河流域和长江流域。浙江主要品种有短柄樱桃、短柄大果樱桃、长柄樱桃、长柄小果樱桃，其中短柄樱桃果大质优，闻名全国。安徽太和地区以大鹰嘴樱桃、二鹰嘴樱桃和大白樱桃为主。郑州地区以郑州红为主。重庆的乌皮樱桃，四川的汉源樱桃、江苏南京的垂丝樱桃、湖北十堰的八里旺樱桃均为当地优良品种。山东省近几年新栽培的品种以莱阳矮樱桃为主（表 4-2-1）。

表 4-2-1　中国樱桃主要品种

品种	特性
大窝娄叶樱桃	原产于山东枣庄地区，保护地主栽品种之一。树势强健，树姿较直立。以花束状果枝和短果枝结果为主。分株繁殖 2～3 年结果，6～7 年进入盛果期，丰产性好。果实较大，平均单果重 2～2.5 g。果实圆球形或扁球形，果皮暗紫红色，有光泽，果皮较厚，果肉淡黄微带红色，肉质较致密，离核，果汁量中等，味甜有香味，可溶性固形物含量 17.3%，品质优。枣庄地区露地果实于 5 月上旬成熟。喜微酸性沙质壤土，产量低
崂山短把红樱桃	原产于山东青岛崂山一带。树势强健，树姿半开张。萌芽力强，成枝力中等。以中短枝结果为主。果实较大，平均单果重 2 g。果实近圆球形，果尖不明显，果柄粗短。果实成熟时果皮为深红色，完熟时紫红色，果皮中等厚，易剥离。果肉黄色，汁多，黏核，味甜，品质好，当地主栽品种露地 5 月中旬开始分批成熟采收。较耐瘠薄干旱，对土壤要求不很严格
短柄樱桃	原产于浙江，树体高大，树势开张。平均单果重 3.13 g；果实扁圆球形，果皮紫红色，果肉黄色，肉质细软，汁多，味甜微酸，可溶性固形物含量 12.1%。浙江诸暨地区露地栽培 4 月下旬果实成熟。果个大，鲜食品质好。保护地栽培有较好的发展前景，注意控制树冠
莱阳矮樱桃	原产于山东烟台莱阳市。树体紧凑矮小，仅为普通型樱桃树冠的 2/3 大小；树势强健，树姿直立，枝条粗壮，节间短。果实圆球形，平均单果重 2.94 g，果皮深红色，果肉淡黄色，肉质致密，风味香甜，当地露地栽培 5 月下旬成熟。适应性强，结果早，丰产稳产，果实大、品质好，适宜保护地栽培
滕州大红樱桃	原产于山东省枣庄市。树势强健，树姿半开张。萌芽力较强，一般除枝条基部 1～2 个芽不萌发外，其余各芽均能萌发成枝，树冠茂密，潜伏芽萌发力弱，内膛易空虚，修剪上要注意疏枝和及时回缩更新。分株后 2～3 年开始结果，丰产。平均单果重 1.5 g，成熟时果皮橙红色，有光泽。果肉橙黄色，黏核或半黏核，果汁量中等，味甜微酸，有香气，品质好

续表 4-2-1

品种	特性
诸城黄樱桃	又称樱黄。原产于山东诸城、日照等地。树势中等，半开张。分株后 3～4 年开始结果，较丰产。果实大，平均单果重 2.5 g。果实圆球形。果皮橘黄色，果皮厚，向阳面有红晕，有光泽，外观美。果肉黄色微红，具弹性，较耐贮运。果汁多，甜酸适度，风味好，品质优。当地露地栽培 5 月上中旬成熟。喜深厚土壤，对肥水条件要求较高，抗旱力差
大鹰嘴樱桃	又称大鹰紫甘樱桃。产于安徽太和，树势强健，树姿直立。果实较大，果实先端有尖嘴；果柄细长，果皮较厚，易与果肉分离。完熟果实的果皮色泽为紫红色，鲜艳。果肉黄白色，离核，汁多味甜，品质好。当地露地栽培 5 月上旬成熟
乌皮樱桃	原产于重庆巴南，平均单果重 2.4 g，最大果重 4.6 g(多为连体果)。果面色泽紫红鲜艳，光滑；果肉浅黄色，汁液多，肉质细，无裂果。果柄着生牢固。树势强，生长势旺，树姿开张，萌芽率强，成枝力强，新梢直立，幼树生长量大，成形快。嫁接苗第二年即能开花，第三年结果，第五年株产可达 10 kg 以上。当地露地栽培 4 月下旬至 5 月初成熟。
八里旺樱桃	原产于湖北房县，果实呈圆形，横径 2.0～2.5 cm，单果均重 4.0 g，果粒大，果色红，果皮稍厚，果梗紧实不易脱落，核小，可食部分超过 92%，可溶性固形物 16.5%～24%，风味甜，爽口，自然条件保鲜期可达 5 d 以上。早果，定植三年挂果，四年进入丰产期，单株产量 15～25 kg，最高 75 kg，极丰产，平均每亩产量 1 200 kg。当地露地栽培 4 月底至 5 月初成熟

3. 欧洲樱桃

我国的甜樱桃品种资源已经超过了 250 个，绝大部分是从国外引进的，我国选育的品种有 50 个，如红灯、红艳、红蜜、玲珑脆、昌华紫玉等。

目前，主栽品种有 30 多个，包括红灯、红艳、红蜜、早大果、美早、布鲁克斯、萨米脱、先锋、雷尼、拉宾斯、雷洁娜、滨库、那翁、大紫、佳红、吉美等。

栽培品种 95%以上为鲜食，占总产量 90%以上。不同地区品种有所差异(表 4-2-2)；红灯约占 40%的面积和 35%的产量。加工品种主要是那翁，酸樱桃极少。

表 4-2-2　主要产区大樱桃品种构成

地区	主要品种构成
胶东半岛	红灯、美早、萨米脱、黑珍珠、艳阳、拉宾斯、先锋
辽东半岛	红灯、佳红、明珠、丽珠、美早、巨红、萨米脱
陕西、河南等内陆	吉美、龙冠、红灯、美早、萨米脱、艳阳
北京、河北	早大果、美早、布拉、岱红、红灯
云南、贵州、四川等高海拔区	美早、红灯、萨米脱、拉宾斯、雷尼

短低温品种有珊瑚香槟、布鲁克斯、格兰瑞德、罗亚明、罗亚理、拉宾斯、早单等(表 4-2-3)。

表 4-2-3　短低温品种

品种	特性
珊瑚香槟	美国加利福尼亚大学戴维斯分校未登记的大果型品种，需冷量为 400 h，适合暖地栽培，在宜昌表现良好。果皮粉红色，果实大，10～13 g，风味甘甜，低酸，果实品质比滨库要好，果肉硬度高，抗裂果性能介于舍蓝和滨库之间，并且双子果等畸形果率低。树形紧凑。丰产性能好，适宜授粉品种为布鲁克斯和滨库。成熟期比滨库早 10 d 左右，比布鲁克斯早 3～4 d；在北京 6 月 3 日成熟。适宜砧木：克雷姆斯克 5 号等

续表 4-2-3

品种	特性
布鲁克斯	别名冰糖脆，美国加利福尼亚大学戴维斯分校 1969 年以伦尼和早紫(Ranier×Early Burlat)杂交选育而成，1987 年品种登记。需冷量约为 400 h。单果均重在 9.4 g 左右，果皮呈红色，带有油亮的光泽；树势开张，新梢呈黄红色，多年生枝条呈黄褐色；在山东泰安 5 月 18 日成熟，极易裂果
格兰瑞德	从美国汉福德引进的 R 型樱桃优系，Bradford Genetics 公司开发的滨库、布鲁克斯和图雷拉的杂交后代。单果 14～15 g，果实硬度高，果形为宽心脏形，果皮光滑，暗红色，果肉深红色。畸形果率低，早果丰产；抗裂性强；耐贮性好。需冷量约 400 h。树势中庸，树姿开放，枝条伸长角较大，枝条倾斜，下垂，松散，几乎无背上枝
罗亚理	Zaiger Genetics 公司育成的极早熟短低温甜樱桃品种。一般认为该品种低温需冷量为 300～400 h。果实大，椭圆形，单果重约 10 g，红皮红肉，风味极好，可溶性固形物含量 18%，果肉硬度极高，耐贮运，果实成熟后留在树上 14 d 仍然可以保持相当高的硬度。在加利福尼亚弗雷斯诺地区 5 月上旬成熟，比滨库早 10 d，丰产性极好。自交不亲和，以罗亚明作为授粉树。树姿直立，适应性好，抗裂果
罗亚明	Zaiger Genetics 公司经过 30 多年研发的第一个真正意义上的短低温甜樱桃品种。低温需冷量为 200～300 h。在南非可以正常开花结果，推测低温需冷量可能小于 100 h。早熟品种，果实中等大，单果重 9～10 g，红皮红肉，风味好，可溶性固形物含量 18.2%，果肉硬度高，耐贮运，果实成熟后留在树上 10 d 仍然保持相当高的硬度。成熟期和舍蓝相近，比滨库早 11～14 d，丰产性好。自交不亲和，以罗亚理作为授粉树。树势中等，较不耐干旱，裂果程度轻
拉宾斯	加拿大育成的晚熟甜樱桃优良品种。早实丰产，果实个大，果肉硬，耐运输，自花授粉结实，与所有甜樱桃品种授粉均亲和，综合经济性状优良品种。刘仁道等用 4 ℃低温处理 624 h 后萌芽率达到 66.7 %；陆锦明、朱天华等在上海以 600 h 的低温处理后，萌芽率达到了 50% 以上
早单	北京市农林科学院林业果树研究所从保加利亚引进的甜樱桃品种 Xesphye 的组培无性系中发现的早熟变异。陆锦明、朱天华等将培养材料经过 3 ℃、200 h 低温处理后，萌芽率超过 50%

任务实施

任务一 樱桃露地栽培管理

一、定植

八里旺樱桃定植技术

1. 定植时期

以秋冬栽为主，从 10 月中旬起到 12 月上旬均可栽植；也可春栽，从 2 月下旬到 3 月上中旬，以临近发芽前栽为好。

2. 定植密度

提倡宽行密株栽植，土壤条件好、光照充足的梯地园栽植密度宜大些，反之可小些。大面积栽植，梯地可采用株行距(3～4)m×4 m，栽植密度 42～55 株/亩；平地和缓坡地可采用株行距 4 m×(4～5) m，栽植密度

42～33 株/亩；小面积栽植可采用株行距 3m×4 m，栽植密度56 株/亩。

3. 定植方法

(1)深翻改土　建樱桃园宜进行全园深翻，深翻深度以大于 0.5 m 为好。

(2)起垄栽植　平地、缓坡地和宽幅梯地起垄，垄面顶宽 1～1.5 m，高 0.4～0.5 m。为确保樱桃根系正常生长，梯地要整成外高内低。

(3)挖栽植穴　于头年秋天或初冬进行，栽植穴大小以 0.5 m 见方为好，每穴施腐熟有机肥 5～8 kg，并与土壤充分混匀。

(4)定植　栽植时，把苗木放在穴内，使根系自然舒展，填土过程中，要将苗木略微上提，使根部与土壤密接，然后踏实，整好树盘，浇足定根水，封土保湿。栽植后，半月内如天气干旱则再浇一次水，以确保成活率。

栽植深度以苗木浇足定根水、土壤下沉后，其嫁接部位略高于垄面为宜。

二、土肥水管理

(一)土壤

1. 合理间作

幼树期，为提高土地利用率、降低生产成本，可利用行间间作豆科植物和西瓜。结果初期和盛果初期可种植绿肥，以三叶草和紫云英为主。三叶草宜秋播或春播，以早秋播种为佳；紫云英适当早播可提高鲜草及种子产量，但不能过早。秋播应在日平均气温下降至 25 ℃以下时为宜，春播以日平均气温上升至 5 ℃以上为好。

2. 生草覆草

可结合绿肥种植，在初夏和秋季进行割草，割后随即覆盖于树盘周围。覆草厚度为 15～20 cm，但洼地不要覆草。

3. 深翻扩穴、培土

成年园要结合基肥的施用进行深翻扩穴、培土，以改良土壤环境，促进根系生长。深翻扩穴、培土以封冻前完成为好，以免根系受冻。

(二)施肥

樱桃开花到果实成熟只需 40～60 d，需要营养集中，因此施肥管理上，除秋施基肥外，还应在萌芽前、果实发育初期追肥。果实采收后，为了增强树体营养积累、促进花芽分化，可追施氮、磷、钾复合肥。基肥以秋季早施为宜，根外追肥对增产有较好效果。

樱桃秋季施肥

1. 基肥

(1)施肥时期　每年 9 月中下旬至落叶前一次性施用。主要以腐熟的人粪尿、猪栏肥、牛栏肥、鸡粪、饼肥等有机肥料为主。

(2)施用量　幼树和初果期树，每株施人粪尿 10～15 kg 或猪栏肥、牛栏肥、鸡粪等 20 kg。盛果期大树，每株施人粪尿 30～40 kg 或每亩施猪栏肥、牛栏肥、鸡粪等 1 000～2 000 kg。

(3)施肥方法　幼树和初果期树采用环状沟施，沟宽 30～40 cm，深度约 40 cm，逐年向外扩展。结果大树采用放射状沟施或开大穴施用。施肥深度，幼树和初果期树以 30 cm 左右为宜，盛果期树 50 cm 左右为宜。

2. 追肥

前期以氮肥为主，后期以磷钾肥为主。

(1)追肥时期　盛花初期根外喷施0.3%的硼砂加600倍磷酸二氢钾，以促进受精、提高坐果率。果实发育期分4次进行追肥：花前肥，以氮、磷肥为主，及时补充树体营养，促进花芽萌发和春梢生长；壮果肥，以氮、钾肥为主，配施磷肥，促进果实膨大，减少生理落果，提高果品质量，同时补充树体营养；果实着色前追肥，以速效钾肥为主，于采收前20～25 d施入；采果后补肥，以速效肥料为主，宜施复合肥。

(2)追肥用量　初果树，每株施尿素0.3～0.5 kg，过磷酸钙0.5 kg或磷酸二氢钾0.3 kg。盛果期树每株施尿素0.6～1 kg，过磷酸钙0.8 kg或磷酸二氢钾0.6 kg；也可施复合肥1～2 kg或腐熟人粪尿10～15 kg。

(3)追肥方法　初果树以环状沟施为主；盛果期树可以环状沟施，也可以采用放射状沟施，深度30 cm左右为宜，初果树稍浅。还可进行叶面施肥，喷洒0.3%的尿素及600倍磷酸二氢钾，喷洒时间一般在下午和傍晚，早晨有露水和中午气温高时不喷。

(三)水分

樱桃根系分布较浅，既不抗旱又不抗涝。甜樱桃对水分尤其敏感。土壤湿度保持在田间最大持水量的70%～80%为宜，低于65%时应灌水，高于90%应排水。

1. 灌水

清晨叶片上不显潮湿时应灌水。若遇夏季高温干旱季节，气温持续在35 ℃以上，叶片开始出现萎蔫时，立即进行灌溉；伏旱、秋旱时应在清晨或傍晚灌水。

灌溉时期主要在3月初花前，4月上中旬硬核期，采收前10～15 d；采果后至7月花芽分化期、夏秋干旱时、冬季干旱时浇水。

春季气温较低，灌水量要少，以“水过地皮干”为度，以免降低土壤温度，影响根系生长。硬核期灌水要勤、量要大，一般灌水2～3次，使10～30 cm深土层的含水量达到12%以上。采收前10～15 d是樱桃果实膨大最快的时期，灌水少量多次，避免灌水不当导致裂果。果实采收以后，结合施肥充分灌水。落叶后至封冻前要浇一遍封冻水，以利于樱桃安全越冬、减少花芽冻害和促进树体健壮生长。

根据各地的条件，可采用沟灌、滴灌和喷灌的方式进行。

2. 排水

果园内设排水沟，主排水沟深60～70 cm，支排水沟深30～40 cm，雨后及时进行排水。低洼易涝果园可对树盘进行培土，改为高垄栽植。

三、整形修剪

(一)整形

1. 树形

中密度栽植[株行距(3～4)m×(4～4.5)m]，干性弱的品种和根系较浅的品种可采用自然开心形；密植[株行距(2～3)m×(3～3.5)m]，干性强的品种和固地性强的砧木宜采用改良主干形、纺锤形。

2. 整形过程

(1)自然开心形　无中央领导干，定干高度 50～60 cm，全树 3～4 个主枝，开张角度 30°～40°，每个主枝留 3～5 个背斜或背后侧枝，交替插空排列，侧枝开张角度 70°～80°，尽量通过夏季修剪促发分枝，以防侧枝单轴延伸，树高 3.0～3.5 m，树冠呈圆形或扁圆形。

苗木定植后留 50～60 cm 定干，第一年冬剪时，顶端第一枝作为中心枝，向下每隔 5～10 cm 选留 3 个生长健壮、方位分布均匀的枝作为主枝，每留 50～60 cm 短截，剪口芽留外芽。保留中心干延长枝，留 60～70 cm 短截促发分枝，以便主枝开张角度，第一主枝下部裙枝和整形带内的辅养枝按生长势强弱各留 20～30 cm 短截。

第二年春季萌芽后，当新梢生长至长度 20 cm 左右时摘心，增加分枝级数，辅养树体，促进幼树提早结果。第 2 年冬剪时，选配好各主枝上的侧枝，第一侧枝应距主干 40 cm 以上，最好为背斜侧，侧枝留 40 cm 左右短截，主枝延长枝留 60 cm 以上继续短截，中心干延长枝及其上部分枝不剪。

第三年夏季，各主、侧枝生长达 60 cm 以上时，及时摘心促使萌发副梢，并利用副梢培养结果枝组和骨干枝的延长枝。第三年冬剪时，中心枝留 50～70 cm 回缩，其上的分枝改造成中小型结果枝组。

(2)改良主干形　主干高 40～50 cm，中心干保持优势生长，其上分层或螺旋配置 10 个左右单轴延伸主枝，主枝角度近水平，树高 3 m 左右。幼龄期采用轻剪、夏剪为主，利用缓放、摘心、剪梢、扭梢等夏剪措施，减少外围枝量，开张主干枝角度，缓和顶端生长势，改善树冠内膛光照，以迅速扩大树冠，并保护好中、下部短枝，促进花芽形成和结果枝组的培养。为防主枝劈裂，尽量不要选用开张角度小的枝作为主枝，且要减少在主枝上造成伤口。

苗木定植后留 50～70 cm 定干，第一年冬剪时，顶端第一枝作为中心干延长枝，向下每隔 15～20 cm 选一个生长健壮、方位合理的枝作为主枝，第一主枝离地不小于 40 cm，3～4 个主枝布满 360°，各主枝留 40～50 cm 短截，剪口芽留外芽。最上部的中心干延长枝，修剪时比主枝长留约 10 cm，其余各枝按生长势强弱留 20～30 cm 短截。

第二年春季萌芽后，当新梢生长至长度 20 cm 左右时摘心。第 2 年冬剪，在中心干延长枝上位于第一主枝和第二主枝的水平夹角内的上方选留培养第四或第五主枝，再隔 15～20 cm 选留第五或第六主枝，依此类推，使主枝在中心干延长枝上交错分布，对中心干延长枝和主枝继续短截。

第三年夏季，当中心干延长枝生长达 60 cm 以上时，应及时摘心，促使萌发副梢，并利用副梢培养中心干延长枝和上部新的主枝。第三年冬剪时，中心枝留约 50 cm 短截，第四、五、六主枝也同时短截。

(3)纺锤形　该树形早期丰产稳产。要求栽植 1.5 m 以上的健壮大苗，定干高度在 80～90 cm，当年不培养主枝，冬剪时极重短截主干上萌发的枝条，第二年开始培养主枝，这样可以加大中心干和主枝的级次差别，有利于从属关系的培养。一般要求干高 60～70 cm，树高 3.5～4.0 m，在中心干上每隔 20～25 cm 错落有致地培养 12～15 个主枝，主枝夹角为 70°～80°，不培养侧枝，在主枝上培养大、中、小型枝组。

八里旺樱桃
夏季修剪

(二)修剪

1. 幼树期修剪

幼树期主要是建立牢固的树体骨架，在整形的基础上，对各类枝条的修剪程度要轻。除适当疏除一些过密、交叉的乱生枝外，要尽量多保留一些中短枝和小枝，轻短截1年生枝，促发较多的分枝，以利于骨干枝的生长。

幼树主枝的延长枝应根据枝条长势的强弱和着生的位置来确定短截程度，延长枝一般留外芽，剪留40～50 cm，枝条直立性强的品种也可留里芽，待来年冬剪时剪除里芽，利用外芽当延长枝，这样可加大开张角度，抑制旺长。对树冠内的各级枝上的小枝，基本不动，使其尽早形成果枝，以利于提早结果和早期丰产。

2. 初结果树修剪

幼树期后经过2～3年，即进入初果期，此时的修剪工作是：完成树冠整形；扩大树冠，增加结果部位；培养健壮的结果枝组；平衡骨干枝之间的生长。

(1)完成树冠整形　对自然开心形的侧枝和改良主干形主枝数不足的树，继续适度短截主枝或中心干延长枝；当自然开心形树的三个主枝长势已趋中庸健壮时，将主干延长枝落头开心，对角度偏小或过大的骨干枝，拉枝或撑吊予以调整；对树体高度已经达到3 m，下部主枝长势已趋中庸健壮的改良主干形树，在顶部一个主枝上落头开心；对整形期间选留不当、过多过密的大枝或骨干枝背上的大枝，及时疏密。

(2)继续扩大树冠，增加结果部位　骨干枝适度短截，促其继续延伸，扩大树冠。但当果园覆盖率达到70%，新梢生长势仍较旺时，则要及时使用多效唑控制，使树势逐渐趋于稳定。

(3)结果枝组的培养　采用强放弱截的修剪措施，对部位适宜的发育枝进行处理。在生长期，过旺的发育枝应及时摘心，控制生长，若其先端分枝较多，则采用摘心或抹梢加以控制，以减少枝轴先端的枝头数量，同时注意加大分枝角度和改善树冠内膛光照条件；对少数较弱的发育枝和单轴延伸的短枝型枝组，适当重短截或重回缩修剪；对多数生长适中的发育枝，根据其所占空间大小，采用先短截后缓放或先缓放后短截的修剪措施培养结果枝组。

(4)促进骨干枝均衡生长　对生长强旺的骨干枝适当加大开张角度，疏除过多的发育枝，以减少枝量，保留的枝条少短截、多缓放，或在生长季摘心促发分枝，控制旺长；或在生长季采取扭梢和刻芽等措施，促使成花，及早结果，以果压势。对生长较弱的骨干枝则通过抬高分枝角度，多短截、少缓放，少留果甚至不留果，促进营养生长，达到骨干枝均衡生长。

3. 盛果期树修剪

树龄为6～8年时便进入盛果期，此时修剪的任务是：保持中庸、健壮、稳定的长势；维持合理的群体和树体结构；维持结果枝组和结果枝的结果能力。

(1)精细修剪结果枝组　按照一部分成花、一部分结果、一部分生长的原则要求，适当缓放一部分结果枝，让其形成花芽，下一年结果；适当保留一部分结果枝，让其开花结果；适当短截一部分结果枝，维持结果枝组一定的生长量。

(2)维持骨干枝的生长势　对主侧枝的延长枝，若还有延伸空间，则要中度短截，促进生长；若树冠已达规定体积，则可采取交替带头的办法，维持骨干枝的生长势，保持生长与结果的平衡。

(3)维持合理的树体结构　盛果初期要防止骨干枝过旺、过弱生长，或延长头上竞争枝的出现。盛果中后期，要防止树冠内膛徒长枝的发生或骨干枝延长头衰弱，对内膛出现的扰乱树形的徒长枝，在生长季节要及时抹除或在休眠期疏除；对开张角度较大，出现衰弱现象的主、侧枝，要适当抬高角度，选有背上枝的位置回缩，恢复生长势。

4. 甜樱桃修剪中常见问题

(1)冬剪时间选用不当　大樱桃一般选在3月中旬接近萌芽期修剪最适宜。

(2)修剪方法单一　在大樱桃修剪中，如果急于使树体早成形，早结果，一味地缓放或只疏不截，开角不及时，则造成树冠迅速扩展，大枝过多、过强，外围枝过旺，内膛中、长枝过少，导致内膛光照不良，养分不能自给，产生早衰和内膛空虚。为了避免上述现象的发生，在修剪上应综合运用多种方法，拉枝开角与疏截缓放相结合，抑前促后，平衡树势。

(3)修剪尺度"一刀切"　短截长度因树龄、品种特性而异。幼树期对骨干枝应轻缓、中截，一般在 50～60 cm 处短截。进入结果期后，短截可适当加重，但要特别注意品种特性，对长势旺、成枝力弱、以花束状果枝结果为主的品种如"那翁"，要中短剪或重短截；对成枝力强的品种如"大紫"，修剪时要轻截，疏除外围强旺枝，回缩直立枝组，尽量缓放长势中庸、粗度适宜、角度平缓的枝条，对多年缓放枝，回缩更新或疏除。

四、花果管理

1. 花期授粉

可通过花期放蜂来促进授粉。如遇倒春寒，昆虫活动受影响，可以人工辅助授粉，提高坐果率。

2. 疏花疏果

结合花前和花期复剪，疏去树冠内膛细弱枝、过密枝上的花(蕾)及多年生花束状结果枝上的畸形花、弱质花，以利于坐果和果实发育。生理落果结束后，疏去小果、畸形果。

五、病虫害综合防控

(一)主要病害的防治

樱桃主要病害的防治方法见表 4-2-4。

表 4-2-4　樱桃主要病害的防治方法

病害	防治措施
褐腐病	发芽前喷 1 次 3～5 波美度石硫合剂或 70% 甲基硫菌灵 500～800 倍液。生长季每隔 10～15 d 喷 1 次药，共喷 4～6 次，药剂可用 1∶2∶240 倍波尔多液，或 77% 氢氧化铜 500 倍液，或 50% g 菌丹 500 倍液
流胶病	发现流胶病，要及时刮除，然后涂药保护。常用药剂有 50% 退菌特 1 份、50% 悬浮硫 5 份加水调成混合液；以及用生石灰 10 份、石硫合剂 1 份、食盐 2 份、植物油 0.3 份加水调成混合液
叶斑病	发芽前喷 3～5 波美度石硫合剂或 70% 甲基硫菌灵 500～800 倍液。谢花后至采果前，喷 1～2 次 70% 代森锰锌 600 倍液，或 75%百菌清 500～600 倍液等，每隔 10～14 d 喷 1 次
缩叶病	休眠季喷布 3～5 波美度石硫合剂，铲除越冬病原菌；春季芽开始膨大时，喷洒 0.3～0.5 波美度石硫合剂，或 70% 甲基硫菌灵可湿性粉剂 1 000 倍液，或 2% 氨基寡糖素 600 倍液，32%核苷溴吗啉胍 800～1 000 倍液，或 50% 多菌灵胶悬剂 1 000 倍液；生长季 3—6 月份，展叶后至高温干旱天气到来之前，可选用甲基硫菌灵或多菌灵，或再与 70% 代森锰锌可湿性粉剂 500 倍液、井冈霉素水剂 500 倍液交替使用。发芽后，一般不需要再喷药
茎干腐烂病	发芽前喷机油乳剂或石硫合剂 30 倍液或 70% 甲基硫菌灵 500～800 倍液，杀死越冬病菌。采果后喷 1∶2∶240 倍波尔多液 2 次进行树体保护。及时刮治病斑。刮后涂甲基硫菌灵糊剂治疗

（二）主要虫害防治

樱桃主要虫害的防治方法见表4-2-5。

表4-2-5 樱桃主要虫害的防治方法

虫害	防治措施
绣线菊蚜	4月上旬蚜虫初发期进行药剂涂干，如树皮粗糙，先将粗皮刮去，刮至稍露白即可。有条件的可人工饲养捕食性瓢虫、草蛉等天敌。每百叶蚜虫量超过500头时，喷10%吡虫啉粉剂4 000倍液，或25%吡蚜酮可湿性粉剂2 000～2 500倍液
舟形毛虫	结合秋翻地或春刨树盘，使越冬蛹暴露地面失水而死。利用3龄前群集取食和受惊下坠习性，人工摘除有虫群集的枝叶。为害期可喷1.8%阿维菌素3 000～4 000倍液或48%毒死蜱800～1 000倍液
桑白蚧	冬季休眠期，人工刮刷树皮，消灭越冬雌成虫。萌芽期，喷布1次5%蒽油乳剂，或5波美度石硫合剂。各代若虫孵化盛期喷布1次2.5%功夫乳油(三氟氯氰菊酯)3 000倍液。利用小黑瓢虫生物防治
红颈天牛	小幼虫在皮下为害期间，发现虫粪，即人工挖除；或用兽用针管注射80%敌敌畏乳油800倍液，或50%辛硫磷乳油500倍液，注入虫道后，用泥封堵药杀。还可人工捕杀成虫
梨小食心虫	采用梨小食心虫迷向丝技术，利用高浓度长时间的信息素干扰，使雄虫无法找到雌虫，达到无法交配产卵以保护果园的目的，一个生长季只使用一次。当卵果率达1%～2%开始喷药，10～15 d后卵果率达1%以上再喷药。药剂种类及浓度：2.5%溴氰菊酯乳油2 500倍液，1.8%阿维菌素3 000～4 000倍液
果蝇	在樱桃等水果成熟采收期间，及时在田间清除落果和摘除烂果、虫果，并集中深埋和销毁，消灭虫果中的幼虫，减少下一代的虫量。大棚栽培的樱桃可用60目的防虫网，阻止成虫进入大棚内产卵。在水果膨大期至采收期间，进行大面积悬挂果蝇（甲基丁香酚）性诱剂诱芯和配套的可降解诱捕器，或用敌百虫∶糖∶醋∶水以0.02∶1∶1.5∶10配成诱饵液，装入塑料碗挂于离地1.5 m高的树枝上，诱杀成虫，减少产卵量；亦可悬挂黄板诱杀成虫
瘿瘤蚜	结合春季修剪，剪除虫瘿，集中烧毁。从果树发芽至开花前，越冬卵大部分已孵化，及时往果树下喷药防治。药剂可选用：3%啶虫脒乳油1 500～3 000倍液；10%吡虫啉可湿性粉剂2 000～2 500倍液；48%毒死蜱乳油1 000～2 000倍液；50%抗蚜威可湿性粉剂1 500～2 000倍液；10%烯啶虫胺水剂4 000～5 000倍液；1.8%阿维菌素乳油3 000～4 000倍液；2.5%溴氰菊酯乳油1 500～2 500倍液喷雾防治

六、采收

当果实底色退绿转色后，果面达到品种固有颜色并有光泽时即为成熟。樱桃采收时应避开早晨带露珠及中午高温时段。带果柄采收，以延长保鲜期限，防止果蝇危害。

七、包装与贮藏

1. 包装材料

选用纸箱、纸盒或塑料箱、塑料盒或本地竹编特色竹篮包装。

2. 贮藏方法

利用气调冷藏库控制温度在0 ℃左右，空气相对湿度在85%～90%，可延长保鲜时间。

八、建立生产档案

建立和完善生产质量追溯体系。樱桃种植过程中，对种苗、肥料、农药等农业投入品的名称、来源、用法、用量及使用、停用日期等各个环节的农事操作进行记录；做好收获、运输、贮藏和销售记录。所有记录和材料整理归档，并保存3年以上。

任务二　樱桃设施栽培管理

采用设施栽培，可以更好地发挥樱桃成熟期早的优势，在果品淡季抢先上市，满足消费者的需求，并且还可较好地解决露地栽培花期冻害、成熟期裂果和易遭鸟害等问题。

一、品种选择

温室栽培甜樱桃，以成熟较早、需冷量较低品种最佳，如岱红、超早红、意大利早红、大紫等，可进一步提早成熟，提高经济效益；为了延长上市期，提高收益，可选择先锋、美早等中熟品种。

中国樱桃休眠期短，植株相对矮小，适于保护地栽培，可选择大窝娄叶、短柄樱桃、莱阳矮樱桃等优良地方品种。

二、栽培管理技术

（一）整地与栽植

2月中旬至3月上旬定植。挖深60 cm、宽80～100 cm的定植沟，将有机肥与表层土混合施入沟底，株行距以2.5 m×1.5 m为好。

（二）整形修剪

1. 主要树形

适合温室栽培的主要树形有开心形和自然纺锤形。

2. 修剪技术

（1）生长期修剪　主要在新梢生长期和果实采收后进行。前者主要是抑制新梢旺长，促进分枝，可进行多次摘心；后者主要是疏密枝，保证树体通风透光，均衡树势，促进花芽分化。对2年生枝在腋芽处短截，待结果后再从基部疏除。

（2）休眠期修剪　幼树期宜适当短截，以促进分化花束状果枝及叶丛枝；结果后应适当回缩，维持树体长势，提高结果能力。

（三）土肥水管理

1. 土壤管理

每个生长季最少要中耕4～5次，中耕深度以5～10 cm为宜，既锄草又保墒，使土壤活化，增强通透性。在采收后要进行浅翻，促进根系更新生长。

2. 施肥

施基肥的时间应在晚夏或早秋进行，施用肥料以有机肥为主，加施适量的钙、镁、磷肥。在生长季追肥 2～3 次，于开花前和花后果实速长期追施，每株施尿素 0.5 kg 或三元复合肥 0.5 kg。果实采收后每株可追施尿素 0.5 kg 或过磷酸钙 1 kg、硼砂 50 g，施后浇水，以促使花芽形成和补充营养，另行叶面施肥 2～3 次。6 月前促长为主，6 月以后控氮控水，增施磷钾肥。

3. 灌水

除结合秋施基肥、花后追肥和采后追肥各浇一次水外，还在果实膨大期浇一次水，上冻前浇一次封冻水。

（四）花果管理

1. 花期放蜂

花前 3～5 d 每棚放一箱蜜蜂传粉，提高坐果率。

2. 人工授粉

在主栽品种授粉前 2～3 d，在授粉树上采集大蕾期或即将开放的花朵，制粉备用，上午 8:00—10:00 随开随授，花期反复授 2～3 次。盛花期前后相隔 10 d 各喷一次 0.3% 尿素加 0.3% 硼砂，或盛花期喷施 600 倍磷酸二氢钾溶液，或盛花期喷施 50 mg/L 赤霉素或 300 倍稀土微肥，均可显著提高坐果率。

3. 疏果

开花前或开花期疏花疏果，每个花序留 2～3 个果。5 月中旬生理落果结束后，疏去小果、畸形果。

4. 补光和补充二氧化碳

坐果前每天用日光灯补光 1 h，坐果后每天补光 2 h。早晨日出后，利用启普发生器增加温室内二氧化碳浓度。

5. 提高果实商品率

果实膨大期喷 2～3 次 200 倍氨基酸钙，可促进果实增大，增加果实亮度、硬度和果面蜡质。果实开始着色时，采用摘叶和铺设银色反光膜等措施，改善光照条件，提高着色度。

三、棚室环境管理

1. 盖棚和撤棚

一般情况下，樱桃度过自然休眠的需冷量为：低于 7.2 ℃，400～1 440 h，甜樱桃需冷量较中国樱桃多。

设施栽培覆膜必须满足甜樱桃对需冷量的要求。大多数扣膜时间在 12 月中下旬，外界气温第一次出现 0 ℃以下的低温（初霜冻）时，进行覆盖。夜间覆膜盖帘、白天开窗卷帘降温，保持棚内温度在 0～7.2 ℃，覆膜期总计 20～50 d。度过休眠后逐步升温，升温时间依棚内品种最高的需冷量来确定。升温分三个阶段进行（表 4-2-6）。

表 4-2-6　升温过程

阶段	昼温/℃	夜温/℃	相对湿度/%	备注
第一阶段（10 d）	8～15	3～5	80	白天拉开 1/3 草帘
第二阶段（7 d）	10～18	4～6	80	白天拉开 2/3 草帘
第三阶段（6～7 d）	12～15	12～20	70	白天全部将草帘拉起

除膜在果实采收前 10 d，先将两侧的膜揭开，放风锻炼 2～3 d，再将膜大部分揭开，以增加光照，促进着色，提高果实含糖量和果品质量。果实采收后可完全除掉覆膜，气温降低或下雨时可将膜重新盖好。

2. 温度的调控

通过开关通风窗、作业门和覆盖草苫或保温被调控温度。温室覆盖地膜也可提高地温 2～3 ℃。地温和气温之间应保持相对平衡，即同一物候期一天中的平均气温即是适宜的地温。一般认为大樱桃适宜生长发育的地温为 20 ℃左右。

3. 湿度的调控

设施湿度包括土壤湿度和空气湿度。设施内易出现土壤湿度和空气湿度过高的情况。

从覆膜到采收，要求土壤相对湿度为 60%～80%。发芽到初花以前要求 80%为宜；发芽期 20～40 cm 深的土壤湿度以泥土手握成团、松手即散为度；花期之后，土壤相对湿度 60%～70%为宜。

从覆膜至发芽前，空气相对湿度要求在 80%左右。过低则开花不整齐，易受冻害；过高对发芽不利，易染病。花期的相对湿度宜为 40%～60%，果实膨大期相对湿度控制在 60%，着色至成熟期相对湿度控制在 50%左右。

土壤湿度可通过灌水来调节。果实膨大期需水较多，但此期宜小水勤灌，每次灌水 10～15 mm。果实成熟前灌水量在 5～7 mm 为宜。温度、湿度管理见表 4-2-7。

表 4-2-7　樱桃不同生育期温度、湿度管理

生育期	昼温/℃	夜温/℃	相对湿度/%	备注
萌芽前	18～20	2～5	70～80	
开花期	18～20	6～7	40～60	
开花盛期	20～22			绝对不能超过 25 ℃
落花期	20～22	7～8		
果实膨大期	22～25	10～12	60	
果实采收期	22～25	12～15	50～60	如连续数天超过 30 ℃高温，则着色不良，花芽分化不好

生产链接

八里旺樱桃高效栽培技术

该技术由十堰市科技学校等单位集成研发，以品种选育结合配套技术研发，解决以中国樱桃为主的我国南方产区小樱桃货架期短、不宜远距离运输、难以异地销售、生产效率低的问题。主推品种为湖北省优良品种“八里旺樱桃”，该品种适应性好，果大、色艳，早实、丰产，风味甜爽，尤其是自然条件下保鲜达 5 d 以上，在储运性、货架期、商品性方面优势明显。

截至目前，总种植面积达 960 hm^2，覆盖十堰市张湾、郧阳、丹江口、郧西、竹溪、房县，辐射省内襄阳、恩施、咸宁、武汉、黄冈等地。平均产量可达 1 200 kg/亩，产值达 30 000 元/亩，与传统粗放栽植（产量 500 kg/亩，产值 5 000～15 000 元/亩）比较，效益增加 1～5 倍；同时，其树形优美、花果美艳，观赏价值高，仅 2022 年房县八里村吸引游客 20 万人次，经济效益、社会效益极为显著。

1. 主要技术要点

(1)品种定向　优先选择适应本地生态条件的中国樱桃优良品种：八里旺(良种证号：鄂S-SV-PP-003-2020)。

(2)大苗建园、平地起垄、适度密植　采用 2 年生嫁接苗，地径 3～5 cm，高 50～60 cm，有 3 个以上分枝；平地建园，按高 30 cm、宽 2 m 起垄；株行距 4 m×4 m，每亩栽 42 株，定植第二年结果，第三年进入丰产。

(3)简化树形，精细管理　采用自然改良主干形，高 50～60 cm，中心干保持优势生长，其上配 10 个左右单轴延伸主枝，分层或螺旋排列，主枝角度近水平，树高 3m 左右(彩图 24)。

采用冬季清园，果园挂黄板防控病虫害；每年施秋肥，以有机肥为主，配合复合肥和中微量元素肥；幼果期至采果前，每隔 6～10 d，喷施一次叶面肥，前期补钙，后期补钾。

生草覆草，可结合绿肥种植，在初夏和秋季进行割草，割后随即覆盖于树盘周围。

(4)分级采摘，资源化利用　提倡带果柄采收，分级上市；等外果制作果酒，加工利用。

2. 注意事项

(1)选择背风向阳缓坡、有灌溉条件、海拔高度在 1 200 m 以下的山坡地、丘陵地及小盆地建园。要求山坡地、丘陵地的活土层厚度不少于 50 cm 或经改良不少于 50 cm，小盆地地下水位低于 120 cm，土壤 pH 在 6.0～7.5 为宜。

要求年日照时数 1 500～2 000 h，年平均温度 15 ℃左右，年降水量 700～1 200 mm，无霜期 200 d 以上。

(2)嫁接育苗以大青叶(大叶型草樱桃)实生苗作为砧木为佳，嫁接亲和性强、根系发达、抗逆性好、寿命长。

(3)病虫害防控以预防为主，冬季务必做好清园，春季挂黄板。

(4)秋肥使用宜早。每年 9 月结合深耕，开沟施入。幼树和初果期树，每株施商品有机肥 10～15 kg。盛果期大树，每株施有机肥 30～40 kg 或每亩施 1 000～2 000 kg。

基肥施肥方法：幼树和初果期树采用环状沟施，沟宽 30～40 cm，深度约 40 cm，逐年向外扩展。结果大树采用放射状沟施或开大穴施用。施肥深度，幼树和初果期树以 30 cm 左右为宜，盛果期树 50 cm 左右为宜。

(5)八里旺樱桃在花前、果实硬核期、采果期、花芽分化期遇干旱时应浇水。土壤湿度保持在田间最大持水量的 70%～80%为宜，低于 65%时应灌水，高于 90%应排水。

根据各地的条件，可采用沟灌、滴灌和喷灌的方式进行。果园内设排水沟，主排水沟深 60～70 cm，支排水沟深 30～40 cm，雨后及时进行排水。低洼易涝果园可对树盘进行培土，改变为高垄栽植。

(6)花期注意防冻，个别年份樱桃开花遇低温寒潮，易发生冻害，应根据天气采取熏烟或者简易覆盖措施加以预防。

宜昌发展甜樱桃经验

1. 品种选择

选择适宜本地气候、高产优质的短低温品种。宜昌表现较好的短低温品种有珊瑚香槟、布鲁克斯、格兰瑞德、罗亚明、罗亚理等，还需继续引种筛选，并从本地樱桃资源中筛选出更抗病、抗涝、寿命长的配套优势砧木。

2. 避雨栽培

建设避雨设施，以改变露地栽培大樱桃对环境的不可控性，降低田间湿度，减少枝梢徒长、裂果和病虫害，提高坐果率。避雨设施可选大棚或伞形棚，可优先选用造价更低、抗风的“飞鸟形”钢丝避雨棚。可选择海拔高、降雨少、光照好的地区高标准建园，深沟高畦整地，增施有机肥改良土壤，建设好水肥一体化设施，进行矮化密植、标准化管理。

3. 花果管理

(1)打破休眠促萌发　萌芽前 30 d 左右使用 50%单氧胺 50～80 倍液喷洒或刷涂全树芽苞，促进发芽开花整齐，提高坐果率。单氧胺只能弥补需冷量的 30%，喷药太早和太晚效果都不好。

(2)利用植物生长调节剂、叶面肥促进坐果　在盛花期、第一次膨大期喷施 3 次调节剂，可选 30 mg/kg GA_3＋20 mg/kg 6-BA，或 1.8%爱多收(复硝基酚钠)3 000 倍液或碧护 5 000～10 000 倍液或大樱桃专用坐果剂。每周喷施天达 2116 果树型 800～1 000 倍液或 0.3%尿素＋0.3%硼砂＋0.3%磷酸二氢钾，提高坐果率，增加抗逆性。

(3)增钾补微很关键　萌芽前每亩追施三元复合肥 30 kg，萌芽后每 10 d 追施高钾水溶性复合肥和海藻肥，促进萌芽开花、果实膨大和营养积累。硬核期后注意补钙，可喷施志信高钙 300 倍液 2～3 次，提高果实硬度，防止裂果。

(4)地面覆膜提品质　铺设反光膜，增强树冠中下部光照，促色增糖，提高果实品质。

(5)病虫防控　注意及时防控为害花果的蚜虫、花腐病、褐腐病等病虫害。

4. 促进花芽分化

(1)遮阳降温促分化　采果后覆盖遮光率 50%～70%的遮阳网，降低光照强度、降低田间温度，促进花芽分化，减少早期落叶。

(2)充足肥水保分化　采果后每亩施优质有机肥 1 000 kg，促进树势恢复。生长季根据长势随水追施水溶性复合肥和海藻肥。9—10 月早施基肥，每亩施优质有机肥 2 000 kg、三元复合肥 60 kg。

(3)枝梢控旺促分化　及时摘心、拉枝，削弱树势，果后喷施 PBO(果树促控制)可促进花芽形成，5—6 月可喷施 2 次 200～300 倍液。

(4)防控病虫害保分化　及时排水、防沤根、防流胶，做好蚧类、蝽类、穿孔病、炭疽病等病虫害的防控。

能力转化

1. 实地调查，了解当地樱桃主栽品种及主要栽培方式，分析生产效果。
2. 参与生产过程，并根据操作体验，总结经验、提出技术创新。

项目三　石　　榴

小石榴大产业

知识准备

一、概述

石榴（学名：*Punica granatum* Linn.）别名安石榴、海榴，属石榴科石榴属，果实营养丰富，维生素 C 含量高出苹果、梨 1～2 倍。石榴的果皮、根、花皆可入药。据记载，石榴典型药用功效涉及生津化食、抗胃酸过多、软化血管、抗胃溃疡、降血脂和血糖等。另外，石榴富含蛋白质、氨基酸，以及石榴多酚和花青素。

石榴原产于巴尔干半岛至伊朗及其邻近地区，在温带和热带都有种植，目前世界上有 30 多个国家种植石榴。中国、印度、伊朗、阿富汗、土耳其、美国、突尼斯和巴基斯坦等为主产国，种植面积占世界的 75%以上。据统计，2020 年，中国种植石榴 11.7 万 hm^2，产量超过 100 万 t，居于世界第一位；伊朗 7 万 hm^2，产量 65 万 t；印度 6.3 万 hm^2，产量 50 万 t；土耳其 1 万 hm^2，产量约 8 万 t；美国 1.2 万 hm^2，产量约为 11.32 万 t；突尼斯 1.5 万 hm^2，产量约 5 万 t。其他国家和地区如黎巴嫩、叙利亚、埃及、土库曼斯坦、以色列、缅甸、沙特阿拉伯、日本、西班牙、法国等有一定面积和产量。

20 世纪 80 年代以来，石榴在我国得到了广泛重视和开发利用，进入 20 世纪 90 年代后发展更为迅速。目前我国是世界上石榴栽培面积和产量最大的国家。主要分布于北纬 23°—40°，涉及 5 个主要栽培区域，即陕甘豫地区、新疆地区、安徽怀远地区、山东枣庄峄城地区和西南地区，其中以陕西、安徽、山东、江苏、河南、四川、云南及新疆等地较多；河北省石家庄市元氏县，山西运城，湖北三峡、十堰，广西灌阳有一定面积；江苏、江西、浙江、福建、广东等地多为零星分布（表 4-3-1）。

表 4-3-1　我国石榴主产区分布与面积

产区	主要分布	面积/万亩
陕甘豫	陕西临潼、礼泉，甘肃文县，河南封丘、荥阳等地	20
新疆	和田地区皮山县、策勒县，喀什地区叶城县、疏附县、疏勒县	34
安徽	集中在怀远、淮北	10
山东	峄城石榴主栽区在枣庄	20
西南	四川会理、攀枝花仁和区，贵州赤水，云南会泽、巧家、东川、禄丰、蒙自、建水等县区	20

中国传统文化视石榴为吉祥物，作为多子多福的象征。我国栽培石榴中 80%以上面积为鲜食，赏食兼用占 15%以上。四川、云南两省石榴总产量已占全国总产量的近 60%，在北方石榴成熟前上市，销往北方，形成“南果北卖”格局，华东、华北、华南等地是我国石榴的主要消

费区域。四川、云南、新疆等产区的优质石榴出口销售到东南亚、俄罗斯等国家和地区，年出口量15万t左右，出口额约5亿美元。

近年来，随着国际国内市场需求的增大，质量和品质逐步提高，贮藏业和加工业也得到发展，涌现出数十家石榴深加工企业，相继开发了石榴酒、石榴茶等系列深加工产品，深受国内市场的欢迎，还远销东南亚和欧美。

二、生物学特性与栽培环境

石榴一般3—4月萌芽，5—6月开花（花期1～2个月），7—8月果实迅速膨大，8—10月果实成熟，10月落叶。其中，6—8月同时进行花芽分化。生长期一般北方210 d左右，云南可达300 d。随纬度和海拔高度的变化，石榴的物候期大不相同（表4-3-2）。其中主要是温度的差异影响当地石榴生长、结果的迟早。各地管理措施，不应当按日历的时期来实施，而是应该严格按照当地石榴萌芽、开花、生长、结果、落叶和休眠等实际物候反应过程，来实施管理。

表4-3-2　各地物候（月份）统计

地区	萌芽期（日均温10 ℃）	开花期	成熟期	落叶期
云南蒙自	2月中旬	3月下旬	7月中旬	11月，个别不落叶
河南开封	3月下旬至4月上旬	5月上旬	8月上旬至10月上旬	10月下旬
山东峄城	4月上旬			
陕西临潼	4月上中旬			
河北巨鹿	4月下旬			
湖北十堰	3月中下旬	5月初	9月底至10月上旬（秋分）	11月中下旬

（一）生长特性

1. 根系

石榴根系发达，须根多，再生能力很强，根际易生根蘖，可用于更新或分株繁殖，但在栽培条件下，一般多将根蘖剪除。水平分布于主干周围4～5 m，比树冠大1倍左右的面积范围内；垂直分布于15～60 cm深土层。

水分60%～80%、空气含量为20%～40%、有机质丰富的土壤最适于石榴根系发展。一般30 cm深处旬平均地温8.5 ℃时根系开始活动，旬平均地温14.8 ℃时新根大量发生；一年中有3次生长高峰，分别出现在5月中旬（初花期）、6月下旬（幼果期）、9月初（果熟期）。

2. 芽

石榴的芽依季节而变化，有紫、绿、橙三色。按着生位置，可分为腋芽和顶芽。按功用，可分为叶芽和混合芽，叶芽只抽生发育枝和中短枝，混合芽可以抽生带叶片的结果枝。潜伏芽受到外界刺激可萌发，多形成徒长枝。

凡新梢伸长具明显腋芽的，不论其长度如何，都先端自枯而呈针状，没有顶芽。但生长极弱、基部簇生数叶和没有明显腋芽的最短枝，都有一个明显的顶芽，而且最易形成混合花芽。

芽因大小不同，其萌发力和生长力也不同，具有异质性。一年生枝上的芽，在中部的往往较肥大，而基部和顶部的多瘦小。

3. 枝梢

石榴的干和枝多向左方扭转生长，以增加对自然风吹的抵抗力和对果实的抗压能力。枝干上多有瘤状突起，老树皮多呈块状剥落，嫩枝有棱，其横切面呈方形或六角形，老熟后的一年生枝则呈圆柱形。小枝细软柔韧，能负荷 500 g 以上果实而不折断。新梢在母枝上垂直交错对生，枝上多具小刺，刺的多少和长短与品种有关。软籽石榴刺少而软，硬籽石榴刺粗而硬。一般品种都有较多的刺。刺的多少又与树势强弱有关。旺树刺多，老弱树则刺少。石榴的枝条一般没有顶芽，先端多自枯而成刺。

石榴枝条根据功能的不同，分为结果枝、结果母枝、营养枝、针枝和徒长枝等。针枝多为先端枯顶而形成针刺状的短枝。徒长枝多为根颈附近或骨干枝上萌生的旺长枝条，长度在 80 cm 以上，其上常发生二次枝和三次枝。依长度又可分为叶丛枝、短枝、中枝和长枝。

(1)叶丛枝长度在 2 cm 以下，生长最弱，节间极短，仅一个顶芽，无侧芽，叶片簇生。营养集中于顶芽，停长早(萌芽后 1～2 周内停长)，营养积累时间长，常能形成有混合芽的结果母枝。

(2)中、短枝　生长较慢而且弱。短枝 2～7 cm，节间较短，多数成为针刺枝；其下部 1～2 个侧芽，发育好的往往成为混合芽，从而使该短枝成为结果母枝。中枝为 7～15 cm，叶片较多；下部侧芽营养好的也往往形成混合芽，这类中枝也形成结果母枝。

(3)长枝长度在 15 cm 以上，节间长，侧芽多，每个侧芽只能获得一个叶片的营养，很难形成混合芽，常成为较长的营养枝。主要构成树体骨架，扩大树冠，并为果实、枝干和根系等器官提供光合产物。

叶丛枝和短枝是主要的结果枝；中长枝是光合营养枝，也是扩大树冠、扩大营养和结果面积的枝类。这两大类枝条需形成合理的搭配，才能使石榴树年年结果，并稳定增产，叶丛枝及短枝占总枝量的 50%～60%为佳。

石榴一年大致有 2～3 次生长期。春梢生长最高峰在 5 月上旬前后，平均每天可增长 0.63 cm。5 月中旬以后，生长速度明显减弱以致逐渐停止生长；6—7 月份春梢顶芽萌生夏梢；8 月份以后抽秋梢。夏梢和秋梢在增加叶面积、扩大树冠以及向枝干和根系贮积养分等方面均有一定的作用。主干在定干剪枝后仅有加粗生长。加粗生长明显的高峰期为 6 月上旬和 7 月下旬，分别在新梢加长生长停止和根系生长高峰期之后。

(二)开花结果习性

石榴是从结果母枝上抽生结果枝而结果。结果母枝多为春季萌发的一次枝或初夏抽生的二次枝。这些枝条停止生长早，发育充实，容易形成混合芽。翌年这些枝条的顶芽(最短结果母枝)或腋芽(中长结果母枝)抽生成 6～20 cm 长的结果枝，顶端开花而先端结果，不能够向前延伸，使营养集中，因此，往往比其他枝条粗壮而成为果台枝，其直径可达 0.5 cm 以上。

石榴也具有在当年枝上形成混合芽，又于当年抽生结果枝开花结果的现象。这类花芽的分化时间短，质量差，开花又很晚(多为三茬花)，对构成产量意义不大，但在 1～2 茬花没坐果或坐果少时，也能从三茬花获得一定收成。

1. 花

石榴的花为两性花，1～9 朵着生在当年果枝先端，一朵顶生，其余侧生。花瓣大，红色，也有白色、黄色或杂色者。子房(心皮)下位，包生在花托内，7～15 室，分为两层，中间有隔膜。下层由 3 心皮组成；上层由 5～12 心室组成。受精后发育，成熟时成为多心室多籽粒的浆果。籽粒(种子)由外种皮、内种皮和胚组成。食用部分为多汁的外种皮。内种皮为角质，较坚硬。也有内种皮变软的，称为软仁石榴，或称软籽石榴。内种皮内有种胚，即种子或称种仁。

石榴花量大，成年大树每株可达上万朵。花期长达60～70 d，盛花期25～35 d。全年可开3～5茬花。北方地区8—9月份仍有少量花开放。

根据发育情况分为完全花和不完全花。完全花雌蕊柱头高于雄蕊，或与雄蕊持平（中间型）；不完全花的雌蕊低于雄蕊，或完全退化，不见雌蕊。正常花呈葫芦状；花粉粒大，花粉萌发力强；心室多数，胚珠饱满，易完成受精而形成大的籽粒（种子）。退化花萼筒呈喇叭形（钟形）、雌蕊完全萎缩，花粉粒小，萌发力弱；心室数少，胚珠细小，不能受精形成籽粒。中间型花近似于圆筒形；花粉粒略大，部分可以正常萌发；坐果率中等。

开花早晚不同，正常花所占的比例不同。一般头茬花比例最高，二茬花最低，三茬花稍高。开头茬花时，树体贮藏养分多，花器官发育充足。二茬花由于开花量大（占总量的65%），花朵之间相互竞争养分，花器官发育不良，退化花多，正常花就少。三茬花开花总量少（10%左右），营养相对充足，正常花比例也就相对较高。不同地区和不同品种间，正常花比例也不同，一般总花量少些，营养条件好些，正常花的比例就会高些。因此，通过采收修剪和疏蕾疏花措施，加上追施肥料，可以提高正常花比率。

2. 花芽分化

石榴的花芽分化持续时间长，全树分化期长达8～10个月，始于6月中旬，一直延续到9月中旬，甚至周年不停。分化先是叶丛枝和短枝，其后是中长枝基部侧芽，因光合养分积累早晚不同而拉长了分化期。单个花芽的分化仅需60～70 d，同一花序中，各单花分化的时间相差15～20 d。同一个结果母枝上的花芽分化，可持续90 d。不同枝条有多层次分化能力，使得石榴具有很强的结果能力和极大的生产潜力，是丰产稳产的生理基础。

分化早的花芽先开放，分头茬花与二茬花；而三茬花则是当年分化的。石榴的花芽分化，正值开花坐果与果实生长期，营养竞争非常激烈，应加强栽培管理，包括夏季修剪、疏花疏果、肥水施用和病虫防治等，以保证幼果生长和花芽分化两者的需要。

3. 授粉受精与结实

石榴属自花授粉植物，但同花授粉都不能坐果，同株异花和同品种异花授粉可以坐果，但坐果率不高。不同品种授粉，坐果最好。如大青皮在自然状况下，正常花的自花授粉坐果率为7.9%，异花授粉坐果率可达21.2%；人工授粉坐果率可达45.8%。人工授粉或果园放蜂，对于提高石榴坐果率具有非常重要的意义。

不同品种坐果率不同，一般来说，酸石榴较甜石榴坐果率高，果实小的品种较大果品种坐果率高。花的着生位置不同也影响坐果，顶生花易坐果，侧生花坐果率较低，疏花疏果时应多保留顶生花果。

石榴坐果率还受多种条件的影响。肥水条件好，树体健壮，土壤墒情好，天气晴朗，气温较高，有利于坐果；反之，则不利于坐果。管理好的树，辅以人工授粉，坐果率最高可达97.2%；而放任不管的树，自然坐果率也最高只有8.0%。

石榴结果部位多在枝条先端，以单果为主，多由顶生完全花发育而成。石榴果枝的侧生完全花也可坐果，常形成并蒂石榴。着生极短结果母枝的枝组，枝龄多为2～4年生，枝条粗度以0.4～0.7 cm居多。结果枝组为单轴式，并且多分布在树冠外围和中上部，这与石榴的喜光性有关。在整形修剪时，应以开张树冠和疏枝长放为主要措施，以便形成大量叶丛枝和短枝，秋季落叶后即形成大量短结果母枝，从而保证翌年多开花、多坐果。

4. 落花落果

石榴花期长，有利于避开短暂的不良气象因素（如阴雨），而保持足够的坐果量；但也使得石榴养分消耗加大，加剧了营养分配的矛盾，在树体营养状况不良的情况下，可导致大量落花落果的发生。据山东峄城观察，当地石榴园落花率为 95.85%～99.10%，其中落蕾率为 9%～13%。退化花一般在花后 4～6 d 脱落。幼果的脱落一般集中在盛花后期，脱落量占全年落果总数的 80%～90%，以后则逐渐减少。

落花落果的原因，主要是授粉受精不良，再就是营养不足和病虫危害。这就要求石榴园管理中既要保花保果，又要疏花疏果，并合理管理肥水。人工授粉、追施肥料、防治病虫等都是防止落花落果的重要措施。

5. 果实发育

果实生长可分为三个时期，即幼果期、硬核期和转色期。幼果期在坐果后 4～7 周，果实膨大最快，增长量占果实发育期间总量的 50%～63%；硬核期（缓慢生长期）常在坐果后的 6～13 周，果实膨大速度显著降低，膨大量只占生长总量的 4.4%～22.4%，籽粒核仁开始硬化；转色期（采前膨大期）多出现在采前 4～5 周，果实体积膨大再次转快，一般占总增长量的 22.6%～27.5%。

由开花到果实成熟，一般需要 120 d 在左右。成熟期依地区和品种差异而不同。四川会理、云南蒙自等地，7 月中下旬石榴果实即已成熟；而陕西临潼、安徽怀远、山东枣庄和河南开封等地，9 月上旬至 10 月上旬石榴果实方能成熟。湖北多在中秋节前后成熟。

（三）对生态环境条件的要求

1. 温度

石榴喜温畏寒。从现蕾至果实成熟需≥10 ℃的有效积温 2 000 ℃以上，年生长期内需≥10 ℃的有效积温在 3 000 ℃以上。据观察，石榴树在旬平均气温 10 ℃左右时树液流动，11 ℃时萌芽、抽枝和展叶，日平均气温为 24～26 ℃时授粉受精良好，气温为 18～26 ℃时适合果实生长和种子发育；日平均气温为 18～21 ℃，且昼夜温差大时，有助于石榴籽粒糖分的积累。当旬平均气温为 11 ℃时落叶，地上部进入休眠期。

在我国石榴分布区，≥10 ℃的年积温在 4 000～8 000 ℃，温度完全可以满足石榴生长发育的需求（表 4-3-3）。

表 4-3-3　我国石榴分布区≥10 ℃的积温分布

区域	华北平原和渭河河谷至北纬 32°左右，江淮地区和大巴山脉	北纬 26°—32°	北纬 26°以南的岭南地区，云南中南部地区	雷州半岛、海南岛和台湾中南部地区
积温	4 000～5 000 ℃	5 000～6 000 ℃	6 000～8 000 ℃	高于 8 000 ℃

2. 光照

石榴喜阳，光照充足有利于石榴品质的提升，因此，石榴种植应选择光照充足的地区，生长发育期年有效日照时数在 1 200 h 以上地区为佳。全国各地石榴产区的年日照时数，东南地区少而西北地区多，从东南向西北逐渐增加。一般都可满足石榴年生长发育对光照的要求。

3. 水分

石榴较耐旱，但要正常生长发育，仍需适宜的水分。在萌芽、抽枝、显蕾、幼果发育期都要求较好的墒情，若水分不足，容易出现落蕾和果实发育不良现象。全国石榴产区的年降水量在500～1 200 mm。

4. 土壤

石榴对土壤酸碱度的要求不太严格，在多种土壤（如棕壤、黄壤、灰化红壤、褐土、潮土、沙壤土和沙土等）中，均可健壮生长。石榴适宜在质地疏松、透气性能良好的沙壤土和壤土中种植，土壤 pH 在 5.5～7.5 均可。

5. 地势

石榴耐干旱、耐瘠薄，海拔 300～3 000 m 均可种植，可以选择坡地、丘陵山地建园。坡地、丘陵山地排水性能良好，无须特意修建排水系统。

三、种类与品种

（一）主要种类

石榴为石榴科石榴属植物，作为栽培的只有一个种，即石榴。石榴是人类最早栽培的果树种类之一，其起源中心为伊朗和印度。中国石榴研究者认为中国的西藏也是原产地之一。根据不同的标准将石榴分为不同的类型。如根据用途分为食用和观赏两类；根据花色分为红花、白花、黄花、粉色花、花纹色花、镶嵌色花等六类；根据口味分为甜、酸、苦三类；根据果实成熟期分为早熟、中熟、晚熟三类；根据果皮颜色分为红皮、青皮和白皮石榴；根据籽粒的软硬口感分为软籽、半软籽和硬籽石榴三类（表 4-3-4）。

表 4-3-4　石榴的籽粒硬度分级

分级	软籽石榴	半软籽石榴	硬籽石榴
籽粒硬度/（kg/cm^2）	＜3.67	3.67～4.20	＞4.20

（二）主要优良品种

石榴在汉朝时（公元 2 世纪）传入我国，在我国发展成为食用、观赏、药用等多用途的品种。

石榴在我国分布的最低海拔高度为 50 m（安徽怀远），最高海拔高度为 1 800 m（四川会理），南北横跨了热带、亚热带、温带 3 个气候带，适应了 20 多种类型土壤。经过长期的自然演化和人工筛选，在全国形成了以陕西临潼、安徽怀远、山东枣庄、新疆叶城、云南蒙自、河南荥阳和四川会理为中心的 7 大栽培群体（表 4-3-5）。

表 4-3-5　我国主产区主要品种

产区	主要品种
陕西	临潼净皮甜、临潼大红甜（又名大叶天红蛋）
安徽	玉石籽（又名绿水晶）、玛瑙籽、大笨子
山东	大青皮、秋艳甜（又名青皮大籽）、泰山红、峄城大红袍、泰山三白甜、峄城竹叶青
新疆	皮亚曼 1 号、达乃克阿娜尔、洛克 4 号
云南	建水酸石榴、盐水石榴、糯石榴（云南巧家县良种）
河南	突尼斯软籽、豫石榴 1 号、豫大籽石榴、河南大红甜、河阴软籽
四川	青皮软籽、攀西大田石榴

目前我国现有石榴品种资源300个，其中新选育品种50多个、国外新引进品种4个。但大多为硬籽石榴或半软籽石榴品种。中国石榴资源中也有不少关于软籽石榴的文献记载，各地也有零星栽培的历史，截至目前，大面积商业化栽培的软籽品种以突尼斯软籽石榴为最多。湖北新兴产区主要为武当水晶软籽石榴，由十堰市科技学校等从突尼斯软籽石榴中选出，2021年通过湖北省林木品种审定委员会审定。

任务实施

任务　石榴栽培管理

一、定植

选择无农药残留、土壤洁净、空气和水质无污染的中低山或丘陵地向阳缓坡（25°以下），土壤pH 6.5～7.5，地下水位最高不超过0.8 m的沙壤土或壤土，年降水量600 mm以上，年平均温度15 ℃ 以上，绝对最低温度不低于 −11 ℃的地区建园。园地应相对集中连片，交通便利。

1. 品种选择

根据栽植地土壤与气候条件和用途选择最适合品种。鲜食以果实大、色泽红艳、风味甜、籽粒大、核较软、耐贮运、抗逆性强的品种为佳，并选择花期相遇、价值高的品种作为授粉树。如以武当水晶软籽石榴为主栽品种，以“超大籽”石榴或本地品种作为授粉品种，按(6～8)∶1搭配。

2. 定植时期

秋季或春季定植。秋季自苗木落叶后栽植，春季栽植在苗木萌芽前完成，避开土壤封冻期。以春栽为佳。

3. 定植密度

根据园地土壤条件，株行距应掌握在(2～3)m×(3～4)m。在肥沃、深厚的壤土中适当稀植，在坡地适当密植。

4. 定植方法

11月上中旬至来年3月挖穴定植，定植穴长、宽各80 cm，深60 cm；或挖宽、深各60～80 cm的定植沟。平地或低洼地，间隔3～4 m，将土壤活土层收拢堆积、起垄，高30～40 cm、宽200 cm定植。将腐熟的农家肥混入适量磷钾肥，与表土混匀后回填，平均25 kg/株。栽植深度以根颈与地表齐平或略低于地表为宜。使根系舒展，先填表土，后填底土，分层踏实。栽后浇足定根水。

二、土肥水管理

1. 土壤管理

(1)深翻改土　采果后，结合秋施基肥，在定植穴(沟)外挖环状沟或平行沟，沟宽30 cm，深30～40 cm。将挖出的表土与腐熟的有机肥混合后填入，底土放在上层，然后灌足水分，使根系和土壤密切接触。

(2)生草覆盖、扩树盘　推行生草免耕，行间种植绿肥，种类可选用豆科作物(苜蓿、紫云英等)，并适时刈割，翻埋于土壤中或覆盖于树盘。也可选用作物秸秆、稻糠、菜籽壳及田间杂草等覆盖树盘，覆盖物应与根颈保持 10～20 cm 的距离，厚度 10～15 cm，上面零星压土。连续覆盖 2～3 年后，结合秋施基肥浅翻或深翻埋入土中，提高土壤肥力和蓄水能力。每年的秋季采果后，向外扩大树盘的 1/4～1/3，深翻 20～30 cm、清砾、修整树盘。注意保护根系，对土层薄、根系裸露的树进行培土。

(3)间作　间作矮生、浅根、耐阴、越冬的中药材或其他经济作物。

2. 施肥

以基肥为主，视土壤肥力进行追肥和叶面喷肥。施肥量依据树体生长结果的需肥量、土壤供给能力、肥料利用率三者综合计算。树体的生长结果需肥量一般用结果量和叶片含氮量两项指标来确定。据报道，一般每亩生产 1 000 kg 石榴果实，需吸收纯氮 5～8 kg。除此外，还受着树龄、树势、地势、土质、耕作技术、气候情况等方面的影响。

(1)基肥　秋季施入，以农家肥为主，可混以少量磷钾肥。幼树期每株 20～25 kg，结果期每株 30～40 kg。采用沟施法，挖条沟、放射状沟或环状沟，沟深 30～40 cm。避免过多伤根。

(2)追肥　土壤追肥：第 1 次在花前，以氮肥为主；第 2 次在果实膨大期，以磷、钾肥为主，氮、磷、钾混合施用。其余时间根据具体情况进行施肥。施肥量以当地的土壤条件和施肥特点确定。树冠下开环状沟、条沟、放射状沟施肥，沟深、宽皆为 15～25 cm，也可多点穴施；土壤疏松的前提下，可撒施或浇施。追肥后及时灌水。

叶面喷肥：一般采用溶于水的肥料。全年 4～5 次，一般生长前期 2 次，以氮肥为主；后期 2～3 次，以磷、钾肥为主(表 4-3-6)。

表 4-3-6　石榴叶面肥使用

肥料种类	施用浓度及方法
氮肥	尿素喷施石榴树的浓度为 0.3%～0.5%，腐熟人尿则为 5%～10%，需要注意的是喷施氮肥浓度过高时易发生烧叶现象。尿素可与波尔多液、敌敌畏、灭幼脲、退菌特等农药混合使用，起到省工、省时、省水的效果
磷肥	常用过磷酸钙，喷施浓度为 2%～3%，或者选用 1%磷酸二铵复合肥，效果也很好
钾肥	草木灰的喷施浓度为 3%～10%，硫酸钾、氯化钾、磷酸二氢钾等的喷施浓度为 0.2%～0.3%。喷施过磷酸钙、磷酸二铵或草木灰时需要提前 12 h 用少量清水浸泡，然后取上部澄清液加水稀释到所需浓度使用
微量元素肥	硼酸或硼砂喷施浓度为 0.2%～0.3%，硼元素一般在石榴开花期或花后使用
硫酸锌	喷施浓度为 0.2%～0.3%
氨基酸钙	幼果期喷施 800～1 000 倍液，可以预防石榴裂果

叶面喷肥主要是通过叶片的气孔和角质层进入叶片，而后运行到树体的各个器官。叶面喷肥后 25～30 d，叶片对肥料元素的反应逐渐消失，因此只能是土壤施肥的补充，石榴树生长结果需要的大量养分还是要靠土壤施肥来满足。

果实采收前 30 d，停止一切根外追肥。

3. 水分管理

(1)灌水　灌溉水应符合 NY/T 391 的规定。视墒情而定，灌水时间一般在萌芽期、开花前、果实膨大期和采果后。可采取树盘灌溉、沟灌、喷灌、渗灌。果实接近成熟前，土壤水分适中，一般不需浇水。如果遇连续干旱，应用小水细浇，忌大水漫灌，以免裂果。

(2)排水　石榴园应设置排水系统并及时清淤,多雨季节或果园积水时应及时排水,防止发生涝害。

石榴春三剪

三、整形修剪

以冬剪为主,夏剪为辅。通过抹芽、扭梢、摘心等方法抑制新梢旺长,缓和树势,促进结果。

1. 整形

(1)单干自然开心形　苗高 80 cm 时定干,培养 3～4 个分布均匀的主枝,在主枝以下的萌蘖应尽快抹(疏)除。当主枝生长至 50 ～60 cm 时摘心促发侧芽,主枝以上分生的枝条尽量保留,对冠内个别强旺枝,尽量用花期拉枝的方法改造和利用,不可轻易疏除。将树冠培养成自然开心形,控制树高在 2～3 m。

(2)圆柱形　苗高 70 cm 时定干,干高 50～60 cm, 50 cm 以上只留 1 个健壮新梢培养为中心干,以下的枝条全部剪掉。萌发的健壮副梢长至 15 cm 时留 3～4 片叶摘心,再次发出的健壮副梢长至 30 cm 左右时,再次摘心,以培养结果枝组。将树冠培养成圆柱形,在中心干上分层或不分层螺旋状轮生 15～20 个大型结果枝组,相邻枝组高度间隔 10～15 cm,每个长度不超过 80 cm,与主干夹角为 70°～80°,下大上小,下密上稀。控制树高 2～3 m。本树形适于密植。

2. 修剪

(1)冬季修剪　以疏剪为主,短截回缩为辅。疏除交叉枝、重叠枝、密生枝、病虫枝、枯枝、徒长枝;在壮枝上留 20～30 cm 短截,培养延长枝和枝组;针对多年生枝进行短剪,程度视树龄树势及枝条多少而定,主要用于衰弱枝和枝组的更新;对一、二年枝不加修剪、长放,缓和顶端优势,增加短枝、叶丛枝数量,根据枝势、树势强弱进行,对长势过旺的植株要全株缓放。

(2)夏季修剪　主要是抹芽、摘心、扭梢和拉枝等。及时疏除病虫枝、密生枝、下垂枝;对徒长枝应根据树冠空间大小酌情疏除、短截、拉枝或扭枝。及早抹去多余嫩芽和病虫芽,根据需要在新梢 30～60 cm 时摘心促进分枝,以扭梢、环割、环剥、拉(撑、坠)枝等修剪方法调整枝条生长,促进中短枝和花芽形成,提高坐果率。

(3)不同树龄修剪

①幼树的修剪　定植后的第 1 年,对幼树进行整形。生长期可采取抹芽、摘心抑制夏梢和秋梢的生长,促进枝条的加粗生长和顶芽、侧芽的形成;冬季拉枝,长放。

②结果期树修剪　结果初期,采用“去强留中,去直留斜”和“多疏枝,少短截,缩放结合”的方法培养结果枝组。结果盛期,防止内膛密闭,注意结果枝组更新;冬季回缩衰弱枝、下垂枝,剪除病虫枝、病僵果。

③衰老树的修剪　剪除衰老枝,多留新枝。采取“回缩更新、去弱留强”方法,恢复树势。对树势难以恢复的植株,可利用靠近主干萌蘖的直立旺枝更新树冠。

四、花果管理

1. 保花保果

(1)花蕾期对花量少的旺树在主干中下部或大枝组基部进行环割,深达木质部。

(2)花期放蜂,采用花粉液加硼砂喷雾授粉或人工点授。

(3)初花期喷施 0.3%的硼砂和 0.3%的尿素或 0.3%的磷酸二氢钾,隔 7～10 d 再喷施 1 次。

2. 疏花疏果

根据树龄和树势确定留果量，每亩产量控制在 1 500～2 000 kg。尽早疏去钟状花，多留头茬花，及时疏除后期开的晚花。谢花后 4 周内疏除畸形果、病虫果，将双生果疏为单果。多留头茬果，选留二茬果，疏除三茬果，若头茬、二茬果很少时，要适当留一部分三茬果。多留中短枝果，不留或少留长枝果。

3. 预防裂果

果实生长前期（5—7 月）加强水分管理，保持土壤最适湿度，使果实匀速生长；果实生长后期（8—9 月），及时控水、排水，保持土壤适中湿度，防止果实吸水过多而裂果；幼果套袋，保持袋内湿度，使果实匀速生长，防止雨水直接浸入果实引起籽粒急速生长胀裂果皮；及时采收成熟果实，防止因吸水过多裂果。

4. 果实套袋

精品果园花后 35 d、疏果后，喷 1 次阿维菌素与甲基硫菌灵（或代森锰锌）的混合液，选用专用果袋及时套袋。在采果前 10～20 d 解除果袋，并将盖在果面上的叶片摘除，采取拉枝、别枝，或者在树盘土壤上铺设反光农膜等措施，改善光照条件，以利果实着色。

五、病虫害综合防控

石榴的主要病害包括早期落叶病（黑斑病、褐斑病）、干腐病、腐烂病等。主要害虫包括桃小食心虫、桃蛀螟、蚜虫、绿盲蝽、蚧等。

预防为主，综合防治。以农业防治为基础，结合物理、化学防治，提倡生物防治。农药使用应遵守 NY/T 393—2020《绿色食品农药使用准则》的规定。

（1）农业防治　严格检疫。加强肥水管理，合理整形修剪，控制负载量，保证树体通风透光，增强树势，提高抗病虫能力。清园，刮除干枯的翘皮，剪除病虫枝果，深翻树盘，减少病虫发生基数。不与桃、苹果等其他果树混栽，避免交叉感染。

（2）物理、化学防治　利用频振式杀虫灯、糖醋液、人工合成性引诱剂、树干缠草把等方法诱杀刺蛾、桃蛀螟、金龟子、大蚕蛾等多种石榴害虫。用黄色粘虫板诱杀蚜虫。化学防治严格按照 NY/T 393 执行。加强病虫监测，掌握病虫害发生规律。提倡使用生物源农药。轮换使用不同作用机理的农药，每种农药在同一生长周期只能用一次，严格执行农药安全间隔期。

（3）生物防治　人工释放黑缘红瓢虫、异色瓢虫、花翅跳小蜂、单带巨角跳小蜂、黑色软蚧蚜小蜂和啮小蜂等天敌，以虫治虫；引鸟入园，放养鸡、鸭控制害虫；利用昆虫性外激素诱杀害虫或干扰成虫交配；人工捕杀害虫。应用有益微生物及其代谢产物防治病虫害。

石榴主要病虫害综合防治方法见表 4-3-7 和表 4-3-8。

表 4-3-7　石榴主要病害防治

病害	防治措施
早期落叶病	冬季清园；发芽前全园喷施 3～5 波美度石硫合剂；果实、枝叶生长期，在始见发病时，可喷洒 50%甲基硫菌灵可湿性粉剂 800～1 000 倍液或 1:1:160 波尔多液
干腐病	冬春季清园，树干涂白；生长季及时摘除病果。发芽前喷 3～5 波美度石硫合剂或 45%晶体石硫合剂 20～30 倍液；枝干发病严重时，可在生长季进行重刮皮，并涂药剂消毒。注意树体保护，防止受伤；果实套袋。幼果膨大期，可喷施以下药剂：1:1:160 波尔多液；40%多菌灵可湿性粉剂 1 000～1 500 倍液；灭幼脲 3 号胶悬剂 3 000 倍液
腐烂病	采后药剂浸果，干后贮存。发病初期，可喷布 70%甲基硫菌灵可湿性粉剂 1000 倍液，或 40%多菌灵 1 000～1 500 倍液

表 4-3-8 石榴主要虫害防治

虫害	防治措施
桃小食心虫	早春人工挖除树干根颈周围的越冬茧。生长季随时摘除虫果，带出果园烧毁。地面采用药剂防治，在越冬幼虫出土期于树冠下施药，可用 25%辛硫磷微胶囊 300 倍液喷于地面，然后锄入土中。可用性诱剂测报成虫发生期，树上药剂防治：喷布 10%吡虫啉可湿性粉剂 2 000～3 000 倍液，或 25%灭幼脲 3 号悬浮剂 1 000～1 500 倍液，安全间隔期为 20～30 d
桃蛀螟	冬季清园，消灭中间寄主，刮去树干老翘皮，消灭越冬幼虫。保持和利用天敌防治，人工摘除虫果。糖醋液诱杀成虫。果实套袋防护。药剂防治：可用性诱剂测报。成虫发生量大时，可用菊酯类农药乳剂 2 500 倍液喷洒，安全间隔期为 20～30 d
蚜虫	保护瓢虫、食蚜蝇等蚜虫天敌。放置黄色粘虫板。剪除被害枝梢。药剂防治：在开花前或卷叶前，发现零星蚜虫可不喷药，如虫口密度较大时可用 2.5%鱼藤酮乳油 400～500 倍液。果实生长期用 3%啶虫脒可湿性粉剂 1 000～2 000 倍液或 10%吡虫啉可湿性粉剂2 000～3 000 倍液，安全间隔期为 15～30 d
绿盲蝽	冬天或早春清园，杀灭越冬卵。越冬卵孵化期、若虫盛发期及谢花后喷布 20%杀灭菊酯乳剂 2 500 倍液
蚧	人工抹除越冬雌虫。发芽前全园喷 3～5 波美度石硫合剂。药剂防治：1～2 代若虫孵化盛期(若虫分散转移分泌蜡质之前)喷布 25%噻嗪酮 1 000～1 500 倍液

六、采收

果实成熟的判定标准：果皮由绿变黄，有色品种充分着色，果面出现光泽；果棱显现；果肉细胞中的红色或银白色针芒充分显现；籽粒饱满，果实汁液的可溶性固形物含量达到该品种固有的浓度。

一般在着色完全、籽粒饱满完熟后采收。具体采收时期根据果实成熟期和市场需求确定。不同的品种分别采收，同一品种分批采收。避免在雨天及烈日下采收。采收时应先下后上、先外后内依次进行，尽量避免碰伤、刺伤和摔伤果实。按照“一果两剪”方法采收。下树后按大小分级包装。

七、保鲜

石榴以低温冷藏保鲜为好。经杀菌剂处理过的石榴果实用塑料袋单果包装，在 3～4 ℃条件下可贮存 100 d。室内一层果实一层松针相间简易堆贮，可有效延长保鲜期。

生产链接

丹江口百子园石榴专业合作社

（一）基本情况

丹江口市百子园是目前鄂西北最大的石榴生态种植基地，位于丹江口市石鼓镇，由丹江口百子园石榴专业合作社于 2010 年投资建设。以“合作社＋基地＋农户”的模式经营。以武当水晶软籽石榴为主栽品种，发展生态种植基地 200 亩，2019 年实现产值 800 万元。武当水晶软籽石榴连续获得第二、第三届全国石榴博览会金奖；拥有“武当”“汉江红”两项商标，品牌打造已见成效;通过中央电视台"一镇一品"栏目、十堰电视台、十堰晚报、秦楚网以及微信公众号等媒体宣传,在省内已形成了相当高的知名度;初步形成一项新型特色产业(彩图25)。

(二)基地主要推广应用技术

(1)起垄栽植 新建石榴园全部起垄栽培,减少建园投资,有利于石榴加快成园,可有效避免雨季水涝对石榴生产带来的负面影响(彩图26)。

(2)果园生草 示范基地行间种植长柔毛野豌豆等绿肥,适时收割后覆盖在树盘周围,改良土壤;播种一次可实现多年覆盖,抑制杂草、保墒、增加有机质、维护园区林下良好生态;推行"无纺布覆盖栽培技术",减少用水量,防止水土流失。

(3)绿色防控 加强冬季清园,冬春施用石硫合剂防护,预防为主,夏季采用物理、生物防治手段,减少化学药剂使用(彩图27)。

(4)水肥一体化 采用溶肥罐、Y形过滤器、输液管道、滴灌和喷灌进行施水肥,避免投入过多的劳动力,并且施水肥均匀,可以实现定量施水肥,节约灌溉用水。

(5)林下养鸡 选择适宜果园,按照200只/亩的密度放养土鸡,实现鸡榴共生,控制害虫,减少杂草,鸡粪还田,减少果园肥料人工投入,增加收益。

(三)周年综合管理要点

3月:浇施萌芽肥,幼树整形拉枝。

4月至5月上旬:幼树选芽定向整形,结果树抹芽促花蕾,对旺树环割促花,结合病虫害防治喷施叶面肥。

5月中旬至6月上旬:抹除萌蘖,嫩枝摘心,疏除退化蕾、花,保留顶生、头花和二花果。结合病虫害防治,叶面喷施磷钾肥与微量元素。

6月中旬至7月上旬:疏果定果,枝粗1 cm定果1个,施幼果膨大肥,用药棉蘸取农药堵塞萼筒,喷药后果实套袋。

7月中旬至8月中旬:果园浇水抗旱,树盘地面盖草保湿,喷叶面肥,施第二次壮果肥。

8月下旬至9月上旬:选阴天或晴天傍晚除去果袋,并防治病虫害,准备采摘工具。

9月中旬至10月上旬:采收果实,分级包装入库。

10月中旬至11月:整枝修剪,清除落叶、杂草,施基肥,全园深翻20 cm,喷一次5波美度石硫合剂。

12月至2月:刮治枝干病害,冻前全园灌水。

能力转化

1. 实地调查,了解当地石榴主栽品种及主要栽培方式,分析生产效果。
2. 参与具体生产过程,并根据操作体验,总结经验、提出技术创新。

项目四　柿

知识准备

一、概述

柿为柿科柿属果树的代表种。柿果实色泽美丽，味甜多汁，营养丰富，是人们喜爱的一种水果。果实除供鲜食外，可制成柿饼、柿干、柿汁、柿蜜、柿脯等，也可加工成糕点和风味小吃，并有一定药用价值。柿树是山区脱贫致富的重要树种，对维持生态平衡、改善人们居住环境有其重要作用。

我国是世界上柿树栽培历史最悠久、面积最大和年产量最多的国家。随着改革开放，柿的经济价值有所提高，刺激了农民发展柿生产的积极性，栽培面积不断扩大，产量也大幅提高。特别是实施退耕还林政策以来，又一次出现发展高潮。

据 FAO 统计，2021 年我国柿栽培面积和产量分别为 96.6 万 hm^2（占世界 93.59%）和 342.9 万 t（占世界 79.16%），均居世界首位。我国除黑龙江、吉林、内蒙古、宁夏、青海外，其他地区都有柿树栽培，尤以黄河中下游的陕西、山西、河南、河北、山东、北京栽培最多。南方沿海地区以广西发展最快。从各地发展的品种结构来看，以作为脆柿食用的甜柿、特早熟的品种和加工优质柿饼用的品种发展潜力大。

中国是涩柿的重要原产地，也是甜柿的原产地。中国甜柿集中分布在我国湖北、河南、安徽三省交界的大别山区（东经 115°06′—115°46′、北纬 30°35′— 31°16′）。其中，以湖北省罗田县的分布数量最多，变异最丰富。湖北省罗田县生长百年以上的甜柿古树 3 087 株，树龄超过 300 年的柿树 281 株，现存最老的甜柿树树龄是 483 年。中国甜柿可能起源于湖北省罗田县河浦镇八迪河村一带，后因自然与人为因素传播至罗田县其他地区，进而扩散至湖北省麻城市和安徽省金寨县等地，后经麻城市传播至河南省商城县等地，形成目前的分布格局，但其确切的传播途径有待进一步研究。罗田甜柿已经获得国家地理标志产品保护。湖北省内涩柿种质资源丰富，全省各地均有分布，其中大别山区、秦巴山区、幕阜山区及武陵山区的涩柿种质资源丰富。

二、生物学特性与栽培环境

（一）生物学特性

1. 根系

根系可分为骨干根（主根、侧根和支根）、吸收根两类。骨干根粗壮、寿命长，分叉多、角度大，并以合轴式分叉，主要起固定树体、延伸根系、产生吸收根及输导水分和养分的作用，是根系的骨架。吸收根着生在各级骨干根上，较细、寿命短，常常一再分叉，而成相对独立的根组，在土壤上层和根颈附近的常呈羽毛状分布，土壤下层的根先端生长的吸收根常呈扇形分布。

吸收根的先端着生根毛,也有越年生的菌根。

一年中,一般在展叶后新梢即将枯顶时开始根的生长。初生时白色,不久由苍褐色变为黑色。老根有裂纹,较粗糙。本砧呈淡黄色,变色慢;君迁子砧呈深黄色,变色极慢,并有特殊气味。柿根的细胞渗透压较桃、葡萄低,从生理角度来看较不抗旱;又因单宁含量多,受伤后难愈合,所以移植树势恢复慢。因此,移植时要尽量多保留根系,运输途中勿使根系干燥。

2. 枝叶

柿的枝条顶端在生长后期自行枯死,为"自枯"现象,因此,没有真正的顶芽。枝条上的芽自上至下逐渐变小,有花芽、叶芽、潜伏芽、副芽 4 种。枝条下部挺直,上部稍微曲折。当年萌发的枝条,可分为结果枝、发育枝 2 种。

(1)结果枝　由混合芽产生,全枝可分为三段:基部 2～4 节为隐芽;中部数节为花芽;顶部 3～5 节为叶芽,强健的树上也能形成花芽。

(2)发育枝　由一年生枝上的叶芽或多年生枝(2～5 年生)潜伏芽、副芽萌发而成。发育枝又可分为强发育枝、细弱枝和徒长枝 3 类。强发育枝位于一年生枝顶部,或由多年生枝隐芽萌发而成,枝条较粗壮,长度在 15 cm 以上,营养充足时顶部可以产生花芽,发育成结果母枝。细弱枝是由一年生枝中部或多年生枝下部萌发的枝条,细弱,长度在 10 cm 以下,不能形成花芽。徒长枝是发育枝中生长非常旺盛的枝条,多是垂直往上生长,节间长、叶片大、不充实。细弱枝和徒长枝徒耗养分,影响通风透光,修剪时应疏去。

(3)叶片　在新梢上互生,长椭圆形、阔椭圆形或卵状椭圆形,叶缘平直或呈波状起伏,先端锐尖至钝圆,基部圆形或宽楔形至楔形。新叶期的叶片伸展姿态和颜色,不同品种区别甚大。落叶期叶片是否变色与品种也有较大关系。

3. 花芽分化与结实

(1)花芽分化　分化的速度因结果母枝、花芽着生位置不同而有区别。一株树上,粗壮的结果母枝比细弱的结果母枝上花芽分化快。在同一结果母枝上,着生在顶部的花芽较下部的开始分化早,分化速度也快。在同一花芽内,低节位的花芽分化早、速度慢,而往往中途停止,分化不能完全;中节位的开始分化时间略迟,但分化速度快;高节位的花芽分化迟。

(2)开花　柿是杂性花,因品种不同而有区别。一般多为雌花,少数雌雄同株,个别品种有雌花、雄花和完全花混生的,全株仅有雄花的植株十分罕见。雌花或雄花都是在系统发育过程中由完全花演变而来的。完全花中雄蕊不同程度退化后便为雌花;完全花中的雌蕊不同程度退化后便成了雄花。

(3)果实发育　柿果实属于真果,由子房发育而成,可分外果皮(果皮)、中果皮(果肉)、内果皮(心室壁)组成,具有大型柿蒂。果形有长形、方形、圆形和扇形四种,大小相差悬殊,单果重由数克至数百克,颜色由淡黄至朱红,果顶有尖、钝、圆、平之分。此外,缢痕有无,纵沟、辐射状小沟的有无等,都因品种不同而有差异。

开花以后,果实迅速增大,可分为 3 个阶段:第一阶段是开花后 60 d 内,果实迅速膨大;第二阶段是 7 月中旬至 9 月上中旬,果实间歇生长;第三阶段是 9 月中旬至采收,果实着色,又有明显的增大趋势。随着果实的增大,养分逐渐积累,糖的含量逐渐增多,尤其在着色以后含糖量迅速增加;单宁含量随着果实成熟而减少,由可溶性单宁逐渐地变为不溶性单宁。另外,果柄在成熟时不会产生离层,因此不易采收。有些品种的果皮在成熟出现裂纹,易感染霉病。

(二)对生态环境的要求

1. 温度

柿树喜温暖气候,涩柿品种年平均气温应高于 10 ℃,甜柿品种要求年均温高于 12.5 ℃。极端最低气温在 −20 ℃时涩柿仍能安全过冬,甜柿可忍耐 −15 ℃低温。

2. 光照

光照的日变化和年变化及其强度、质量都会影响柿树生命活动。光照充足,枝条充实,发枝力强,树姿便张开;光照不足,枝条不充实,发枝力弱,树姿不开张,当栽植过密时,表现尤为明显。光照充足,有机养分容易积累,枝条内碳氮比较高,产量就高;反之则产量低。光照充足,光合作用顺利,有机养分积累增加,含糖量高;日光不足则含糖量显著降低。

3. 水分

土壤含水量多少,直接影响植株生长。柿树根系在土壤含水量 16%~40%都能产生新根,24%~30%发根最多,低于 16%时新根不再产生,并且果实也停止生长。雨水过多对柿树生长发育不利。开花期和幼果期阴雨过多,日照不足,容易引起生理落果,而且花芽分化不良,也影响第二年产量。其他时间阴雨过多,枝条软弱,易染炭疽病和早期落叶病。采收期阴雨过多,则果实色浅、味淡、风味不佳,久旱遇雨容易裂果。年平均降水量在 400~600 mm 为宜。

4. 土壤与地势

柿树根系强大,吸收肥力的范围广泛,故对于土壤的选择不严,一般土壤均能栽植。土壤酸碱度以 pH 6~8 生长结果最好,土层厚 1 m 以上,地下水位低于 1 m,土壤疏松肥沃,以黏性壤土或沙壤土为宜。

柿园应选择平地、梯田埝边、台原区田边地埂,山地建园坡度应选择 5°~15°的浅山缓坡或平缓的梁峁。海拔高度 500~1 000 m 为宜。

5. 风与冰雹

风对柿树有一定影响。微风对生长无害,对柿饼加工有利。强风易使嫁接苗自接口处吹折;果实成熟时使果面磨损发黑,影响商品价值;甚至能折断粗枝。

冰雹虽是在局部地区发生的灾害,但危害不小,轻则叶片打碎,细枝打断,果实砸烂;重则枝干上伤痕斑斑,难以愈合,树势显著衰弱。因此,冰雹多发的地区不宜作为经济栽培的基地。

三、主要种类与优良品种

柿属(*Diospyros* L.)植物属于柿科(Ebenaceae),在全球分布有 190 个种,大部分都生长于亚热带和热带。《中国植物志》记载,分布于我国各地区的本土或从外国引入的柿属植物,共计 64 种和变种,而我国北方地区仅有柿与君迁子这两个种。已有 19 种柿属植物被利用,其中,栽培柿(*D. kaki*)[包括野柿(*D. kaki* var. *silvestris*)]、君迁子(*D. lotus*)、乌柿(*D. cathayensis*)、油柿(*D. oleifera*)、粉叶柿(*D. glaucifolia*)、老鸦柿(*D. rhombifolia*)、罗浮柿(*D. morrisiana*)等 7 种作为果树利用。

我国现有柿品种 1 058 个,其中涵盖部分同物异名的品种和少许偏远地区尚未进行普查考证的地方品种。我国柿品种主要以地方品种为主,少许品种为偶然发现的实生或芽变品种。

(一)主要类型

根据果实在树上能否自然脱涩及果肉褐斑、果实脱涩与种子的形成是否相关,可将柿分为

4个类型。

完全甜柿(pollination-constant nonastringent，PCNA)：能自然脱涩成为甜柿，但果肉内常常形成少量褐斑，如阳丰、大秋、富有、次郎、伊豆、骏河等以及我国的罗田甜柿。

不完全甜柿(pollination-variant nonastringent，PVNA)：种子的作用范围较大、脱涩度高的品种，如西村早生、禅寺丸、正月等。我国迄今未发现有不完全甜柿品种。

不完全涩柿(pollination-variant astringent，PVA)：种子的作用范围较小、脱涩度低的品种，如平核无、会津身不知、甲州百目等。我国尚未发现有不完全涩柿品种的存在。

完全涩柿(pollination-constant astringent，PCA)：不能自然脱涩，果肉内也不形成褐斑，如西条、堂上蜂屋等以及我国的绝大多数柿品种。

我国柿品种中，除了自20世纪80年代以来发现或选育的罗田甜柿及其数个变异的类型和秋焰甜柿、宝盖甜柿、小果甜柿等属于完全甜柿类型外，其他都属于完全涩柿类型。

(二)主要优良品种

我国目前主要栽培的柿品种见表4-4-1。

表4-4-1　我国目前主要栽培的柿品种

品种	主要特征
阳丰	日本引入，完全甜柿。果重230 g，果顶较红，或有花瓣形缢痕，果肉褐斑小、少，汁液中等，味甜。糖度17.0%。耐贮。品质上等。10月上旬成熟
大秋	日本引入，完全甜柿。单果重220 g，肉质松脆。汁特多，味甜，糖度可达17%～20%。爽口，核少，较耐贮。10月中旬成熟
早秋	日本引入，完全甜柿。果重130 g，扁圆形，橙红色，软后红色，果顶广平。肉质松脆，种子0～5粒，汁特多，味甜，糖度16.5%～18%，口感好，品质上等。9月上中旬成熟
次郎	日本引入，完全甜柿，现有栽培。果重170 g，肉质脆而致密、软后略带粉质。品质中上等。10月下旬成熟
富有	日本引入，完全甜柿，现有栽培。果重180 g，偶有花瓣状缢痕，汁液多，味甜，糖度21%。有核。品质上等。10月下旬成熟
宝盖甜柿	原产于我国湖北，完全甜柿。果重200 g，缢痕深而狭，赘肉莲座形。果肉橙黄色，无黑斑，肉质松脆，软化后黏质至水质，汁液较多，味较甜。可溶性固形物14%～17%。品质中上等。宜鲜食。10月下旬成熟
夕红	日本引入。果重200 g，肉质细脆，核少，多汁，味甜。鲜食、制饼兼用。树势中庸，生理落果少。10月下旬成熟
骏河	日本引入，完全甜柿。果重151 g，蒂下多皱褶。肉质脆而致密、汁液中等，味较甜。糖度16%。核少，耐贮。品质上等。鲜食、制饼兼用。因成熟晚，宜在江南栽培。10月下旬至11月上旬成熟
西村早生	日本引入，不完全甜柿。果重140 g，果肉中黑斑极多，肉质松软，汁液较少，味甜，糖度18%。在早熟品种中较耐贮运，10月上旬成熟
禅寺丸	日本引入，不完全甜柿。果重142 g，作为授粉树，也可鲜食。10月下旬成熟
七月早	原产于中国，涩柿鲜食品种。果重113 g，果顶奶状突起，黏质，汁液多，味甜，糖度17.4%。核3～4粒。成熟。容易脱涩，不耐贮。品质中上等。宜软食。特早熟鲜食。10月上中旬成熟

续表 4-4-1

品种	主要特征
绕天红	原产于中国,涩柿鲜食品种。果重 144 g,软后红色、黏质、汁少,味甜,糖度 17%。成熟早,不耐贮。10 月中旬成熟
火晶柿	陕西省临潼名品,涩柿鲜食品种。果重 89 g,红色艳丽,皮韧、易剥,果肉黏质,晶莹剔透,汁多,味甜。无核。品质优良。耐贮。丰产,耐旱。10 月下旬成熟
火罐	原产于中国,涩柿鲜食品种,果重 45 g,软后红色。极易剥皮,汁多、味浓甜,糖度 18%。无核。成熟,耐贮。品质优良。10 月下旬成熟
磨盘柿	原产于中国,涩柿鲜食品种。果重 241 g,缢痕深而明显,位于果腰,将果分成上下两半,呈磨盘状,故称磨盘柿。肉质松脆、软化后水质,汁液特多,味甜。糖度 18%,无核。10 月下旬成熟
眉县牛心柿	原产于中国,涩柿加工品种。果重 175 g。皮薄,汁多,味甜,无核。品质中上等。制成的柿饼个大、霜白、柔软,受国内外消费者欢迎。10 月中下旬成熟
富平尖柿	原产于中国,涩柿加工品种。本品种有升底柿和辣角柿两个品系。升底柿果实大,平均重 150 g,心脏形或圆锥形;辣角柿果实中等大,平均单果重 120 g,长圆锥形。品质极上等。10 月中下旬成熟
博爱八月黄	原产于中国,涩柿加工品种。果重 115 g,软后黏质,汁少,味甜,糖度 16%～19%。极耐贮。品质中上等。高产稳产。最宜制饼,也可软食。10 月中旬成熟
菏泽镜面柿	分布于山东省菏泽一带,涩柿加工品种。果重 130 g,软后橙红色,粉质,汁液少,味甜。糖度 17%,耐贮藏,品质上等。制成的柿饼质细、透明、味甜、霜厚,以"曹州耿饼"驰名。10 月中下旬成熟
萼子柿	主产于山东省,涩柿加工品种。果重 120 g,肉质细腻、软后黏质,汁多,味甜。糖度 20%～24%,髓小,无核,极耐贮,品质极上。最宜制饼,出饼率 30%以上。10 月中下旬成熟。
绵瓤柿	原产于河北省邢台、石家庄,涩柿加工品种。果重 140 g,缢痕深,赘肉呈肉座状。软后微粉质,汁少,味甜。糖度 19 %,无核,品质中上,耐贮运。宜加工柿。10 月下旬成熟
孝义牛心柿	原产于山西省,涩柿加工品种。果重 140 g,缢痕浅,赘肉呈环沟形,为蒂所掩盖,易被忽视。软后黏质微绵,汁多,味浓甜。糖度 19%,品质上等。无核或少核。10 月中旬成熟成熟
月柿	原产于广西,涩柿加工品种。果重 150 g,汁多,味甜,脱涩较难。加工成柿饼后表面平整,形状美观。10 月下旬成熟

任务实施

任务　柿栽培管理

一、建园

1. 整地

(1)坡地　一般采用带状整地,25°以下的坡地沿等高线带状整地。带宽 1.5 m,带间距 3 m,带外侧稍高,带内深翻,拣去石块、草(树)根,带上挖穴,穴内表土与底土分开放置。穴的规格为 60 cm×60 cm×50 cm。

(2)平地　全园整地，每亩撒施农家肥 4 000～5 000 kg，深翻 30 cm 以上，按株行距挖栽植穴。穴的规格为 60 cm×60 cm×60 cm。

(3)带状整地　带宽 1.5 m 左右，相邻带心距与行距同。带内亩施有机肥 2 000～3 000 kg，深翻 30 cm 以上，在带内按株距挖穴，穴的规格为 60 cm×60 cm×60 cm。

2. 苗木准备

(1)要求品种纯正，无病虫害，必须采用Ⅰ、Ⅱ级良种壮苗。同一块地，Ⅰ、Ⅱ级苗木分开栽植。

(2)随起苗随栽植。起苗后，分级打捆(50 株/捆或 20 株/捆)，即蘸泥浆，装车后用篷布遮盖运往栽植地。当天栽不完的苗木，假植于背阴处，并洒水保湿，以防苗木失水。

(3)栽植前舒展侧根，剪除或剪短烂根及过长根。

3. 栽植时间

秋季宜在苗木落叶后即 11—12 月份进行，春季应在土壤解冻后即 3 月份进行。

4. 栽植密度

田埂、地边等单行栽植，株距 3～4 m；丰产园根据不同树形每亩 56～110 株，株行距为 2 m×3 m 或 3 m×4 m。

5. 栽植方法

(1)每穴施农家肥 15～20 kg。农家肥与表土拌匀，回填于栽植穴的中、下部。回填土分层踏实，回填完后浇定根水，待水渗完后封土。栽植深度应基本与原土根持平。

(2)栽后及时定干，定干时根据树形在饱满芽处下剪。

二、肥水管理

1. 肥料管理

(1)基肥　于秋后采前(9 月中下旬)施入。在柿树封行前以开沟施入为主，封行后以全园撒施为主。全园撒施在施肥后要及时深翻 30 cm 左右，在近树干处要浅翻土壤，切勿伤及大根，并及时灌水一次。

施肥量应根据土壤的种类和柿树的年龄不同而异，沙土和黏土应多施有机肥，少施无机肥；柿树树龄越大，施肥量越大。以 1 000 m^2 柿树生产 2～2.5 t 果实计算，需氮 16～22 kg，磷 6～8 kg，钾 15～20 kg 为宜。

提倡以有机肥为主，并配合适量氮、磷、钾等复合肥。

(2)追肥　主要在萌芽期、花前、花后、果实膨大和花芽分化期进行。

由于柿树对氮肥和钾比较敏感，对磷肥需求量相对较少，同时还应施入适量钙、镁、铁、硼、锌、锰等微量元素。前期以氮肥为主，配以适量磷、钾；7 月份以后以钾肥为主，配以适量氮、磷肥。

2. 水分管理

(1)灌水的时期　分别于萌芽前、花前、幼果膨大期、果实成熟前灌水。

(2)灌水量　灌水量应根据树冠大小、土质类型、土壤湿度、降雨量等而定。一般大树应比幼树多灌，沙地宜少量多次灌水，以免水分和养分流失。

三、整形修剪技术

(一) 整 形

1. 树形

密植矮冠柿园树形以纺锤形或三枝一心形为主;稀植园树形以主干疏层形为主。

(1)纺锤形　树高 2.5～3 m,干高 80 cm 左右,中心干上均匀错落着生 6～8 个固定的结果枝组,结果枝组应保持树体下部大,上部小。

(2)三枝一心形　树高 3.2～3.5 m,干高 1 m 左右,基部选留三大主枝,主枝上合理配置结果枝组,中部留 1～2 个临时性结果枝组,中心干上部着生 3～4 个中、小型结果枝组。

(3)主干疏层形　树高 4～5 m,干高 70～100 cm,主枝在中心干上成层分布。全树共有 6 个主枝,第一层 3 个,第二层 2 个,第三层 1 个,上下层主枝应错开分布:主枝层内距 30～40 cm,第一层与第二层层间距 70～80 cm,第二层与第三层层间距 50～60 cm。各主枝上分布 2～3 个侧枝,侧枝上着生结果枝组。树冠呈圆锥形或半椭圆形。

2. 整形方法

成品苗栽后随即定干,君迁子苗嫁接生长一年后定干。定干高度:纺锤形 1 m 左右,三枝一心形 1～1.2 m,主干疏层形 1～1.2 m。纺锤形和三枝一心形整形时注重拉枝,纺锤形主干上固定的结果枝组角度拉到 60°左右,三枝一心形三主枝角度拉到 70°左右,疏除过密枝、病虫枝,主枝或固定的结果枝组延长头一般不宜短截;主干疏层形整形时选留主、侧枝,饱满芽处短截延长头,疏除过密枝、病虫枝,结合拉枝,培养牢固的树体骨架。

(二)修 剪

1. 休眠期整形修剪

(1)幼树修剪　涩柿枝生长旺盛,顶端优势强,幼树枝条多,分枝角度小,直立旺长,枝脆易断。修剪时应注意开张角度、注重拉枝,根据整形要求选留枝条,及时拉枝开角,枝条较粗时拉枝应慎重以防折断;疏除过强、过密、过弱枝及病虫枝;回缩过长枝,缓放中庸枝,促生结果母枝,促进早成形、早结果、早丰产。

(2)结果树的修剪　结果树要注意通风透光,培养、更新结果枝组,防止结果部位外移,保持丰产、稳产。

①结果枝组的配置　结果枝组配置要合理,基部较大,顶部较小,多培养水平伸展、长势中庸的结果枝组,要抑强扶弱、合理布局、左右错开、互不影响。

②结果枝组的更新　注意培养内膛小枝,防止结果部位外移;缩减 3 年以上的结果枝组,适当短截部分结果母枝,压低结果母枝部位,对结果枝组采取小局部更新法,即“前结果、后培养,放出去、缩回来”;对于枝梢明显转弱的树采取大局部更新法,先培育后部徒长枝,通过缩剪用其替换弱枝充实内膛,使树老枝不老。

③结果母枝的修剪　结果母枝适当疏剪,疏剪时去密留稀、去老留新、去直留斜、去远留近、去弱留强;结果母枝一般不宜短截(枝树花芽一般在顶部 3～5 芽及以上),只有过于强壮的结果母枝可适当短截,使之成为预备枝,保证翌年结果数量;结果母枝之间的距离应根据生长势确定,粗壮的远些,细弱的近些,一般应在 30～50 cm。

④发育枝的修剪　过长的剪去 1/3,短的可不短截,太密的适当疏去一些。

⑤徒长枝的修剪　徒长枝一般应疏去,出现较大空隙时可短截或拉枝长放补空,培养成结

果枝组。

(3)衰老树的修剪　对于树势衰弱、枯枝逐年增加、只开花而不坐果、产量逐渐降低的衰老树，应进行更新复壮，促其重新形成树冠，恢复树势，延长结果年限。

①轮换更新　在全树各主枝中，每年选一部分大枝回缩，2～4 年完成。一般可在 5～7 年生枝上 8～10 cm 粗的部位锯断，先缩直立枝，后缩平伸枝。

②全树更新　在一年内将全树各主枝都在 5～7 年生部位锯除，刺激发生新枝，夏季及时抹芽和疏枝，培养新的结果部位。利用徒长枝更新树冠，恢复树势，延长结果年限。对大枝重回缩，抬高角度，使新生枝代替大枝原头继续生长；上部落头要重缩，控制消耗，打开光路，为内膛新枝生长创造条件；下部修剪要轻些，以保持有一定数量的结果部位，维持产量；对内膛发生的更新枝，选择方位好、空间大的强壮枝，适时摘心(生长季)、短截，促生分枝，增加枝叶量，加粗枝条生长，以便形成新的骨干枝。

2. 生长期整形修剪

(1)幼树及高接树可结合整形适当拉枝，缓和树势，扩大树冠，改变枝条方向，6 月份在新梢木质化以前进行拉枝。

(2)生长期应及时抹除萌蘖以及大枝背上直立生长的多余新梢。

(3)夏季疏除内膛的徒长枝或摘心补空。及时疏除无空生长的徒长新枝，消灭无用旺枝，对用于补空的徒长枝应在 30～40 cm 处摘心，促生分枝。

(4)及时疏除过密的枝条、细弱无用枝以及病虫害枝，以利于通风透光。

(5)对健壮幼树或生长旺盛、不易结果的柿树，在开花期进行环剥，可促花芽分化、提早结果，对防止生理落果、提高坐果率效果非常明显。其方法是：用刀在树干或大枝上将树皮切去 0.5 cm 宽，切口呈双半圆错口的环形或螺旋形。

四、病虫害防治技术

柿树主要虫害是柿蒂虫、蚧壳虫等，主要病害有炭疽病、角斑病和圆斑病等。病虫害防治应遵循“预防为主，综合防治”的植保方针，尤其应在病虫害的高发季节以及冬季进行清园工作。不同生长时期的病虫害有所差异，主要防治要点是及时杀虫、全面喷洒药物、彻底清园，保持土壤疏松，保证果园清洁，注意地下害虫(表 4-4-2)。

表 4-4-2　柿病虫害周年防治

防治关键点	防治对象	防治方案
萌芽前，4 月上中旬	越冬害虫及虫卵(柿蒂虫、长绵粉蚧、龟蜡蚧等)；圆斑病、角斑病、炭疽病等	5 波美度石硫合剂，全园喷施
4 月下旬，休眠期	炭疽病	30%戊唑·多菌灵悬浮剂 50～100 倍液或 3%甲基硫菌灵糊剂 125～150 g/m^3，刮除病疤上的坏死组织，任选一种涂抹
5 月中下旬，花前或零星开花	圆斑病、炭疽病	80%代森锰锌可湿性粉剂 600～800 倍液，整株喷施
	柿长绵粉蚧、柿蒂虫、叶蝉等	50%氟啶虫胺腈水分散粒剂 10 000 倍液或 522.5 g/L 氯氰·毒死蜱乳油 1 000～2 000 倍液，整株喷施

续表 4-4-2

防治关键点	防治对象	防治方案
6 月中下旬，谢花后	角斑病、圆斑病、炭疽病等	250 g/L 吡唑醚菌酯乳油 1 000～2 000 倍液或 10%苯醚甲环唑水分散粒剂 1 500～2 000 倍液，整株喷施
	柿蒂虫、长绵粉蚧、龟蜡蚧、叶蝉等	35%氯虫苯甲酰胺水分散粒剂 7 000～10 000 倍液或 50%噻嗪酮悬浮剂 3 000 倍液，整株喷施
7 月上旬，果实生长期	角斑病、圆斑病、炭疽病等	1:(2～5):600 倍量式波尔多液，整株喷施
	柿蒂虫、叶蝉等	21%氰戊・马拉松乳油 1 000～1 500 倍液，整株喷施
8 月上旬，果实生长期	角斑病、圆斑病、炭疽病等	25%嘧菌酯悬浮剂 800～1 000 倍液或 430 g/L 戊唑醇悬浮剂 4 000 倍液，整株喷施
	柿蒂虫等	5%甲氨基阿维菌素苯甲酸盐乳油 4 000～6 000 倍液，整株喷施
9 月上旬，开始转色	角斑病、圆斑病、炭疽病等	25%咪鲜胺水乳剂 500～1 000 倍液或 10%苯醚甲环唑水分散粒剂 1 500～2 000 倍液，整株喷施
	柿蒂虫等	2.5%溴氰菊酯乳油 2 500～5 000 倍液，整株喷施
果实采收后		高效氯氰菊酯或毒死蜱，15 mL 兑水 15 kg，添加杀菌剂，全面喷洒果园

五、采收

1. 采收时期

柿子采收时间依目的不同而有区别。作为加工柿涩汁的，在着色前可溶性单宁含量最高的 8 月份采收。硬食甜柿在温暖地方，9 月中下旬已经脱涩，也有采摘上市的，但提早采收影响品质，会使消费者对甜柿品质发生误解。涩柿则在八成熟时陆续采摘，脱涩后上市。软食用的柿子，以成熟度高的风味好，所以要在充分成熟后采摘。加工柿饼用的，宜于果实由橙转红时采收，通常都在霜降后果实含糖量最高、果实尚未软化时采收。

2. 采收注意事项

现代柿园植株低矮，直接从树上剪取。放任生长的柿树一般比较高大，需借助采果器、捞钩、夹竿等工具采摘。果柄剪去后仍要轻拿轻放，采果笼筐内要衬垫软物，盛装不要过满。运输途中要防止颠簸。采收宜在晴天进行。

3. 分级与包装

采收后须进行分级。小规模分级时常用分级板加目测，进行人工分级；大规模分级时，多采用流水线机械分级。分级时先剔除病虫果、伤果、污染果及畸形果，再按大小和客商要求进行分级。包装品按产品数量、市场远近而定。就地销售的，用筐、箱、盘等散装出售；远销或贮至淡季销售的，可用瓦楞纸箱、木箱或塑料转运箱包装。箱内用瓦楞纸隔开或逐果用软纸包裹，或用特制的吹塑托盘衬垫。

4. 贮藏

(1)冷冻贮藏 适于软柿食用的贮藏。在北方,将柿果放在寒冷处,冻硬后放在朝北的架上,保持温度在 0 ℃以下,可贮至春暖解冻。或将柿果放在 −20 ℃以下冷库里 1～2d,使果肉充分冻结,然后置于 −10 ℃左右的温度中贮存,几乎可以全年供应。食用时浸于冷水中慢慢解冻即可,色泽及风味变化甚少,能保持维生素 C 的含量。

(2)"冷库＋MAP＋脱涩保鲜剂"贮藏 即"冷库＋自发气调包装＋脱涩保鲜剂",是近年来研究较多且大力推广的柿果贮藏方法。

具体指标为:0.06～0.08 mm 厚 PE(聚乙烯)或 PVC(聚氯乙烯)袋,每袋装入柿果 7.5～10 kg、乙烯吸收剂(每千克果实用饱和高锰酸盐载体 17 g)、杀菌剂(用 2 mL 仲丁胺浸湿的布条),其中柿果与杀菌剂、脱氧剂袋、乙烯吸收剂袋间要分别隔开,保持 MAP 袋内相对湿度 85%～90%、氧含量 3%～5%、二氧化碳含量 6%～8%,密封袋口,0～1 ℃冷藏,可贮 3～4 个月。该方法以其高浓度的二氧化碳及低浓度的氧气水平,加上除乙烯脱涩措施,很好地延长了柿果贮藏期,实现保硬脱涩,对技术、设备及投资的要求不高,适合在我国大力推广。

(3)加工贮藏 以优良涩柿加工品种为原材料,加工成柿饼、柿脯、柿片等产品进行贮藏。其中,以柿饼在加工品中比重最大,销路最广。

生产链接

陕西富平柿子

富平县位于陕西省中部,系关中平原和陕北黄土高原的过渡地带,属渭北黄土高原沟壑区,地理坐标介于北纬 34°41′—35°06′、东经 108°57′—109°26′。富平自汉代开始栽植柿子,距今已有 2000 多年的历史。目前,富平发展经济柿林面积 30.3 万亩,柿品种有 10 多个,主栽品种为尖柿,营养价值居国内同类产品之冠。富平尖柿出饼率高达 26%,是制作柿饼的优良品种,被专家誉为"制饼珍品"。20 世纪 80 年代国务院曾用"合儿柿饼"招待外宾;1995 年 11 月富平"合儿柿饼"在杨凌农博会上获得后稷金像奖;1996 年富平尖柿获陕西省名优特产品奖;2000 年 11 月上旬,中央电视台《金土地》栏目以"柿子红遍马家坡"专题采访,报道了富平县曹村镇的柿子加工情况;2001 年 8 月,国家林业局授予富平县"中国名特优经济林之乡——中国柿乡"证书并颁发铜牌。2016 年 11 月,央视财经《生财有道》栏目以"陕西富平:柿子红了,农民笑了"专题报道了富平柿子产业发展的现状,节目播出后引起很大的反响,富平柿饼火爆全国。

宝鸡乔山农业发展专业合作社

宝鸡乔山农业发展专业合作社成立于 2015 年,集中种植了 500 余亩高标准甜柿,建立了 113 亩柿种苗木繁育基地,引进栽培了日本阳丰、富有、早秋、大秋等优良柿子品种;被授予国家柿种资源圃示范基地,同时也是陕西省林业科学院柿子试验示范站;先后荣获"国家农民合作社示范社""市级现代农业园区"等殊荣。作为国内柿子的最佳适生区,产出的甜柿具有"特红、特甜、特脆”和“好吃、好看、好种”的特点，注册的“羊吉岭”商标甜柿，产品远销我国香港、澳门、台湾以及东南亚、欧美等地。

能力转化

1. 实地调查，了解当地柿的主栽品种及主要栽培方式，调研当地柿生产现状、存在的主要问题，并提出合理有效的解决方案。

2. 参与生产过程，掌握主要技术操作要领，总结经验、提出技术创新。

项目五　李

知识准备

一、概述

李为蔷薇科李属植物，分布于亚洲、欧洲和北美等地。现在已知的种和变种有 50 个以上。我国栽培的种类主要是中国李(*Prunus salicina*)。中国李原产于我国东南部、长江流域及华南一带，有 3 000 年以上的历史，是温带果树中适应性强的品种之一。

中国李适应性广泛，我国栽培的北界纬度为：富锦(47°15′)—鹤岗(47°20′)—伊春(47°40′)—海伦(47°26′)—依安(47°50′)—齐齐哈尔(47°20′)—林东(44°)—临河(41°)—哈密(42°50′)—奎屯(44°35′)—塔城(46°45′)。从≥10 ℃年积温 7 000 ℃等值线至上述北界之间，为我国李树适宜栽植地区，具体产区为河北、河南、山东、安徽、山西、江苏、湖北、湖南、江西、浙江、四川、广东、辽宁、黑龙江等省份。

李果实营养丰富，每 100 g 果实含蛋白质 0.2～0.5 g，脂肪 0.2～0.7 g、糖类 6.6～14.9 g、钙 17～20 mg、磷 20～30 mg、铁 0.8～1.8 mg、胡萝卜素 0.07～0.11 mg、抗坏血酸 1～24 mg，是优良的鲜食果品。除生食外，还可以加工成李脯或酿造果酒、制成水果罐头等。李树适应性广，抗旱耐瘠，结果早，栽培管理容易简单，在春季开花早，花期较长，亦可作为观赏树种。

世界上我国李的栽培面积和产量最多。据 FAO 统计，2021 年我国李的种植面积为 194.65 万 hm^2，产量为 662.6 万 t。

李在我国南、北方产区均有较大面积栽培，各地品种都十分丰富。目前，我国北方李的栽培，近几年有向高寒区推进的趋势。东北的美丽李、大黄李等资源，可耐 −40 ℃ 以下的低温。

湖北省是中国李的主要原产地之一，品种资源丰富，全省各山区有丰富的野生李(又名苦李，有红色果、黄色果 2 个类型，多分布在海拔 400～1 800 m)。据粗略估计，全省李果年产量在 1.7 万 t 左右，广泛分布于全省各县市。

二、生物学特性与栽培环境

李为多年生落叶小乔木。

中国李一般树高 3～5 m，直立或开张，因品种和树形及环境条件的不同而异。幼树生长快，呈圆头形或圆锥形，随树龄增长逐渐开张，寿命 30～40 年或更长。立地条件好、管理水平高时，40～60 年生树仍能维持较高的产量。欧洲李树势旺，枝条较直立，树冠较密集。美洲李树体较矮，枝条开张角度更大。欧洲李和美洲李寿命 20～30 年。

（一）生长特性

1. 根系

浅根系，水平分布广而浅，须根发达，主要吸收根分布在 20～40 cm 土层，水平分布范围常为树冠的 1～2 倍。易发生萌蘖(图 4-5-1)。

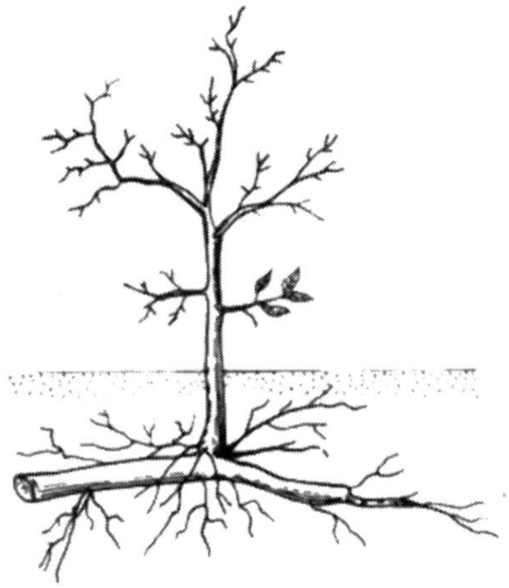

图 4-5-1　李树的根蘖

一年中，土壤温度 5 ℃时，细根开始活动；土温稳定在 18～20 ℃时，开始第二次生长，生长量小；土温低于 10 ℃时，根的生长减弱，几乎停止。

2. 芽

李树芽的萌发力强，幼龄期和初果期除基部 2～3 年芽不萌发外，其余均可萌发。短截后李树剪口下常抽生 3～4 个生长枝。潜伏芽寿命较长，极易萌发，衰老期更为明显。具有早熟性；萌芽力高，成枝力中等，层性较分明。

纯花芽肥大而饱满；叶芽小而尖，抽生发育枝。

枝条上下多为单芽(叶芽或花芽)，顶芽均为叶芽；中部为复芽，复芽有一叶一花、两叶(花)一花(叶)、两花、三花、三叶等类型。

3. 枝梢

幼树期生长旺盛，1 年可抽生 2～3 次新梢，年生长量超过 1 m；同时还有副梢发生。营养枝按其生长势强弱，分为普通枝、叶丛枝、徒长枝和纤细枝。

（二）开花结果习性

一般 2～3 年开始结果，4～5 年丰产并进入盛果期，株产量达 20～30 kg，最高产量达 70～90 kg。

1. 花

视发育程度分为完全花和不完全花。中国李常 3 朵并生，欧洲李和美洲李常 1～2 朵花；萼筒钟状；萼片长圆卵形；花瓣白色，长圆倒卵形；两性花，雄蕊多数，花丝长短不等，排成不规则 2 轮，比花瓣短；雌蕊 1，柱头盘状，花柱比雄蕊稍长。洁白美丽，具有极高的观赏价值。

2. 花芽分化

花芽分化期在 6 月底至 9 月初，集中在 7—8 月。李树花芽形成容易，为纯花芽，单生或与叶芽生成复芽，枝条顶芽均为叶芽。李的花芽属夏秋分化型。如艳红李的花芽分化最早出现于 6 月初，集中于 6 月中下旬，花蕾形成期在 6 月上旬至 7 月中旬；萼片形成期在 7 月上旬至 8 月中旬；花瓣形成期在 8 月；花蕊形成期在 8 月下旬至 9 月中旬；雌蕊形成期最早出现在 9 月中旬，延至 11 月上中旬；珠胚囊和花粉粒的形成则在翌年春季。

3. 授粉受精与结实

李树在我国南方花期为 2—3 月。开花过程为 15～20 d，但不同的品种花期各异，短的花期为 3～4 d，长的花期 5～7 d。花期的长短还受天气的影响，由于气候的变化，个别年份会提前或推迟 5～7 d。

中国李一般能自花结实，但结实率低；也有少数李的品种表现为自花不实，如朱砂李等。

中国李和美洲李均需配置授粉树。

4. 结果习性

李结果枝分为长、中、短果枝和花束状果枝。30 cm 以上为长果枝，其上多为复花芽。15～30 cm 为中果枝，其上部和下部为单芽，中部多复花芽。5～15 cm 为短果枝，其上多单花芽。花束状果枝短于 5 cm，全花芽，只有顶芽为叶芽。花束状果枝一般以 2～4 年生结实率最高，结果 4 年后生长势逐渐缓和，基部潜伏芽常萌发形成花束状果枝群，是丰产的象征。

中国李以短果枝和花束状果枝结果，欧洲李和美洲李则以中、短果枝结果为主。

5. 果实发育

果实发育大体经历 3 个时期。第一个时期是幼果膨大期，体积和重量迅速增长；第二个时期种胚迅速生长，果实增长缓慢，内果皮从先端开始逐渐木质化，胚乳逐渐被吸收直至消失，称为硬核期；第三个时期果实干重增长最快，是果肉增重的最高峰，称为果实膨大期。一般，幼果膨大期 30～35 d，硬核期 25～45 d，果实膨大期 20～30 d。

（三）对生态环境条件的要求

1. 温度

李树对温度的要求因种类和品种不同而异。乌苏里李抗寒性最强，美洲李较强，中国李居中。中国李的北方品种能耐 −20 ℃的低温，有的品种如绥棱红、绥李 3 号可耐 −35～−40 ℃低温；长期生活在南方的品种如槜李、芙蓉李则不耐低温，冬季低于 −20 ℃就不能正常孕育果实。不同发育阶段对低温耐受力不同，叶芽 −10 ℃、花芽 −5 ℃、花蕾期 −1.1～−5.5 ℃即受冻；花期最适温度为 12～16 ℃，−0.5～−2.2 ℃即受冻害。

休眠期需要一定的低温（7.2 ℃以下）时数：欧洲李 900～1 700 h，美洲李 700～1 700 h，中国李 300～1 200 h。

2. 光照

李树属于喜光植物，以樱桃李最为喜光，其次是欧洲李，美洲李和中国李又次之。耐阴性比桃树强，阳坡、阴坡均能生长良好。光照好则果实着色好、品质优。

3. 水分

在干旱和潮湿地区均能生长。因种类、砧木不同，对水分要求有所不同。李的抗旱力较强，但不耐涝，特别是以毛樱桃、杏作为砧木时，对湿涝的忍耐力较差。欧洲李和美洲李对空气湿度要求较高。

4. 土壤

中国李对土壤、地势的适应力强，除黏重土壤外，在黏壤土、壤土、沙壤土、沙砾土上都能正常生长，以黏壤土为宜。中国李对土壤适应性强于欧洲李。

三、主要种类与优良品种

（一）主要种类

李为蔷薇科（Rosaceae）李属（*Prunus*）植物。主要种类有 8 个：中国李（*P. salicina* Lindl.）、乌苏里李（*P. ussuriensis* Kov.）、杏李（*P. simoni* Garr.）、欧洲李（*P. domestica* L.）、樱桃李（*P. cerasifern* Ehrh.）、黑刺李（*P. spinosa* L.）、美洲李（*P. americana* Marsh.）和加拿大李（*P. nigra* Ait.）。我国栽培的有 6 个种。

1. 中国李

中国李原产于我国。树高 5～10 m，发枝力强。小枝光滑无毛，红褐色；2 年生枝黄褐色，有时有刺。单生花或 2～3 朵簇生，先叶或与叶同时开放。树势强健，高产，早结果，抗病虫性强，耐运输，不耐寒。

中国李是我国栽培最早的果树之一，南、北方均有分布，以河北、山东、山西、河南、湖南、湖北、江苏、浙江、安徽、四川、广东、福建、陕西、辽宁等省栽培较多。经过长期的自然选择和人为选择，形成了许多各具特色的地方良种，资源之丰富、品种之多，居世界前列。《山东果树志》中依果实色泽、形状、肉质等不同，将中国李大致分为以下几个类群：

(1)绿色至淡绿色群　本类群只有脆李品种组。果实淡绿色，果肉绿黄色或绿白色，肉质较脆，汁多，多离核，品质较好，主要供鲜食。其中有的品种充分成熟后绿黄色，果肉亦较软。代表品种如鸭蛋青李、青皮脆李等。

(2)黄色至橙黄色群　果实黄色，黄肉。根据果实形状，可分为扁圆形、圆形、椭圆形和心形 4 个品种组。其中扁圆形果实纵横比通常在 0.85 以下，椭圆形在 1.2 以上。亦有果顶稍狭而近长圆锥者，这类品种的黏核者多数果型较大，肉质细柔，味甜，有香气，品质优良。代表品种有玉皇李、甘李等。

(3)红色至紫色群　果实红色至紫色，果肉淡黄色至橙黄色。这一类群品种数量最多，统列为红李群。包括红色扁圆形、红色圆形、红色椭圆形、红色心形 4 个品种组。其中红色扁圆形品种组品种较少，代表品种为平顶香，果大质优。红色圆形品种组数量多，品种间性状差异较大。红色椭圆形品种组一般成熟较早，品质较好。红色心形品种组，有果肉红色的“红肉李”及果个大的昌乐牛心李等。

2. 杏李

杏李原产于我国北方，河北、辽宁栽培较多；可作为抗寒育种材料；由中国李变生而来，黏核，成熟期迟，树性与中国李相似。

3. 欧洲李

欧洲李又称西洋李、洋李，是欧洲起源中心最重要的果树树种，在欧洲已有 2 000 年栽培历史，在世界李生产中比重较大。100 多年前引入我国山东烟台栽培，近数十年又引至河北昌黎及北戴河一带。喜温，适合中国李栽培的地区大都能栽培欧洲李。但对土壤的要求比中国李严格，喜欢肥沃、深厚的土壤；在盐碱土上适应性差，树势弱，寿命短，产量低。故栽培数量和品种均少，仅在华北、西北有少量栽培；南方多雨，东北寒冷，尚无成片栽培。枝无刺，新梢和叶均有短茸毛，果实有黄、红到紫、蓝色。

4. 美洲李

美洲李原产于美国、加拿大、墨西哥等地。我国栽培较少，主要分布在吉林、黑龙江一带，东北、河北有少量栽培。品种多，品质优劣不等，黏核。美洲李适应性强，耐寒，可用作寒冷地区李树的砧木，或作为培育抗寒品种的亲本。

5. 乌苏里李

乌苏里李原产于我国，中俄边境栽培较多。抗寒性极强。

6. 樱桃李

樱桃李原产于西亚、南亚至欧洲东南，我国新疆疏附县、阿克苏等地有少量栽培。常用作砧木，红叶李为其变种。

(二)主要优良品种

当前我国生产栽培的主要李品种有:红五月、大蜜李、大石早生(原产于日本)、莫尔特尼(美洲系)、鸡麻李、白肉鸡麻李、花奈(又名大奈、硬皮杏,主产于福建)、红夏甜(美国引入)、红良锦、檇李(分布于浙江嘉兴、海宁、吴兴、长兴、杭州,以及江苏、安徽等地)、金塘李(又名红心李,为浙江主要栽培品种,以金塘栽培最久)、小蜜李、芙蓉李(又名浦李、夫人李、粉李、红心李,主要分布于福建福安、永泰等地)、李王、美丽李(原产于美国,又名盖州大李)、夏王、安格里诺(美国品种)、油奈(主产于福建古田县,浙江、江西、广西等地也有栽培)、青奈、新西兰红岗峰、龙园秋李、早黑丰、风味皇后、黑宝石、秋姬、澳大利亚 14 号(原产于美国)、西梅女神、中秋李。经调查,湖北省有多个优良品种(表 4-5-1)。

表 4-5-1 湖北省主要优良李品种

品种	果实特征
玉皇李	果圆形,平均果重 56 g,最大单果重 74 g,果顶平广,缝合线浅,果粉厚,白色,果皮薄,成熟后为金黄色(充分成熟后为紫红色)。果肉淡黄色,肉质较脆,果汁极多,甜酸适度、浓香。黏核,核较小,平均 1.2 g。可食率 95.9%,可溶性固形物含量 12.5%,总糖 8.15%,含酸 0.93%。适应性强,萌芽力和成枝力均强,丰产稳产,果实大,品质上等。主产于孝感、当阳。7 月上旬成熟
前坪李	果圆形,平均果重 38 g,最大单果重 77 g。果面翠绿,被浓厚果粉,果皮薄,果肉黄绿色,质脆味甜,成熟后具微香,汁多味浓。离核,核较小,约 1.5 g。可食率 96%,可溶性固形物 12.1%,含酸 0.84%,总糖 8.98%。适应性强,对土壤要求不严,生长迅速,耐贮藏,较丰产,品质上等。主要分布在宜昌,枝江、当阳也有分布。7 月上旬成熟
红心李	果扁圆形,平均果重 52.5 g,最大单果重 75 g。果皮青色,上被有一薄层白霜,向阳面果肩有放射状红晕,果肉近核处呈鲜红色,肉脆,汁多,味甜。黏核,核极小,平均 0.55 g,可食率 98.4%,可溶性固形物 10.2%,全糖 7.58%,含酸 0.71%。萌芽力和成枝力均强,丰产稳产,品质上等。10 年生树株产量达 75 kg 以上。主要分布于咸宁。7 月上旬成熟
神血李	果长圆形,平均果重 55 g,最大单果重 75 g。果皮暗红,果粉中厚,蜡质多,果皮中厚。果肉深红色,肉脆,味甜酸可口。黏核,单核重 1.5 g。可食率 94.4%,可溶性固形物 11.1%,还原糖 4.48%,含酸 0.71%。萌芽力和成枝力均弱,抗逆性强,丰产稳产。主要分布于鹤峰、来凤、利川。6 月下旬成熟
青脆李	果扁圆形,平均果重 49.1 g,最大单果重 61.3 g,成熟时果皮黄绿色,皮脆有芳香。果肉黄绿色,肉脆,甜酸适度。离核,核较小,成熟果实核仁开裂。可食率 94.4%,可溶性固形物含量 11.4%,总糖 7.53%,含酸 0.53%。适应性强,萌芽力和成枝力较弱,丰产性一般,有大小年现象,较耐储藏,品质上等。主要分布于巴东、秭归、来凤。7 月中下旬成熟
黄瓜李	果长圆形,平均果重 46.2 g,最大单果重 64.8 g,果皮橙黄色,光滑有蜡质,密被灰白色果粉,皮较薄,果肉浅黄色,肉质较致密而脆,不溶质,果汁少,风味甜酸适度,有芳香,半离核,单核重 1.1 g。可食率 95.4%,可溶性固形物 12.4%,总糖 6.73%。本品种萌芽力较强,成枝力较弱。适应性强,丰产,有大小年,果实美观,大小均匀,品质上等,较耐贮藏。分布在宜恩、鹤峰、来凤。7 月下旬至 8 月上旬成熟
桃李	果扁圆形,平均果重 39.3 g,最大单果重 48 g。果皮紫红色,蜡质多,皮薄脆,可剥离,果肉黄色,爽脆味甜多汁;离核,核较小。可食率 96%,可溶性固形物 10.8%,还原糖 6.73%,含酸 0.35%。萌芽力和成枝力均中等,抗逆性强,耐粗放栽培,较丰产。略有大小年现象。果实较大,品质上等。主要分布于竹溪、神农架林区、房县、鹤峰、崇阳、阳新等地。7 月上旬成熟
中心李	果心脏形,果形较大,平均果重 30.3 g,最大单果重 45 g,果皮鲜红色,有灰白色果粉,皮薄光滑;果肉黄色,质地较软绵,汁多,味淡甜微酸,有香味;黏核,单核重 1.06 g,可食率 96.7%,可溶性固形物 8.08%,总糖 5.73%,含酸 0.83%。萌芽力强,成枝力弱,适应性强。丰产稳产,品质中上等。主要分布于来凤、房县、宣恩。6 月下旬成熟

任务实施

任务　李栽培管理

一、定植

1. 园址的选择

选择地势平坦、土壤肥沃、保水性较好、土质疏松、排灌条件良好、交通便利的地段建园。地下水位高、低湿涝洼地不宜建园。

2. 品种选择与搭配

根据当地生态条件，选择适合本地栽培的品种；选择品种还要结合利用途径，考虑距离城市的远近和交通条件。合理搭配不同成熟期品种。配置授粉树的比例一般为(5～6)∶1，授粉树的树体大小、生长结果习性应尽可能与主栽品种一致。

3. 定植时期

在落叶后至新根发生前栽植，包括春栽和秋栽，在冬季较温暖地区，一般进行秋栽；冬季易发生冻害的地区，以春栽为好，春栽在2—3月份，秋栽在9—11月份。

4. 定植密度

因地势、土壤及品种而有所不同。一般株行距宜为(2.5～4)m×(4～5)m；平地以长方形栽植较好；坡地以等高栽植较好。

5. 定植方法

整地，挖80～100 cm见方定植穴，心土、表土分开放；栽植前1个月按每株30～50 kg农家肥+1 kg磷肥混匀堆沤腐熟；栽前1周回填，先填表土，再填心土并施入肥料。

栽时将苗木扶正，根系要均匀自然分布在穴中，埋土至苗木在苗圃时的根颈位置即可，浇足定根水。

6. 定植后的管理

视旱情补水，掌握好浇水时间及次数，确保苗木成活。定植后15～20 d可检查成活率并及时补植。

二、土肥水管理

(一)土壤

1. 深翻熟化

一般采收后结合秋季施肥进行，耕翻深度以30～50 cm为宜。雨季中耕锄草，疏松土壤，以及应用除草剂，能有效地抑制李园杂草生长；中耕深度，春秋季略深，夏季要浅锄。

2. 间作与除草

未封行李园可间作绿肥。种植豆类、草莓、花生、叶菜及根类蔬菜、甘薯及马铃薯、荞麦等。除留种外，绿肥全部埋入园内。种间作物时要留足树盘，以利于施肥、灌水及中耕除草等工作的进行。

3. 果园覆盖

对已封行的李园有条件的可实行全园覆盖。覆盖以茅草、绿肥、作物秸秆、猪牛粪等有机物料为佳，第一次覆盖厚度 10 cm 以上，以后每年视情况增加。覆盖物在夏季高温干旱季节能起到保湿降温的作用；冬季能起到保温防冻的作用。覆盖物腐烂后产生大量有机质，有利于疏松土壤，提供全养分供果树生长发育。覆盖的果园一般每 5 年翻园 1 次。

（二）施肥

施肥分为基肥、追肥。基肥以迟效农家肥为主，结合秋季耕翻施入。追肥以速效肥为主，结合喷药可以叶面喷肥作为补充；在花前、花后、果实膨大和花芽分化期、果实生长后期分次施入；根据树龄、树势、结果量、肥料质量和种类、外界环境及李园其他管理条件，决定施肥时期和施肥量。例如，株产李果 100 kg，年施纯氮 1.4 kg，相当于尿素 3.5 kg；钾 2 kg，相当于硫酸钾 4 kg；磷 1 kg，相当于钙镁磷肥 5 kg。

1. 施肥时期与数量

(1)幼年树施肥　勤施薄施。在定植成活、新梢开始转绿之后，淋施浓度为 0.2%的尿素和 0.2%复合肥共 3～5kg/株，或者用腐熟的农家肥淋施，有利于枝梢生长。追肥每月 1 次，全年需要 5～6 次。9、10 月份再重新施基肥。

(2)成年结果树施肥　李喜肥，特别是氮和钾必须满足，早施基肥，要特别注意开花前和采收后两次追肥。

基肥 9—10 月施入，每株施饼肥 2.5 kg 或猪牛粪 25 kg，或农家肥 50～100 kg，开 30 cm 深沟施入，施后盖土。

追肥分 2 次。第 1 次是壮果肥，5 月上旬，开沟 15 cm 深，每株施含硫复合肥 1 kg，或人粪尿 10 kg，施后淋水盖土。第 2 次是采后采果肥，每株施含硫复合肥 1 kg 或饼肥 2 kg 加尿素 0.5 kg，开沟 15 cm 深施入，施后淋水盖土，有利于恢复树势，促进花芽分化。

2. 施肥方法

主要方法有开环状沟、条状沟、辐射状沟施；或穴施；微量元素或者氨基酸等其他水溶性肥采取叶面喷施。

（三）水分

李树在一年中各个物候期都需要一定水分，正常年只需要浇一次水，即秋施基肥后浇水沉实。如果遇到干旱的年份，可以在花前、花后、新梢生长期和果实膨大期灌水。灌水量和频次，根据树龄、树势、土质、土壤湿度，当地雨量和灌水方法而定。水量过多的李园还应注意排水，以免李园受涝害。

三、整形修剪

通过整形修剪使树体形成一个枝条层次分明、通风透光、生长结实均衡的牢固骨架。采用短截与缩剪、疏剪(疏枝)、甩放等技术措施，保持好各级枝条之间的主从关系，调节好营养生长和生殖生长的关系。

（一）幼树整形

1. 树形及结构

李树树形有自然丛生形、疏散分层形、自然开心形、V 形、纺锤形等。

2. 整形

苗木定植以后，随即定干，干高根据品种特性和立地条件决定。一般干高 50～80 cm，再留 20 cm 整形带，剪口下要有十多个饱满芽，以便将来抽出健壮的新梢培养主枝。其余的不充实枝芽及时剪除，以利于幼苗成活。

定干后选择剪口下直立生长的枝条培养中央领导干，另选择 3～4 个方向和角度适合的枝条培养主枝。

辅养枝的利用，根据空间大小来决定去留，有空间就保留，发展空间大就长期保留。

(1)自然丛生形　距地表 10～20 cm 处或贴地表选留 4～6 个主枝，疏去下垂或过密集的枝条，并尽量利用副梢培养侧枝；每个主枝留 2～3 个侧枝。这样扩冠快，副梢上容易提早形成花芽。下部和树冠内也容易形成结果枝，但每年要按时疏除过密的枝条，使树膛内通风透光。

(2)自然开心形　定干 60～70 cm，从剪口下选留 3～4 个健壮、方向适宜、夹角较大的新梢作为主枝，其余的枝条，生长旺的疏去或短截，中等的则进行摘心，以保证选留的主枝茁壮成长。

第一年，苗木定植后，在春梢萌芽前留 60～70 cm 短截，整形带内选留 3 个生长势强、分布均匀、相距 10 cm 左右的新梢作为主枝培养，其余新梢除少数作为辅养枝外，全部抹去。整形带以下萌发的枝、芽应及时抹除，保持主干有 30～35 cm 高度。夏季将新梢角度拉开，使主枝与主干角度呈 40°～45°。

第二年，春季发芽前主枝先端衰弱部分剪去 1/4 或 1/5，大冠留长 50～60 cm，小冠留长 30～40 cm。对着生角度较小或过于直立的主枝，则剪口选用外芽或采取拉枝以加大开张角度。在各主枝的中部选留 2～3 个向外斜向生长的分枝作为侧枝，进行中短截，剪去 1/3。各主枝上萌发的结果枝、花束状果枝全部保留，10 cm 以上的中长枝条可稍重短截，促其萌发分生发育枝和结果枝。

第三年，继续培养主枝和副主枝，将主枝的延长枝剪去 1/4 或 1/5，侧枝剪去 1/3 先端衰弱部分，剪口芽留外芽，促发枝梢，继续扩大生长，形成树冠。主枝、侧枝上萌发的短果枝和花束状果枝全部保留；竞争枝、徒长枝缓放结果；树冠内的强旺枝条，无缓放空间者可疏除；其余枝条只要不重叠、不交叉，一律缓放，结果后回缩培养成结果枝组。主枝要保持斜直生长，以维持生长强势。各主枝上相距 30～40 cm 选留 2～3 个副主枝，方向相互错开，并与主干呈 60°～70°角。在主枝、副主枝上保留短果枝和花束枝，使其结果。

(3)主干疏层形　适宜干性明显、层性强的品种。中心干主枝数 5～7 个，错开方位，分 3～4 层。第一层 3 个主枝，第二层 2 个主枝，第三层和四层各 1～2 个主枝；层间距保持 50～60 cm。

第一年，定干 60～70 cm，从剪口下新梢中，选 1 个上部健壮的枝条作为主干延长枝，依次向下选出 3 个长势较强、分布较均匀的枝条作为第一层主枝，主枝间距 20～30 cm，其余枝条全部剪除或拉平，缓和生长势，培养成结果枝。促其早结果。生长过旺、过于直立主枝，可在 6—7 月拉技，使主枝基角达 50°～ 60°，方位角呈约 120°。冬剪时，对主枝和中心延长枝轻短截，一般可剪去枝长的 1/4～1/3。

第二年，在中心延长枝上留 2 个主枝作为第二层，间距为 10～20 cm，与第一层主枝错开方向；同时，在第一层的每个主枝上选留 2～3 个背斜侧枝，培养副主枝，间距为 30～40 cm，方向相互错开，副主枝与主枝之间水平夹角为 45°。冬剪时，各主枝延长枝剪去枝梢先端衰弱部分的 1/4～1/3。

第三年，依照同样办法，再培养第三层和第四层各 1～2 个主枝。其余枝条，则短枝保留，中枝重剪，培养成结果枝组；短果枝和花束状果枝一律保留，让其结果，过旺的徒长枝可早摘心，促发分枝，培养枝组或从基部疏除。第二、第三层主枝基角较第一层主枝要小些，为 40°～50°。主枝培养完成后，可从最后一个主枝以上锯除中心延长枝，落头开心，树高度约 3.5 m。

(二)修剪

生长期修剪一般可进行 3～5 次：第一次在开春萌芽时进行，抹掉方向不正的芽或双芽中的弱芽；第二次在谢花后，结合疏花，疏去过密的枝条；第三次在果实硬核期后，对旺盛生长的枝条进行短截，促进长出副梢，增加结果面积。在秋初和秋末，对过多的副梢进行回缩或疏剪。对长果枝进行摘心，控制其生长，促进花芽分化。休眠期修剪在生长期修剪的基础上做些补充，原则上要注意维持树形，保持好各级枝条之间的主从关系，调节好营养生长和生殖生长的关系。

1. 幼树修剪

以轻剪缓放、开张主枝角度为主，多留大型辅养枝，尽快填补空间，缓和树势，提高早期产量。

2. 盛果期修剪

常利用骨干枝换头的方法，调整骨干枝先端的角度和长势，达到抑前促后、控制树体大小和维持树势稳定的目的。上层枝的外围枝以疏为主，即疏除外围的旺长枝、密生枝和竞争枝，保留少量的中庸枝壮枝。枝组的修剪要疏弱留强，疏老留新，并有计划地进行更新复壮。

3. 衰老树修剪

及时回缩、重剪或疏剪更新复壮。

四、花果管理

李树花量大，但落花落果较严重。一般有三个高峰：第一次自开花后开始，由花器官发育不全、失去受精能力或未受精造成，如朱砂李花蕊败育率达 92.3%；第二次从开花后 14～28 d 开始，果实米粒大小时出现果梗变黄、幼果脱落，主要是由授粉受精不良造成；第三次是在第二次落果后 3 周左右开始，主要是营养供应不足导致胚发育中途停止造成。因此要获得丰产稳产，需进行保花保果，坐果后还要根据坐果的多少进行疏果。

(一)保花保果

1. 改善授粉条件

有些李品种自花结实率较低或自花不结实，通过配置授粉树、放蜂、人工授粉、叶面喷施等可改善授粉受精条件，提高坐果率。

(1)人工授粉　选与主栽品种亲和力强且开花期稍早或相同的品种，于主栽品种开花前 1～3 d 采集花粉，授粉时，每蘸 1 次花粉可以授 10 朵花左右。大面积授粉时可用液体喷授法，先依配方将水 1 kg、白糖 14 g、尿素 30 g、硼砂 10 g 配成溶液，当树上 60%花盛开时，再混入 20～25 g 花粉，随配随喷，1 h 内喷完。

(2)果园放蜂　在花前 2～3 d，园中每 5 亩放一箱蜜蜂。

(3)叶面喷施　盛花期喷布 50 mg/L 左右的赤霉素，对提高坐果率有良好的效果；喷施氨基酸、倍力钙、氨基酸钙等营养液具有良好的保果效果。在盛花后 4 周喷布 0.3% 硼砂＋

0.3% 尿素+50~100 mg/L 丁酰肼,对提高坐果率有一定的作用。

2. 防止低温霜冻

李花期较早,易出现霜冻,可通过选用晚花品种、春季灌溉、枝干涂白、喷布生长调节剂等推迟花期,避免遭受霜冻。当花期出现晚霜时,可通过熏烟减轻霜害,一般熏烟可提高温度 1~2 ℃。

(二)疏花疏果

疏果能适当增大果实,提高商品价值,控制大小年。果实过多时要进行疏果。

对坐果率高的品种应早疏(果径大于 0.5 cm),并一次性定果。

坐果率低的品种分两次进行疏果:第一次在花谢后 2~4 周进行,第二次在生理落果后果径大于 0.8 cm 时进行。疏果量的确定应根据品种特性、果个大小、肥水条件等综合因素加以考虑。花束状果枝留 1~2 个,短果枝留 3~5 个,中长果枝按叶果比合理留果,一般每 15~20 枚叶片留 1 个果,果实间距 3~5 cm(大果型品种间距 5~10 cm)。

五、病虫害防控

李树的主要虫害有蚜虫、桃蛀螟、李小食心虫、蚧类、蓑蛾、刺蛾、红颈天牛等,病害有黑斑病、红点病、缩叶病、流胶病等。采取综合防治方法控制。

(1)物理防治 采用灯光、糖醋液诱杀,人工捕杀。

(2)生物防治 保护利用当地的有益生物,合理使用生物制剂防治虫害。

(3)化学防治 见表 4-5-2。采收前 20 d 不能使用农药。

表 4-5-2 李树主要病虫害化学防治

病虫害	为害特点	防治方法
蚜虫	为害嫩枝、叶片	可用 10%吡虫啉(又名蚜虱净、一遍净、大功臣、康福多等)、敌敌畏和菊酯类农药防治,使用浓度以包装上的说明为准
刺蛾	为害嫩枝、叶片	可用敌百虫、敌敌畏、菊酯类农药防治
李小食心虫	为害嫩枝并枯死	用敌敌畏、敌百虫 1 000 倍液防治
象鼻虫	咬食嫩叶、幼果;4 月发生	用敌敌畏 1 000 倍液防治
黑斑病	又名穿孔病,为害枝、叶、果实;常 5 月开始发病	应在萌芽前用 5 波美度石硫合剂防治,展叶后用波尔多液防治 1 次(硫酸铜 0.25 kg、石灰 0.5 kg、水 120 kg 的比例)
红点病	为害叶、果实;展叶后至 9 月均能发生	防治方法同黑斑病
炭疽病	为害叶片,造成果实大量腐烂	防治方法同黑斑病

六、采收

果实发育到品种应有的大小,当果肩和缝合线发育良好、充实、饱满,表明已成熟。颜色随着果实的成熟,由绿色变为黄色或红色或黑色。

(1)采收标准 李果充分成熟后容易软化,不耐贮运。鲜食李宜在半软熟期采收,供加工蜜饯或糖水罐头用李宜在硬熟期采收。

(2)采收方法　李子含水量高,稍有损伤极易腐烂,所以在采收时要极为仔细。采收顺序是从树下部由外向内逐枝采摘。宜分期分批采收,一般分 2～4 次采摘。采收应在晴天气温较低时或阴天进行,避开雨天、露(雨)水未干和高温时段。人工采摘,保留果柄,避免机械损伤。

(3)采后处置　采收后的果实应放在阴凉处,并尽快分选、预冷、入库。

七、包装、运输

1. 包装

李果实采收后的运输包装宜采用木箱或塑料周转箱等耐挤压的容器;贮藏包装宜用塑料周转箱、木箱、纸箱等,包装应光洁、透气、坚固,便于牢固堆码。每箱装量以便于搬运、运输和销售为宜(5～10 kg)。必要时可增加防止果实挤压的内隔层。包装材料应符合 GB/T 30768—2014《食品包装用纸与塑料复合膜、袋》相关规定。

2. 运输

采收后直接上市销售运输,近距离(500 km 以内)的可采用常温运输,运输期间保持通风,做好覆盖以防失水。中远距离(500 km 以上)运输的,宜先预冷,再进行保温运输或冷藏车低温(0～4 ℃)运输。

经冷藏或气调贮藏后出库的果实,近距离运输可采用保温运输,中远距离运输宜采用冷藏车低温(0～－4 ℃)运输。

八、贮藏

1. 贮藏方式

短期贮藏宜冷藏。中期贮藏宜采用自发气调(MA)贮藏,将经过预冷的李果实装入衬有 PE 或 PVC 塑料保鲜袋的木箱或塑料周转箱等容器内,然后将保鲜袋折口。长期贮藏宜采用人工气调(CA)贮藏或大帐气调贮藏。

2. 贮藏条件

贮藏温度宜控制在 0～1 ℃。库内各方位温度要均匀、稳定。相对湿度宜控制在 90%～95%。贮藏环境的气体成分为氧气 3%～5%,二氧化碳 3%～5%。

生产链接

巫山脆李

巫山在春秋战国时期属楚国巫郡,秦汉改巫郡为巫县,距今已有 2 000 余年。巫山县地处三峡库区腹心,可观“一江碧水、两岸青山、三峡红叶、四季云雨”,是重庆首个国家全域旅游示范区创建县。近年来不断深化巫山特色效益农业体系,着力打造山羊、脆李、中药材、烤烟、柑橘、干果等特色生态产业。2021 年巫山脆李种植规模达 30 万亩,逐步形成生态产业化、产业生态化。

1. 巫山脆李发展优势

(1)种植条件优越,地理环境独特　巫山位于三峡库区腹心,长江横贯东西,大宁河穿越南北，地貌呈深谷和中低山相间形态，地形起伏大，坡度陡，典型的山地地貌为巫山脆李的熟期延长了时间。一般脆李上市期也就 20 d 至 1 个月，而巫山脆李可以有 60 d，从 6 月中旬至 8 月中旬，均可吃到正宗的巫山脆李。巫山县属亚热带季风性暖湿气候区，境内四季分明，年平均气温 18.2 ℃，全年无霜期 320 d 左右，相对湿度 68%，平均年日照时数 1 540.1 h，光热资源充分。

巫山土壤土类多样，农耕地土壤土质好，土壤结构独特，土质疏松、土壤肥沃、土层深厚，透气性良好。加之县内有 9 条支流和 54 条小溪，成脉络状的长江水系。这些基本要素正好满足巫山脆李生长所需的光、温、水、肥、气等基础条件，造就了巫山脆李优异的品质。

(2)种植有传统　巫山脆李在唐宋时期已开始经济种植，距今已有 1 000 多年历史。经过长期栽种实践，种植户掌握了种植脆李的先进技术。

(3)巫山脆李品种优良　巫山脆李源于 20 世纪 70—80 年代定植于巫山县曲尺乡柑园村的江安大白李的芽变，2015 年入选“国家地理标志产品”，2016 年通过重庆市农作物品种审定委员会果树专业委员会的品种鉴定，2017 年在全国优质李鉴评会上巫山县被评为“全国优质李生产基地县”，2018 年 4 月农业农村部授予巫山脆李品种权。

果实中等，近圆形，纵径 3.3 cm、横径 4 cm，平均单果重 32.1 g，最大单果重 58.9 g，大小整齐。果柄长 1.5 cm、粗 0.1 cm。果顶略凹。果皮底色绿色至绿黄色，皮中等厚，果点明显，果粉厚，白色。果肉浅黄色，肉质致密，纤维少，汁多味香，脆嫩，酸甜适口。离核，可溶性固形物含量 13%，果核小，扁圆形，果实可食率达 96.88% 以上，几乎无采前裂果和果内流胶。果肉浅黄色，肉质致密，纤维少，汁多味香，质地脆嫩，酸甜适口。品质上乘。

果实丰产性栽后第 3 年即有经济产量，4～5 年进入盛果期。植株进入盛果期后，在自然管理水平下，每株产量可达 100 kg 以上。

2. 巫山脆李发展路径

(1)规模化种植　巫山县编制《巫山脆李产业发展规划》，划定适宜种植范围和规模，将巫山脆李定位为全县特色效益产业之一，适宜区域“应栽尽栽”；成立巫山县脆李产业发展工作领导小组，组建县果业局。县财政每年整合 1 亿元以上资金支持脆李产业发展，并坚持逐年递增 10% 以上。目前，全县脆李已发展到 30 万亩，遍及 22 个乡镇，全部进入丰产期后可年产脆李 30 万 t，实现产值 30 亿元以上。2021 年，巫山脆李挂果面积达 11 万亩，销售额 6.3 亿元。

(2)科技化管护　每年预算 500 万元科技发展资金，与中国农业大学、辽宁省果树科学研究所、重庆市农科院果树科学研究所签订合作协议，成立巫山脆李研发中心，进行巫山脆李品种研究开发。与西南大学建立县校合作关系，编制《巫山脆李优质高效生产技术规程》，大力推广巫山脆李果园管理技术。采取“新型经营主体＋农户＋基地”方式，集中开展修枝整形、施肥除草等专业管护。建立脆李种植质量安全追溯与监管体系，逐步实现标准化生产和绿色防控。

(3) 链条化增效

①保证优良种苗　对巫山脆李母树挂牌保护，建立母本园及采穗圃 60 亩、产苗 600 万株的育苗基地，严格管理树苗外输。

②建设特色基地　建设标准化基地 30 余个，扶持发展经营企业 15 家、专业合作社 100 家、种植大户 300 家。2018 年起，依托脆李基地，围绕“一棵树、一树花”，以脆李产业打底、旅

游增收，精心打造“春赏花、夏摘果”乡村旅游品牌，大力发展“生态旅游”。

③特色加工　推动农副产品“接二连三”，提升附加值。中国三峡集团帮扶巫山县研发了近380余件文创产品，脆李酥、脆李酱、脆李月饼已投入市场量产。巫山还与中国农业大学烟台分校、江苏大学等高校合作，开发深加工产品。

④延长销售期　统一选用专业泡沫箱、泡胶、内置冰袋，开发气调包装和机器分拣。与中国农业大学合作，研究脆李预贮预冷技术，建成库容4.5万 m^3、保鲜量3.5万t的脆李气调保鲜库。进一步完善冷链建设，48 h内全国送达，最大限度保证脆爽口感。

(4)品牌化打造　2017年，第16届全国李杏学术交流会暨第4届全国优质李鉴评会在巫山成功举办；2018年，召开巫山脆李产销对接会，成功举办中国·重庆巫山脆李产业发展工作交流会、重庆市水果(巫山脆李)采收农民运动会。统一发布了巫山脆李包装、品牌标志，统一巫山脆李上市时间。

巫山脆李名扬天下，被评为“全国优质李金奖”和重庆市十大农产品区域公用品牌。巫山脆李形象宣传片多次亮相央视。2021年“巫山脆李”品牌价值达19.18亿元，居全国李品类第一。

(5)市场化营销　创建全国农村电子商务示范县，将电商平台延伸至乡村。与京东、顺丰速运、中国邮政等合作建成脆李专业销售体系，助推巫山脆李“快捷便销”。2018年，顺丰首套“脆李行业解决方案+”发布，通过线上线下助力巫山脆李，提供3架专机、每日180 t的散航资源储备、35条冷运干线，提供2 900余个流向的物流服务，实现118个城市次日到达、321个城市48 h到达。2018年1.5 kg装、2.5 kg装脆李电商交易超过2亿元，占当年销售总额20%以上。

利用中国国际农产品交易会、中国西部国际投资贸易洽谈会等大型农产品交易平台，巩固巫山脆李传统批发渠道。加强专业合作社、种植大户与水果经销商的合作，加强“农商、农超、农餐”对接，逐步健全巫山脆李“订单”式销售机制。依托全国水果商网络，巫山脆李已远销福建、北京、上海、广东、香港等地，走向全国。

从选育一个品种到振兴一项产业，昔日国家级贫困县成为富饶醇美的中华脆李之乡。

能力转化

1. 实地调查，了解当地李主栽品种及主要栽培方式，分析生产效果。

2. 参与生产过程，并根据操作体验，总结经验、提出技术创新。

项目六　无花果

知识准备

一、概述

无花果属桑科无花果属，亚热带落叶小乔木，是世界上最古老的栽培果树之一。其花器官隐藏于花托内，属隐头花序，结出隐花果；果内开花，故误称“无花果”。果实含有较高的果糖、果酸、蛋白质、维生素等成分，被誉为“21世纪人类健康的守护神”，称为“生命之果”。

无花果不仅可以鲜食，还可加工成果干、果脯、果酒、蜜饯、饮料、罐头以及做糖果点心添加料等。明代李时珍《本草纲目》有无花果药用的记载，中医上认为其具有补气、健脾、润肠、祛风湿、止血、催乳等功能。无花果有降血压、止哮喘作用，用无花果制剂治疗冠心病已成为日本的医药专利。近年来，国内外研究证明，无花果含有丰富的蛋白酶、天冬氨酸、阿拉伯糖、半乳糖及佛手柑内酯、补骨脂素及较多的锰、锌、硒等微量元素，在预防癌症及降低化疗、放疗引起的毒副作用等方面具有明显功效，同时还具有增强机体免疫力的功能。

无花果枝叶繁茂，树形优美，能吸收、吸附空气中的二氧化碳、氯化氢、硝酸、苯酚等有毒成分与尘埃，起到净化空气的作用，是城市绿化和环境保护优良树种。

无花果在我国分布比较广，热带和亚热带地区及胶东半岛沿海地区均适宜种植(表4-6-1)。在保护地栽培模式下，无花果栽培区域可以扩大至全国，例如，我国新疆南部地区冬季主枝埋土防冻栽培无花果，北京地区则以设施栽培无花果。

表4-6-1　我国无花果种植区域分布

分布区域	主产地
南方	福州市、广东、四川、广西、上海郊区
华北地区	山东沿海的青岛、烟台、威海
江苏省	南通、盐城、丹阳、南京
西北	陕西、阿图什、库车、疏附、喀什、和田等地

湖北地处亚热带，全省除高山地区外，大部分为亚热带季风性湿润气候，光热丰富，无霜期长，降水充沛，冬季温暖，适宜无花果种植。目前，各市、县、区均有种植，但规模有限，集中成片的少。随着人们生活水平的提高，无花果作为“名特优稀”特色水果极具发展空间，其易种植、投产快、高产、营养价值高、适于加工等特性将加速无花果规模化生产。

二、生物学特性与栽培环境

(一)生长习性

无花果为落叶乔木，最高可达12 m，在自然生长状态下，树冠呈圆形，广阔开张。在较寒冷的地区，如新疆南部，常由分枝形成多主干灌木。

1. 根系

无花果的根系为茎源根系，无主根，只有数条粗壮的侧根和大量的须根及不定根，根系分布较浅。根肉质，幼嫩的须根为白色，成熟老根为褐色。1 年生无花果苗当年生新根长达 1.38 m；根幅 2.46 m；垂直分布 0.9 m，其中 0.15～0.7 m 的土层根量最多，占总根量的 70%。根系趋肥性极强，垂直与水平生长因土壤条件而异。在干旱缺水时，根系可向下扎至 2～4 m 深，土壤水分过多时，根系会因缺氧而窒息死亡。

根系的薄壁细胞发达，再生能力强。

2. 芽

无花果的芽有顶芽、叶芽和潜伏芽、不定芽。顶芽饱满，从基部起每个叶腋内有 2～3 个芽，中间圆锥形的小芽为叶芽，两侧圆而大者为花芽。花芽抽生隐头花序。潜伏芽较多，寿命可达数十年，又极易在骨干枝上形成大量不定芽，所以无花果修剪后枝条恢复能力强，树冠更新容易。

3. 枝条

幼树新梢和徒长枝年生长量可达 2 m 上，强旺枝中上部多发生 2～3 次枝，所以幼树成形快；但发枝力弱，骨干枝明显，树冠较稀疏。树皮呈灰色或褐色，与木质部密接。新梢的髓心较大，可贮藏水分和养分。生长充实的枝条髓心较小。

无花果的叶互生，厚革质。叶片倒卵形或圆形，掌状单叶，通常 5～7 裂。叶长 15～20 cm，叶柄长 5～12 cm，叶面粗糙，叶背有锈色硬毛，叶脉明显，叶落后在枝条上可留下三角形叶柄痕。叶片光合、呼吸、蒸腾能力很强，并且是大量氮素养分的贮藏器官。叶片的大小、颜色等状况可以明显地反映树体的营养状况，可作为树相诊断分析的依据。

无花果的根、茎、叶、果不仅是营养器官，还是贮藏器官。枝叶破损时有白色乳浆流出。乳浆里面含有大量的蛋白酶、脂肪酶、淀粉酶、氧化酶等活性物质。一旦沾在皮肤或白色丝绸衣物上，因蛋白质分解而留下褐斑和痕迹，不易褪去。在采摘果实时要戴上手套，以免手指发生灼伤。

（二）花芽分化与结果习性

无花果的一年生枝条和部分当年生枝条多数可成为结果母枝。新梢生长、花芽分化、花器官形成、果实生长发育同时进行，是无花果区别于其他果树的生长结果特性，是其早结果、丰产、稳产的生物学基础。

1. 花芽分化

当年生新梢从低节位起形成腋芽。腋芽内有 2～3 个芽，中间为叶芽，两边为花芽。随着新梢的生长，花芽分化，发育成果实，多数是每节 1 果，个别也有每节 2 果的。一般，从新梢萌芽起 50～70 d 内，即>10 ℃的有效积温达到 1 400 ℃左右时，可见第一果形成。无花果的新梢上部的叶芽可萌发二次梢，各副梢也可从低节起依次结果。

2. 开花

无花果的花为隐头花序，花托肥大，多汁中空，花托顶端有孔，孔口既是空气的通道，又是昆虫进出的孔口，在孔口周围排列着许多鳞片状苞片，从外部看，只见果不见花。在花托内壁密生许多小花，有 1 500～2 800 朵。当果实长到 1.5 cm 大小时，即果实形成 20 d 左右时开花。

花单性，有梗，子房下位。雄花生在雌花上方，一般在顶端小孔附近。雌花淡红色。普通型无花果的花托内只有雌花，且无受精能力，胚珠发育不完全，雌花不经授粉受精，花托即可膨大发育成果实，在分类上称作中性花。

3. 结实

无花果的果实为聚合果。可食部分由肥厚的肉质囊状花托与其内部密生的大量有果梗的小瘦果组成。大果品种有 2 000～2 800 个小果，一般品种为 1 500 个左右。中性花形成种子的胚乳不发育，仅在子房壁内侧略有硬化层。

果实形状有圆形、扁圆形、倒圆锥形、梨形、坛形等。果皮颜色有绿色、黄绿色、赤褐色、紫褐色和青铜色。果肉有黄色、粉红色、深红色等。单果重 20～150 g，一般 70～80 g，果实自 6 月下旬至 11 月中旬相继成熟，采果期可达 4～5 个月。

依品种和发育时期，形成夏果与秋果。当年自 6 月下旬至 7 月上旬逐渐成熟的第一次果，称为夏果。前一年秋季无花果顶端形成花托原始体，以腋芽状态越冬；春季气温升高，花托原始体继续分化发育成果实。当年生新梢从基部 2～3 节位起，叶腋处的芽渐次形成花托原始体，并逐渐开花结果，自 7 月下旬起依次成熟，称为秋果。

从果实着生的枝龄上看，夏果一般着生于上年生枝的顶端数节；则除当年生新梢基部 2～5 节、春秋梢交接处 4～6 节外，其他各叶腋处均着生秋果。夏果比秋果大，品质优良。

夏果的花序分化需经过冬季，因此在冬季温暖的地区才能产生夏果。在保护地栽培条件下，既可以促成栽培，又可以延后栽培，相对生育期延长。

有人将一年生枝顶端几节着生的称为春果，将春梢叶腋处着生的称为夏果，将摘心后的二次枝或秋梢生成的果称为秋果。

4. 果实的发育

无花果的果实发育因品种、栽培环境不同而有差异，一般可分为 3 个阶段。

(1)幼果期　果径小于 1 cm，从果实膨大到果面绿色鲜嫩、茸毛明显，历时 28～35 d。果实内部组织的细胞迅速分裂发育，果实体积和重量增长慢，而细胞数量增长很快，因而组织致密紧实。

(2)果实膨大期　果径 1～3.5 cm，果面逐渐变为深绿色，茸毛变少，历时 35～42 d。果实内的细胞迅速增大，体积增大的速率加快，组织变得疏松。

(3)果实着色成熟期　果径 3.5～5.5 cm，果面由深绿变为紫红色，茸毛几乎脱光，历时 5～7 d。果实体积剧增，果肉成熟变软。养分逐渐积累，可溶性固形物由 8% 上升到 14% 左右。糖分含量急剧上升，果酸含量显著下降，具有无花果特有的甘甜软糯风味。

无花果的果实，一般从结果枝基部起依次向上逐个成熟，下一节位成熟后，上一节位的果实才能成熟，在日光温室条件下，可以 5～6 个果实同时采收。

无花果的坐果率极高，果实一旦形成，只要没有病虫害，均可成果。在叶腋处果实与二次枝可同时萌发，不存在明显的矛盾。这也是幼年果树能够丰产的生物学基础。

（三）无花果对环境条件的要求

1. 温度

年平均气温 15 ℃，夏季平均最高气温 20 ℃，冬季平均最低气温 8 ℃，5 ℃以上的生物学积温 4 800 ℃以上的地区，适宜无花果栽培。

不同品种的无花果抗寒能力不同。冬季气温低于 −12 ℃ 时，新梢顶端开始受冻；在

—20 ℃以下时，地上部分会冻死；温度低于 —18 ℃时，一般品种地上部均会冻死。如布兰瑞克在 —13～—15 ℃时会受冻害，而玛斯义·陶芬在 —4～ —6 ℃即受冻。

根系在 15 cm 处地温达到 10 ℃时开始生长；在地温 20～26 ℃时进入生长高峰；地温降到 8 ℃以下时，根系停止生长。

地上部在气温高于 15 ℃时开始发芽，而新梢生长的适温为 22～28 ℃。在水分供应充足的情况下，无花果能耐较高温度而不受热害，但如果连续数日高于 38 ℃，则会导致果实早熟和干缩，有时还会引起落果。

2. 光照

无花果喜光，光照充足时叶片肥厚、浓绿，光合作用增强，果实含糖量高，品质好，树体强健，花芽饱满，坐果率高，果枝寿命长。

我国主要无花果产区气候条件虽然差异较大，却都能生产出优质的果实和获得高产，说明无花果对气候环境具有较强的适应能力。

3. 土壤

无花果对土壤的酸碱度适应范围很广，pH 在 5.5～8.5 均能生长，以 pH 7～7.2 生长最好。无花果的耐盐能力较强，在含盐量达 0.5%的盐碱地也能生长，在硫酸盐土和氯化物盐土中抗性均较强。

4. 水分

无花果的根系发达，抗旱性强，在年降水量 400～600 mm、4—10 月份降水量 90～270 mm 的地中海地区也能生长结果。

无花果的耐湿性差，忌渍水。在年降水量大于 1 000 mm 的南方，只要无涝渍，对生长无大影响。无花果叶片大，蒸腾作用旺盛，在新梢与果实生长期，若土壤过度干旱，则植株生长弱，果较小，皮粗，品质变劣，成熟前果实干缩、易脱落。

5. 休眠期温度要求

据文献记载，无花果休眠需 0～7.2 ℃低温 80～200 h，在入冬后，经霜冻叶片脱落，气温降到 3.8～5.4 ℃经 1 周左右即能通过休眠。这对于南果北移、进行保护地栽培十分有利。只要利用设施，满足它生长发育的要求，即可发芽，进行促成栽培。

三、主要种类与优良品种

（一）主要种类

无花果是桑科无花果属木本果树。本属大约有 600 种，大多数为原产于世界各热带地区的大乔木或藤本植物，只有少数原产于亚热带地区。该属中可作为果树栽培的只有无花果(*Ficuscarica* L.)1 种。由于它冬季落叶期能耐相当的低温，故在温带也可广泛栽培。

按照是否经过授粉才能结实，而分为四种类型：普通类型、斯密尔那类型、中间类型和原生类型。

1. 普通类型

此类型为亚热带落叶果树，几乎不需要冬季低温就能打破休眠。其雄花着生在花序托上部，花序主要为中性花和少数长花柱雌花，不需授粉就能结实。长花柱雌花经人工授粉还可获得种子。目前世界范围内无花果栽培品种绝大多数为此类型。

2. 斯密尔那类型

此类型原产于小亚细亚斯密尔那地区。花序托内只着生长柱雌花。通过无花果小黄蜂传播原生型无花果花粉完成受精过程,才能形成可食用果实。有夏果和秋果,生产上主要收获秋果。当地许多制干品种属于此类。

3. 中间类型

该型结果习性介于斯密尔那类型和普通类型中间。第一批花序不需经过授粉即能长成可食用果实(春果)。第二、三批花序需经授粉,才能发育成可食用果实(夏果、秋果)。

4. 原生类型

原产于阿拉伯及小亚细亚的野生种,被认为是栽培品种的原始种,其花序托上着生雄花、雌花和虫瘿花。雄花着生于花序托内的上部;虫瘿花密生于花序托内的下半部;雌花也着生于下半部,但数量极少。在温暖地区,该品种一年可产生三次果,即春果、夏果和秋果,每年第一季果实(花托)里可能会发现隐藏的小黄蜂幼虫或成虫。花托内的短花柱花产生花粉,适于无花果小黄蜂产卵,具协助雌株或其他类群无花果授粉作用。

依无花果结果习性,可分为三种类型:仅着生夏果的,称为夏果专用种;只着生秋果的,称为秋果专用种;夏果和秋果都能着生的,称为夏秋果兼用种。

(二)主要优良品种

无花果主要优良品种见表 4-6-2。

表 4-6-2　无花果主要优良品种

品种	类型及主要特征
青皮	夏秋果兼用。果实黄绿色,果肉淡紫色,果目小而开张,果面平滑不开裂,果肋明显,果皮韧度较大,果汁较多,含糖量高。品种适应性广,南方栽培注意控制旺长。鲜食、加工兼用
玛斯义·陶芬	春夏秋三季果。果皮薄而韧,皮色紫红至褐色,果肉桃红色,肉质粗而松脆,含糖量高,品质中等偏上。适宜长江以南地区栽培。鲜食、加工兼用优良品种
波姬红	夏秋果兼用,以秋果为主。果实个大,果皮鲜红色或紫红色,果肉红色或浅红色,味甜,汁多,可溶性固形物含量 16%～20%,品质极佳。品种适应性广,耐寒耐盐。鲜食
金傲芬	夏秋果兼用,以秋果为主。果实个大,果皮金黄色,有光泽,似涂蜡质。果肉淡黄色,致密。单果重 70～110 g,最大 160 g,可溶性固形物 18%～20%。鲜食风味极佳。品质上等,极丰产,较耐寒。鲜食
美利亚	夏秋兼用。果皮金黄色,皮薄,光亮,果肉褐黄或浅黄色,微中空,汁多,味甜,风味佳,丰产,品质优良。鲜食
蓬莱柿	秋果专用。果实倒圆锥形或短圆锥形,较大,一般单果重 60～70 g;果顶易开裂,成熟时紫红色;果皮厚,果肉鲜红色,可溶性固形物 16%,较甜,但肉质粗,香气淡,品质中上等。耐寒性强。鲜食、加工兼用
布兰瑞克	夏秋果兼用。果较大,斜倒圆锥形,果梗基部常有膨大,果皮古黄铜色。果肉淡粉红色,含糖量 16%～17%,风味香甜,品质上等。品种适应性广,耐寒耐盐。鲜食、加工兼用
新疆早黄	夏秋果兼用。果扁圆形,单果重 50～70 g,果熟时黄色,果顶不开裂,果肉草莓色,可溶性固形物含量 15%～17%或更高,风味浓甜,品质上等。适于新疆地区栽培。鲜食、加工兼用
紫果	秋果专用。果紫红色,艳丽美观,结果性特强,树形优美,极适于盆栽或作为矮灌木植于庭院、花园,用于观赏

续表 4-6-2

品种	类型及主要特征
中农红	夏秋果兼用。果皮黄绿或浅绿，夏果单果重 90 g，秋果单果重 45～60 g。果肉红色、汁多、味甜，可溶性固形物含量 18%～22%，品质极佳。鲜食、加工兼用
加州黑	夏秋果兼用。果皮紫黑色，果肉浅草莓色，品质上等。整果制干、制酱和果汁的优良品种
西莱斯特	秋果专用。果小，梨形，平均重 15～20 g。果梗长，果皮紫褐色，有果粉。果肉黏质，微白或带蔷薇色，柔软多汁。耐寒力强。加工专用优良品种
华丽	观赏型。果实卵圆形，果颈短，果顶平坦，果目绿色，果皮自现果至成熟，呈黄绿两色条状相间，外形非常美观，果肉鲜红色，果实极耐贮运。枝、果黄绿块状或条状相间，色形皆美。适应性强，较耐寒。用于园林绿化和盆景的良种

任务实施

任务　无花果栽培管理

一、建园

1. 园地选择

选择距大、中城市较近，交通运输方便，冬季日照条件好，全年日照率高，早春气温回升快，无强风及暴雨侵袭的地块；地势高燥、无渍涝、有灌排条件的地段；有加工贮藏和市场集散能力的地区。

无花果忌桑树、桃树及葡萄的前茬地，也忌重茬和无花果苗圃地。

2. 土壤改良

以深厚的黏壤土或沙壤土最好，有机质含量在 2%以上，含氮不低于 2%，磷 0.15%～0.2%，钾 2%以上。地下水位应低于 1 m，有灌排条件，能保持土壤的相对含水量在 60%～80%。土壤中性或偏碱性为宜。

建园前进行深翻改土。如果在春季定植，秋季提前挖好定植沟，并施入基肥。如果是黏重的酸性土，要施入适量的石灰或钙镁磷肥。如土质松散，团粒结构差，需拌入黏壤土。

3. 定植

(1) 定植时期　无花果秋季和春季均可定植。秋季宜选择在秋末冬初的 11 月下旬至 12 月上旬；春季宜在春季回暖后种植，一般在 2—3 月份。

(2) 定植密度

①密植　前期产量高，适合精细化管理程度高、栽培管理技术成熟、劳动力充足、面积较小的基地。栽培距离为 2 m×1 m，每亩定植 330 株。

②稀植　前期产量偏低，后期产量高，适合大面积推广，修剪、采摘方便，栽植距离一般为 3 m×2 m，每亩定植 110 株。

(3)定植方法

①定植沟　按照设计的株行距开挖定植沟，沟宽 50 cm，深 60 cm。沟底垫上大量的土杂

肥、圈肥、玉米秆、稻草或杂草，与土一起回填，填到沟深的4/5处时，浇水沉实。每株施腐熟的农家肥25～30 kg、过磷酸钙2 kg，与余下的土拌匀，栽苗时使用。

②苗木选择与处理　选用1年生的健壮大苗，将苗木损伤部分加以修剪，使伤口平滑，并以100～200 mg/kg的2,4-D或萘乙酸处理。

③栽植　定植沟浇水沉实至半干后，即可栽植。栽植时将定植穴底土做成馒头形，再将苗木立于土堆顶部，使根系向四周展开，然后分层填入肥土，填到一定高度时要轻轻将苗木上提，使细土充满根系周围，与根系紧密接合，再填土到根颈部。然后灌足水，水渗干后扶正苗木，再覆土。苗木定植的深度以根颈略高于土面为宜。

④管护　苗木定植后表土已干时应浅锄保墒。浇水不可过多过勤，以免降低土温，破坏土层结构。松土后在树盘内覆盖稻草、杂草，或全园地膜覆盖，以减少水分蒸发，保持土壤疏松，增高土温，促进新根生长，提高苗木成活率。

二、肥水管理

1. 施肥管理

以“少量多次，磷钾为主，氮肥促苗”为原则。幼龄树氮、磷、钾三要素的配比为9∶4∶6，成年树以5∶4∶5为宜。

当年定植的无花果苗，前期慎用磷钾肥，禁用氮肥，以活苗为主，防止氮肥烧根，影响成活率；定植成活后，坚持“少量多次、看苗施肥”。当枝条长至1 m左右时，增施速效氮、磷、钙、钾肥。一般幼龄树施肥量为成年树的60%～70%。幼树时期施肥用量过多，会导致枝梢徒长不充实，从而萌发出许多的无效副梢，植株耐寒力也会有所下降，在冬季容易出现冻害。

(1)基肥　在落叶后施入，以猪、羊、牛厩肥为主，其他为辅，农家肥使用前先行发酵。

成龄树每株施尿素0.2 kg，磷酸二氢钾0.3 kg，农家肥等有机肥20 kg。

施基肥可在行间或株间开30 cm宽、30～50 cm深的施肥沟，将化肥与厩肥混合后分层施入。在较黏重的酸性土中，适当加施石灰，以调节土壤pH。

(2)追肥　视情况每年4～5次为佳。可采取穴施或叶面喷施。生长前期以氮肥为主，在新梢快速生长前进行；果实成熟期间以磷、钾肥为主，适当补充钙肥，宜在果实膨大期施入。

3月中旬至4月底，主要追施氮肥，结合浇水每半月追施一次，每株每次施尿素0.1 kg。

进入5月份以后，以追施磷、钙、钾肥为主，钾肥以硫酸钾为好，以提高果实口感和含糖量；可结合浇水同时进行，开沟追肥、覆土浇水，不提倡地表撒施；果实生长发育期可喷施2 g/L的磷酸二氢钾，增大果实，提高产量。

8—10月份，每月追施一次，每株每次施磷酸二氢钾、磷酸二氢钙0.2kg，促进秋季根系生长，积累养分，促进花芽分化，提高冬季枝条和芽的抗冻能力。

2. 水分管理

无花果对于水分要求不严格，雨季时应加强排涝，遇到旱季加强灌水。

(1)灌水　根据土壤具体状况进行。无花果主要的需水期为发芽期、新梢快速生长期和果实膨大期。灌水时可采取沟灌、穴灌、滴灌和喷灌等不同方式。6月上中旬视天气情况浇、灌水，维持土壤相对含水量75%～80%为宜，防止连续积水或干旱造成生理落果和降低单果重量；8—10月份保持土壤相对含水量在50%；在果实成熟采收期，严格控制灌水，保持土壤湿度相对稳定，以免造成裂果。11月中旬浇过冬水。

(2)排涝 无花果耐涝性差,定植后应布局规划好田地的排灌沟,大雨后应及时排水,保证雨停地里无积水。排水不畅,轻则引起叶片凋萎脱落,细根死亡,重则整株死亡。在果树成熟期,如降雨过多会降低果实含糖量,影响品质,甚至造成裂果。

三、整形修剪

无花果常采用矮化树形,因其根系分布较浅,若定干高,则树体重心上移,易被风吹倒或吹断。

(一)树形培育

1. 水平 X 形

主干高度 30～40 cm,全树 4 个主枝,呈水平 X 形向外伸展,两侧间隔 20 cm 配置结果母枝,同一侧即为间隔 40 cm。每年反复留 1～2 个芽短截修剪,结果母枝的高度在一个平面上,结果枝发生的位置在主枝附近,结果枝的着果位置也一致。树高控制在 1.5～2.0m。

第 1 年,苗木定植,在 30～40 cm 高度定干。剪口下芽萌发后,选留方位、角度合理的对称、健壮的 4 个新梢培育为主枝,其余梢疏除。冬季修剪时,对主枝适当短截,一般留 80 cm 为宜。剪截时留外向芽,剪口处在留芽的前一节。修剪时间于 3 月下旬树液流动前进行。剪后按照行间的宽度留出走道,设立木桩支架,将四个主枝轻轻绑扎于支架上呈 X 形。主枝尽可能水平,芽的位置高度相对一致,结果枝生长也相对整齐。主枝先端稍高,以利于主枝延长枝生长。

第 2 年,将结果枝短截,成为今后的侧枝(即结果母枝),短截时选留方向和位置要恰当。主枝延长部分背上直立伸长的芽全部剪除,间隔一定距离,留侧芽伸长,作为当年结果枝或补充下年结果母枝的数量,并插竹木杆向上牵引绑缚。先端再留芽,作为主枝继续延长,株间可不留空隙,但不能相互穿错过深。

第 3 年,主枝和侧枝(结果母枝)的形状基本形成,根据树形要求进行适当调节。冬季修剪时留外芽进行短截修剪,每个结果母枝上抽生 1 个结果枝。结果母枝剪口高度一致,使结果枝生长整齐。结果母枝位置高,则萌发的新梢长势较旺。对高位结果母枝短截,留较弱的枝或芽当头,抑制生长势;对低位结果母枝长放,促进生长平衡。主枝基部的结果母枝必须留内芽或侧芽,否则侧枝伸出畦外,操作管理不便。

2. 自然开心形

此树形适宜在无风害或风较小的地区采用。主干高度 40～60 cm,全树 3 个主枝,均匀分布于 3 个方位,主枝开张角度 40°～45°,树高控制在 2.5～3.5 m,树冠呈圆头状。立体结构,树冠内膛透光性好,果实着色好。但树体较高,操作管理不方便,且易遭风害。

第 1 年,留 40～60 cm 高度定干。4 月中下旬从主干发出的新梢中,选留 3 个作为主枝,及早疏除其他芽。所留 3 个主枝的夹角度尽可能分别为 120°。对主枝新梢用竹木绑缚牵引,防止下垂。

冬季修剪时,主枝留 60 cm 短截修剪,先端剪口留侧芽或外芽,保持合理的空间位置。

第 2 年,每个主枝选留 3～4 个新梢,主枝延长枝继续用支柱绑缚牵引,其余新梢侧向伸长,主枝及侧枝都能结果。冬季修剪时,主枝延长枝留 40 cm、其他枝留 20 cm 短截。

第 3 年,从春天到夏天新梢管理仍按前一年进行,每株掌握选留 25～30 个新梢(结果枝)。

在冬季修剪时，主枝上的斜生枝作为侧枝，间隔 20～40 cm 交叉配置。主枝和侧枝的先端留 20～30 cm 短截，其余结果母枝保留 2～3 节短截。

第 4 年以后，春季展叶 2～3 片时进行疏芽，可分 2～3 次进行，每株留 50～60 根结果枝。冬季修剪时，结果枝的发生位置不宜过高。结果枝留 1～3 节反复短截修剪，短截时注意选留剪口芽的方向，并疏除拥挤过密的枝梢。

3. 单层双臂“文”字形

此树形适于篱壁架整形。

第 1 年，按 20～40 cm 定干。待新梢长到 20 cm 左右时，选留两个沿行向延伸并与行向有 20°左右夹角的新梢，作为主枝培养，其延伸方向和开张角度可用竹竿进行固定，使两个主枝长势一致。对生长过旺的主枝，可用调整角度来降低长势，使两主枝趋于平衡。结果后期主枝容易下垂，要设立支架支撑，使两个主枝尽量延伸。当长度超过株间距的一半后，可摘心，促使枝条木质化。冬季修剪时，在饱满芽处进行中短截。

第 2 年，将两个主枝沿行向拉平，可打上木桩，用绳将主枝拉平，或用 8～10 号铁丝拉平，先端适当上翘，以保持顶端优势。待主枝上的芽萌发后，在两边选留结果枝，每枝间距 20 cm，其他枝芽一律抹除。主枝延长枝用支杆斜向上方牵引。所发结果枝长到 1～1.5 m 高时，两边架竹竿或用铁丝引导上架。

冬季修剪时，1 年生枝变成结果母枝，在基部留两个芽重短截。剪口处涂抹伤口愈合剂。

第 3 年，主枝延长枝引导结束，结果枝的引导和配置同第二年，主枝延长枝与另一株的主枝相交时，应及时回缩。在第三年春发芽前撤除竹竿临时架，搭好正式篱壁架。无花果在第三年完成整形，即进入高产稳产阶段。

（二）根据品种结果习性修剪

生产目标不同，采取的修剪方式不同。

1. 秋果生产的修剪方式

树形培养采用自然开心形或自然开心形的改良形，如 V 形等。由于秋果着生在当年生新梢上，而当年生梢从上年生枝的各节位抽生，当上年生枝不进行短截时，顶芽伸长的梢上果实成熟早，所以对生长季节进行摘心处理后而充实的结果母枝一般不短截，尽量发挥其成熟早、采收早的特点。枝梢顶芽伸展后，对于下部侧芽也能旺盛伸长的品种，如果先端有 3～4 个 1 年生枝，可选留 1～2 个作为结果母枝，其余疏除；但对分枝力弱的品种，所留的结果枝应保留 1/3 短截，促使下部分枝结果，否则枝梢年年从顶芽伸展，结果部位外移。对外移的侧枝，可从基部剪除，促其附近隐芽萌发成新梢，逐步进行侧枝更新。

2. 夏秋果兼用种的修剪方式

夏秋果兼用种，既要照顾到夏果的生产，也要兼顾秋果的产量。但各个品种的枝条生长特性有异，整形修剪时应区别对待。

树势旺盛、新梢生长直立的品种，如青皮、宁选、布兰瑞克、蓬莱柿等，适合于自然开心形修剪。一般以疏枝为主，短截为辅，适当回缩修剪。尽量选留生长充实的 1 年生短枝，使顶芽附近的夏果成熟采收。顶芽作为延长枝，抽生新梢，着生秋果。也可选一部分 1 年生中、长枝适当回缩修剪，作为结果母枝，剪留长度为 30～50 cm，促使下部萌发结果枝，避免内膛空虚。徒长枝、细弱枝自基部疏除。

新梢生长势中等、枝梢易下垂的夏秋果兼用品种，如玛斯义·陶芬，树形宜保持矮化，宜采用水平 X 形或丛生形。

四、病虫害管理

无花果的病虫害较少，常见的有桑天牛、根结线虫和果实炭疽病、鸟害等，注意适期防治（表 4-6-2）。

表 4-6-2　无花果主要病虫害防治

病虫害	防治方法
桑天牛	树干发现潮湿新鲜排粪孔时，用自行制作的铁丝钩将虫粪扒出掏光，用兽用注射器将 10% 高效氯氟氰菊酯乳油 100 倍液注入排粪孔，再用泥堵塞虫孔，防止药液外流，以快速杀死幼虫。根据桑天牛有嗜好桑树、柞树的特性，在新建无花果果园时，在距离无花果园边缘 100 m 左右的地块上栽植桑树或柞树，作为隔离保护带。诱导成虫聚集到桑树上，再进行人工捕杀
根结线虫	选用无病毒苗木，避免连作，防止种苗带病；加强定植地土壤的消毒
炭疽病	坚持预防为主、生物防治为辅、药剂防治为重点的防治策略。加强田间通风，降低田间湿度；宜选择 80%代森锰锌 700 倍液或 75%百菌清 600～800 倍液加以防治，果实采收前 2 周内禁止用药
鸟害	无花果成熟果易受鸟害，除人工驱赶之外，可用设置稻草人、燃放鞭炮等方法驱赶，有条件可以安装超声波驱鸟器

五、果实采收、贮藏

1. 采收

无花果果实成熟期较长，分批采收。其成熟标志为果实散发出特有的浓郁芳香，风味香甜，果皮颜色转为品种固有的颜色，网纹明显易见。

（1）采收时期　采收时期依产品用途而异。当地鲜销，宜在九成熟时采收，即果实长至标准大小、表现出品种固有着色、用手轻捏稍发软时采收为宜。外运，八成熟采收为宜，即果实大小已定型，颜色基本转色，手轻捏时尚未明显软化。本地加工，可于七成熟采摘。对于 11 月份以后的果实，因气温原因不能自然成熟，但可根据加工要求，切片、制干，用作加工原料。

（2）采收方法　采摘人员戴橡（乳）胶手套，以防止渗出的果汁对皮肤产生腐蚀作用。采收时，用力要轻，手掌托住果实，手指捏住果柄，向上托起，用剪刀轻轻剪下，尽量不擦伤或撕裂果皮，采下的果实盛放在竹筛中（果柄向下平排）。

2. 包装

包装容器选用条筐或竹筐，容量不宜过大（一般 5～10 kg），以防挤压腐烂。如需贮运，以带硅窗并密封的水果周转专用箱为佳。

3. 贮藏

成熟的无花果皮薄肉软，极易受伤而腐败。无花果大批量成熟时正值高温季节，为了延长货架期宜采用低温冷藏。

常温下无花果保鲜期只有 1～2 d；在采后 4 h 内预冷处理，再置于 15 ℃的条件下贮存，保鲜期可达 3～4 d；5～10 ℃条件下贮存，保鲜期 5～7 d；1～4 ℃可保鲜 10～15 d；0 ℃可实现 20 d 的保鲜期。

生产链接

我国无花果优质产区

(一)新疆阿图什产区

阿图什市，克孜勒苏柯尔克孜自治州首府所在地。位于新疆西部，南天山南麓，塔里木盆地西缘，平均海拔 1 299.3 m。布谷孜河穿境而过，无花果主要产地靠近戈壁，面向河流，白天受戈壁辐射热影响，气温上升快，夜间受山谷河流风影响，气温下降猛，形成昼夜温差较大的小气候，有利于无花果的糖分积累。阿图什热量资源比较丰富，光照资源充足，降水少、蒸发量大，空气干燥，使本地无花果在国内外市场上具有明显的质量优势。

(二)四川威远产区

威远县位于四川省东南部，海拔 500～800 m，属亚热带湿润季风气候，四季分明。气候温和、光照充足、雨量充沛、土壤肥沃、水源丰富，栽植区域无工业污染，适宜无花果的栽培种植。威远无花果种植面积达 5.2 万亩，种植规模和加工能力均排名全国第一，形成了全国最完整的无花果产业链，实现了一二三产业融合发展。“威远无花果”为国家地理标志产品，威远县是“中国无花果名县”，更是四川融合发展特色农业的样板。威远县无花果产业化发展的主要模式为龙头企业带动型、中介组织带动型、无花果 BOT(build-operate-transfer) 模式及政府引导模式。威远县成立了无花果产业融合发展示范园、无花果核桃科学研究所，有 3 家龙头企业、17 个经营主体和农村淘宝平台，从事无花果种苗供应、生产加工、技术服务、营销推介。建有 1 个无花果专销市场和多渠道的网络销售平台，并和全国多地的批发市场、加工企业有长期的战略合作。威远无花果初加工转化率达到 97%，无花果产业产值占全县农牧渔林业产值的 30%。

能力转化

1. 实地调查，了解当地无花果主栽品种及主要栽培方式，分析生产效果。
2. 参与生产过程，并根据操作体验，总结经验、提出技术创新。

项目七　蓝　　莓

知识准备

一、概述

蓝莓，又名越橘，杜鹃花科（Ericaceae）越橘属（*vaccinium*）植物，多年生常绿或落叶灌木，果实中富含花青苷色素、维生素、矿物质、纤维素、抗氧化剂等多种营养和功能性成分，种植效益高、市场潜力大，是一种新兴世界性水果。据美国、日本、欧洲相关研究，经常食用蓝莓制品，可明显地增强视力、消除眼睛疲劳，营养皮肤，延缓脑神经衰老，对由糖尿病引起的毛细血管病有治疗作用，能增强心脏功能，预防老年痴呆。蓝莓制品的保健价值已逐渐被更多的消费者所认识。

（一）世界蓝莓种植概况

蓝莓是目前全球发展最快的果树。20 世纪初美国开始产业化发展，2016 年种植范围扩展到全球五大洲 58 个国家和地区。2020 年增加到 71 个，形成了北美洲、中美洲、南美洲、西欧/中欧、东欧、南欧、非洲、中东、太平洋、亚洲和中亚/印度次大陆 11 个产区；全球栽培面积达到了 20.567 万 hm^2，比 2016 年的 13.256 2 万 hm^2 增加了 55.11%，比 2008 年的 6.569 6 万 hm^2 增加了 2.13 倍。全球蓝莓总产量由 2016 年的 71.253 万 t 到 2020 年的 138.77 万 t，增加了近一倍。

鲜果是全球蓝莓生产的主要产品形式。2018 年鲜果占比为 70.55%，2020 年为 69.32%。不同产区和国家差异较大，亚洲仅为 48.57%，北美洲为 50.55%、南美洲为 82.83%、西欧/中欧为 86.12%，其他各产区均在 90%以上，中美洲则高达 98.41%。

（二）我国蓝莓发展概况

我国的蓝莓栽培起步较晚，但发展迅速。1979 年开始野生蓝莓资源调查，1983 年吉林农业大学率先开展蓝莓引种，1999 年开始商业化栽培，2001 年栽培面积 24 hm^2。经过仅 20 年时间，2020 年全国蓝莓栽培面积达到了 6.64 万 hm^2，总产量 34.72 万 t，鲜果产量 23.47 万 t，超越美国。中国与波兰、西班牙、秘鲁和墨西哥成为影响全球蓝莓产业格局的新兴的规模化生产国家。

我国丰富的自然资源提供了所有蓝莓品种所需要的风土条件，并形成了长白山、辽东半岛、胶东半岛、长江流域和西南地区五大产区及日光温室、塑料大棚（冷棚）与露地生产相结合的生产模式。目前，栽培的主要有矮丛蓝莓、高丛蓝莓和兔眼蓝莓三类。我国的蓝莓产品主要有鲜果、冷冻果、蓝莓色素和加工果酒。

（三）野生蓝莓利用

除了人工栽培蓝莓以外，野生蓝莓的采集与利用一直是全球蓝莓产业中的一个重要补充。

野生蓝莓主要产区为加拿大、美国、欧洲和中国，分属于不同的种，中国的为笃斯越橘(*Vaccinium uliginosum*)，欧洲的为绒叶越橘(*Vaccinium myrtilloides*)，而北美的为狭叶越橘(*Vaccinium angustifolium*)。

利用方式也不同。欧洲和中国属于纯野生状态下采摘果实；北美洲则是经过清林、人工干预扩大野生群落、平茬修剪、施肥灌水和病虫害防治等半野生、半人工栽培的方式生产。由于环保政策限制过度开发和自然环境变化，野生蓝莓面积正在减少，全球范围内野生蓝莓的年产量一直稳定在 12 万 t 左右。其中，以加拿大产量最高，2020 年为 8.16 万 t，美国次之，为 2.172 万 t，北美合计占全球野生蓝莓产量的 83.61%；欧洲为 1.3 万 t；中国为 0.63 万 t。野生蓝莓果实小，如中国野生的笃斯越橘，鲜食品质差且不耐储运，绝大部分用于加工；只有北美地区以野生、天然和有机为卖点，在市场上做鲜果试销，但仅占总产量的 2.55%。

二、生物学特性与栽培环境

蓝莓为灌木。树高一般 1～3 m，半高丛蓝莓树高 50～100 cm，矮丛蓝莓高 30～50 cm；兔眼蓝莓匍匐生长，长达 10 m，生产中控制在 3 m 左右。

蓝莓年生长周期因品种和气候条件的不同而有差异。春天叶芽一般比花芽早 1～2 周萌发，3～4 周后为盛花期。花后 2～3 个月果实成熟；秋季叶片开始变色；冬季或落叶，或呈半常绿状态。早熟品种生长期一般为 120～140 d，晚熟品种不少于 160 d。

（一）生长特性

1. 根系

根系不太发达，粗壮根少，纤细根多，呈纤维状，无根毛而有内生菌根。养分和水分吸收依靠菌根来完成。矮丛蓝莓的根大部分是由根茎蔓延而形成的不定根。幼嫩的根茎粉红色，上有褐色的叶鳞；老的根茎则呈深褐色并木栓化。浅根系，根系一般分布在树冠投影区域内，深度 30～45 cm。

一年中，蓝莓根系随土壤温度变化有 2 次生长高峰。一般于地上部枝条生长高峰过后不久出现。根系最适宜的生长温度为 14～20 ℃，最适 pH 为 4.3～4.8，有机质含量 8%～12%，最少不低于 5%。根系在土温低于 8 ℃、高于 30 ℃时几乎停止生长，20 ℃以上生长缓慢。

2. 芽

蓝莓的芽为鳞芽，分为叶芽和花芽。花芽肥大，呈椭圆形或近球形，由叶芽原始体在一定条件下发育转变而成。

蓝莓芽具有早熟性，一年可多次抽梢。叶芽萌发成枝梢停止生长时，尖端小叶片死亡，称为“顶芽自枯”。自枯后，侧芽代替顶芽生长。

3. 枝梢

枝梢分为三类：直径＜2.5 mm 的为细枝，占 50%～70%，花芽少、质量差；直径 2.5～5 mm 的为中枝，占 25%～40%，花芽多、质量好；直径＞5 mm 的为粗枝，占 5%～10%，花芽少、质量差。

枝梢生长特性：新梢在生长季内多次生长，2 次生长最普遍，茎粗的增加和长度的增加呈正相关；叶芽萌发抽生新梢，生长到一定长度停止生长，顶端生长点小叶变黑，形成黑尖；黑尖维持 2 周脱落成黑点。黑尖脱落后 2～5 周，黑尖下的营养芽萌发抽生新枝，并具有顶端优势，枝条转轴生长。在南方一年有 3～5 次转轴生长。结过果的小枝秋后变成干枯枝，留在营养枝的基部。

（二）开花结果习性

高丛蓝莓和兔眼蓝莓一般第六年进入盛果期。如管理适宜，盛果期可长达 30～50 年。矮丛蓝莓以 2 年为一个周期，实行焚烧更新或平茬，从根茎部或枝干基部发出强壮的更新枝条。

1. 花

蓝莓花瓣颜色为白色或粉红色。蓝莓花朵为坛状，亦有钟状或管状。花瓣联合在一起，有 4～5 个裂片。花托与子房贴生，并一直保持到果实成熟。子房下位，常 4～5 室，有时可达 8～10 室。每一花朵中有 8～10 个雄蕊。雄蕊嵌入花冠基部，围绕花柱生长，雄蕊比花柱短(图4-7-1)。

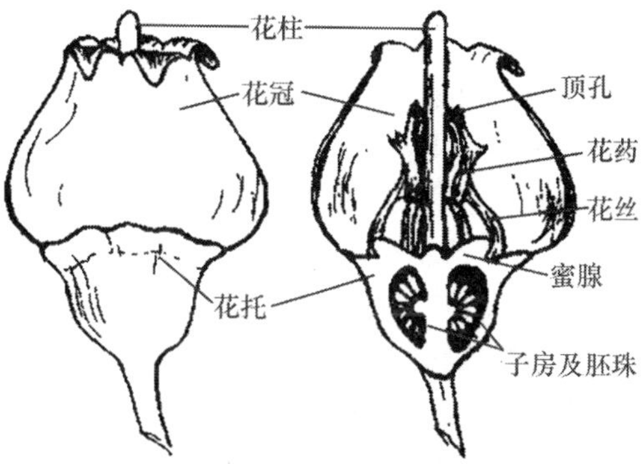

图 4-7-1 蓝莓花结构

蓝莓的花为总状花序，一般为 1～16 朵花，花朵数与品种和花芽质量有关。花芽萌动 3～4 周后进入盛花期，花期一般 15～20 d，最长达 40 d。

开花时期因气候条件而异。正常年份，在我国南方 2 月上中旬开花，北方为 4—5 月。顶花先开，然后是侧花；壮枝花先于细枝开放；同一个花序，基部先开，中部、顶部依次开放。

2. 花芽分化

夏末抽生的最后一次新梢，紧挨黑点的芽原始体发育成花芽；有时第一次新梢停长后顶芽便形成花芽，以向基的方式分化。一般着生于一年生枝条顶端的 1～4 节。

蓝莓的花芽分化为光周期敏感型，在短日照(12 h 以下)条件下分化。品种不同，所需光周期时数也不同，有 8 h、10 h 或 12 h 不等，时间为 5～8 周。分布在南方的兔眼蓝莓，如果在秋季花芽分化期枝条已经全部落叶，则不能形成花芽；如果部分落叶，则花芽只形成在有叶的节上，所以生长后期必须重视保叶。

每一枝条可以分化的花芽数与品种和枝条粗度有关。一般高丛蓝莓可分化花芽 5～7 个，最多的可达 15～20 个。花芽在节上通常是单生，偶尔会有复芽。从花芽形成到开花约需要 9 个月。

3. 受精与结实

高丛蓝莓自交可育，兔眼蓝莓和矮丛蓝莓一般自交不育。

4. 果实发育

蓝莓果实为单果，大小、颜色因种类而异：兔眼蓝莓、高丛蓝莓、矮丛蓝莓果实为蓝色，被有白色果粉，果实直径 0.5～2.5 cm；红豆蓝莓果实红色，较小；蔓蓝莓果实红色，果个大，直径 1～2 cm。果实形状由圆形至扁圆形。蓝莓果实大小与枝条的生长势有关，粗壮的枝条上所结果实较大，靠近枝条基部的果实较大。同时与种植地条件和管理水平相关。

一般每个果实平均含 65 粒种子。种子数较多，但极小，不影响食用风味。

5. 蓝莓果实发育特点

(1)果实发育期　一般开花后 2～3 个月成熟，成熟时间在 6—8 月。

(2)果实发育过程　蓝莓的花受精后，子房迅速膨大，大约1个月后增大趋于停止，之后浆果保持绿色，体积稍有增长。当浆果进入变色期与着色期后，浆果增大迅速，果径可增长50%。着色以后，浆果继续增长20%，且甜度和风味变得适中。

(3)果实成熟　同一果穗上的果实，果穗顶部、中部的果实先熟；同一品种和同株上的果实成熟期一般在30 d左右。需要分批采收。

(三)对生态环境条件的要求

1.温度

温度主要影响蓝莓的光合作用和呼吸作用。生长最适温度25 ℃。生长季节可忍受周围环境中40～50 ℃高温，高于此范围时，根系水分吸收差，致生长发育不良。

蓝莓冬季休眠期需要<7.2 ℃的低温达到一定时数。需冷量：高丛蓝莓需650～800 h，半高丛蓝莓需800～1 200 h，兔眼蓝莓只需高丛蓝莓的1/3～1/2。

矮丛蓝莓冬季忍受低温能力强，在−35 ℃或更低的温度下可以安全越冬；高丛蓝莓的抗寒力不如矮丛蓝莓，冬季低于−25 ℃时多数品种有可能发生冻害。兔眼蓝莓耐受低温能力最弱，花芽发育愈成熟，愈容易受冻；接近开花时，抗寒性呈直线下降，如梯芙蓝蓝莓，花芽未萌发前能耐−15 ℃的低温，开花时遇−1 ℃就会受冻，−5 ℃的低温可以杀死即将绽开的花芽中的子房。

花芽霜害会造成极大减产，开花较早的品种最容易受霜害。

2.光照

长日照有利于蓝莓的营养生长，而花芽分化则须在短日照条件下进行。当植株处于16 h以上光照时，只有营养生长，不能形成花芽。光照时间缩短，花芽形成数量增加，每天8 h光照时花芽形成量最多。绝大多数蓝莓品种正常形成花芽，大约需要6周的短日照。

良好光照是蓝莓良好生长和高产必备条件。蓝莓浆果成熟和果实着色与光照并没有直接关系。

3.水分

多数蓝莓对土壤水分的要求较高，水分不足常引起植株生长异常。干旱使树叶变红，新梢细弱，坐果减少，提早落叶。严重干旱会造成新梢干枯甚至植株死亡。兔眼蓝莓耐旱性最强。

土壤水分若长期处于饱和状态，含氧量减少，蓝莓根系生长发育受到有毒物质影响，严重时导致烂根、枯死。土壤排水不良对高丛蓝莓产生伤害，土壤水分过多会引起兔眼蓝莓裂果。

4.土壤

理想的土壤是疏松、通气良好、湿润、有机质含量高的强酸性沙壤土、沙土或草炭土。在钙质土或黏重板结、干旱及有机质含量过低的土壤上栽培蓝莓，如果不改良土壤则会造成失败。

蓝莓多数品种对土壤酸度要求较严。最适宜的pH是4.3～4.8，但是在pH 4～5.5范围内都可适应。

蓝莓对土壤有机质要求高。高丛蓝莓理想土壤为有机质含量3%～15%的沙土，尤其是地下90～120 cm有硬土层最好，以防止土壤中水分渗漏；兔眼蓝莓的适应性相对较强，在高地或低地的黏土或沙土地上均能生长；矮丛蓝莓自然分布在有机质贫乏的高地土壤中，对矿质土和土壤高pH的适应性最强。

蓝莓属寡营养植物，生产中施肥过多反而对生长结果不利。在酸性土壤环境下，蓝莓的根系可被石楠属菌根真菌感染形成内生菌根。它可以使蓝莓直接利用土壤中的有机氮并促进对无机氮的吸收，促进蓝莓对难溶性磷，特别是有机磷的吸收，还可以促进蓝莓对硫、钙、铜、锌、锰、铁等其他元素的吸收。当重金属元素供应过量时，菌根又能起到抵抗作用。有菌根的植株，明显表现为生长量大而且产量高。

5. 地势

尽可能选择土壤疏松、富含有机质而且排灌条件良好的地方，山地选择阳坡中、下部，坡度不宜超过 30°，坡度大时要修筑 2 m 宽的梯田。

三、主要种类与优良品种

（一）主要种类

我国栽培的主要有矮丛蓝莓、高丛蓝莓和兔眼蓝莓三类。

1. 高丛蓝莓

（1）南高丛蓝莓　原产于美国东南部亚热带，分布于沿海及内陆沼泽地，耐湿热，喜湿润、温暖气候条件，需冷量低于 600 h，但抗寒力差，适于我国黄河以南的华东、华南地区发展。

果实比较大，直径可达 1 cm，成熟期早，鲜食口味佳。山东青岛栽培 5 月底到 6 月初成熟，南方地区成熟期更早。在我国南方的江苏、浙江等省栽培适应性强。如夏普蓝、奥尼尔、布莱登、南方之星、薄雾等。

（2）北高丛蓝莓　原产于美国东北部，分布在河流边缘沙质地、沿海柔软湿地、内陆沼泽地及山区疏松土壤，要求湿度大，喜冷凉气候，抗寒力较强，有些品种可抵抗 −30 ℃低温，适于我国北方沿海湿润地区及寒地发展，抗寒力强，对土壤条件要求严格。

该品种群果实较大，直径可达 1 cm。果实品质好，口味佳，鲜食口感好。可以作为鲜果市场销售品种栽培，也可以加工或庭院自用栽培，是目前世界栽培最为广泛、面积最大的品种类型。如兰塔、公爵、斯帕坦、哈里森、蓝光、蓝丰、晚蓝等。

2. 兔眼蓝莓

原产于美国东南部的佛罗里达州北部、佐治亚州东部及南部到南卡罗来纳州和亚拉巴马州东南部，最大产区是佐治亚州。树体高大，抗湿热，对土壤条件要求不严，且抗旱。抗寒能力差，−27 ℃低温受冻严重。适宜我国长江以南、华南等地区的丘陵地带栽培。休眠期低温时数 450～850 h。

果实口味不如高丛蓝莓，但果实坚实，耐贮运性较好。丰产性好，生态适应性强，需冷量较少。通过育种改良果实品质得到较大改善。如巴尔德温、灿烂、顶峰、杰兔、粉蓝、园蓝等。

3. 矮丛蓝莓

主产区在美国的缅因州和加拿大的魁北克省、新不伦瑞克省等地。树体矮小，一般高 30～50 cm。抗旱能力较强，且具有很强的抗寒能力，在最低气温 −40 ℃地区可以栽培。我国北方寒冷山区，30 cm 积雪可将树体覆盖从而确保安全越冬。对栽培管理技术要求简单，极适宜于东北高寒山区大面积商业化栽培。

果实较小，果实可用作加工原料，因此大面积商业化栽培应与果品加工能力配套发展。如美登、芬蒂、斯卫克等。

4. 半高丛蓝莓

由高丛蓝莓和矮丛蓝莓杂交获得的品种类型。树体较为矮小，抗寒力强，一般可抗 −35 ℃，适应北方寒冷地区栽培。树高一般 50～100 cm，果实大小介于高丛蓝莓和矮丛蓝莓之间。主要品种有北陆、北蓝、北村、圣云等。

（二）主要优良品种

选择品种主要有两个依据：一是品种特性，考虑该品种的树体特性、果实品质、抗性及其他生态特性；二是区域化生产，根据不同区域选择发展不同品种。我国按自然条件划分为长白山、大小兴安岭产区，辽东半岛、胶东半岛产区，长江流域产区，华南产区。长江流域湿润多雨，夏季高温，南高丛蓝莓、兔眼蓝莓耐湿热，可在此区发展。果粉多，色蓝，含糖量高而酸度低的品种在鲜销市场上备受欢迎；果蒂痕小且干的品种适于鲜果生产。南方栽培主要品种见表 4-7-1、表 4-7-2。

表 4-7-1　我国南方目前主要栽培的兔眼蓝莓品种

品种	熟期及主要特性
碧姬蓝 Becky Blue	早熟。植株高大，生长势中等，树体直立，树冠小。极丰产，需要强修剪以控制大小年。果中等大，果色中等深，坚实，蒂痕小而干，风味好。最好的授粉品种是顶峰，主要用于鲜食。需冷量 300～400 h
顶峰 Climax	早熟。直立而稍开张，生长势中等。丰产，在灌溉条件下株产量 3.6～10 kg。品种混栽有利于提高产量。最佳授粉树为灿烂。果中等大，果色深蓝至浅蓝，坚实，蒂痕小，风味佳，香味浓。需冷量 450～500 h
波尼塔 Bonita	早熟。树冠中等大，生长势强。丰产，在灌溉条件下株产量 3.6～10 kg。果实较大，果色浅，坚实，蒂痕小，风味佳。抗病性中到强，不适于在潮湿的地方栽培。鲜食或加工均适宜。授粉品种有碧姬蓝、爱丽丝或顶峰。需冷量 350～400 h
杰兔 Premier	早中熟。树体开张，树冠中等到大，生长势极强。幼枝柔软，需进行夏季修剪，以增强其支撑力。在灌溉条件下株产量 3.6～4.5 kg。果实大到极大，浅蓝色，坚实，蒂痕小而干，有香味，品质优。鲜食加工均宜。对各种土壤的适应性强，对土壤高 pH 的忍耐力强。抗病性强。需冷量 400～500 h
灿烂 Bright Well	早中熟。树体直立，树冠小，生长势强，更新枝多。产量较高，在灌溉和精细管理条件下株产量 3.6～6.3 kg。果实中到大，重 1～1.3 g，浅蓝色，坚实，蒂痕小而干，味甜，品质佳。雨后不易裂果。需冷量 350～400 h
精华 Choice	早中熟。树体半直立，生长势强，较抗叶部病害，对根腐病较敏感，需排水条件好的地块。果实为浅蓝色，品质优，有香味。中大，蒂痕小而干，坚实度好，耐贮运。适宜做鲜食加工兼用型品种。需冷量约 550 h
梯芙蓝 Tif Blue	中晚熟。树体直立到半自立，树冠小到中等，生长势强。丰产稳产，在灌溉条件下株产量 3.6～6.3 kg。果实中等大，淡蓝色，坚实，蒂痕小而干，味甜，风味佳，但无香味，品质佳。对叶部病害有一定抗性。在十分潮湿的土壤中不易裂果
园蓝 Garden Blue	中晚熟。树体开张，枝条较软，生长势强，病虫害少，丰产稳产性好。果实小，深蓝色，蒂痕极小而干，果坚实度好，耐贮运。果实风味好，品质佳。适宜做鲜食加工兼用型品种
粉蓝 Powder Blue	中晚熟。树体直立到半直立，树冠小到中等，生长势强。丰产稳产，在灌溉条件下株产量 3.6～6.3 kg。果实中等大，略小于梯芙蓝，淡蓝色，坚实，蒂痕小而干，味甜，风味佳，但无香味，品质佳。对叶部病害有一定抗性。在十分潮湿的土壤中不易裂果
森吐里昂 Centurion	晚熟。树体直立，树冠极狭窄，萌枝少。但幼树常常扎根不够牢固而易被强风吹倒。果实中到大，深蓝色，香味浓，风味品质好，坚实度中等。自交可育。在潮湿的土壤中，成熟的果实易开裂。需冷量 550～650 h
巴尔德温 Baldwin	晚熟。树体直立，株丛大，生长强健。十分丰产。果实中到大，深蓝色，坚实，蒂痕极小而干，味较甜，风味好，耐贮藏。病虫害少，需冷量 450～500 h

表 4-7-2　我国南方目前主要栽培的南高丛蓝莓品种

品种	熟期及主要特性
奥尼尔 O'Neal	极早熟。树体半直立，生长势强。丰产。果大，中等蓝色，坚实，蒂痕小，风味佳。抗枝条癌肿病。需冷量 400～500 h
布莱登 Bladen	早熟。树体直立，生长势强。丰产。果实中等大，蒂痕小而干，风味品质佳。抗枝条溃疡病和枝条凋萎病。繁殖容易。需冷量 600 h
南方之星 Star	早熟。生长势中等。果实大而均匀，蒂痕小而干，坚实度好，风味佳，品质优良。易繁殖。有时感染枝条溃疡病，但只要苗木不带病、栽培环境适合，就能丰产。需冷量 400 h
夏普蓝 Sharp Blue	早熟。树体较健壮。丰产，在灌溉条件下株产量 3.6～7.2 kg。果大，果色稍深，蒂痕较湿，风味佳。对根腐病和枝条溃疡病抗性中等。在幼树期需去掉果实以促进树体生长。需冷量 300 h
薄雾 Misty	早熟。树体直立，生长势强。在不是过量结果情况下果实品质优良，果大而坚实，色泽美观，蒂痕小而干，坚实度好。易扦插繁殖，在夏末或冬季需进行修剪疏花。需冷量 300 h
海岸 Gulf Coast	中熟。树体半直立，生长势强。较丰产。果实中等大到大，坚实，蒂痕小，风味好。需冷量 400～500 h
奥萨蓝 Ozark Blue	晚熟。树体半直立，生长势强。丰产稳产，株产量 1.7～2.5 kg。果实品质优良，蒂痕小，果色深，坚实，香味较浓。耐贮藏，在 5 ℃下贮藏 21 d 坚实度和果重不会下降。需冷量 800～1 000 h
珍珠河 Pearl River	晚熟。1994 年推出的由高丛蓝莓和兔眼蓝莓杂交后代中选出的品种。树体直立，生长势强。在异花授粉时十分丰产。果中等大，风味独特美好，坚实，蒂痕小。果实完熟时近于黑色

任务实施

任务　蓝莓栽培管理

一、定植

1. 定植时期

秋季或春季定植。秋季定植，根系恢复较早，翌年春季生长较好，但冬季过分干燥寒冷的地区成活率不高。春季定植，苗木恢复生长较晚，但成活率高。

2. 定植密度

根据各品种植株大小、土壤肥力和管理水平确定。高丛蓝莓，在美国的株行距通常为 3 m×1.2 m，利于机械化操作；我国多人工作业，可以适当密植，株行距(2～2.5)m×1.2 m。兔眼蓝莓植株较大，在国外一般为(3～4)m×(1.5～1.8)m，我国南方地区株行距采用 2.5 m×1.5 m。

3. 定植方法

(1)起垄　垄宽 2 m，垄高 30～40 cm。

(2)挖定植穴(沟)　宽 50 cm、深 40 cm，以少量农家肥或无机复合肥作为底肥，与表土充分混合，上面盖 10 cm 左右的土。若土壤偏黏，需掺入泥炭或腐熟的碎树皮、干草、锯屑等，上面同样盖一层土。

(3)栽苗　裸根苗浸泡 12～24 h 再栽。栽时将苗木垂直放入穴中，舒展根系，根间填入细土，分层覆土压实，栽植深度高于原土痕 2cm 为宜，浇透定根水。待表面的水分完全渗入后，覆盖一层较干的松散土壤。随即行内覆盖。

二、土肥水管理

(一)土壤

1. 土壤酸碱度的调节

土壤酸碱度调节在建园前进行。种植兔眼蓝莓的土壤 pH 高于 5.5 时，需调节至 4.5 左右。种植高丛蓝莓，pH 在 5.2 以上时即需调节。一般情况下，调节数年后，土壤 pH 会逐渐上升，至 5.5 左右时，需再次调节。为维持土壤 pH 的低水平或延缓 pH 上升，尽量施用生理酸性肥料。

降低土壤 pH 的措施主要是加入硫黄粉。施用量根据土壤原有的 pH 水平和土壤缓冲力而定，越是黏重的土壤缓冲力越强。表 4-7-3 列出了沙壤土、壤土和黏壤土在原有 pH 调节至 4.5 时所需的硫黄粉用量，需调节至其他 pH 时，可以通过内插法计算出用量。

根据两个最接近的已知 pH 时的硫黄粉用量，按照线性关系推算出该区间内任一 pH 时硫黄粉用量的计算方法就是内插法。

假设某园地土壤实测 pH 为 P，查表中与之最接近的两个 pH——P_1(小)和 P_2(大)，对应用量分别是 M_1 和 M_2，计算硫黄粉用量为：$M=(M_2-M_1)(P-P_1)/(P_2-P_1)+M_1$。依此，将沙壤土的 pH 6.2 改良至 4.5 时硫黄粉的用量为：$(742.5-569.2)\times(6.2-6.0)/(6.5-6.0)+569.2=638.5$。式中硫磺粉用量单位为 kg/hm^2。

沙质黏土、壤质沙土等中间类型的土壤可以根据土壤的状况做相应调整。

表 4-7-3　调节土壤 pH 至 4.5 的硫黄粉用量　　kg/hm^2

土壤原始 pH	沙壤土	壤土	黏壤土
5.0	196.9	596.2	900
5.5	393	1 181.2	1 800.0
6.0	569.2	1 732.5	2 598.7
6.5	742.5	2 272.5	3 408.7
7.0	945.0	2 874.4	4 308.7
7.5	1 125.0	3 420.0	5 130.0

在已建成的果园调节土壤 pH 或进行再调节时，要特别注意果树安全，以免伤害植株。可以在秋季植株进入休眠后施加硫黄粉，生长季尽量不要施用。

泥炭、碎松树皮和松树锯屑等与硫黄粉混合使用，可以提高效果，且更持久。

生产有机食品级果实时，不得采用硫黄粉。

如果土壤 pH 过低(在 4 以下)，则需要加石灰提高 pH。每提高 0.5，需要 200～70 kg/hm^2 的石灰用量。石灰的具体用量与土壤质地有关，沙壤土用量少，黏壤土用量多。需要加石灰提高土壤 pH 的情况并不多见。

2. 土壤有机质和土壤质地改善

改良土壤、增加有机质可以提高沙壤土的保水保肥能力，增强黏壤土的排水透气能力。

在建园前，可种植绿肥。

整地时可在土壤中混入泥炭、碎松树皮、松树锯屑和其他作物的腐熟或半腐熟的秸秆等。如果有条件，泥炭的用量可达耕作层土壤体积的 1/30，碎松皮、松树锯屑、作物秸秆等可达到整个耕作层土壤体积的 2/3。混入的有机残体在完全腐熟前可增加土壤的疏松程度和提高肥水保存能力，腐熟后可转化为土壤有机质，提高土壤保肥保水能力，改善土壤结构。

建园后在定植沟或定植穴以外的部分每年向外扩展，开沟填埋有机物，还可将地面覆盖物适当腐熟后混入土壤，提高土壤有机质和改善土质。

3. 地面覆盖

地面覆盖有利于保持土壤水分和土壤疏松程度，调节土温，增加土壤有机质和防止水土流失，并可控制杂草的滋生。

覆盖的材料以有机残体为佳。松树锯屑、松树皮、松针覆盖有利于保持土壤酸度。厚度 10 cm，能达到 15 cm 最好。每年适当增加，以补充因腐熟而减少的厚度。行内覆盖宽 80～100 cm，材料充足时可扩大面积；材料不足时植株基部圆盘状覆盖，直径 80～100 cm。如果覆盖材料未腐熟，则增施一定数量（通常增加 50%）的氮肥，以补充微生物在分解时从土壤中消耗的氮素。但一定要施入土层内，切不可撒施于表面，以免进一步加速覆盖材料分解。

地膜覆盖也可以起到保水、防草、增加地温的作用。以银灰色不透光的为佳，黑色次之，无色透明的较差；但是夏季用黑色地膜覆盖会使地温过高。如用地膜覆盖，滴灌管或滴头须安放在地膜下面。

4. 杂草控制

蓝莓抗草害的能力较弱，幼苗期更甚。采用机械除草或人工除草，或机械除草和人工除草相结合控制杂草。行内可通过覆盖控制杂草，剩余的少量杂草可以用人工除去。蓝莓对许多除草剂较敏感，慎用或不用除草剂。

5. 合理耕作

合理耕作可以改善蓝莓的根际环境，促进根系发育，并有助于防除杂草。蓝莓根系较浅，耕作也一定要浅。

在建园初期，行间空隙较大，可以间种矮秆作物，尤其是间种豆科绿肥。水分充足的地方，成年果园行间也可以间种禾本科绿肥，如燕麦等，也可与矮秆豆科绿肥混合种植，增加土壤有机质、改善土壤结构、增强土壤肥力。干旱地区采用行间清耕加行内覆盖。

（二）施肥

蓝莓对肥料敏感，施肥量不宜过大，必需的用量也应尽量分多次施入，否则极易造成肥害。

1. 蓝莓的营养特点

蓝莓对主要营养元素（氮、磷、钾、钙和镁等）的需求量比其他果树要少，营养过剩时反而有害。韦杰楠提出蓝莓 N∶P_2O_5∶K_2O 施肥合理的比例是 28∶14∶14。

蓝莓对个别营养元素有特殊的要求。氨态氮对蓝莓果树的长势、结果状况及果实品质的作用都远比硝态氮好。蓝莓对氯元素需要量不大，在生产上未发现蓝莓因缺氯而产生缺素症；土壤氯离子浓度高时，植株的长势和结果水平表现不良，还影响蓝莓对其他营养元素的吸收。

蓝莓营养水平受土壤 pH 的影响,能耐受的土壤 pH 的下限是 3.8;当土壤 pH 超过 5.2 时,常发生缺铁性失绿症。斯贝厄斯(Spiers,1984)发现,当土壤 pH 从 4.5 升至 5 时,植株体内的氮素水平增高,超过 5 时氮素含量又下降。提高土壤 pH,会增进植株对钙和钠的吸收;而降低土壤 pH,会提高植株体内镁的含量。

植株体内的 pH 也与营养状况密切相关。蓝莓体内的氢离子浓度比大多数栽培植物高出 100～1 000 倍。健康幼叶的 pH 大约是 3.5,衰老叶片增至 5,这种变化趋势和大多数栽培植物相反;健康叶片的 pH 低于 3.5,而当失绿症出现或加重时 pH 增至 5.5。

2. 蓝莓植株体内营养元素含量参考标准

Paul Eck 根据文献资料整理出高丛蓝莓和兔眼蓝莓叶片内主要元素的正常含量范围、缺素和过剩时的临界含量,可作为施肥的参考依据(表 4-7-4,表 4-7-5)。

表 4-7-4　高丛蓝莓临界营养水平参考标准

元素	缺素含量	高丛蓝莓正常含量范围		过剩含量
		最低	最高	
氮	<1.7%	1.8%	2.10%	>2.50%
磷	<0.10%	0.12%	0.40%	>0.80%
钾	<0.30%	0.35%	0.65%	>0.95%
镁	<0.08%	0.12%	0.25%	>0.45%
锰	<23 mg/kg	50 mg/kg	350 mg/kg	>450 mg/kg
铁	<60 mg/kg	60 mg/kg	200 mg/kg	>400 mg/kg
锌	<8 mg/kg	8 mg/kg	30 mg/kg	>80 mg/kg
铜	<5 mg/kg	5 mg/kg	20 mg/kg	>100 mg/kg
硼	<20 mg/kg	30 mg/kg	70 mg/kg	>200 mg/kg
硫	<0.10%	0.12%	0.20%	—

表 4-7-5　兔眼蓝莓临界营养水平参考标准

元素	最低	最高
氮	1.20%	1.70%
磷	0.08%	0.17%
钾	0.28%	0.60%
镁	0.14%	0.20%
锰	25 mg/kg	100 mg/kg
铁	25 mg/kg	70 mg/kg
锌	10 mg/kg	25 mg/kg
铜	2 mg/kg	10 mg/kg
硼	12 mg/kg	35 mg/kg

土壤酸碱度适宜的情况下，蓝莓通常仅需施氮、磷和钾 3 种元素肥料，而且以氮肥为主。如果土壤中其他必需元素含量过低，或叶的营养状况数值低于最适含量的下限，或已经出现缺素症状，则应根据表的要求施入其他元素。

3. 肥料选择

(1)有机肥选用　营养全面的农家肥、豆粕饼肥等最为理想。颗粒状态的有机复合肥效果也很好，在土壤中可以缓慢释放，不易被土壤固定，一般不会因施肥过量而对植株造成危害。有机复合肥或化学复合肥中氮(N)、磷(P_2O_5)、钾(K_2O)的比例通常为 1∶1∶1，施此类肥料时应适当补充氮肥，有时还要补充适量的钾肥。

(2)化肥选用　氮肥施用氨态氮，避免施用硝态氮，尤其是硝酸钠，少量的硝酸钠即可使植株死亡。土壤 pH 在 5 以下时，可以施尿素，此时尿素氮可以顺利地转化为氨态氮；土壤 pH 在 5 以上时，最好施硫酸铵，以提供氨态氮，同时保持土壤 pH 较低的水平。避免施用含氯肥料。复合肥中氯元素的含量应尽量低。

4. 施肥时期和施肥量

氮肥是蓝莓需要量最大的肥料，其次是钾肥，而磷肥的需要量最小。兔眼蓝莓比高丛蓝莓对氮肥的要求要高一些。

(1)新建果园　在定植 2 个月以后方可少量施肥，株施氮(N)、磷(P_2O_5)和钾(K_2O)各 1 g 左右。

(2)蓝莓幼树　1～2 年生蓝莓树在 3—8 月，每月施一次硫酸铵 5～10 g/ 株；9—10 月施一次 1∶1∶1氮磷钾复合肥 30～35 g/株；11—12 月施过磷酸钙 200～250 g＋有机肥(桐饼或菜籽饼)1.0～1.5 kg/株。

(3)蓝莓结果树　全年追肥 2 次：萌芽前后，施硫酸铵 10～15 g/株和氮磷钾复合肥 80～120 g/株；浆果开始转蓝色时，施用硫酸钾 20～25 g/株和氮磷钾复合肥 120～150 g/株。11—12 月施基肥，过磷酸钙 250～300 g＋农家肥 7.5～10 kg/株或饼肥 1.5～2.0 kg/株。以后随着植株增大和产量提高，施肥量逐年提高。

秋季叶片变色至落叶之前以腐熟的羊粪、牛粪、兔粪作为基肥，可一次用足，隔年施用：盛果期树 10～15 kg/株，幼树 5 kg/株。

5. 施肥方法

施肥方法有撒施、沟施、穴施及灌溉施肥等。在疏松的土壤或基质上，可以采用撒施。壤土和黏土上采用开沟或穴施，深度以壤土 10 cm 左右、黏土 15～20 cm 为宜。成年果园开放射沟或弧形沟，位置逐年轮转；沟施伤根，一年中最好只在秋施基肥时使用 1 次，追肥时应挖穴点施。结合改土的沟施深度为 35～40 cm，下层填充有机质。植株出现缺素症时，通过叶面喷施尽快缓解症状。微量元素肥料以叶面喷施为主，可避开土壤固定作用，增加肥效。在有滴灌条件的果园，营养液滴灌是最好的施肥方式。

(三)水分

1. 灌水

(1)水质要求　水源最好用水库或池塘水。若采用地下水(井水)，夏季宜待水温上升后再用于灌溉，直接灌溉则会因水温过低加剧生理干旱。水中 pH 过高时需下调 pH 再用。钠离子含量过高时，植株生长受抑制，故高盐水不宜用来灌溉。高丛蓝莓对水质的要求严格，盐分不得超过0.1%，氯不得超过300 mg/kg。兔眼蓝莓要求不十分严格，pH 7.5的水也可以用来灌溉，但是水的盐分含量不宜过高。

(2)灌溉方法　有滴灌、喷灌、沟灌，以滴灌最好。

滴灌节约用水，不破坏土壤结构，对田间操作影响也较小。滴灌设施有滴灌带、滴灌管和滴箭(滴头)几种。滴灌带的成本最低，滴灌管也较低，滴头成本相对较高。为灌溉均匀，滴头至少配备2个/株。

大型喷枪对土壤结构破坏较大，设备成本较高。微喷灌采用固定的喷洒角为360°的微型喷头，设备成本较低，水流很小，直接均匀喷洒在树冠，干旱严重时，即使是炎炎烈日也能随时开启，可及时缓解旱情，避免造成严重损失。缺点是比滴灌费水，喷头直立的水管有碍田间操作。

滴灌、微喷灌均需加过滤器，注意防止堵塞。在建立滴灌或微喷灌系统时，适当位置预留接口，用于连接可移动软管，以便进行人工喷洒，作为灌溉系统局部故障或其他特殊情况时的补充手段。

在极端干旱的情况下，为保存活，可以利用畦间排水沟或临时开沟灌溉。这种方法费水，且对土壤结构有破坏作用。禁止漫灌。

(3)灌水量　蓝莓最适宜的水分条件是田间最大持水量的60%～70%，果实发育阶段和果实成熟前应减少水分供应。灌溉视土壤水分情况而定，在幼叶出现萎蔫之前进行。

天气晴朗的夏季，若非处于水分控制期，用滴灌或微喷灌系统，每隔1～2 d灌溉一次，浇透为止；或将滴灌系统始终开启，具体情况视滴灌的速度、滴头的分布和天气情况而定。灌水量和灌溉频度需要依据地形、植株等的差异以及吸收和蒸腾量综合判断。

2. 排水

积水对蓝莓的危害比干旱大。多数地区雨量分布不均，如在湖北十堰地区，降水量84.6%集中在7—9月。雨量集中时期，降水远超需要，必须迅速排水。可在地势低洼处建小水库或挖池塘贮水，回收被雨水淋失的土壤养分和酸性物质，以充分利用。

蓝莓园土壤的栖留水水位在45～60 cm。可在园地中心设置一个永久性观测井，用以监视土壤水位。

三、整形修剪

适当整形修剪，以调整蓝莓营养生长与生殖生长的矛盾，达到通风透光、丰产优质的目的。

整形的原则是使树冠离开地面，尽量占用较大的有效空间，又能保证树冠的每一个部分都能接受到足够的阳光，达到立体结果的效果。修剪除满足整形的要求以外，还要求去弱留强、抑弱促强。尽量避免植株产生弱小枝，促使其产生较为强壮的枝条，达到以壮枝和中庸枝结果为主的布局。主要修剪方法有：长放、疏枝、短截回缩、去花、去果等。

按修剪时期分为休眠期修剪和生长季修剪。蓝莓修剪几乎可在一年中的任何时候进行，但以休眠期为主，修剪量相对较大；生长季为辅，修剪宜轻。

(一)幼树整形

1. 树形及结构

蓝莓为灌木果树,生产上常用多主枝双层开心形和自然丛生形。

自然丛生形:树高 1.3～1.5 m,冠幅 1.5 m 左右,无主干,主枝 5～6 个,各主枝上自然着生结果枝组。

多主枝双层开心形:树高 1.3～1.5 m,冠幅 1.5 m 左右,有主干;5～6 个主枝分层着生于主干上,一般第一层 3 个,第二层 2 个,顶部开心。主枝上配置大小不一的结果枝组。

2. 自然丛生形整形

第一年,苗木定植成活后只剪除花芽,其余不进行任何修剪。当年冬季多留基枝用作培养主枝,疏除密生枝、细弱枝和所有花芽。

第二年,扩大树冠,增加枝量。夏剪,对生长过旺的主枝重摘心,疏除多余基生枝。冬剪,对主枝上选留的延长枝进行中短截修剪,长枝按一定间距剪去其花芽部分,培养结果枝组;其余中庸枝可留部分花芽,先行结果;疏除密生枝、细弱枝等。

第三年,仍以培养壮树为主,可以少量结果。夏剪,继续对旺长枝、延长枝、徒长枝重摘心,疏除多余基生枝。冬剪,回缩过高的主枝;疏除树冠内部密生枝、细弱枝等;强壮结果枝留 5～6 个花芽短截,短截时,留存枝条应有长有短,错落有致,以便剪口萌发的新梢形成合理空间分布。旺长枝和旺长树可甩放,多留花芽,以果缓势。

一般经 3 年的培养,兔眼蓝莓高度可达 2 m,冠幅可达 1.2 m;高丛蓝莓高度可达 1.5 m,冠幅近 1 m。

(二)成年丰产期修剪

1. 夏季修剪

萌芽开花期,以疏除弱小花枝为主,控制挂果量;夏季果实开始转色期,以疏除密生枝为主,改善光照条件;果实采收后,短截或回缩结果枝为主,促进二次新枝长势健壮。

2. 冬季修剪

回缩过高枝条,疏除树冠顶部过密枝,以改善树冠光照条件;缩放结合,培养紧凑健壮的结果枝组;对密生枝、交叉枝、重叠枝、衰弱枝等视空间情况逐步清理。

有计划地对多年结果枝及时更新,更新回缩可以先轻后重,即先回缩 1/3～1/2,等到再次回缩更新时,剪去 2/3 甚至从近地面处剪除;严重衰老枝组从根部疏除。

与相邻植株发生冲突的外围枝条,采取短截、回缩或疏除处理,原则仍是去弱留强。某些强壮枝条影响相邻植株生长,或不利于树体结构时,则去强枝,留较强枝或中庸枝。

四、花果管理

疏花疏果和保花保果相辅相成。没有足够多的花果,就谈不上疏;没有适当的疏,也不可能达到丰产丰收的目的。

1. 保花保果

(1)促进授粉　蓝莓在同一地区、同类型多个品种之间的开花期差异甚微,只要选择 2～3 个不同品种建园即可相互授粉。蓝莓园放熊蜂利于授粉。一般露天每 5 亩地放置一蜂箱

(每箱1万～2万只);设施内50～80只/亩,使用2个月后更新。

(2)喷赤霉素(GA_3) 以浓度150～200 mg/kg的赤霉素375 L/hm²处理,坐果率最高,花后5 d和12 d各喷1次,喷后1～4 h就基本完成吸收。另外,兔眼蓝莓若遭受花期冻害,只要冻害温度不低于 -3 ℃,处理仍有效果。

(3)秋季加强管理,增加植株体内贮藏营养 蓝莓开花及花后果实迅速发育,营养消耗较多,此时尚未充分展叶,主要依靠树体在上一年贮藏的营养。

(4)南方多雨地区采用避雨栽培 花中期上膜,尾果期撤膜。

2. 疏花疏果

(1)疏花芽 冬剪时,控制花芽的留存数量。在有晚霜出现的地区,可以适当多留花芽,待确定不会再有霜害时才疏除。

(2)疏花疏果 疏除或短截结果枝,短截过长的花芽串或花果串。国外也有通过化学方法疏花疏果的,节约劳力,但其可靠性不佳。

盛果期,一般兔眼蓝莓多数品种单株产量控制在5～8 kg,高丛蓝莓控制在3～5 kg。具体控制程度要因品种和植株长势而定。

五、病虫鸟害防控

预防为主、综合防治,保护、利用各类天敌,保持蓝莓园内生态平衡。优先采用物理防治和生物防治方法。必要时采用化学防治,但应使用低毒、安全或生物源农药,并注意安全隔药期。在花期、幼果期、采收期内不喷施任何化学药剂。在我国南方产区主要有叶片失绿症、叶枯病、僵果病、食叶类刺蛾、蛀干类天牛、蛴螬等病虫害及鸟类啄果。

(1)人工防治 叶面喷施、土壤施用硫酸亚铁和硫酸镁,结合降低土壤pH,综合解决缺素症引起的叶片失绿。冬季修剪,清园,结合施肥深翻20 cm,消灭越冬的病虫。果实成熟期,用防鸟网或稻草人、驱鸟器、鞭炮等方式驱鸟。

(2)物理防治 采用灯光、糖醋液诱杀害虫。

(3)生物防治 保护利用当地的有益生物,合理使用生物制剂防治虫害。

(5)化学防治 4月中下旬至5月上中旬,用50%多菌灵400～600倍液和80%敌敌畏乳油1 200～1 500倍液混合防治2次,间隔10～15 d;8月中下旬至10月份,用50%多菌灵400～600倍液和80%敌敌畏乳油1 000～1 200倍液或2.5%溴氰菊酯乳油1 000～1 200倍液混合防治1～2次,具体根据田间病虫情况而定。

六、采收

蓝莓果实分批成熟,需分批采收。果表面由青绿色逐渐变成红色,再转变成蓝紫色到紫黑色时即成熟。高丛蓝莓果实变蓝后3～5 d、兔眼蓝莓果实变蓝后5～7 d后鲜食品质最好。供鲜食的蓝莓,运输距离短且保藏条件好的九成熟以上采收。供加工饮料、果浆、果酒、果冻等的蓝莓,充分成熟后采收。供制作罐头的蓝莓,八成熟时采收。

采摘在早晨至中午高温来到以前,或在傍晚气温下降以后进行。一般盛果期每2～3 d采收一次,初果期和末果期每4～6 d采收一次。注意不要在雨中或雨后马上采收。

矮丛蓝莓果实全部成熟时，使用梳齿状人工采收器采收。高丛、半高丛、兔眼蓝莓多采用纯手工采收。轻摘、轻拿、轻放。采收后的果实放入塑料食品盒中，再放入浅盘中运输。病果、畸形果应单收单放。

七、包装、运输

包装、运输过程中，遵循小包装、多层次、留空隙、少挤压、避高温、轻颠簸的原则，以冷链运输为佳。

容器采用较浅的透气筐篓、纸箱、果盆等，鲜食果实选用有透气孔的聚苯乙烯盒或纸箱，每盒装果不超过 1 000 g。加工用果实用大的透气料筐或浅的周转箱、果盆等直接包装运输至工厂。

八、贮藏

常温条件下，采收的果实存放保质期为 2～3 d。采用低温和冷冻保存的方式延长贮藏期和供应时间。低温保存控制在温度 10 ℃以下，2～5 ℃可以保存 1 个月。刚从田间采收的果实进行低温（10 ℃以下）保存前必须经过预冷过程，预冷的方式主要有真空冷却、冷水冷却和冷风冷却。

果实采收分级包装后，可速冻保存。冷冻温度在 －20 ℃以下。冷冻保存可有效控制腐烂，延长贮藏期，但果实生食风味偏酸。

生产链接

我国蓝莓区域化优势产区

李亚东在《2021 年全球蓝莓产业数据报告》中将我国蓝莓生产规划为 3 个“区域化优势产区”。

（一）云南优势产区

云南省不同地区随着海拔高度变化，气候条件差异很大，形成了小区域内亚热带和温带等不同特征的小气候条件，适宜南高丛和北高丛所有蓝莓品种生长。而且，云南地区日照充足、紫外线强、昼夜温差大，因而果实品质佳。海拔高度 2 000 m 以下的低海拔地区结合露地生产和设施生产方式，种植低冷温或无冷温需要量的南高丛和常绿品种，可以实现 11 月至翌年 5 月采收鲜果的目标；海拔高度 2 000 m 以上的地区露地种植南高丛和北高丛品种，可以实现 5 月中旬至 7 月中旬采收蓝莓鲜果的目标。从 11 月至翌年 7 月全年共 9 个月的鲜果供应期，使云南省成为我国乃至全球的蓝莓最佳产区。

（二）胶东半岛和辽东半岛设施、露地优势产区

胶东半岛和辽东半岛是我国传统的水果优势产区，也是我国蓝莓的优势产区之一。近 10 年来，2 个产区的日光温室和塑料大棚（冷棚）生产由于具有提早成熟、果实品质佳和鲜果商品率高等特点得以快速发展，设施栽培种植面积和产量占据了全国的 90％以上（不包括云南的设施生产）。在此区域内，日光温室种植南高丛和常绿品种，塑料大棚（冷棚）和露地种植北高丛品种，可以实现2月至7月下旬供应蓝莓鲜果的目标。但在此区内的设施生产与云南产区存在市场竞争的问题。

（三）长白山露地生产“区域晚熟”优势产区

长白山区是我国野生蓝莓的主要原产地，也是我国蓝莓产业的发源地。酸性和有机质含量高的土壤、雨热同季、降雨均匀充沛和昼夜温差大的自然资源为蓝莓提供了最佳的风土条件。特别是由于所处的地理位置，露地种植北高丛蓝莓可以实现7月下旬至8月下旬采收蓝莓鲜果，成为我国蓝莓规模化生产最佳的“区域晚熟”产区，具有不可替代的优势。

能力转化

1. 实地调查，了解当地蓝莓主栽品种及主要栽培方式，分析生产效果。
2. 参与生产过程，并根据操作体验，总结经验、提出技术创新。

项目八　果　　桑

知识准备

一、概述

果桑为桑科(Moraceae)桑属的落叶灌木或小乔木，以采摘桑果为主或叶果兼采。桑科植物起源于中白垩纪，第三纪后期扩散，属西藏第三纪植物，自然分布区域广泛，生态适应能力极强，对不良立地环境也有很强的耐受性。在我国各地均有栽培。朝鲜、日本、蒙古、中亚各国、欧洲、印度、越南亦有栽培。

桑果称桑葚，又称桑枣、桑椹，富含果糖、维生素、氨基酸、多酚及矿物质等多种营养成分(表 4-8-1)，1993 年卫生部将其列入食药兼用名单。桑果可供鲜食或制成果汁、果酒、果醋、桑葚膏、果脯。桑叶可养蚕，也可作为水产养殖饲料，还可加工成桑叶茶和营养菜品。桑枝(根)可用于栽培食用菌、生物降解后还田、制成生物质燃料、提取活性物质进行药用食品开发等。

表 4-8-1　桑果的营养成分

维生素 B_1	维生素 B_2	维生素 C	维生素 E	蛋白质	硒	白藜芦醇	花青素	游离氨基酸
/(mg/100 g)				/%	/(mg/100 g)			总量/ %
0.15	0.03	56	2.27	1.46	0.006	1.66	200	1.28

果桑适应性强、生长快、易栽培、结果早、果形美，加之成熟时正值春暖花开，大批市民出行郊游，又是水果淡季，作为一种富含营养和保健功能的时令水果，自然成了备受追捧的时尚水果。近年来，全国果桑栽培面积发展迅速，据统计，2021 年全国果桑面积近 100 万亩(表 4-8-2)。

表 4-8-2　全国果桑栽培面积统计(2021 年)

省份	面积/万亩	省份	面积/万亩	省份	面积/万亩
四川	25	云南	1.5	辽宁	1
广东	8	江苏	1.5	河北	1
山东	8	湖南	1.5	福建	1
湖北	5	重庆	1.5	西藏	1
安徽	5	贵州	1.2	天津	1
广西	5	山西	1.2	宁夏	1
陕西	3.5	青海	1	海南	1
新疆	3.5	北京	1	上海	1
江西	2.5	内蒙古	1	甘肃	1
浙江	1.8	黑龙江	1		
河南	1.5	吉林	1	合计	91.2

二、生物学特性与栽培环境

（一）生长特性

1. 根系

桑树根系极为发达，靠近地面的水平根几乎与地面平行，垂直根能深入土中 3～4 m，垂直根与水平根构成立体交叉网络。

2. 芽

在春季气温达到 12 ℃以上时就开始发芽生长。桑芽的开放过程一般分为脱苞、鹊口、开叶 3 个阶段，分别需 12 d、3 d、3 d 左右。

桑树发芽的迟早，因品种而异，如早青桑比湖桑 32 号早发芽 6～7 d。发芽期又因地区及历年气温高低而异。桑树在北纬 25°左右的云南楚雄，脱苞期比北纬 35°左右的江苏徐州早 21 d，比北纬 45°左右的辽宁凤城早 49 d。同一地区的发芽期，因春季气温高低而不同。同一根枝条上的桑芽，一般上中部的芽先萌发，萌发后的生长也快；中下部的芽萌发稍迟；接近枝条基部的芽常不萌发，而成为休眠芽。

3. 枝条

桑芽开叶后不断抽长新枝叶，形成新梢。气温上升到 20 ℃以上时，进入旺盛生长期。新梢生长势因着生部位而有强弱之分。即着生在枝条上部的新梢生长势强，能不断抽长成新枝条，这种新梢称为生长芽；着生在中下部的新梢生长势弱，抽叶 3～5 片时即停止生长，这种新梢称为止芯芽。生长芽与止芯芽的比例因桑品种而不同，广东桑多生长芽，荷叶白等湖桑类型多止芯芽。如把枝条压成水平状态，新梢的生长势基本平衡，绝大多数为生长芽。

果桑新梢每一叶腋着生 1～2 个芽，多形成混合花芽，第二年既开花结果又长枝。但是每一个枝条都是上强下弱，致使下部的枝条生长缓慢，逐渐衰弱乃至枯死。仅中上部芽形成的枝可伸长生长，特别是强枝顶端枝条能连年伸长，最后形成骨干枝和半骨干枝；果桑当年的结果枝，冬季落叶后，成为下一年的结果母枝。

气温下降到 20 ℃以下时，转入缓慢生长期，为进入休眠贮存养分。当气温下降到 12 ℃以下时，桑树停止生长，进入落叶休眠期。

（二）开花结果习性

1. 花芽分化特点

果桑的花芽着生在一年生枝条的叶腋间，分化开始较早，一般于 3—5 月桑葚刚刚成熟时开始分化，一直延续到落叶前。果桑花芽分化容易，一般在 8 月下旬以前形成的冬芽，几乎都能分化成花芽。

果桑的花芽为混合芽。花芽分化过程可分为未分化期、花序原基分化始期、花序总轴分化期、单花原基分化期、雌蕊分化期及柱头子房形成期 7 个阶段；每个小花的分化比较迅速，而整个花序的分化则需要时间较长。

2. 果桑开花结实特性

果桑坐果率极高，萌发芽的坐果率可达 95%以上，且可单性结实。

果实发育期 40～50 d，发育期短，在花芽分化时已经成熟，二者没有明显的营养竞争。只要不在花芽分化期及其之前大量采叶，就能大量成花。因此，果桑花果量极大，无大小年现象，丰产稳产。果实成熟期可延续 20～30 d。在一个结果枝上，一般是基部的果先熟，上部的果后熟。在一个花序上，顶部的小果先熟，近果柄处的小果后熟。

（三）对生态环境条件的要求

1. 温度

温度是桑树生长发育的必要条件之一。当春季地温达到 5 ℃以上时，桑树根系的吸收作用开始增强，10 ℃出现新根生长，此时是桑树栽植的最佳时间。地温达到 30 ℃时根系生长最佳。桑树最佳生长气温是 20～30 ℃，在 10 ℃以下、35 ℃以上时生长受到抑制。

2. 光照

果桑是喜光植物，在充足的光照条件下，能合成大量的有机物，供给果桑的正常生长发育，有利于桑果干物质积累，果实品质优，产量高，商品性好。因此，栽植果桑要依据品种特性进行合理密植和树形培育。

3. 水分

年降水量 300 mm 以上的地区均适合种植。适宜的土壤含水量是土壤最大持水量的 70%～80%。如果水分不足，桑树生长显著减弱或停滞，桑叶内的含水率低，叶质差，严重的叶片枯黄脱落。如果早春干旱，则会延迟发芽，并降低发芽率。但如果土壤水分过多，叶质也差，还会引起烂根。

4. 土壤

桑树生长的土壤以壤土和沙壤土为最好。pH 在 6.5～8.5 均可正常生长。

三、主要种类与优良品种

（一）主要种类

桑（*Morus alba* L.）原产于我国。桑科（Moraceae）桑属（*Morus* Linn.）约有 16 个原生种，其中约有 12 种在我国分布广泛（表 4-8-3）。

表 4-8-3　我国原生桑分布

桑种	产地
桑 *Morus alba* Linn.	又称家桑、桑树，原产于我国中部和北部，现在全国均有栽培
鸡桑 *Morus australis* Poir. Encycl. Meth.	辽宁、河北、陕西、甘肃、山东、安徽、浙江、江西、福建、台湾、河南、湖北、湖南、广东、广西、四川、贵州、云南、西藏等地
华桑 *Morus cathayana* Hemsl.	又称葫芦桑（湖北）、花桑（河北），分布在河北、山东、河南、江苏、陕西、湖北、安徽、浙江、湖南、四川等地
荔波桑 *Morus liboensis* S. S. Chang	贵州荔波，生于海拔 700 m 石灰岩山地
奶桑 *Morus macroura* Miq. Pl. Jungh.	云南南部，西藏波密、墨脱等地
蒙桑 *Morus mongolica* (Bur.) Schneid.	黑龙江、吉林、辽宁、内蒙古、新疆、青海、河北、山西、河南、山东、陕西、安徽、江苏、湖北、四川、贵州、云南等地
黑桑 *Morus nigra* Linn. Sp. Pl. ed.	原产于亚洲西部（伊朗），我国主要在新疆吐鲁番、喀什以南地区栽培

续表 4-8-3

桑种	产地
唐鬼桑 *Morus nigriformis* Koidz	海南三亚
川桑 *Morus notabilis* Schneid.	四川西部(洪雅、马边、峨眉山)、云南(贡山、绥江、镇雄、文山)
吉隆桑 *Morus serrata* Roxb. Fl. Ind	西藏吉隆
裂叶桑 *Morus trilobata* (S. S. Chang) Cao	贵州凯里
长穗桑 *Morus wittiorum*	湖北、湖南、广西(平南、大苗山)、广东(乐昌)、贵州东北部至南部

目前,我国有13个桑变种。桑的变种鲁桑[*Morus alba* Linn. var. *multicaulis* (Perrott.) Loud. Arb. Frut. Brit.]分布在江苏、浙江、四川及陕西等地。华桑的变种贡山桑[*Morus cathayana* Hemsl. var. *gongshanensis* (Cao) Cao]产自滇西北高山地区。奶桑的变种毛叶奶桑[*Morus macroura* Miq. var. *mawu* (Koidz.) C. Y. Wu et Cao]分布于云南南部和广西的巴马等地。蒙桑的5个变种:圆叶蒙桑(*Morus mongolica* Schneid. var. *rotundifolia*)分布于河北北部海拔800 m山区;马尔康桑[*Morus mongolica* Schneid. var. *barkamensis* (S. S. Chang) C. Y. Wu et Cao]分布于四川西部和云南西北部,海拔1 900~3 500 m高山地区;尾叶蒙桑(*Morus mongolica* Schneid. var. *longicaudata* Cao),产自广西天峨,海拔500 m;裂叶蒙桑(*Morus mongolica* Schneid. var. *diabolica* Koidz.)见于我国山西、陕西、河南、四川、西藏等地,海拔1 400~2 000 m山坡灌丛中;云南桑[*M. mongolica* Schneid. var. *yunnanensis* (Koidz.) C. Y. Wu et Cao]产自云南西北、四川西部和西藏察隅地区,海拔2 000~3 800 m高山。鸡桑的5个变种:狭叶鸡桑(*Morus australis* Poir. var. *oblongifolia* Cao)产自陕西、湖北,海拔1 500 m左右;花叶鸡桑[*Morus australis* Poir. var. *inusitata* (Levl.) C. Y. Wu],产自陕西、甘肃、江苏、浙江、江西、福建、湖北、湖南、广东、广西、海南、四川、贵州及云南,生于海拔500~1 000 m山坡荒地林缘;细裂叶鸡桑(*Morus australis* Poir. var. *incisa* C. Y. Wu)产自云南镇雄;戟叶桑[*Morus australis* Poir. var. *hastifolia* (Cao) Cao]产自陕西;鸡爪叶桑(*Morus australis* Poir. var. *linearipartita* Cao)产自陕西、甘肃、江西、湖北及四川,沿秦岭和大巴山地区分布。

奶桑、川桑、长穗桑被列入《国家重点保护野生植物名录》中,都属于国家Ⅱ级濒危重点保护植物。并且川桑和长穗桑被列入《世界自然保护联盟濒危物种红色名录》(IUCN)中。

我国桑的栽培种有垂枝桑(*Morus alba* 'Pendula')、长果桑(*Morus macroura* 'Long Fruit')、台湾长果桑、大叶桑、广东桑、鬼桑等,大多以采集果实桑葚为主要经济目的,不同的品种,果形、颜色、果期多有不同。

(二)主要优良品种

果桑根据应用分为三种类型:①鲜食类,以鲜食为主,甘甜爽口,酸度低,如大十、陕8632、蜀葚1号等;②特色类,与常见的果桑不同,如台湾长果桑、白玉王、白珍珠、桂花蜜等;③加工类,产量高,酸度高,内含物丰富,如红果系列(1、2、3号)、台湾1号、台湾2号、云果1号等。我国主栽品种见表4-8-4。

表 4-8-4　我国目前主要栽培的果桑品种

品种	熟期及主要特性
红果 1 号	5 月上中旬果实成熟。树形直立紧凑，枝条粗长，节间较密，叶片大，花芽率高，单芽果数 7～10 个，且多集中于冬芽。果长 2.5 cm，果径 1.3 cm，圆筒形，单果重 2.5 g 左右，紫黑色，果汁多，果味酸甜。成熟期 20～30 d，亩产桑果 1 500～2 000 kg，产桑叶 1 500 kg 左右，适应性强，是一个高产型果叶兼用及加工用品种
红果 2 号	5 月上中旬果实成熟。树形直立，枝条细长而直，叶片较大，花芽率高，单芽果数 6～8 个。果长 3.0～3.5 cm，果径 1.2～1.3 cm，长筒形，单果重 3 g 左右，紫黑色。果味酸甜爽口，果汁鲜艳，含总糖 14.8%，总酸 0.79%。成熟期 30 d 以上，亩产桑果 1 500 kg，产桑叶 1 500 kg 左右。抗病性较好，适应性强，可做果叶兼用及加工用品种
大十	5 月上旬果实成熟。三倍体品种，适宜在南方栽种。树形开展，枝条细直，叶较大，花芽率高，单芽果数 5～6 个。果长 3～6 cm，果径 1.3～2.0 cm，单果重 3.0～5.0 g，紫黑色，无籽，果汁丰富，果味酸甜清爽，含总糖 14.87%，总酸 0.82%。成熟期 30 d 以上，亩产桑果1 000～1 500 kg，产桑叶 1 500 kg 左右。抗病性较强，抗旱耐寒性较差。叶果兼用
白玉王	5 月中下旬果实成熟。树形开展，枝条细直，叶较小，花芽率高。果长 3.5～4.0 cm，果径 1.5 cm左右，长筒形，单果重 4～5 g，最大 10 g，果色乳白色，汁多，甜味浓，含糖量高。成熟期 30 d 左右，亩产桑果 1 000 kg 左右，产桑叶 1 500 kg。适应性强，抗旱耐寒。大果型叶果兼用品种
陕 8632	5 月中旬果实成熟。杂交品种。树形略开展，枝条略粗而直，下垂枝少，叶形较大。花芽率极高，单芽果数 4～5 个。果长 4.5～5.0 cm，果径 1.8～2.2 cm，长筒形，单果重 6～8 g，最大 15 g，桑葚多而特大，紫黑色。成熟期 20 d 左右，亩产桑果 1 500～2 500 kg，产桑叶 1 600 kg 左右。该品种抗旱、耐寒，抗病性、抗逆性强，产量高、品质优。果叶两用桑
云果 1 号	云南省农业科学院蚕桑蜜蜂研究所杂交选育，具有发芽早、发芽率高、枝条多、生长旺盛、结果多、成熟早、耐剪伐、抗旱性强但抗寒性弱等特点。桑果品质优良，挂果性能强，每亩栽培 800～1 000 株，年产鲜果 2 t 以上
白珍珠	中熟。又名韩国大白珍珠、珍珠白。枝条长而直，叶片较小，花芽率高。果实呈乳白色，产量高，果长 3～3.5 cm，果径 1.5 cm，长筒形，单果重 4～5 g，最大 8 g，果汁多，甜味浓，含糖量高。成熟期 30 d 左右。适应性较强，抗病、抗旱、耐寒性较强，我国南、北方都可种植。适于加工、采摘
桂花蜜	桂花蜜果桑具有果个大、色泽鲜艳、口感独特、含糖量高等优点。果叶兼用。桑果果实长圆柱形，果肉白色，单果重 3.8～6.5 g，成熟的桑果具有独特的桂花香味，甜如蜂蜜，籽少汁多，含糖量高。亩产鲜果 1 000 kg 左右。抗病性、抗旱、耐寒性较强
蜀葚 1 号	中熟。四川省农业科学院蚕业研究所以塔桑为母本、激 7681 为父本杂交，其 F_1 桑幼苗通过秋水仙碱处理，经系统选育而成。树形直立，枝条粗长，无侧枝，发条数多，长势强，成叶长椭圆形，叶片薄。成熟桑葚为圆筒形、紫黑色，可溶性固形物含量 12.3%，平均每亩桑产果量为 1 202.12 kg；全年平均每亩桑产叶量 2 103.45 kg。果叶兼用型
72C002	台湾省选育。发芽早，属早生品种，树势强健，生长旺盛，主枝短粗，多层侧枝，枝条细短，结果枝发达，产量高。叶形小，叶肉略厚。桑葚大而匀，呈紫褐色，果型整齐，口感好，成熟齐。发芽率高达 98%，每个桑芽均产生 3～6 个桑果，平均单果重 4.5 g，4 年生最大单株产果 40 kg，亩产果 3 000～3 500 kg。一年结果 2 次。在台湾广泛栽种，供观光休闲和加工鲜桑果汁饮品及食品
长果桑	3—10 月果实成熟。台湾农业专家以台湾大果桑与野生长果桑杂交后育成。果实超长特大，长 8～12 cm，最长可达 20 cm，单果重达 20 g。产量高，当年种植的高产单株产量可达 7.5 kg，丰产期高产单株产量可达 100 kg，丰产期亩产可达 3 500 kg 以上。果实紫红色，口感无籽，浓甜似蜜，含糖量达 18%，高的达 22%，无酸味。能多次结果，大棚保护种植每年可产 6～7 茬果，可全年供应市场。果实有一定硬度，较耐贮运。适应性强，抗性特强

任务实施

任务　果桑栽培管理

一、定植

1. 园地选择

选择远离污染源、土壤质地良好、土层深厚、地下水位低(在0.8 m以下)并有灌溉条件的平地或缓坡。在15°以上的坡地建园时,应考虑修筑水平梯地,同时规划好园区的道路和排灌沟渠。

2. 苗木选择

选择适应当地气候、抗病性强的优良品种。早中晚熟搭配,有晚霜的地区,选择中晚熟品种。选择品种纯正、根系发达、无检疫性有害生物、直径(嫁接口上方1 cm处)0.6 cm以上的1年生果桑嫁接苗或扦插苗。

3. 定植时期

苗木落叶后到次年春季(12月初到次年3月底)为果桑栽植的适宜时期。

4. 定植密度

根据品种、地形和土壤条件而定,每亩种植76～111株,株距1.5～2.5 m,行距3.5～4 m。

5. 定植方法

翻耕,整畦,挖种植沟,施基肥(每亩施1 000 kg腐熟有机肥,与表土拌匀),踏实。修剪苗木断、裂根和过长细根。按株行距将苗木放入种植沟,理直根系,扶正主干,然后边填土边踏实,同时用手指轻轻向上提苗,确保根系与土壤密接,嫁接口露地。栽种后要浇透定植水,覆盖地膜。

二、土肥水管理

1. 土壤管理

(1)清耕　每年秋冬深翻一次,夏秋及时中耕除草。如使用除草剂,则应注意种类选择要准确,以保证桑园安全。

(2)复合经营模式　可采用"桑＋菜""桑＋药""桑＋草"等间套种方式,或覆盖,或放养鸡、鸭、鹅等,可少耕或免耕,且能提高经济效益。

2. 水肥管理

开春灌水;开花坐果后注意灌水。有条件的用滴灌效果较好。

冬季每亩施腐熟有机肥1 000 kg。2月中旬每亩施复合肥30 kg。夏伐后,每亩施复合肥30 kg。施肥方法:春肥、夏肥均采用沟施法,在离树干30～50 cm处开20 cm深的施肥沟,将肥料均匀撒入沟中,然后回土覆盖。冬肥采用撒施法,在冬耕前,将有机肥均匀撒于桑园地面,结合冬耕翻入土中。

三、整形修剪

1. 整形

桑树定植后，通过剪定、疏芽、摘心等技术措施，养成一定的树形，有利于增加产量，并便于收获和田间作业。树形根据栽植密度、肥培管理及收获方式决定。

(1)树形选择　露地栽培常采用低干(<70 cm)拳头形或高干(>150 cm)拳头形，设施栽培宜采用水平 V 字形或棚架水平形。

(2)有干拳头树形养成　种植后，在离地 15～20 cm(低干)或 50 cm(高干)定干。

第一年，发芽后，新梢长到 10～15 cm 时，选留 2～3 个健壮新梢，其余抹去。

第二年，夏季结果后在离地面 30～50 cm(低干)或 80～90 cm(高干)处进行夏伐，养成一级支干，一般低干桑支干留 30 cm 左右，中干桑留 35 cm 左右，高干桑留 40 cm 左右；发芽后在每枝一级支干选留着生位置匀称的 3～4 个健壮新梢，作为培育第二级支干的基础。

第三年，桑树萌芽之前，将一级支干上的枝条按照树形的要求剪去。一般低干桑二级枝条留 20 cm 左右，中干桑留 30 cm，高干桑留 40 cm 左右。数量控制在 6 个左右。基本形成主干、一级支干和二级支干的树形结构。

低干桑培养到二级支干的树形结构就已经比较适合采摘管理，但是对于中干桑和高干桑来说，还需要继续培养支干。中干桑三级支干的干长留 15 cm 左右，形成主干、一级支干、二级支干和三级支干的树形结构。高干桑三级支干的干长留 20 cm 左右，继续培养四级支干，干长 15 cm 左右，形成主干、一级支干、二级支干、三级支干和四级支干的完整树形。

每年结果后在其支干顶端处夏伐定拳，每株留拳 2～6 个、留条 8～12 根。

如果水肥条件充足、管理得当的话，可以在枝条长势旺盛的时候。通过摘心的方式，促使枝条当年分枝，多形成一级支干，缩短支干培育的时间。

2. 修剪

(1)摘心　果后对营养生长旺盛的新生枝条(20 cm 以上的新芽)进行摘心，摘除新梢顶部嫩芽，可控制营养生长，抑制新梢旺长，促进生殖生长。

(2)夏伐　摘果完后及时进行夏伐，主要是剪伐上年夏伐后抽生的枝条。

(3)疏芽　夏伐后当新梢长到 20～30 cm 时进行疏芽。每拳留 3～4 根枝条，每株留 8～12 根枝条。

(4)冬剪　剪去枝条顶端 15 cm 左右的嫩梢部分，在桑树落叶后的 11 月下旬至 1 月上旬进行，过早容易发生冬芽秋发的现象。

四、病虫害综合防控

病虫害防控以物理防治和生物防治为主，以生物农药为辅。冬季彻底清园后用石硫合剂进行药物封园，清除和杀灭越冬病原、虫卵，控制来年病虫害。春季桑树发芽时，采取人工物理防治和生物防治相结合，桑园安装生物杀虫灯和黄板诱杀害虫。桑葚采摘完毕夏伐，然后立即清园，然后用石硫合剂防治，结合使用黄板、频振式杀虫灯诱杀害虫。

果桑虫害以桑毛虫、桑尺蠖等为主。单纯果桑用阿维菌素防治。叶果兼用的桑园禁用阿维菌素，用 80%敌敌畏乳油 1 000 倍液，或 40%辛硫磷乳油 1 500 倍液，或 40%桑宝(灭多虫)

乳油 2 000 倍液进行防治。

病害以桑葚菌核病(俗称白葚病)为主。开花前全园覆盖地膜,切断病原传播途径,蕾期及时用 70%甲基硫菌灵可湿性粉剂 1 000 倍液或 50%多菌灵可湿性粉剂 600～1 000 倍液交替使用,连续防治 3～4 次(视天气和开花情况,每隔 5～7 d 防治 1 次),但在采果前 20 d 停止喷药。

五、采收

(一)桑葚收获

桑葚一般从 4 月上旬开始分批成熟,应分批采摘,收获期一般在 20 d 左右。

(1)采摘时期　当桑葚果实充分膨大,到八成熟以上,接近其成熟的固有色时采摘。于清晨采收为宜。

(2)采收方法　以人工采摘最好,采时需戴医用无菌手套。采摘不便的桑果,可以用振动法收获。摇动果桑的枝条时,地面用洁净的塑料软布或布单撑开接收落果。收获的桑果避免挤压和暴晒,轻拿轻放,不要碰破表皮。

(3)采后处理　收获桑果妥善存放,避免挤压、堆沤,及时分级。先用小塑料盒包装,再装入纸箱,一般每箱重 10～15 kg,随即运往市场销售或进行加工处理。

(二)桑叶收获

对叶果兼用型桑树,合理采桑叶。春季养蚕时,给三、四龄期蚕采摘枝条顶部成熟的新叶,给五龄期采摘枝条中下部的三眼叶和枝条上部的条叶。夏伐的果桑可结合五龄期蚕饲养进行条桑育,夏季采摘新梢下部的片叶和疏去过密的芽叶养蚕;夏伐后必须把新梢下部桑叶采尽,防止新梢倒伏。正秋、晚秋按各龄蚕对桑叶质量的要求采摘片叶养蚕。也可利用桑叶开发桑叶茶或作为食材。

生产链接

御林古桑园

北京市大兴区的御林古桑园是华北地区面积最大的古桑林,更有"桑葚窑洼救刘秀,感恩图报树封王"的千古佳话。御林古桑园集资源保存、采摘、科普教育和旅游于一体,成为京城百姓休闲度假的好去处。现有桑树种植面积 433 hm^2,年产桑葚超过 6 000 t,吸引了一批果品加工企业入驻,开发出桑葚酒、桑葚酱、桑葚脯、桑葚醋、桑葚乳、桑葚膏等系列产品;其中,浓缩桑葚汁已远销到西班牙、韩国、日本等国家和地区。御林古桑园"桑—果—游"模式有效地带动了农业向规模化、技术化和集约化方向发展。

"三种三养"高效生态蚕桑

2014 年初,湖北省英山县桑和平面茧专业合作社开始探索高效生态蚕桑新模式,即建设集种桑、种药、种菜、养蚕、养鱼、养鸡于一体的"三种三养"高效生态蚕桑示范基地,每亩桑园养蚕年收入 7 500 元,间作(套养)年收入 4 000 元,大幅度提高了蚕农种桑养蚕的综合效益。

"三种三养"是农、牧、渔相结合模式的初步尝试，在此基础上，发展了"从一棵桑升级为'七个一'战略[即一杯茶、一片药、一桌菜、一杯酒(醋)、一床保健被、一台戏、一日游]"，随着这一模式的逐步完善和推广应用，蚕桑产业有望成为英山县乃至湖北省大别山区经济发展的支柱和朝阳产业之一，为当地经济的发展和脱贫攻坚工作贡献一份力量。"三种三养"模式也可应用于果桑产业的发展，将果桑采摘园建设成为集果园、家庭农场和家庭牧场等功能于一体的休闲场所，使游客体验采摘之余，还能享受丰富多彩的田园生活。

桑蚕立体种养循环利用

2014 年初，浙江省磐安县经济特产技术推广站创立了果桑立体种养模式：大棚种植果桑、棚内养蚕，桑枝条粉碎后栽培食用菌，露天果桑园内套种桑枝黑木耳，最后菌糠作为有机肥还田。合理的资源配置和空间的多层次利用增加了单位面积土地的产出和收益，初步实现了桑叶、桑葚、桑枝及土地、空间等资源的循环利用和节约利用，提高了综合效益。

自 2006 年以来，江苏盐城生物工程高等职业技术学校以生态桑园立体开发为出发点，建立起"生态桑园—桑园散养草鸡—桑叶粉饲养巴马香猪—桑枝粉栽培食用菌"运行机制，并衍生出"桑—茧—禽—蛋""桑—畜—沼气—生态肥""桑—食用菌—生态肥""桑—蚕—蛹虫草"等复合经营模式，将科学套种与套养相结合，合理配置资源，为提高蚕桑产业的经营效益提供了新方法。

桑产业加工促升级

浙江大学动物科学学院蚕蜂研究所联合浙江仕强竹业有限公司共同研发出桑枝重组木地板，其甲醛释放量达到 E0 级标准，深受消费者欢迎。例如，一条年产 16 万 m^2 的地板生产线，每年可以利用当地 1 000 hm^2 左右桑园的桑枝加工成地板，为社会节省 4 000 m^3 的竹木材(相当于 200 hm^2 竹林地 10～20 年的产出量)，还可以为蚕农增加近 1 000 万元的经济收入；减少了环境污染，提高了蚕桑产业的附加值，助推的蚕桑产业走向"加工为主，种、养、研、加工相结合"的发展之路。

浙江省建德市大同蚕桑专业合作社协同建德市农业农村局全力探索以桑园基地为产业基础，以资源高效综合利用为目的的"加工为主，种、养、研、加工相结合"的发展模式。自 2013 年开始，在传统种桑养蚕的基础上，开展桑叶制茶，当年即制作桑叶茶 10 t，2014 年、2015 年逐渐扩大桑叶茶制作规模，现在每年加工桑叶茶 170 t，作为保健茶原料出口日本、韩国、美国等国家，还加工成桑叶袋泡茶和冬桑保健茶等，销往全国各地。随着不断创新和实践，建德市桑叶茶、蚕丝被、桑葚及桑葚衍生产品等不断推出，相关技术和工艺逐步优化，推动着蚕桑产业的转型升级。

能力转化

1. 实地调查，了解当地果桑主栽品种及主要栽培方式，分析生产效果。

2. 参与生产过程，并根据操作体验，总结经验、提出技术创新。

模块五

现代果树生产技术

任务目标

知识目标：

了解现代果树生产技术发展趋势，熟悉实际应用的主要模式和生产方式。

能力目标：

能够选择运用现代果树生产技术进行果园建设管理，初步具备开展现代果树生产的能力。

素质目标：

树立科学发展观，培养独立思考、自主学习、分析问题、解决问题的能力。

项目一　有机果园

知识准备

有机果园是遵照一定的有机农业生产标准建设，并在生产中不采用基因工程获得的生物及其产物，不使用化学合成的农药、化肥、生长调节剂、饲料添加剂等物质，遵循自然规律和生态学原理，协调种植业和养殖业平衡，采用一系列可持续发展的农业技术以维持持续稳定的农业生产体系，生产通过有机食品认证的有机果品。

一、有机果园与常规果园的区别

（1）土壤耕作方面　主张尽量不要动土，或只限于表层松土，或者采纳少耕免耕。其目的是减少对土壤体系的破坏和增加地表残茬，保护土壤免遭破坏，保持土壤水分，减少能量和物质投入。

（2）种植制度方面　注重包括豆科植物在内的合理轮作复种和间作套种，以增加作物品种多样性，培养地力，预防病虫草害。

（3）土壤肥料方面　依靠有机肥和种植豆科作物及绿肥来提供作物养分和恢复地力。

（4）病虫害防治方面　禁止使用化学药物，通过培肥土壤、合理轮作、多样种植等农业防治措施和生物、物理防治以及一些植物性农药、无机杀虫菌剂和抗病虫品种的应用等，进行病虫害的综合防治。

二、基本要求

1. 基地规划与管理

(1)基地规划　详细调查基地的农业生产气候条件、土地情形、周边环境、资源状况及社会经济条件、地区行政管理方式，制订有机生产转换方案。

(2)基地管理　制订有机生产计划并实施。建立有机生产制度，保证基地依照有机农业标准进行生产，防止有机产品与常规产品相混淆，保证有机产品在加工、贮藏、运输和销售中不受污染。设专人管理，记录有机生产全过程，建立档案。内设检查员和咨询员，从而保证有机生产顺利进行。

(3)人员培训　依照有机生产规程对基地人员进行培训。

2. 有机种植技术

(1)品种选择　选用抗病、优质的品种。

(2)土壤培肥技术　间作豆科绿肥，以增强土壤肥力。系统内尽可能建立牧场、家畜养殖场，多积存一些有机肥返田。利用草木灰、人畜禽粪便、厩肥等制作堆肥；秸秆还田。参照土壤监测指标，为土壤补充元素。

(3)病虫害的防治技术　实施综合防控、培肥土壤、合理轮作、多样种植等农业防治措施，利用生物、物理方法以及一些植物性农药、无机杀虫菌剂和抗病虫品种等，进行病虫害的综合防治。

落叶后，进行清园、刮粗皮、干基涂白，减少病残体，杀死藏匿于皮缝的虫蛹；全园翻耕，冻杀地下越冬虫蛹，全面减少病虫越冬基数。综合运用性诱剂诱杀、黑光灯诱杀、色板诱杀、粘虫胶带阻杀等，实行无农药化绿色防控。普及生物农药，因其毒性低、选择性强(对人畜、鸟类和其他昆虫无害)、低残留、高效(避免环境污染)，不易产生抗药性。果园生草或者间作绿肥，抑制专性寄生病虫害的发生。利用天敌进行生物防治。

三、应注意的问题

(1)为尽快取得有机食品标志，以开垦荒地的方法建设基地，破坏了生态环境，不利于持续发展。

(2)有机食品的检查、认证遵循严格的程序，运用多种技术手段，不仅严格要求基地的档案记录完备，更注重田间的实地检测，强调全程跟踪监控。

任务实施

任务　有机果园建设

一、果园选址

(1)果园的选址应符合国家的相关环境要求。

(2)在有机和常规生产区之间设置缓冲带或物理障碍物，保证有机生产地块不受污染，以防止临近常规地块禁用物质的漂移。缓冲带的宽度应视污染源的强弱、远近、风向等因素而定。缓冲带按照有机方式种植和管理，但只能作为常规产品销售，同时均需要有可供跟踪的完整记录。

(3)在有机生产区域周边应设置天敌的栖息地，提供天敌活动、产卵和寄居的场所，提高生物多样性和自然控制力。

(4)在山区栽植果树时需要考虑海拔高度、坡段坡向等。

(5)有机果园选择建园时尽量避开果园重茬地。桃、苹果、核桃重茬现象比较突出，桃树最忌连作，对后茬苹果、樱桃、李、葡萄等植株生长量的抑制可达到50%。

二、整地施肥

1. 整理与消毒

清除前茬作物的残枝败叶、树桩残根；对土地进行耕翻、晾晒、灌水，促进有机残体的腐烂分解；改土施肥，增施有机肥，使土壤活土层厚度达到60 cm以上，使有机质含量超过1%，必要时在定植穴内换土。采取土壤暴晒、施肥发酵等方法，依靠热力对园地土壤进行消毒，减少毒源、虫源。深翻换土也能起到土壤消毒的作用。

2. 改土施肥

平地建园，将有机肥和绿肥或秸秆切碎，按所需数量平均撒在地表，再用深耕机全园翻耕50 cm，全园改土。也可采取壕沟改土法，即先按设计行向测量定出定植行中心线，沿此线挖出宽、深均为80～100 cm的壕沟，暴露一段时间后，分层压绿回填。每米壕沟至少压埋50 kg绿肥或植物秸秆。在表层土壤中混入一些堆肥或厩肥。对偏酸土壤，回填时混合适量石灰或有机栽培许可的酸土改良剂；对偏碱土壤，则回填时混合适量酒糟或有机栽培许可的碱土改良剂；对钙质土壤，混入适量的硫黄粉。回填完后要将定植行堆成高垄，使土壤沉实后与地面齐平。

不论什么类型的土壤，均应增施有机肥，禁止加入以下物质：①任何化学合成的肥料或化学复混肥；②不稳固元素，如放射性元素、稀土等；③各类激素、杀虫剂、杀菌剂等；④不明或致病微生物；⑤重金属及其他有毒有害物质；⑥其他性质不明物质。

三、栽植及管理

有机果园栽植管理参考果树生产基础，遵循同样的方法。

但考虑多数有机果园设置在远离都市的地区或山区，品种选择应以耐贮藏运输的梨、苹果、石榴、山楂、核桃、板栗、柿、枣等为主。建立在城郊的果园，以供应鲜果为主，要适当考虑树种品种的多样化。为了避开病虫害发生的高峰，优先选择早熟的树种或品种(在病虫害大量发生前大部分已采收完毕)。早熟的树种有樱桃、草莓、杏、桃等。早熟苹果品种有嘎富、早捷、贝拉等，早熟梨品种有绿宝石、早美酥、七月酥，早熟葡萄品种有莎巴珍宝、乍娜、早玫瑰、京秀等，早熟桃品种有春蕾、早花露、春金、砂子早生等，早熟油桃品种有超五月火、花光、曙光、艳光等。

四、果园间作

1. 间作的原则

有机果园间作以不阻碍果树生长发育为前提。

(1)间作物仅限于果园行间空地或缺株的隙地种植，要与果树保持一定间距。

(2)间作物生长期要短，养分和水分吸收较少，水肥吸收盛期与果树错开。

(3)间作物要矮小或匍匐生长，不阻碍果树的光照条件。

(4)能提高土壤肥力，病虫害减少。

2. 间作物的选择

除草莓外，果树之间不宜间作、混栽。常用的间作物有豆科作物、甘薯类和蔬菜类等。

适于间作的豆科作物有大豆、小豆、花生、绿豆、红豆等，这类作物植株矮小，有固氮作用，与果树争肥的矛盾较小。花生植株矮小，需肥水较少，是沙地果园的优良作物。甘薯、马铃薯前期需肥水较少，对果树阻碍较少，后期需肥水较多，对强旺树可促使果树提早终止生长。蔬菜类需要耕作精细，肥大水足，对果树生长较为有利。但间作晚秋菜，易使果树生长过旺，对其越冬不利。

3. 果园中常用的间作模式

(1)果粮间作　幼龄果树间作大豆、矮秆千斤谷、矮秆高粱等小杂粮，葡萄园间作土豆，幼龄果树或高接换优老果树间作甘薯等。

(2)果菜间作　幼龄果树间作地豆、甜豆、马铃薯、韭菜、甘蓝、菜椒以及茄子、菠菜、冬瓜、萝卜、番茄等，葡萄间作黄瓜，山地幼龄柿园间作西瓜等。

(3)果菌间作　板栗园间作栗蘑，葡萄间作香菇等。

(4)果药间作　果树间作矮秆药材如柴胡、桔梗、板蓝根、黄芩、知母、地黄、沙参、党参、红花等。

一般果树大面积挂果前，间作以小麦、大豆、玉米等阳性作物或其他阳性高产的瓜果类蔬菜为主。大面积挂果后，应以耐阴的叶类蔬菜和耐阴的饲用/肥土作物进行间作。

五、果园生草

在果园种植紫花苜蓿、夏至草、三叶草等植被，形成有利于天敌而不利于害虫的生态环境。

果园生草可采纳全园生草、行间生草或株间生草等模式。土层肥沃、深厚，根系分布深的果园可采纳全园生草；反之，可用后两种方式。降水量较少的地区，应补充灌溉，保证草的生长。生草果园不要太密植，最好行内株间距小，行间距大，如此有利于草的生长。中等密植的矮化果园亦可生草，高度密植的果园不宜生草而宜覆草。

果园生草要求矮秆或匍匐生，适应性强，耐阴、耐践踏，耗水量较少，与果树无共同的病虫害，能引诱天敌，生育期较短。适合果园生草的种类有豆科的白三叶、红三叶、紫花苜蓿、扁茎黄芪、矮化草木樨、漂亮鹧鸪豆、多年生香豌豆、豌豆、绿豆、黑豆、多变小冠花、百脉根、沙打旺等，禾本科的早熟禾、百喜草、剪股颖、野牛草、羊胡子草、鸭茅、燕麦草、黑麦草、狗尾草等。草种最好选用豆科牧草，国外有用禾本科牧草的，草种能够单播，也能够混播，豆科与禾本科混播比例为1∶1。

六、果园秸秆覆盖

果园秸秆覆盖系指用整株秸秆如麦秸、玉米秸、稻草、油菜秆、豆秆以及其他农副产物（如锯末等）覆盖果园空地的方法。春季覆盖可防洪涝，夏季覆盖能加速腐烂进程，秋季覆盖可延长果树生长期，冬季覆盖可防治冻害。

(1)冠下覆盖　幼龄园、套种园或秸秆量不足时，只覆盖树盘。

(2)全园覆盖　封行园、非套种园或秸秆量充足时采取的覆盖方法。

(3)半腐熟覆盖　利用调制、堆沤秸秆在果园空地种植蘑菇，一举两得。

(4)防裂果覆盖　在雨季来临前秸秆覆盖，以防伏旱后突然降雨、气温或土壤含水量剧变，造成裂果。

覆盖厚度 10～15 cm，以后再次覆盖时 3～5 cm 即可。盖前浇水，盖后压土，盖严盖全，薄厚平均，注意防火，适时增肥，果实套袋，综合治虫，周年覆盖免耕。

七、果园养殖

果园多数为养鸡(鹅)、养猪或养兔。养鸡一能够产粪，二能够灭害虫。鸡喜啄食金龟子、吉丁虫、蝼蛄、蛴螬、地老虎及多种害虫。鸡粪提供了优质的有机肥。果园适合家兔生长。家兔粪尿既是肥，又是农药。兔粪肥效较高，速效性好；兔粪还可杀死根蛆等地下害虫。发酵好的兔粪尿浸好过滤后，可叶喷，不仅补充速效全价肥，还可杀灭蚜虫、蓟马、红蜘蛛等多种害虫。

生产链接

江西省宏冠绿色农庄有限公司有机柑橘基地

1. 有机柑橘基地的选址

该基地符合有机栽培的几个条件：

(1)土地完整，其间不夹有进行常规生产的地块，但存在有机转换地块。

(2)与常规生产地块交界处有明显标记，如河流、山丘、人为设置的隔离带等。

(3)远离城市和工业区，周围没有明显的和潜在的污染源，尤其是没有化工企业、水泥厂、石灰厂、矿厂等。

(4)空气符合《环境空气质量标准》(GB 3095—2012)要求。

(5)灌溉水质符合国家地面水环境质量一类标准。

(6)土壤按照《土壤环境质量 农用地土壤污染风险管控标准(试行)》(GB 15618—2018)，达到二级以上标准。

(7)基地周围或基地内有较丰富的有机肥源。

(8)生产、加工、贮藏场地及周围场地清洁卫生，不使用化学物品。

2. 有机柑橘栽培技术规范

基地实施有机化栽培管理，主要进行以下几个方面管理：

(1)土壤管理技术　在不破坏土壤结构的前提条件下，疏松改良土壤，增加土壤有机质含量，创造正常的物质循环系统和生物生态系统，保证果树健康生长发育，提高产量与品质。

主要采用生草栽培法和全面使用有机肥尤其是生物有机肥技术。①生草栽培：在果树行间种植绿肥或牧草，树盘覆盖稻草，增加生物的多样性，减少蒸发，保护天敌，培肥土壤，防治病虫杂草等。②土壤施肥与 EM(有效微生物菌群)技术：使用有机肥，尤其是发酵肥料和腐熟的农家肥。向土壤中加入 EM，使土壤机能得到强化，增加有机营养；同时伴随着土壤微生物的增加，使硬土层分解，土壤肥力状况得到改善，达到持续生产的目的。

(2)病虫害防治技术　通过有机的、生物的、物理的手段来控制病虫害的发生与蔓延。具体做法：①使用EM、合理负载、合理修剪，增强树体的自身抗逆能力，促进果树生长发育，提高抗病性。使用EM后，叶色浓绿、叶肉变厚，枝条间距变短，果实提前成熟，口感好，产量和优果率均得到提高。②病虫枝条、病果、病叶等集中深埋或烧毁，冬季刮除老翘皮，萌芽前用高压喷水枪对树干、大小枝条进行冲洗、消毒，减少初侵染源。③利用天敌。一是在柑橘园中人工释放巴氏钝绥螨，从而有效抑制了红蜘蛛和锈壁虱的发生和为害；二是由于橘园严禁使用化学农药，再加上地面生草栽培，给许多益虫提供了良好的栖息环境，对其他害虫有较强抑制能力。④使用杀虫灯和黄板。每40亩安装1盏频振式杀虫灯，对鳞翅目、鞘翅目、双翅目等柑橘类害虫的成虫进行扑杀，在园内挂黄板，并用牛油作为黏着剂，可有效控制蚜虫为害。⑤按照有机农业技术规范，控制农药的使用，应使用微生物源农药(苏云金杆菌等)、植物源农药(除虫菊素、大蒜素等)、矿物源农药(石硫合剂、波尔多液等)，并严格控制使用次数和时间。

(3)整形修剪　针对基地柑橘树龄大、树冠郁闭状况，进行了精细的整形修剪，适当进行大枝回缩修剪，控制树冠，促进树势恢复，改善通风透光条件。

(4)采后处理　在基地柑橘采后处理和包装过程中所用的传送带、刷子等都经过净化处理，生产和加工过程中不与普通柑橘混杂，也不用人工合成的添加剂、防腐剂进行处理，生产和加工人员严格按照操作规程进行作业。

(5)定期培训　每年对基地所有员工进行2次以上有机柑橘生产技术培训，提高员工素质，保证基地严格按有机栽培技术要求操作，并对培训情况记录存档。

(6)档案管理　对生产全过程进行记录存档，对基地柑橘质量从源头上进行控制：①生产农事活动全过程(台账)记录，包括施肥、病虫草害防治、采收及采后处理等，并有专人进行记载；②所有物资进出库全程(台账)记录，包括肥料、农药的产品批次、进出库数量和时间、试验数量及时间等，并有专人进行记载。

3. 存在的问题

新干县有机柑橘生产基地，作为国内第一批经过有机认证的基地，在生产过程中没有他人的经验可以借鉴，有较多问题亟待解决。如针对柑橘类病虫害防治且经过有机认证的专用农药品种少、有机基地病虫害控制有较多难题，特别是现有有机柑橘基地柑橘树龄大、树脂病(砂皮病)为害较重、锈壁虱控制难度大，造成果实外观质量低，这是有机柑橘基地商品率偏低的主要原因之一。

能力转化

实地调查，了解当地有机果园情况，分析生产效果，提出意见建议。

项目二　生态果园

知识准备

一、概述

生态果园是在生态学和系统学原理指导下，通过植物、动物和微生物种群结构的科学配置，以及园区光、热、水、土、养分和大气资源等的合理利用，建立以果树产业为主导，生态合理、经济高效、环境优美，能量流动和物质循环通畅的一种能够持续发展的果园生产体系。根据当地自然资源、生态环境和经济发展优势，调整果园生物种群组合、数量配比、时空分布和技术组装配套等，发挥果园的系统功能，实现生态性与经济性的统一。

生态果园建设在当地最佳生态区，因地制宜进行科学规划，合理布局，选择市场欢迎的、本地优势品种，适度规模，集约化管理，确保其产量与品质。

建立生态果园还需良好的土壤条件。改土扩穴、培肥地力。采取果园覆盖、果园生草模式，有效防止水土流失，改善土壤结构与营养，调节地温，抑制杂草生长，避免过多依赖化肥、农药的投入。构建果、牧、草复合经营模式，利用草类与禽畜排泄物改良土壤，提高土壤肥力，促进园地生态良性循环，实现早实丰产。

坚持以农业措施与生物防治为重点的病虫害防治策略，综合应用农业技术、生物技术、有害生物综合防治技术，确保生态果园经济系统稳定、有序、高效与持续运行发展。

二、果园生态系统

(一)果园生态系统的组成与结构

1. 果园生态系统由非生物和生物组成

系统组成结构越复杂，组成成分越多，则越稳定，资源利用越充分，生物量越高。但如果超出一定限度，社会经济效益就会下降。

(1)非生命成分　包括大气(圈)、水(圈)和岩石土壤(圈)中的非生命部分，是果园生态系统中生物赖以生存的物质和能量的源泉及活动场所，其中含生产栽培施用的物质如农药、化肥等。也可划分为气候因子、无机物质和有机物质。

(2)生命成分　包含生产者、消费者和分解还原者。生产者主要指植物(果树、防护林、间作物、草类等)和光合细菌，它们在生态系统中起初级生产的作用，是初级生产者。消费者是以植物或动物为食的生物，可分为草食动物和肉食动物及杂食类，如某些鸟类、果子狸、人类即为杂食类。分解还原者属于异养生物，主要是细菌、真菌、某些原生动物，也包含食腐性动物如白蚁、蚯蚓，它们把复杂的动植物有机残体分解为简单化合物，最终分解为无机物，归还到土壤中或大气中，可被果园植物再利用。

2. 果园生态系统结构

(1)垂直结构　果园生态系统具有层序性，主要由不同高度和类型的植物构成。地上部分一般有乔木层、灌木层、草本层和地被层四个层次。防护林和多数果树属乔木层，防护林下层和四旁灌木属灌木层，一般间作物和杂草属草本层，地面覆盖物和地衣、苔藓等生物属地被层。

果园中的成层现象，也反映在动物的成层配置。在果园生态系统中，不同的动物种群都有一定的栖居和觅食空间。例如，大、中型鸟类在乔木层，小型鸟类在灌木层，蝉在树干，昆虫成虫在灌木层、草本层，昆虫 幼虫在树冠层，鼠类在地下。

果园生态系统中生态环境因子也存在垂直变化。如太阳辐射、温度、湿度、二氧化碳浓度垂直分布均有差异。

果园生态系统的地下也存在垂直结构。由地表向下至一定深度，生物呈成层分布，主要有生产者(绿色植物，如果树等)的根系和分解还原者(微生物和蚯蚓等)以及一些穴居的小动物和昆虫等。这些组分在地面覆盖和免耕的果园中自地表以下呈倒金字塔形分布。

果园立体经营就是发挥果园垂直结构的优势，增加果园层次。如地上乔灌草结合，果树成层整形，饲养畜禽(鱼)蜂；地下进行深翻熟化、覆盖免耕，充分利用表层和下层土壤等，充分利用日光、土地等自然资源，改善生态，增加生物量。

(2)水平结构　果园生态系统中的水平结构，主要指果园中有机体个体、种群或群落之间的水平格局。因果树栽培密度、树形大小、耕作制度、栽培方式、整形方法不同而表现不同类型，如稀植大树型、篱型、畦栽型、间栽型、密度变化型、混栽型。

目前生产上应用最多是篱型，采用纺锤形或断面近三角形的扁形树冠，群体较矮，形成较快，果树光能利用率较高，早期丰产。目前密植栽培常用类型是密度变化型，采用计划密植，群体密度随植株长大，由密变稀，又由稀变密，以充分利用植株间空隙，果树光能利用率高，可提高早期和后期产量。

(二)果园生态系统中能量转化及物质循环

1. 果园生态系统中能量的流动与分配

除辅助能量以外，太阳辐射能和空间光进入果园生态系统之前，已经有两次分配。第一次分配是太阳辐射经过地球大气层时，由于臭氧、水汽、二氧化碳和尘埃等的作用，约有 43% 的能量被散射、反射、扩散而返回太空中；10%的能量被吸收，储存于云层中；到达地表面的太阳辐射约占 47%(以晴天中午计)。第二次分配是由近地表层进入果园。到达近地表层的太阳能，约 20%被植物体和土面反射，15%～31%进入土壤变为地温，45%～65%由植物体蒸腾的潜热和空气的热变换而变成气温，用于光合作用的目前最多 4%，但从植物整个形成期和各种植物总体来看，大约只有 1%。

果树树体中的干物质重量有 90%～95%来自光合作用，5%～10%来自土壤中的矿质营养。大多数果树固定的光合产物，30%～50%储存在果实中，50%～65%储存在茎叶中，而根系只占 2%～5%。残留量为落花、落果、落叶及枯枝，约占生产量的 20%。

据清水等(1976)用宫川早生温州蜜柑研究得出：周年合成的光合产量中，呼吸作用消耗去57%，果实生成占 18%，树体增长(包括老叶脱落)占 25%。

2. 果园生态系统的物质循环

自然界的大气圈、水圈、土壤岩石圈中各类参与合成和建造有机体的物质，在环境与生物界之间反复循环。参与生物系统物质循环的元素主要是碳、氢、氧、氮、磷、硫、钾、钙、镁、铁、硼、锌、铜、钼、镍等。在果园生态系统中，各元素由简单的无机物形态进入有机体后，合成复杂的有机化合物，经过食物链的转移，最后通过还原者分解为简单的无机物而归还至环境中。植物由根系从土壤中吸收固定营养元素，留存一部分在植物体中，又逐步以凋落物的形式归还给土壤，并可再度被植物吸收利用。果园生态系统与外界存在着输入和输出，参与生物地球化学大循环，如水循环、气态物质循环和矿物营养元素循环。

(三)果园生态系统的平衡和保护

建立果园的目的，是为人类不断提供优质、高产、低耗的果品和其他农产品，并能够改善生态环境。果树生产不仅是一个自然再生产的过程，而且是一个经济再生产过程，它既受自然规律的制约，又受经济规律的支配。

果园生态系统是受人类控制、调节的人工生态系统，其最大特点是系统中的动植物(如果树等)依赖人工的照料和保护，并输入辅助的能量。

由于经济规律的制约，人工生态系统比自然生态系统结构简单，生物种类少，食物链短，自我调节能力弱，易受气候、病虫害、杂草生长、环境污染等影响，造成果树生产量不稳定。

通过实行农林牧(渔)综合经营，如设置果园防护林、果园生草间作，结合畜牧饲养、放蜂、养鱼等，以增加果园生物种类和垂直层次，加长食物链，以提高果园生态系统的稳定性和生产效益。适地适树，合理密植。山地实行水平等高栽植，平地开沟排水培土，降低地下水位，在深翻熟化、加厚耕作层、改良土壤的基础上，实行覆草免耕，以及稳定生态条件，从而改善和稳定果园生态系统，减少灾害，提高资源利用率。综合防治有害生物，利用菌肥、菌根接种体，合理施用化学氮肥，以控制有害生物，控制污染，提高果树适应性。适施化肥、增施有机肥、气肥和生理活性物质，适时灌水，增加物质和能量的投入，以不断提高单位面积果园的生物量和产量，稳定生态平衡。

任务实施

任务　生态果园模式应用

一、以沼气为纽带的生态果园模式

将种植业、养殖业、加工业以及废弃物综合利用有机地结合起来，连通果园循环与再生路径，形成一个完整的果园生物链，使果园系统内能量能够多级利用，物质能够良性循环，从而能够达到果园高产、优质、高效、低耗与可持续发展的目的。

生态果园有“果—牧—沼”“果—牧—沼—草”“果—牧—沼—草—菌”“果—牧—沼—草—菌—鱼”“果—牧—沼—鱼”“果—牧—沼—鱼—鸭”等模式。如“猪－沼－果”，将果树生产与生猪养殖、沼气建设相结合，即利用人畜粪便入池发酵，产生的沼气用于做饭与照明，沼渣沼液作为优质有机肥料施于果树与果园间作物(蔬菜或牧草)，牧草用来喂猪，猪粪再入池发酵，循环利用，实现农业资源的高效利用与生态环境的改善。

二、果园种养复合模式

在果园内放养各种经济动物，以野生取食为主，辅以必要的人工饲养，是以生产更为优质、安全农产品为目标的一种农业生产形式。主要有“果—鱼”“果园种草养禽”“果园养畜”“果园养蚯蚓”以及它们的复合模式等。主要技术包括林果种植、动物养殖和种养搭配比例等，配套技术包括饲料配方、疫病防治、生草栽培和地力培肥等。

三、观光果园模式

以果园景观、果园周围的自然生态及环境资源为基础，通过果树生产、产品经营、农村文化及果农生活的融合，为人们提供游览、参观、品赏、购买、体验等服务。以果品生产为基础，通过对园区规划和景点布局，突出果树的新、奇、特，展示果园的韵律美和自然美，促进果品生产与旅游业共同发展，提高果园的整体产出效益。将生产、生活、生态与科普教育融为一体，用知识性、趣味性和参与性去实现果树生产的商业效益。主要有采摘观光型、景点观光型、景区依托型果园。

四、立体种植模式

利用果园行间空隙地，发展林下种植，充分利用光热土地资源，增加生物多样性和果园层级。有“果粮”“果菜”“果菌”“果药”等模式。如幼龄果树下种植大豆、土豆、韭菜、甘蓝、菜椒、茄子、菠菜、冬瓜、萝卜、番茄、西瓜等果蔬，果林下种植羊肚菌，种植柴胡、桔梗、板蓝根、黄芩、知母、地黄、沙参、党参、红花等矮秆药材。

生产链接

果园生态养鸡

果园生态养鸡主要优点：①鸡粪作为果树的有机肥料，既解决了粪便污染，又减少了化肥用量；②鸡粪中含有蛋白质及其他营养物质，可作为果园中蚯蚓、昆虫等动物的营养物质，从而为鸡提供丰富的蛋白质饲料；③鸡在果园中捕虫食草，替代化学除草、除虫，减少农药、人工用量；④果园鸡风味独特、优质安全，经济效益较高。

1. 生态园区的选址

园区应选择地势高燥、平坦开阔、水源充足、水质良好、交通方便、无污染的地方。选择适合本地区栽种的果树品种优质大苗，以合理的密度建园。按每亩果园1年养鸡2批计算，可饲养鸡400只，每只鸡比普通饲养的鸡多增效2～3元，养鸡每亩可多增效益1 000元左右。

2. 饲养模式

（1）果园种草　将一年生与多年生相结合，禾本科与叶菜类、豆科相结合，选种黑麦草、菊苣和紫花苜蓿，既可防治杂草、增加土壤肥力，又可提供鸡饲料。一般秋播，果树落叶后会增加光照，来年气温升高后牧草会迅速生长。

（2）鸡品种选择　根据鸡对果园的适应性和市场需求确定，一般选择适应性、抗病性、觅食能力强的地方良种鸡,并且考虑适销对路的品种。

(3)基本设施　搭建围栏,以10亩左右为一单元,用绳网或篱笆,搭建高度1.8 m左右围栏,网孔的密度和篱笆栏的厚度以兼顾防鸡逃跑和防老鼠、黄鼠狼等侵袭为宜。设置育雏房与避雨棚,育雏房建在避风向阳、地域开阔、平坦干燥、水源充足、交通方便、靠近果园的地方,面积一般以30只/m^2雏鸡计算;在靠近果园的地方搭建避雨棚,以防止鸡群淋雨、烈日暴晒、意外惊动,可用于鸡群防疫注射操作。

(4)放养密度与规模　一般以1 500～2 000只为一群,采用"全进全出"制,一批鸡上市后,果园全面清理消毒,最好将园内土壤新翻一次,利于防疫和肥土。

(5)日常管理　雏鸡3周龄后开始进入室外饲养,如室内外温差太大时则不宜。春、秋季,鸡苗一般在露水干燥、太阳出来后,上午10点到下午2点放养,初期放养的时间控制在2～4 h。如风较大时最好不放养或缩短放养时间,待鸡逐渐长大后,逐步增加放养时间。每天定时补料2～3次,3周龄后开始,5周龄后全部改喂谷物杂粮。实行轮牧制,以利于牧草的恢复生产。放养时间在120～250 d。采取综合性预防措施,做好疫病防控以保障鸡体健康。

(6)建立合理果园食物链　为了丰富果园食物链,可在园林行间覆草,用草1 000 kg/亩以上,保墒、抑制杂草、改善土壤微环境。再适量饲养蚯蚓,以促进土壤有机物的腐化分解,加速养分释放,提高土壤肥力,增加鸡的活性饲料。

果园种植印度豇豆

1. 印度豇豆的优点

播后4～6 d出苗,前期生长快,45～60 d开始割青供草,故中耕除草次数较少,管理较容易;80 d后覆盖度可达80%以上,10月上中旬结荚成熟,生育期130 d左右。每亩可获鲜草3 000～4 000 kg,种子50～150 kg。

2. 技术要点

(1)整地播种　播种前先清除果园杂草,翻松土壤树冠滴水线外20 cm,开内壁沟,以免雨季积水。3月上旬至5月中旬播种均可,在温暖地区应适当早播,以提高其产量。一般采用点(穴)播,穴距为30 cm×30 cm,每穴2～3粒,覆土2～3 cm,每亩播种量为1.5～2.0 kg。留种地适当稀播可提高种子产量。

(2)施肥灌溉　新开垦红壤地果园,在播前每亩可施氮肥3～5 kg、磷肥3 kg、钾肥3 kg,以保证产量,以"小肥换大肥"。如作为饲草利用,可在割后3～5 d每亩追施氮肥3 kg,以保证后茬产量。旱季早晚适当灌溉,留种地中后期浇灌,可显著提高种子产量。

(3)割青采收　视藤蔓长势,一般可在6月上中旬、7月中下旬期和9月上旬各割青1次,每次留茬30 cm,以利于新枝再生。以绿肥压青为目的,亦应在6月上中旬、7月中下旬各割青1次,再在秋末冬初结合果园扩穴改土压埋于沟穴内。割青应及时,以免蔓茎缠绕果树,滋生病菌。

10月中下旬可开始采收种子,因成熟期不一致,豆荚自裂,种子易脱落,应分批采收。

(4)病虫害防治　印度豇豆的主要病虫害有根腐病、根结线虫病、豆荚螟、象鼻虫、蚜虫、夜蛾等,应注意及时防治。

3. 经济效益

平均亩产豆子100 kg,产值1 000元。藤蔓枝叶(参照绿豆鲜草)有效养分含量:氮

0.52%、磷 0.12%、钾 0.93%。亩产鲜草 3 000 kg，折算化肥量：氮肥 15.6 kg，磷肥 3.6 kg，钾肥 27.9 kg，计值 300～500 元，作为有机肥改良土壤，增进果品质量。

能力转化

实地调查，了解当地生态果园情况，分析生产效果，提出意见建议。

项目三 避雨栽培

知识准备

避雨栽培是以避雨为目的，将塑料薄膜覆盖在树冠顶部的一种方法，是介于无加温温室栽培和露地栽培之间的一种类型。避雨栽培在园艺作物的生产上被广泛应用，它可调节影响作物生长发育的温度、光照和水等环境因子，减少极端气候对作物生长的影响，改善果实的外观和营养品质，减少病虫害的发生。已经在多种果树成功应用，主要包括葡萄、草莓、桃、樱桃、桃、李和杏等北方水果以及柑橘、火龙果、莲雾、杧果、番石榴和番木瓜等南方水果。

避雨栽培适合于在南方多雨潮湿的生态条件下使用，是长江以南地区较流行的一种生产模式。南方地区春季雨水集中，夏季高温高湿，降雨量较大。多数果树的花期和果实成熟期恰逢雨季，持续的降水易造成授粉受精不良，坐果率降低，极易造成裂果、落果。成熟期遭遇持续降雨，果实着色差，果实硬度下降，不利于可溶性固形物等物质积累，极易引起病害，造成果品质量下降。采用避雨栽培模式，可以避免南方果树种植过程中的这些弊端。

在北方地区采用避雨栽培模式，可以减轻病害发生、提高坐果率、减少裂果、提高果品商品价值。

避雨栽培是一种简易设施栽培模式，为果树的生长发育提供适宜的环境条件，进而以人工调节达到生产目标的栽培模式，是资金、劳力和技术高度密集的产业。作为果树产业的新业态，对我国实现果业高质量发展具有重大现实意义。促进北果南移、南果北迁，打破季节性和地区性对果树生产的限制，扩大优良品种的栽培区域，延长鲜果供应期、实现周年供应，利于自然灾害预防和病虫害控制，生产安全、优质、高档果品，提高生产效率和劳动者素质，增加果树产业的经济效益、社会效益等。

湖北地处我国中部地区，是我国南北气候的过渡地带，为典型的亚热带季风性湿润气候，其光能充足，热量丰富，无霜期长，降水充沛，雨热同季。也是我国柑橘的重要产区，在本地采用柑橘避雨栽培可以提高坐果率、改善果实品质、延迟果品上市，增加橘农的收入。将柑橘的避雨栽培同柑橘促早栽培、延后栽培相结合，衍生出多种栽培模式，可实现柑橘周年生产。葡萄、草莓、猕猴桃等果树的避雨栽培也已发展成为本地特色产业。

任务实施

任务 避雨设施运用

一、避雨设施的设计与建造

避雨的设施有很多，有常规的玻璃温室、大棚以及简单的避雨棚，可依各地自然条件、经济技术状况和生产目的选择使用，其中避雨棚是最简单实用的方法。

1. 简易避雨棚

通常采用单行简易避雨棚，一般以水泥架为主，小拱棚搭建成"V"形架，南北行向，结合果树生产特点、株行距和田间操作习惯等对棚体结构进行优化调整，但其主要参数和棚形基本一致。主要结构为棚柱、避雨横梁、拉丝、拱片、覆膜等。

(1)棚柱　棚柱一般高 3 m，高出地面 2.3～2.4 m，埋土 0.5～0.6 m，柱间距 4.5～6.0 m，也可根据实际需要设置棚柱高度和间距。柱顶高低必须一致，保持避雨棚高低一致。

(2)避雨横梁　柱顶下 40 cm 处架一根横梁，横梁的长度应比行距短 30～50 cm。用毛竹、角铁、钢管等材料，柱两边等距离，横梁边对齐，每隔两根柱用长毛竹横向固定全园的架柱。或者用粗的钢绞丝全园拉横丝，采用这种办法架柱时横向必须对齐，钢绞丝固定在柱顶下 40 cm 处。不论采用哪种材料架横梁，两头都必须用较粗的毛竹，将各行架柱连接固定，避雨棚就比较牢固。

(3)拉丝　柱顶及横梁离顶端 5 cm 处各拉一条粗的钢绞丝(细的钢绞丝要用 2 根)，共 3 根。用钢绞丝作为横梁的，两边钢绞丝的固定位置与用毛竹横梁距离相等，柱顶不宜用竹架，易造成塑膜破损。3 条钢绞丝引到两头架柱外 1 m 处，挖 50 cm 深的穴埋锚石，将钢绞丝固定在锚石上。

(4)拱片　用毛竹拱片，长按横梁长度 1∶1.25 左右计。拱片宽度窄的一头 2.5～3 cm。每隔 0.7 m 一片，中心点固定在中间顶丝上，两边固定在边丝上。拱片两边应对齐，利于覆膜。

(5)覆膜　棚膜的宽度与拱片宽度相同，厚度 0.03～0.05 mm(3 丝至 5 丝)。棚膜平铺盖在避雨棚的拱片上，膜要拉紧，盖得平展。两边每隔 35 cm 用竹(木)夹夹在两边的钢绞丝上，然后用压膜带或布条按拱片距离斜向将棚膜紧压，台风、大风频繁地区应来回压膜。

2. 塑料大棚

塑料大棚俗称冷棚，利用竹木、钢材等材料，并覆盖塑料薄膜，搭成拱形棚，能充分利用太阳能，有一定的保温作用，并通过卷膜能在一定范围调节棚内的温度和湿度。按结构和建造材料分，应用较多和比较实用的塑料大棚有竹木结构塑料大棚、焊接钢结构塑料大棚、镀锌钢管装配结构塑料大棚 3 种类型。

(1)竹木结构塑料大棚　竹木结构大棚是目前较为常见的一种，分为单拱和连栋两类，许多地区出于成本的考量采用此类结构的大棚设计。该结构一般由立柱、拱杆、拉杆和压杆组成骨架，通常由竹木构成，方便就地取材；在骨架上覆上塑料薄膜，再设置压膜绳和防虫网等装置。

各地区大棚不尽相同，但其主要参数和棚形基本一致。一般跨度 6～12 m、长度 30～60 m，肩高 1～1.5 m，脊高 1.8～2.5 m。按棚宽(跨度)方向每 2 m 设 1 根立柱，立柱粗 6～8 cm，顶端形成拱形，地下埋深 50 cm，垫砖或绑横木，夯实，将竹片(竿)固定在立柱顶端成拱形，两端加横木埋入地下并夯实。拱架间距 1 m，并用纵拉杆连接，形成整体。拱架上覆盖薄膜，拉紧后膜的端头埋在四周的土里，拱架间用压膜线或 8 号铅丝、竹竿等压紧薄膜。

竹木结构大棚每亩的建造成本不足 1 万元，其使用寿命可以达到 10 年以上。但由于立柱较多、屋脊高度较矮以及两侧需要斜杆支撑，造成了大棚内部空间被网格化，难以实现机械化作业。

(2)焊接钢结构塑料大棚　也是目前推广应用最多的塑料大棚。拱架是用钢筋、钢管或2种结合焊接而成的平面桁架，上弦用16 mm钢筋或6分管，下弦用12 mm钢筋，纵拉杆用9～12 mm钢筋。跨度8～12 m，脊高2.6～3 m，长30～60 m，拱架间距1～1.2 m。纵向各拱架间用拉杆或斜交式拉杆连接固定，形成整体。拱架上覆盖薄膜，拉紧后用压膜线或8号铅丝压膜，两端固定在地锚上。

这种大棚结构的稳定性增强，内部空间加大，土地利用率提高、透光性较好，冬天在一定程度上为大棚增温保温，而夏季在棚顶覆上一层遮阳网和加装湿帘风机，为棚内降温，可实现全年生产作业，防灾抗灾能力增强，且中小型机械可以进入棚中作业，大大提高利用效率和生产效率，可为农户带来更高的收益。

(3)镀锌钢管装配结构塑料大棚　这种结构的塑料大棚的拱杆、纵向拉杆、端头立柱均为薄壁钢管，并用专用卡具连接形成整体，所有杆件和卡具均采用热镀锌防锈处理，是工厂化生产的工业产品，已形成标准、规范的20多种系列产品。跨度4～12 m，肩高1～1.8 m，脊高2.5～3.2 m，长度20～60 m，拱架间距0.5～1 m，纵向以拉杆连接固定成整体。可用卷膜机卷膜通风、保温帘保温、遮阳帘遮阳和降温。

组装式结构建造方便，并可拆卸迁移，棚内空间大、遮光少、作业方便；有利于作物生长；构件抗腐蚀、整体强度高、承受风雪能力强，使用寿命可达15年以上，是目前最先进的大棚结构形式。

二、避雨棚膜选择

目前国内果树、蔬菜上用的棚膜，按树脂原料可分为聚氯乙烯(PVC)棚膜、聚乙烯(PE)棚膜、醋酸乙烯(EVA)棚膜和调光性棚膜。按性能特点可分为普通棚膜、长寿棚膜、无滴棚膜、长寿无滴棚膜、漫反射棚膜、复合多功能棚膜等。棚膜的颜色有白色、蓝色、淡黄色等。随着棚膜新品种的开发，各种新型棚膜不断产生。棚膜宽度2～12 m，生产厂家可根据用户需要生产不同宽度的棚膜。棚膜厚度有0.03～0.15 mm多种规格。

(1)质地　根据避雨的要求，棚膜要牢固、长寿、无滴、透光好，保温不作为指标要求。白色、蓝色、淡黄色均可以，不影响透光度。因此宜选用PVC或EVA棚膜。

(2)宽度与厚度　宽度按棚的实际宽度选用，厚度按使用情况灵活掌握。简易避雨棚棚膜厚度宜选用0.03 mm(3丝)的膜，太厚虽牢固，但成本增加。0.02 mm(2丝)、0.01 mm(1丝)的膜太薄，不牢固，不宜选用。塑料大棚的棚膜厚度宜选用0.06 mm (6丝)的膜，有的选用0.08 mm甚至0.12 mm的膜，棚膜越厚，越牢固，但成本也增加，且棚膜过厚易使光照强度较弱。

三、果树避雨栽培注意事项

1. 温、湿度

避雨栽培较温室栽培而言，没有裙膜阻挡，属于开放系统，空气流动中的水分可往外散发，因此避雨棚内与露地温差小，土壤水分蒸发量与植物蒸腾量差异也不大。避雨设施内不会保留长波辐射，同时通风使设施内温度增加不显著。学者对设施避雨棚小气候的监测结果显示，棚内外空气温度和土壤温度变化规律及其平均值的差异均不显著，但棚内空气湿度提升显著。

2. 光照

因覆盖材料的透光性及设施结构材料的不同，避雨栽培覆盖薄膜产生反射、吸收和散射而形成的光环境也有差异。避雨棚内光环境与露地相比，光总辐射量低，光照强度变弱。另外，塑料膜表面的灰尘、水滴、棚膜老化也会影响光照强度。据研究，避雨栽培的薄膜的透光率仅有86%～88%，虽然薄膜能阻止地面长波辐射，反射一部分散射光补充光照，但还是大大降低了植物进行光合作用所需光照量。可通过提高设施内 CO_2 浓度，从而提高光合效率作为补偿。同时采取多种措施改善光照状况：选择透光性能好的覆盖材料，利用反射光，利用人工光源技术如荧光灯、水银灯、卤化金属灯等。

3. 土壤

南方地区土壤易受雨水的淋溶作用造成养分流失，而避雨栽培则能减少其影响。但避雨栽培土壤条件下有机质含量通常低于露地栽培，棚内的高温能加速有机质矿化，有机质含量随着避雨栽培年限的增加而锐减，土壤的 pH 通常略高于露地栽培。对果树进行避雨栽培会增加土壤微生物的数量和多样性，但不利于土壤的物质循环，需要适量补充肥料。因此，避雨栽培后应重视水肥及树体管理的科学合理性，同时在生长调节剂、农药和化肥的应用方面更需严格控制，避免氮、磷、钾、钙在土壤中积累。

此外，果实收获后，会将大棚上的覆盖物清除，这就可能导致果树出现补偿效应，使枝条徒长。所以，要加强后期的管理，保证产量呈稳定增长趋势。

培育避雨栽培适宜的优良品种，如适应矮化、密植、弱光的品种等；避雨设施向自动化、智能化发展；覆盖材料的优化，如透光性强、改善光质、降低成本；应用植物生长调节剂进行人工调控；以上研究成果将推进现代避雨栽培技术飞速发展。

生产链接

葡萄避雨栽培

（一）选择适宜品种

（1）欧亚种　矢富罗莎、维多利亚、玫瑰香、美人指、魏可、里扎马特、夏至红、红宝石无核、火焰无核、红地球、红罗莎里奥、白罗莎里奥等。

（2）欧美杂交种　阳光玫瑰、早霞玫瑰、玉手指、夏黑、寒香蜜、无核4号、巨玫瑰、沪太八号、甬优、申丰、巨玫瑰、藤稔、巨峰金手指等。

（二）搭建种植架和避雨棚

根据品种生长势强弱等特性及当地栽培经验和习惯选定葡萄种植的架式，依架式选择避雨棚。以V形架和平棚架为例。

1. V形架及避雨棚结构

V形架也称为Y形架，为T形架的一种，独干双臂整形，主干高1.0 m，在距地面1.0 m处拉一道铁丝；往上35 cm左右安装一根长约50 cm横梁，横梁的两端各拉一道铁丝；再往上

35 cm 架一根横梁，在距中心 60 cm 处的两侧分别拉一道铁丝，共拉 5 道铁丝。冬季修剪时，所有结果母蔓均回到第一层铁丝上，生长期使所有新梢呈 V 形分布。一般每亩留枝 3 000～3 600 个，每亩产量控制在 1 500～2 000 kg。

每行搭建一个避雨棚。在单臂篱架的顶部顺行搭简易小拱棚，大横梁长 1.2～1.4 m，拱杆用竹子做成，骨架搭好后，用宽 2 m、厚 0.03～0.05 mm 耐高温薄膜覆盖在骨架上，膜上横向拉压膜线，每隔 50 cm 拉一道（图 5-3-1）。

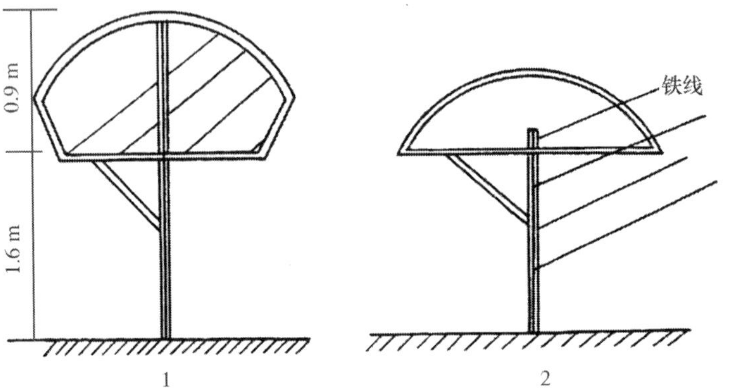

图 5-3-1　简易避雨覆盖架

1. 宽顶立架　2. 篱架

2. 平棚架及避雨棚结构

种植密度一般为(3～4)m ×(1～2)m。按行距立水泥柱，柱距 4 m。平棚架面上布纵、横铅丝，丝距 30～40 cm，或铅丝和小竹竿结合。架面离地 1.8～2 m。蔓果均在平棚的架面上生长，长势旺的品种能减缓长势，有利于花芽分化；果实挂在叶幕下，离地面较高，病害较轻，不易日灼。

可用毛竹搭建避雨棚，有条件的也可用镀锌钢管搭建，视葡萄园面积以搭建连体棚为主（图 5-3-2）。棚膜宜选用 0.06 mm 厚（6 丝）长寿无滴膜。

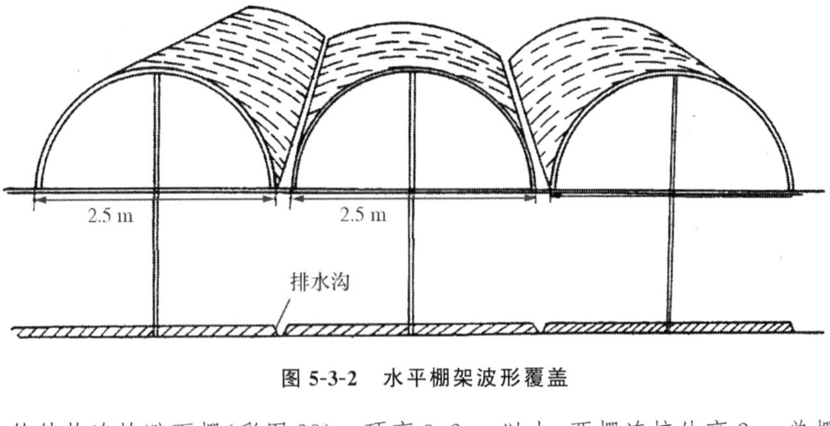

图 5-3-2　水平棚架波形覆盖

(1)毛竹结构连栋避雨棚（彩图 28）　顶高 3.2 m 以上，两棚连接处高 2m；单棚宽 5～6 m，5 连栋为限，即最大宽度 25～30 m；长不超过 50 m 为宜。单棚两边和中间竖立柱，毛竹拱片宽 5 cm 以上，拱片间距 0.6 m。两棚中间应有 50～80 cm 的空间利于通风散热。用压膜带覆膜，台风和大风频繁地区，覆膜两边安装槽板固定。

(2)钢架结构立柱式连栋避雨棚　规格参数：单棚跨度5～6 m，2～5连栋；长度按田块长短定，以不超过50 m为宜。顶高3.2～3.5 m，两棚连接处高2 m。棚柱距4 m，钢管拱杆间距0.75 m。拱杆直径2.2 cm，管壁厚1.2 mm，卡槽厚0.75 mm。

拱杆长度为棚宽度的1∶1.2倍，弯成弧形插入柱顶部。拱杆中间用镀锌钢管拉杆连接。压膜带固定在棚柱上的横向钢管上。覆膜时棚膜两边固定在槽板上，根据棚的实际宽度确定棚膜宽度。

(三)覆膜期、揭膜期及棚膜管理

1. 覆膜期

(1)多数地区萌芽前覆膜　欧亚种不抗病、不耐湿，南方避雨栽培在萌芽前覆膜。一萌芽就避免雨淋，生长期可有效地防止黑痘病等病害的传播和为害。

(2)少数地区可在开花前覆膜　春季雨水少的地区，如四川的攀西地区、川西半干旱地区、云南弥勒等高原地区，新梢生长期黑痘病可控前提下，也可推迟到开花前覆膜，全光照条件下生长发育，有利于蔓叶营养积累和花序发育。

2. 揭膜期

(1)一般在葡萄采收后揭膜　揭膜后，蔓叶在全光照下生长数个月，有利于营养积累和花芽继续分化。

除膜后，霜霉病易发生和流行，为此，揭膜期可推迟。南方光照不足，避雨栽培使光照更加减弱，树体营养积累不足，花芽分化受影响，多数欧亚种因此花量减少。应根据实际情况掌握揭膜期。

①结果枝率70%以上的品种可推迟揭膜。这类品种在南方避雨栽培，光照较弱条件下结果仍较稳定。如87-1、绯红、香妃等早熟品种，采果后可继续覆膜一段时期，雨季过后揭膜；秋红、黑玫瑰、瑞必尔等晚熟品种，采果后可继续覆膜至霜霉病基本停止发生再揭膜。

②结果枝率中等或较低的中、晚熟品种，采果后应适时揭膜，如无核白鸡心、京玉、里扎马特、巨星、红地球、红意大利、秋黑、美人指等。这类品种在南方避雨栽培，光照较弱条件下花芽分化受影响较大。其中成熟较早的品种，采果后可推迟7～15 d揭膜，使树体生长有个过渡期。揭膜后及时喷用必备、科博、波尔多液等保护药剂，视天气和发病情况，喷若干次，直至10月上旬控制住霜霉病。

③结果枝率中等的早熟品种，采果后可视情况适当推迟揭膜。如早玉、早熟红无核、京秀、矢富罗莎等，这类品种在南方避雨栽培，光照较弱条件下生长发育较慢，花芽分化受影响也较大。由于成熟早，采果后如仍是雨季，待雨季过后再揭膜，或夏季高温后再揭膜。在秋季必须控制住霜霉病，保护好秋叶。

(2)中期揭膜　南方梅雨明显地区，中、晚熟品种在果穗套袋的前提下，梅雨期(或雨期)过后转入高温晴热天气，可中期揭膜。

①小避雨棚　覆膜中期遇晴云天气，可揭除棚膜。其办法：拿掉西边的竹(木)夹，将棚膜推向东边(不要取下棚膜)，使蔓叶在全光照下生长，增加光照，以利于果粒膨大和花芽分化，34 ℃以上高温天气，还可减缓高温障碍，利于着色。密切注意天气变化，揭膜、覆膜视天气进

行，雨前及时覆膜，雨后再揭膜；葡萄采收前覆好膜。

②大避雨棚　晴云天气时将棚膜摇高至离顶部 1 m 左右处，两边均摇高，蔓叶的受光量大大增加，接近露地栽培的受光量。密切注意天气变化，雨前将棚膜摇下，天气转晴后再将棚膜摇上，直至果实采摘结束。果实采摘后也可继续视天气依样操作，可减轻霜霉病的发生。

葡萄避雨栽培一般主要采用单层水平龙干树形。主要整形修剪、土肥水管理技术、病虫害防控技术参照葡萄栽培。

能力转化

1. 实地调查，了解避雨栽培在生产中的应用场景。
2. 了解避雨栽培模式下现代果业发展趋势。

项目四 果树轻简栽培

知识准备

我国果树的栽培主要以精细化管理为主，除草、摘叶、修剪、施肥、用药、套袋等工作，需要投入大量的人力和物力。目前，果树管理人员严重紧缺，用工费用也在不断上涨。果树轻简化栽培已成业界认可的方向。“轻简”就是要轻便和简单，将果园管理由密集劳动和精耕细作，向省力化和简单化方向转变，在确保果品品质和产量的前提下，简化管理，减少劳力投入，降低劳务成本，提高经济效益。

一、果树轻简栽培的发展

20 世纪中叶的日本，果树种植人员开始趋向于老龄化和妇女化。这种情况让果树生产出现了各种问题，尤其是在果树管理过程中，涉及很多高空作业，增加了操作人员的风险。因此，日本采用了矮化和省力化果树栽培模式，经过长期的实践完善，逐渐形成果树早结果、丰产、高品质及低成本、高效益栽培的模式，并成为世界各国共同发展的趋势。我国最早使用省力化栽培技术的是浙江柑橘，由著名专家陈力耕先生率先研究和推广，虽起步较晚，但在生产中的研究应用进展较快，已成为果树高产、优质、大果、高糖、矮化、完熟、调节产期和防止大小年结果的最佳措施。

二、果树轻简栽培关键技术

1. 矮化栽培

选用矮化品种、利用矮化砧木配套品种，或者采取限根手段，调控果树的营养生长和生殖生长，矮化果树。树体矮小、树势中庸，无须人为过多的调控，自然成花，早果，便于集约化经营。

(1)选用抗性强的矮化品种　选择抗病虫能力强或自然病虫害少的果树品种，能减少用药成本和次数，病虫害防控上用工少且省力。果树矮化品种(或矮砧嫁接品种)结果早、易丰产，也易管理，生产成本低。

(2)矮化宽行密植栽培

①矮砧宽行密植　利用矮化砧木使树体矮化、宽行密植。采用宽行密植模式建园，方便果园管理，利于机械化作业。苹果(如 M9T337 矮化砧嫁接苗)、大樱桃(如吉塞拉 6 号矮化砧嫁接苗)、核桃(矮化砧木嫁接苗)、枣树(矮化砧木嫁接苗)等已推广应用。根据果树品种的不同，小乔木果树一般行距为 4～5 m、株距为 0.5～1.5 m；葡萄、猕猴桃等藤本果树行距为 3～4 m、株距为 0.6～1.2 m。

②密植矮化支架栽培　矮化苹果、大樱桃、梨树等果树，采用支架栽培，顺行每 4 m 或 8 m 设立 1 个水泥柱，拉 4 道铁丝。将当年栽植的幼树树干固定在 4 道铁丝上，铁丝架高 3 m；按

1 m×3.3 m的株行距定植，亩栽222株。这种支架生产成本低，管理方便，省工省力。桃、苹果、梨等果树也可进行柱形简化栽培。

③化控矮化栽培 桃、杏、李等速生性果树实施密植栽培时，使用安全、高效、新型植物生长调节剂（如多效唑、矮壮素等）抑制果树过旺生长，也可采取人工摘心促发短枝，达到控冠、促花、早果、丰产的目的。

（3）限根栽培 通过控制根系的生长来调节地上部的营养生长和生殖生长，有效控制果树的地上营养生长，促进果树出芽、成花，在早期为提高果实品质打下良好基础。

2. 大苗建园

培育花芽大苗，以大苗建园。栽后当年及时疏除花蕾，继续扩大树冠，培养高产、丰产树形。配合宽行密植和高纺锤树形，一年果树高度可以达到2.5 m左右，分枝增加到15～20个，加强管理，来年即获得可观产量。

3. 简化树形结构

果树整形一般采用主干形、Y字形，或主干形隔株依次拉向东西两侧，在主干或主枝上直接培养结果枝组，简化树形，减少人工修剪量。

高纺锤形应用于在大樱桃、苹果栽培，具有结构简单、技术容易掌握、成形快、管理方便、节省劳动力、前期产量高、冠幅小、适宜密植等优点。

4. 简化土壤管理

简化土壤管理措施，以简化方式提高土壤肥力，减少土壤翻耕和除草用工量。常用生草覆草、养鹅鸭及园艺地布除草等方法，降低土壤管理成本。

（1）果园生草 降水量大或有灌溉条件的园片宜实行果园生草。在果园株行间选留原生杂草，或种植非原生草类、绿肥作物等，并加以管理，使草类与果树协调共生。生草品种选择白三叶（耐阴湿）、紫花苜蓿、扁茎黄芪、田菁等豆科牧草或经过仔细选留的原生浅根低矮杂草，通过生物固氮方式来培肥地力。

（2）果园覆草 干旱区域的果园一般进行覆草（也可播种百脉根、扁茎黄芪等耐旱草类）。在树盘或行间覆盖，厚度15～20 cm，覆至树冠外缘。覆草种类可选杂草、树叶或作物秸秆。一般春季覆干草，夏季覆青草。每亩果园覆草量因覆草方式、种类而异。局部覆草：干草1 000～1 500 kg/亩，鲜草2 000～3 000 kg/亩。全园覆草：干草2 000～2 500 kg/亩，鲜草4 000 kg/亩。注意覆草前要进行土壤深翻或深锄、浇水，株施氮肥0.2～0.5 kg，以满足微生物分解有机物时对氮的需求。果园长期覆草，有利于提高土壤有机质含量，增加腐殖质数量，培肥地力，减轻土壤板结、酸化，增强树势及抗逆性，并能减轻土壤管理劳动强度与减少用工量。

（3）果园养鹅鸭 利用鹅、鸭喜食青菜、杂草的习性，在果园内放养以清除杂草。果园养鹅、鸭不仅能节约人工除草费用，而且鹅、鸭粪能增加园土养分，促进果树健壮生长。另外，出售鹅、鸭绿色家禽产品，还能获得可观的额外经济收入，一举多得。放养密度一般为每公顷450只鸭或300只鹅，即可达到控制果园杂草的目的。

（4）行间覆园艺地布 园艺地布又称除草布，由聚丙烯、聚乙烯材料的窄条编制而成。行间覆盖时，1次铺设可用5～8年，可长期抑制杂草生长，并具有渗水性好、保湿保墒效果好、提高养分利用率、增加产量、防止水土及氮素流失等优点，是一种省力、省工、低成本的除草方法。

5. 简化花果管理

（1）花期放蜂　在配置授粉树的基础上，于初花期在果园放蜂（蜜蜂、壁蜂、胡蜂等）。放蜂数量为每3～5亩1箱蜜蜂（约20 000只）或800～1 000只壁蜂。

（2）化学疏花疏果　于花期或幼果期，选择晴天，喷洒化学疏除剂，进行疏花疏果，每亩仅需1～2个工人，比人工疏花疏果节约用工80%。常用药剂有西维因、萘乙酸、乙烯利、石硫合剂等。如，桃树盛花后2～3 d，喷0.2～0.4波美度石硫合剂，连喷2次即可。

6. 预防为主、综合防治病虫害

（1）搞好果园病虫害田间调查监测预报　在有害生物发生初期主动预防，及时采取措施将其消灭于为害初期，提高防治的时效性、精准性。结合果树病害发生规律，提前介入预防，如雨前喷保护性杀菌剂预防病害，雨后喷内吸性杀菌剂防止病害发生。

（2）实施综合防控　落叶后，进行清园、刮粗皮、干基涂白，减少病残体，杀死藏匿于皮缝的虫蛹。全园翻耕，冻杀地下越冬虫蛹，全面减少病虫越冬基数。综合运用性诱剂诱杀、黑光灯诱杀、色板诱杀、粘虫胶带阻杀等，实行无农药化绿色防控。普及毒性低、选择性强（对人畜、鸟类和益虫无害）、低残留、高效（避免环境污染）、不易产生抗药性的生物农药。推广农药助剂，提高农药防治效果，减少农药用量。推广超微量飞防作业，取代传统人工喷雾防治，减少农药用量30%以上。

7. 无袋化栽培

果树套袋在我国已有20余年的历史。经套袋处理后，果实外观有所改善，但总糖含量降低、偏酸味淡，且用工量大、生产成本增加。无袋化栽培已成为果业发展的方向。

在生物防治与物理防治相结合、增加土壤有机质的基础上，再采取一些辅助措施，使不套袋的果实在农药残留、果面光洁、果实着色等方面达到套袋果实水平。如，喷洒高脂膜保护叶果，在叶果表面自动形成一层可透光、透气的单分子膜，保护树体不受病虫害侵染，起到类似套袋的作用；利用沼液驱虫与壮果，腐熟的沼液不仅含有丰富的养分，还对红蜘蛛、卷叶蛾、金龟子、蛴类害虫具有极强的杀灭、驱避作用，对小叶病、花叶病、腐烂病等果园病害也有一定的防治效果。另外，沼渣、沼液还可作为肥料沟施，提升果实品质。

8. 推行机械化和自动化

如机械化除草、割草，机械化吊槽整地，管道化灌溉（滴灌和喷灌）和施肥（肥水一体化），机械化打药等。

自控灌溉：使用水溶性肥料，将养分通过滴灌（或喷灌）自动送入根系（或喷洒在叶片上），实现肥水一体化管理。

机械化作业：应用果树大枝修剪机、果园行间运输机、上下双层喷雾机等果园机械在行间进行松土、施肥、喷药、疏花、修剪、采收等工作。大幅解放劳动力，减少果园用工量。

生产链接

“竹式”栽培

本方式主要适合于桃、李、杏等核果类果树。由柱状栽培模式延伸而来，是一种更易于被掌握应用的栽培模式。

1. 树形结构

树体结构像竹子一样，树高2～2.5 m，保留一个主干，主干上下轮生20～25个结果枝或结果枝组。顺应核果类果树生长发育规律，让其接近自然生长状态。

2. 管理技术简洁、田间操作简单

没有修剪经验的农民，简单培训30 min，即可掌握修剪技术。

3. 早产、高产、高效

栽后次年结果收益，两年丰产。桃、李、杏一般亩栽158～213株，株行距为(1.25～1.5)m×(2.5～2.8)m，亩产1 500～2 500 kg；樱桃一般亩栽178～267株，株行距为(1～1.5)m×(2.5～2.8)m，亩产可达1 000～1 300 kg。

"双臂顺行式"栽培

本方式由湖北省农业科学院创立。梨树按"宽株窄行"定植，行距3～4 m，株距4～5 m，主干高1.2～1.3 m，无中心干，2个主枝，顺行向左右延伸，故称"双臂顺行式"棚架树形。其两主枝从主干分枝后呈45°角度向架面延伸，分枝点距平棚的垂直距离为50 cm左右。上架后主枝上直接均匀着生单轴结果枝组，垂直伸向行间填补架面空间。每个主枝共着生单轴结果枝组9～10个，单侧间距40 cm左右。诱引主枝及结果枝组先端延长枝抬高角度，保持其生长优势。

1. 棚架搭建

"双臂顺行式"树形采用新型平棚架式，由水泥柱、钢绞线(围线、主线)、钢丝线(副线)、地锚等搭建而成。棚架水泥柱分为角柱、边柱和支柱，规格分别为12 cm×12 cm×260 cm、10 cm×10 cm×250 cm、8 cm×8 cm×230 cm。为了方便固定钢绞线和钢丝线，每根角柱、边柱距顶部10 cm打1个直径1 cm的孔，孔上2 cm横向开1 cm宽、1 cm深的线槽；支柱距顶部打一个1个直径1 cm的孔。围线为直径6.8 mm(7股)钢绞线，连接角柱和边柱构成梨园外围框架；主线为直径4.8 mm(7股)钢绞线，或用4 mm钢丝线代替，纵横连接边柱，与围线形成全园棚架骨架网；主线上用12号钢丝线(直径2.5 mm)作为副线，将全园拉成60 cm×60 cm钢丝线网格。钢绞线与钢丝线均为热镀线。平棚架面高1.7～1.8 m，架式搭建费用每亩1 500～2 000元。

2. 整形修剪

第1年，整形修剪目标是培养健壮的主干。定植后在苗木基部20 cm左右留2～3个芽重截，萌芽后选留1根直立旺枝，立长度1.5 m左右的竹竿垂直诱引，促其向上生长，不摘心，当年生长1.5 m以上。冬季修剪时选健壮芽定干，定干高度1.3 m左右。

第2年，整形修剪目标是培养顺行向的两大主枝。定干后春季萌芽后，选2根旺枝(一般为剪口下第1、2芽抽生的枝条)作为主枝培养，垂直诱引至平棚架面并诱引抬高，任其直立生长，不摘心。其余萌发的枝梢生长至10 cm时留2～3片叶重摘心1～2次，控制其生长，生长过旺的枝条进行圈枝，主干上保持一定数量的枝梢作为辅养枝。冬季修剪时疏除两个主枝以外的所有枝条，主枝呈 45°角度上架，选侧位芽短截。

第 3 年，整形修剪目标是培养垂直行向的结果枝组。春季萌芽后，抹除主枝背上萌发的枝梢，保留侧位及侧下位抽生的枝条，新梢停长后呈 30°角度拉枝，培养结果枝组。冬季修剪时主枝延长枝和结果枝进行短截修剪，至此，"双臂顺行式"树形整形基本完成。

"双臂顺行式"新型棚架梨树，投产后亩产 2 500～3 500 kg，单果重≥350 g 比例达到 90%以上，亩产值 2 万元以上。技术简单、操作简便、省力轻劳、便于机械化操作，产量高、品质优、投入低，已获国家发明专利 6 项，其中核心专利获得湖北省专利金奖，已推广到 20 个省份，在高品质、轻简化、省力化、标准化、机械化方面优势明显，既适合产业发展，又适合观光采摘。

柑橘省力化栽培技术

1. 选用抗病良种和无病毒容器苗

加强检疫工作，提高成活率，促进幼树生长发育和早结丰产（彩图 29）。

2. 起垄栽培

将土壤表面的活土层集中在一起，让主要的根系集中在活土层。改过去的深挖抽槽为活土层堆高，节省开园的投入，有利于柑橘园的通风透光，有利于土壤排水和灌水，有利于土壤施肥等田间管理，也可以适当降低树体的分枝高度。

3. 实行稀植矮化栽培

株行距为 4 m×4 m 或 4 m×3 m，亩栽植不宜超过 56 株。选育、利用矮化品种和砧木，结合整形修剪将树高控制在 2.5 m 以下，方便操作管理，提高橘园作业的劳动效率，降低劳动强度（彩图 30）。

4. 大枝修剪

幼龄果园原则上不修剪，成年结果树采用大枝修剪。成年果园主要修剪影响树体光照的大枝、下垂枝，可采取"开天窗""开侧门"修剪方法，剪除 1～2 个副主枝，树高控制在 2.5～3 m，方便果园生产管理。开始实施"大枝修剪"时，年枝叶修剪量不宜超过全树枝叶的 1/4，锯大枝可逐年完成，锯大枝要从基部去除，不留桩。枝组保持斜生或水平状，每 3 年回缩更新修剪一次。PBOG 促控剂 300～500 倍液，可抑制柑橘新梢生长，缓解梢果矛盾，提高坐果率，促进花芽分化。

5. 生草与覆盖

果园生草，树盘 1.5 m 范围内保持清耕，行间人工种植夏季绿肥或冬季绿肥，或任其自然生草。绿肥或杂草高于 25 cm 时进行刈割。生物覆盖和地布覆盖，利用作物秸秆、杂草等在 6 月初至 7 月上旬进行树盘生物覆盖，覆盖物离树干 10～15 cm，可减少树干病虫为害。

6. 平衡配方、简化施肥

将传统一年 4～5 次施肥改为 1～2 次，即基肥和壮果肥，结合施用叶面肥。改人工沟（穴）施和地面撒施为施肥机打深孔（孔深 30～40 cm）施肥。根据土壤营养成分分析结果确定施肥配比。基肥，株施腐熟有机肥 10～15 kg，尿素 113 kg，过磷酸钙 1.6 kg，硫酸钾 0.67 kg；花期喷布 0.2%～0.3%硼肥，促进花粉管的伸长，提高坐果率。

7.病虫害综合防治

实行综合防治措施，减少喷药次数，省工，降低成本。安装频振式杀虫灯、黄色诱虫板。4月份开始，在相邻的4棵树中心位置布置黄板(规格250 mm×300 mm)，15张/亩，每年更换1次。在果园地势较高处布设糖酒醋液，诱集趋化性昆虫，每5亩设置1个诱集点。放养捕食螨、寄生蜂等害虫的天敌。针对柑橘主要病虫害(炭疽病、蚧类)进行防治；其他害虫如凤蝶、蚜虫、潜叶蛾等，以广谱、低毒、高效农药进行防治。选用低容量或超低容量喷雾机械，减少用工量。在冬春季和晚秋用防效可靠、价廉谱广的石硫合剂防治炭疽病和螨类、蚧类、粉虱等。有条件的可使用无人机进行飞防(彩图31)。

无人机叶面喷肥

8.机械化应用

配套完善基础设施，推广机械化。果园生产作业道路按3～5 m/亩设置，采用砼C25标准硬化路面，宽1.5 m、厚0.1 m；每百亩果园配套旋耕机2～3台、担架式喷雾器1～2台，三轮摩托车1辆。山地设置轨道(彩图32)，果实分级用分选设备(彩图33)。

能力转化

实地调查，了解当地轻简栽培技术应用情况，提出意见建议。

项目五　根域限制栽培

知识准备

根系是果树的重要组成部分，果树传统栽培讲究“根深树大”，为了培养牢固强壮的树体，强调深耕地、深施肥。但伴随对果树研究的不断深入，人们逐渐发现根深叶茂并不一定能获得优质高产。根深叶茂仅体现了果树的营养生长旺盛，营养生长过旺不利于成花和坐果，加上过分强求树形的重修剪，往往造成树体徒旺生长，影响果实产量及品质。深翻地、广施肥，使根系分布超出树冠投影面积的范围，难以判断根系的准确位置，难以根据果树生长发育的需求适时适量准确地供肥；前期所施肥料也不能及时产生肥效，如延迟到果实品质形成期，氮素等过分吸收会抑制果实上色和糖分的累积；在降水比较多的地域，土壤湿度大，深广的根系会吸收过多水分，不仅诱发前期过旺徒长，也不利于后期的糖分的累积，甚至导致裂果现象。

20 世纪 70 年代，随着矮砧密植技术推广，“根深树大”传统观念有所改变。20 世纪 80 年代，受盆栽植物启示，开始根域限制栽培方式的探索。目前，在葡萄、桃、柑橘、苹果、樱桃、柿、无花果等果树进行了初步研究。通过限根栽培手段，有效解决了果树徒长、结果率低、果实品质低等问题。

一、根域限制栽培

根域限制栽培是利用一些物理或生态的方法将果树根域封闭在一定的容积内，限制其无序生长的一种新型栽培模式，通过控制根系的生长来调节地上部的营养生长和生殖生长。

根域限制栽培可对果树的地上营养生长进行有效控制，从而促进果树出芽、成花，在早期为提高果实品质打下良好基础。根域限制栽培对于园艺植物生产具非常重要的积极意义，同时在容器栽培及密植栽培当中也发挥着非常重要的作用。

根域限制栽培方式主要有三种（图 5-5-1）：

（1）垄式　于地面铺微孔无纺布或微微隆起（防止积水）的塑料膜，然后将营养土堆积于其上，形成土垄或土堆，再种植果树。土垄周围暴露在空气当中，底部又铺有隔离膜，因此果树根系只能于垄内生长。此方式操作简单，适用于冬季土壤未结冻的温暖地区，但夏季温度高，水分蒸发快，土壤的温度及水分不稳定。

（2）箱筐式　在一定容积的箱筐或盆桶内装入营养土，将果树种植于其中。此方式便于移动，对土地要求不高，果树可不受空间限制，随时移动至其他地方，适用于设施环境。但果树根域的温度及水分不稳定，低温抵抗能力较差。

（3）坑式　在地面以下挖一定容积的坑，坑的四壁和底部铺上微孔无纺布等既可透水且根系不能穿透的隔膜材料，坑内填入营养土后种植果树。此方式成本较高，但据王世平等用巨峰葡萄的研究表明，和垄式、箱筐式相比，坑式根域限制栽培的水分、温度变幅小，果实品质进一步改善,可节约灌溉用水,并可在冬季寒冷的北方地域应用。

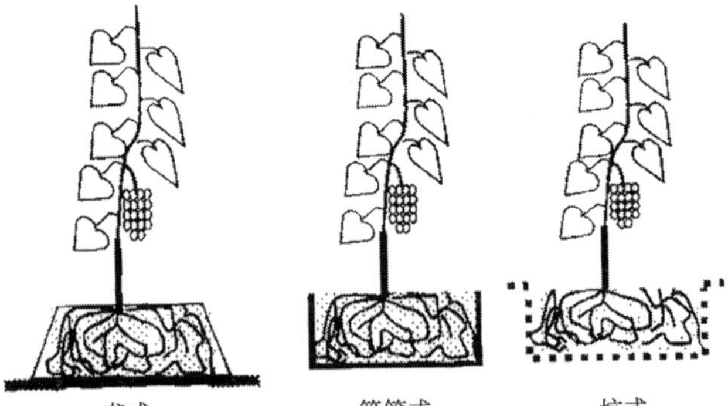

图 5-5-1　巨峰葡萄限根栽培

（引自王世平等）

近年来,在美国、澳大利亚等国推广的部分根域干燥技术(partial root-zone drying)也是根域限制栽培的一种简易的形式。

其他限根方法:养分、水分限制,地下水位限制,利用化学药剂(Cu^{2+}),利用培养基质如pH、容重、营养液成分,通过地上部分与地下部分的相关性,增加植株密度,利用植物的相生、相克等方式。

二、根域限制栽培的优点和应用前景

1. 优点

(1)通过计算机系统控制实现灌水及施肥的自动化,精准施肥、用水。避免肥效后延对生长和果实品质的不良影响,降低施肥量,减少环境污染,提高水肥的利用率,还可有效减少人工,降低种植成本。

(2)根系密集,根域狭小,叶片的蒸腾作用可迅速降低根域土壤水分,避免土壤过于湿润而导致的果树贪青徒长或果实成熟不良,同时不停重复的水分胁迫不但可使新梢适当停止生长,以避免光合产物的无端浪费,而且可促进果实上色及糖分累积,以提高果实品质。

(3)抑制新梢生长,使树体矮小,有利于果树密植,同时改变光合产物分配,增加花芽,提高果实产量。

(4)因根域容积小,通过施有机肥而改变土壤品质成为可能,有利于实现有机栽培。

(5)突破土壤条件限制。限根栽培果树受土壤限制较小,在部分地下水位高、土壤盐渍化严重的地区,可依此建园,以实现高产优质。

2. 应用前景

根域限制栽培可没改善园艺产品外观质量和营养,实现早期丰产,当年建园,次年投产,且稳产、高产。设施栽培管理精确,实现肥水自动化和定量化,提高土壤营养空间利用率,形成合理根冠比。通过盆栽组合构成的景观,可应用于园林、休闲农业、城市农业、室内植物设计。

三、根域限制机理及效果

（一）根域限制机理

1. 树体营养方面

根域限制栽培条件下，树的根系对氮素的吸收能力降低。^{15}N 示踪显示，细根氮素营养向粗根移动不活跃，从根往地上部输送的氮素量明显减少。根域限制的树木中氨基酸浓度比没有限制树低，但硝态氮比例高。氨基酸的组成比例也发生了变化（谷氨酰胺、精氨酸和甘氨酸浓度低，天冬氨酸和谷氨酸浓度高）。

王世平等研究发现，与对照相比，根域限制的巨峰葡萄树从萌芽到休眠期，无论主干、母枝、新梢、叶片还是树液，其氮素含量明显偏低。进一步研究证实，根域限制后巨峰葡萄根系的水分和养分的吸收能力下降，单位时间内的营养吸收量低于对照，树液的 NO_3^- 和氨基酸浓度明显下降。产生这种差异的原因可能与根表细胞膜的硝酸盐转运蛋白、根内硝酸还原酶、亚硝酸还原酶及氨基酸合成过程中的关键酶的活性或同工酶的变化有关，但尚缺乏翔实的研究。根域限制对葡萄新梢生长抑制不仅是氮素吸收能力低、输送到地上部的氮素营养减少的原因，根中氮素代谢变化可能也对生长带来了影响。

2. 光合作用

根域限制后光合产物的运转分配规律及果实中的糖代谢发生了变化。王世平等关于巨峰葡萄叶片光合日变化的研究表明，无论开花期还是成熟期，根域限制树的叶片光合速率比对照都低，单株总干物质积累也低于对照，但浆果中的干物质的分配率高于对照，因而其产量及品质都优于对照。

3. 激素

根系是细胞分裂素和脱落酸等内源生长激素的合成场所，根域限制必然影响内源激素的合成，Richards 的研究发现，用 6-BA（6-benzylaminopurine，6-苄氨基嘌呤）可以矫正根域限制对桃树营养生长的抑制作用，表明内源激素参与了根域限制的调控过程。Dry 等的研究表明，部分根域干燥栽培，诱导了葡萄根系 ABA（脱落酸）的产生，ABA 作为根系感应的胁迫信号传递给叶片，调节了叶片的气孔反应（开闭）。王世平等的研究也表明，根域限制使巨峰葡萄枝叶、根系、树液和果实中的脱落酸等内源激素发生了改变。

（二）根域限制栽培效果

限制根系无序生长，对营养生长、结实和品质都有直接影响。

1. 对营养生长的影响

（1）新梢　新梢生长受到显著抑制，根域容积越小，抑制效果越强。

（2）主干　同新梢一样，主干增粗会随根域容积的减小而下降。

（3）叶片　对单叶面积没有显著影响（因树种而异，如苹果、梨树与枣树），但提高单位横截面积和树冠的体积、产量。

（4）根系　根系形态发生变化，粗根减少，分支增加，细根多且长，表面积、体积也相应增加。

2. 对生殖生长的影响

(1)促进甜樱桃、柿、无花果等果树成花,提高巨峰、先锋等四倍体葡萄花芽量、坐果率和亩产量。

(2)增加果皮色素和果汁糖分积累,有机酸的量也明显下降,提高品质。

生产链接

根域限制栽培应用实例

(一)温室桃的限根起垄栽培

(1)具体做法(张中利等,2003) 按设计的株行距,先画线,再挖定植沟,定植沟要求深60 cm、宽80 cm,表土与底土分开放置。在沟底部铺设隔离层,铺草料(主要是秸秆、杂草、树叶等)20~30 cm,以限制根系的垂直扩展并增加底层的透气性。而后压实到8~10 cm,同时撒入少许尿素等氮肥后回填,回填时先用底土回填沟深的1/3,然后把表土与基肥混匀,回填后,浇大水沉实。

(2)表现 树体生长缓和,修剪操作简便,易管理,而且树体结实,负载能力强。

(二)甜樱桃限根栽培

(1)具体做法(沈阳农业大学) 在温室内按设计行距,下挖宽120~150 cm、深40~50 cm的限根槽,槽周砌单层立砖,底部用两层废草帘夹一层无纺布作为隔离层,槽沿与原地面相平。槽内填充基质,基质以有机物料、肥沃表土和土杂肥按2:2:1的比例混合配制而成,每棚基质中加入112 kg磷酸二铵肥。有机物料为粉碎、腐熟的作物秸秆、锯末、食用菌下脚料和其他的有机物。甜樱桃按设定株距栽植于槽中。

(2)表现 2005年限根栽培植株平均树高2~2.5 m,冠径1.5m,而非限根栽培植株树高2.9 m,冠径1.9 m。限根后,长枝比率降低9%左右,短枝比率高12%左右,中、短枝比率增加有利于单位面积产量的提高。与相同区域非限根栽培比较,限根栽培植株<1 mm、1~5 mm的根占比分别高7%、13%左右,而大于5 mm的根占比低20%左右。3年生树定植翌年就能结果,始果期比常规栽植提前1~2年。2003—2005年供试日光温室每亩产量分别为560、769、1200 kg,相比同干周非限根栽培(对照)产量高近1倍。

(三)葡萄限根栽培

(1)限根模式选择

①垄式 在地面上覆以塑料膜,并在其上部堆积营养土,分成垄后展开葡萄的种植。在葡萄的生长季,需要在垄的表面覆以深色(一般为黑色或银灰色)的塑料膜,保证土壤的湿润及温度。为了保证根域土壤中水分含量的稳定性,须配套滴灌系统。

②沟槽式 挖深50 cm、宽100 cm的定植沟,覆以厚棚膜或无纺布。覆塑料膜的须在底部加设深、宽15 cm的排水渠,并保证排水渠与两侧主排水沟相连。受到使用年限的影响,无纺布2~3年更换一次,以免降低限根效果。

(2)根域介质 按照有机肥:土壤 =1:3的比例混合填充。

(3)根域容积与根域厚度　适宜根域容积为 0.05～0.06 m^3 对应每平方米树冠投影面积。适宜厚度为 30～40 cm;根域太厚,则上、下层土壤(或基质)水分差异大;根域太薄则水分变化剧烈。

(4)栽植距离　适宜(参考)株距为 1.8 m 或 3.6 m,行距 2.5～3 m。

(5)营养管理　硬核期前每周施两次含氮 60 mg/L 复合液肥。硬核期至成熟采收,氮素浓度降至 20 mg/L,施肥次数和施肥量不变。

(6)水分管理　限域后根系不能再从广泛的土壤层吸收水分和养分,必须及时补给水分。

能力转化

实地调查,了解当地根域栽培情况,分析生产效果,提出意见建议。

参 考 文 献

[1] 蔡礼鸿. 猕猴桃实用栽培技术[M]. 北京:中国林业出版社, 2016.

[2] 曹雯.柑桔优质高效省力化栽培技术[J].现代农业科技,2012,8:128.

[3] 曹永生. 果业高质量发展的内涵和路径[J]. 中国果树,2021(4):1-3.

[4] 陈杰. 林果生产技术(南方本)[M]. 2 版.北京:高等教育出版社,2015.

[5] 陈杰,覃文显. 果树生产技术(南方本)[M]. 2 版.北京:中国农业出版社,2012.

[6] 陈杰忠. 果树栽培学各论(南方本)[M]. 北京:中国农业出版社,2000.

[7] 陈平, 李建明, 戢正华,等. 中国樱桃优系八里旺研究初报[J]. 湖北农业科学, 2021, 60(S01):6.

[8] 陈庆宏. 湖北省李树优良品种资源[J]. 作物品种资源, 1990(3):2.

[9] 陈涛, 李良, 张静,等. 中国樱桃种质资源的考察、收集和评价[J]. 果树学报, 2016, 33(8):17.

[10] 邓秀新,彭抒昂. 柑橘学[M]. 北京:中国农业出版社, 2013.

[11] 邓秀新,束怀瑞,郝玉金,等. 果树学科百年发展回顾[J].农学学报, 2018,8(1):24-34.

[12] 董绒叶. 柿优质丰产栽培品种选择与实用技术[J], 南方农业,2021,15(26):56-57.

[13] 段续伟,李明,谭钺,等.新中国果树科学研究 70 年——樱桃[J].果树学报,2019(10):1339-1351.

[14] 葛均青,于贤昌. 限根程度对黄瓜生长及光合特性的影响[J]. 西北农业学报,2004,13(4):174-178.

[15] 龚榜初,王仁梓,杨勇. 柿优质丰产栽培实用技术[M]. 北京: 中国林业出版社,2011.

[16] 龚林忠,何华平,刘勇,等. 湖北葡萄产业现状、存在问题及发展建议[J].中外葡萄与葡萄酒,2018(4): 9-11,17.

[17] 黄华明,李永武.果树生产技术[M]. 北京:中国林业出版社,2021.

[18] 黄明, 唐君, 张勋,等. 巫山有佳果,脆李行天下——巫山脆李发展记[J].果树实用技术与信息, 2019(1):39-42.

[19] 姬孝忠. 生态果园建设模式探讨[J]. 落叶果树,2012,44(6):25-27.

[20] 李先明,刁松峰,涂俊凡,等.湖北省柿属种质筛选和栽培利用[J].中国果树,2022(5):67-71.

[21] 李亚东,盖禹含,王芳,等.2021 年全球蓝莓产业数据报告[J/OL].吉林农业大学学报,2022(1).

[22] 李玉生, 程和禾, 陈龙,等. 中国樱桃与甜樱桃种质资源在我国的分布[J]. 河北果树,2019(2):3.

[23] 廖学林,聂建春,廖云勇,等. 新干县有机柑桔栽培技术[J]. 现代园艺, 2011(1):2.

[24] 刘春荣,吴雪珍,郑雪良,等. 柑桔省力化栽培技术[J]. 中国果业信息, 2016(6):56-56.
[25] 刘凤之,段长青. 葡萄生产配套技术手册[M]. 北京:中国农业出版社,2012.
[26] 刘凤之,王海波,李莉,等. 我国设施果树产业现状、存在问题与发展对策[J]. 中国果树, 2021(11):1-4.
[27] 刘凤之. 中国葡萄栽培现状与发展趋势[J]. 落叶果树,2017,49(1) : 1-4.
[28] 刘孟军,刘志国,李宪松. 枣树省力安全优质高效新一代栽培技术探索与实践[J]. 果树学报,2015,32(6):1253-1257.
[29] 刘子龙. 优质李栽培技术[J]. 果农之友, 2008(4):2.
[30] 吕小平. 柑桔省力化栽培集成技术措施研究[J]. 新农村(黑龙江), 2017(9):1.
[31] 买买提江·阿不来提. 气候条件对无花果生长影响的分析[J]. 新疆农业科学,2006,43(S1) : 92-94.
[32] 聂俊峰,邹养军,贾志宽. 根域限制栽培在果树上应用研究进展[J]. 陕西农业科学,2005,3:114-116.
[33] 欧小球,周源明,刘佳佳,等. 无花果无公害标准化栽培技术规程[J]. 农民致富之友,2020(2):43-44,128.
[34] 秦洪波,郭伦发,王新桂,等 . 樱桃在广西灵川的引种表现及其需冷量研究 [J]. 广东农业科学 ,2017,44(5):46-50.
[35] 沈元月. 我国无花果发展现状、问题及对策[J]. 中国园艺文摘,2018(2):75-78,122.
[36] 石雪晖,杨国顺,金燕. 南方葡萄优质高效栽培技术集成[M]. 北京:中国农业出版社,2014.
[37] 陶吉寒. 山东省苹果省力化栽培的现状及对策研究[J]. 中国园艺文摘,2015,31(9):56-58.
[38] 王敬斌,蒋锦标. 无花果保护地栽培[M]. 北京:金盾出版社,2001.
[39] 王仁梓. 柿病虫害及防治原色图册[M]. 北京:金盾出版社,2006.
[40] 王仁梓,杨勇. 甜柿标准化生产技术[M]. 北京:金盾出版社,2007.
[41] 王世平. 不同生态条件下葡萄根域限制栽培模式与管理[J]. 中国南方果树,2006,35(2):52-55.
[42] 王世平,张才喜,罗菊花. 果树根域限制栽培研究进展[J]. 果树学报, 2002, 19(5):298-301.
[43] 王思茜. 威远县无花果产业发展现状及其对策研究[D]. 雅安:四川农业大学,2018.
[44] 王艺霖,杜晓云,赵玲玲,等. 烟台地区柿树主要病虫害发生及防治技术[J]. 烟台果树,2022(2) :33-36.
[45] 王莹莹,水坤春,马靖光. 赖月新浅谈避雨栽培在柑橘种植上的应用[J]. 农业与技术. 2017,37(13):149-169.
[46] 韦杰楠. 越橘氮磷钾的施肥效应及配方施肥的研究[D]. 长春:吉林农业大学, 2007.
[47] 吴光林. 果树生态学[M]. 北京:中国农业出版社, 1992.
[48] 吴婧婧,梁贵秋,陆春霞,等. 果桑及桑椹开发利用研究进展[J]. 现代农业科技,2011,17:319-320.
[49] 席尚明. 设施农业中常用的温室[J]. 旱作农业,2019(5):61-63.

[50] 夏宏义，吴伟，刘巧，等. 果桑产业高效生态发展模式开发现状及应用[J]. 中国蚕业，2019，40 (1) ：50-55.
[51] 谢玉明，谭德龙，聂松青，等. 广东葡萄设施栽培现状与发展趋势[J]. 广东农业科学，2021，48(11)：41-48.
[52] 杨洪强. 生态果园必读[M]. 北京：中国农业出版社，2010.
[53] 杨勇，王仁梓. 陕西柿品种资源图说[M]. 北京：中国农业出版社，2018.
[54] 杨勇，王仁梓. 柿树周年管理实用新技术[M]. 陕西：西北农林科技大学出版社，2003.
[55] 杨治元. 葡萄避雨＋套袋栽培[M]. 北京：中国农业出版社，2003.
[56] 叶松清. 无花果的用途及其栽培技术[J]. 福建水土保持，2003，15(1)：18-19.
[57] 伊华林，刘慧宇. 我国柑橘品种分布特点及适地适栽品种选择探讨[J]. 中国果树，2022(1)：1-7.
[58] 殷华林. 林果生产技术[M]. 北京：高等教育出版社，2002.
[59] 于泽源. 果树栽培[M]. 2 版. 北京：高等教育出版社，2005.
[60] 余京华，朱德平，邓红军，等. 湖北区域大樱桃产业发展的优势，瓶颈与对策建议[J]. 中国农技推广，2020，36(10)：2.
[61] 袁录霞，张青林，郭大勇，等. 中国甜柿及其在世界甜柿基因库中的地位[J]. 园艺学报，2011，38(2)：361-370.
[62] 张宏. 日光温室无花果密植栽培整形修剪及早期间作瓜菜栽培技术[J]. 现代园艺，2015(1)：28.
[63] 张荣，孙国钧. 冗余概念的界定与冗余产生的生态学机制[J]. 西北植物学报，2003，23(5)：844-851.
[64] 张玉星. 果树栽培学各论[M]. 北京：中国农业出版社，2012.
[65] 张玉星. 果树栽培学总论[M]. 北京：中国农业出版社，2011.
[66] 赵建宁，周华平，肖能武，等. 丹江口水源涵养区主要农作物绿色高效生产技术[M]. 北京：中国农业科学技术出版社，2021.
[67] 赵建宁，周华平，肖能武，等. 丹江口水源涵养区主要农作物绿色高效生产技术[M]. 北京：中国农业科学技术出版社，2020.
[68] 钟莉传. 有机产品标准与生产技术[M]. 北京：中国农业大学出版社，2019.
[69]钟秋珍，林燕金，黄雄峰，等. 福建省无花果的主栽品种及其栽培技术[J]. 现代农业科技，2008(16)：53.
[70] 祝前峰，陆荣鑑，李奉顺. 设施塑料大棚的研究现状与发展趋势[J]. 林业机械与木工设备. 2021，49(7)：15-19.
[71] 庄清锋. 如何建设"猪—沼—果"生态模式[J]. 福建农业，2010，8：34-35.
[72] Ping Chen，Jianming Li，Zhenghua Ji，et al. sssBaliwang，an excellent line of Chinese cherry[J]. Asian Agricultural Research，2022，14 (2)：41-46. DOI：10. 19601/j. cnki. issn1943-9903. 2022. 02. 010.
[73] Shengzuo Fang，Baodong Xie. Nitrogen dynamics and mineralization in degraded agricultural soil mulched with fresh grass[J]. PlantSoil，2007，300：269-280.